清華 开发者书库

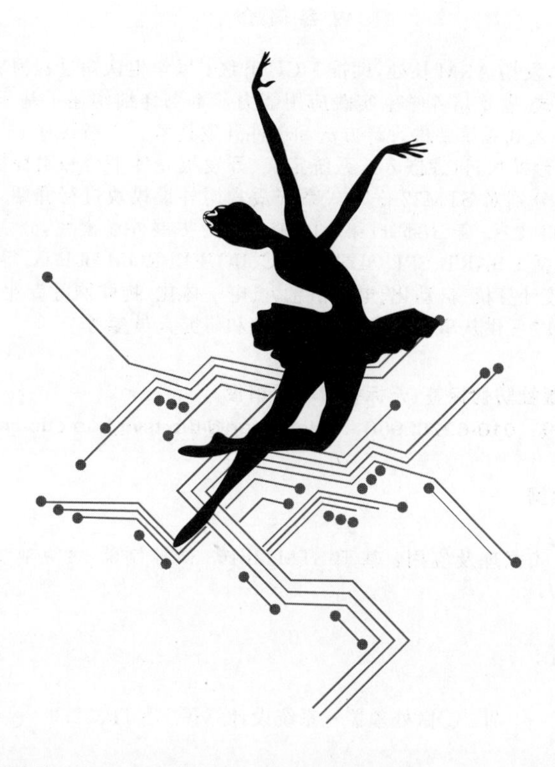

ARM Cortex-M3 Embedded System Principles and Applications
Based on STM32F103 Microcontroller

# ARM Cortex-M3
## 嵌入式原理及应用
### 基于STM32F103微控制器

黄克亚◎编著
Huang Keya

清華大学出版社
北京

## 内 容 简 介

本书旨在传承51经典，发扬ARM长处，助推MCU升级；以学生认知过程为导向组织教材内容，采取项目引领，全案例讲解的方式，着重培养学生实践应用能力。本书详细阐述了基于ARM Cortex-M3内核的STM32F103微控制器嵌入式系统硬件设计方法和软件开发技术。全书共有15章，划分为3部分：第1部分（第1～3章）为系统平台模块，讲述嵌入式系统定义、开发板硬件平台和工程模板创建；第2部分（第4～9章）为基本外设模块，分别对STM32嵌入式系统最常用外设模块进行介绍，包括GPIO、中断、定时器、PWM和嵌入式系统接口技术；第3部分（第10～15章）为扩展外设模块，分别对STM32嵌入式系统高级外设模块进行介绍，包括USART、SPI、OLED、ADC、IIC、EEPROM和RTC等。

本书适合作为高等院校计算机、自动化、电子信息、机电一体化、物联网等专业高年级本科生或研究生嵌入式相关课程的教材，同时可供从事嵌入式开发的技术和研究人员参考。



**图书在版编目(CIP)数据**

ARM Cortex-M3嵌入式原理及应用：基于STM32F103微控制器/黄克亚编著.—北京：清华大学出版社，2020.1（2025.2重印）
（清华开发者书库）
ISBN 978-7-302-53861-5

Ⅰ.①A…　Ⅱ.①黄…　Ⅲ.①微处理器－系统设计　Ⅳ.①TP332.3

中国版本图书馆CIP数据核字(2019)第213990号

**责任编辑**：盛东亮　钟志芳
**封面设计**：李召霞
**责任校对**：梁　毅
**责任印制**：沈　露

**出版发行**：清华大学出版社
**网　　址**：https://www.tup.com.cn，https://www.wqxuetang.com
**地　　址**：北京清华大学学研大厦A座　　**邮　　编**：100084
**社 总 机**：010-83470000　　**邮　　购**：010-62786544
**投稿与读者服务**：010-62776969，c-service@tup.tsinghua.edu.cn
**质量反馈**：010-62772015，zhiliang@tup.tsinghua.edu.cn
**课件下载**：https://www.tup.com.cn，010-83470236
**印 装 者**：大厂回族自治县彩虹印刷有限公司
**经　　销**：全国新华书店
**开　　本**：186mm×240mm　　**印　　张**：23.25　　**字　　数**：537千字
**版　　次**：2020年1月第1版　　**印　　次**：2025年2月第16次印刷
**定　　价**：69.00元

产品编号：083924-01

# 前言
PREFACE

“青山遮不住，毕竟东流去”，虽然我们对经典的8位单片机（如MCS-51）、16位单片机（如MSP430）积累了大量的技术资料，用起来得心应手。但是单片机复杂的指令、较低的主频、有限的存储空间、极少的片上外设，使其在面对复杂应用时，捉襟见肘，难以胜任。虽然8位、16位单片机的应用不会就此结束，但可以肯定的是32位处理器时代已经到来，32位处理器性能得到了显著提升，片上资源更加丰富，功能也越来越复杂和完善。

**选题背景**

在这个大环境下，ARM Cortex-M3处理器诞生了！由于采用了最新的设计技术，它的内核逻辑门数更低，性能却更强。许多曾经只能求助于高级32位处理器或DSP的软件设计，都能在Cortex-M3上运行得更快。

基于ARM的嵌入式系统因为功能复杂、芯片系列多、开发模式各异，使其不仅难教而且难学。但是由于各行各业对控制器能力的要求“得寸进尺”，而32位嵌入式系统性价比不断提高，促使笔者下定决心转型，经过几年的努力，笔者成功转型ARM嵌入式开发。

回想学习和教学过程，有几点经验要和大家分享：一是要选择一个合适的内核，ARM嵌入式处理器无疑是主流产品，市场占有率相当高；二是要选择合适的基于ARM内核微控制器，目前意法半导体公司（ST Microelectronics）推出的32位Cortex-M内核的MCU产品市场占有率很高，技术资料全面，官方固件库易学易用（基于上述两点，本书主要讲述的是目前被广泛使用的基于Cortex-M3内核的STM32F103微控制器）；三是要选择一本合适的教材，笔者认为一本好的嵌入式教材应该具有由浅入深，循序渐进，理论够用，注重实践，共性和个性兼顾等特点，既能较为系统地介绍嵌入式系统的基本概念和原理，又能指导初学者在实际软硬件环境中进行开发实践。

**主要内容**

针对上述情况，笔者根据多年的嵌入式系统教学和开发经验，试图做到内容循序渐进，理论与实践并重，共性与个性兼顾，将嵌入式系统的理论知识和基于ARM Cortex-M3内核的STM32F103微控制器的实际开发相结合，编写了本书。

全书共有15章，划分为3部分。

第1部分（第1～3章）为系统平台模块。第1章介绍了嵌入式系统定义、ARM内核，以及基于ARM Cortex-M3内核的STM32微控制器。第2章对STM32嵌入式开发板硬件平台各模块进行详细介绍。第 3 章介绍 Keil MDK 软件并进行工程模板创建。

第 2 部分(第 4～9 章)为基本外设模块，分别对 STM32 嵌入式系统最常用外设模块进行介绍。第 4 章讲解通用目的输入输出口。第 5 章讲解 LED 流水灯与 SysTick 定时器。第 6 章讲解按键输入与蜂鸣器。第 7 章讲解数码管动态显示。第 8 章讲解中断系统与基本应用。第 9 章讲解定时器与脉冲宽度调制。

第 3 部分(第 10～15 章)为扩展外设模块，分别对 STM32 嵌入式系统高级外设模块进行介绍。第 10 章讲解串行通信接口 USART。第 11 章讲解 SPI 与 OLED 显示屏。第 12 章讲解模拟数字转换器。第 13 章讲解直接存储器访问。第 14 章讲解 I2C 接口与 EEPROM 存储器。第 15 章讲解 RTC 时钟与 BKP 寄存器。

无论是基本外设模块，还是扩展外设模块，从第 4 章开始到第 15 章结束，每一章都先对模块所涉及的理论知识进行讲解，然后引入项目实例，给出项目实施的具体步骤，项目可以在课堂上完成。整个教学理论与实践一体，学中做，做中学。

**本书的特色和价值**

(1) 以学生认知过程为导向设计教材逻辑结构、组织教材章节内容。全书先硬件后软件，由浅入深；遵循理论够用、重在实践、容易上手的原则，培养学习兴趣，激发学习动力。

(2) 采取项目引领，任务驱动的方式，强调教、学、做一体，注重学生工程实践能力的培养。对每一个典型外设模块，在简明扼要阐述原理的基础上，围绕其应用，均以完整案例的形式讨论其设计精髓，并给出完整的工程案例。

(3) 传承 51 经典，发扬 ARM 长处，助推 MCU 升级。ARM 嵌入式系统实际上是 8 位单片机的升级扩展，但是其高性能必然带来系统复杂度的大幅提高，如果能借助 8 位单片机理念、方法和案例的共性，有助于提升读者学习兴趣，使其轻松入门嵌入式开发。

本书配套学习资源，为便于提高学习效率，笔者精心制作了程序代码、学习素材、教材课件和教学大纲，扫码即可获取。

程序代码

学习素材

教材课件

教学大纲

**致谢**

在本书的撰写过程中参阅了许多资料，在此对所参考资料的作者表示诚挚的感谢。在编写过程中还引用了互联网上最新资讯及报道，在此向原作者和刊发机构表示真挚的谢意，并对不能一一注明来源的作者深表歉意。对于收集到的共享资料没有标明出处或找不到出处的，以及对有些资料进行加工、修改后纳入本书的，在此郑重声明，本书内容仅用于教学，其著作权属于原作者，并向他们表示致敬和感谢。

在本书的编写过程中得到了家人的理解和帮助，并且一直得到清华大学出版社梁颖、盛东亮、钟志芳等各位老师的关心和大力支持，清华大学出版社的工作人员也付出了辛勤的劳动，在此谨向支持和关心本书编写的家人、同仁和朋友一并致谢。

由于嵌入式技术的发展日新月异，加之笔者水平有限及时间仓促，书中难免有疏漏和不足之处，恳请广大读者批评指正。

作　者

2019年10月

# 目录

CONTENTS

# 第1章 ARM Cortex-M3 嵌入式系统

**本章要点**

- 嵌入式系统的定义
- 嵌入式系统和计算机系统的异同点
- 嵌入式系统的特点和应用领域
- ARM Cortex-M3 处理器
- STM32 微控制器
- 嵌入式系统软件体系结构

嵌入式系统在日常生活中无处不在，例如手机、打印机、掌上电脑、数字机顶盒等常见的设备都有嵌入式系统。目前，嵌入式系统已经成为计算机技术和计算机应用领域的一个重要组成部分。本章主要讲述嵌入式系统的基础知识，通过与个人计算机的比较，从其定义、特点、组成、分类和应用等方面为读者打开嵌入式系统[①]之门。

## 1.1 嵌入式系统概述

1.1 嵌入式系统概述

电子计算机是20世纪最伟大的发明之一，计算机首先应用于数值计算。随着计算机技术的不断发展，计算机的处理速度越来越快，存储容量越来越大，外围设备的性能越来越好，满足了高速数值计算和海量数据处理的需要，形成了高性能的通用计算机系统。

以往按照计算机的体系结构、运算速度、结构规模、适用领域，将其分为大型机、中型机、小型机和微型机，并以此来组织学科和产业分工，这种分类沿袭了约40年。近20年来，随着计算机技术的迅速发展，以及计算机技术和产品对其他行业的广泛渗透，使得以应用为中心的分类方法变得更为切合实际。具体地说，就是按计算机系统的非嵌入式应用和嵌入式

① 本书配套的嵌入式系统开发板由作者自己设计，可联系作者获取(电子邮箱 22102600@qq.com)。

应用将其分为通用计算机系统和嵌入式计算机系统。

### 1.1.1 什么是嵌入式系统

通用计算机具有计算机的标准形式，通过装配不同的应用软件，应用在社会的各个方面。现在，在办公室、家庭中广泛使用的个人计算机(PC)就是通用计算机最典型的代表。

而嵌入式计算机则是以嵌入式系统的形式隐藏在各种装置、产品和系统中。在许多应用领域，如工业控制、智能仪器仪表、家用电器、电子通信设备等，对嵌入式计算机的应用有着不同的要求。主要要求如下。

(1) 能面对控制对象，例如面对物理量传感器的信号输入，面对人机交互的操作控制，面对对象的伺服驱动和控制。

(2) 可嵌入到应用系统。由于体积小，低功耗，价格低廉，可方便地嵌入到应用系统和电子产品中。

(3) 能在工业现场环境中长时间可靠运行。

(4) 控制功能优良。对外部的各种模拟和数字信号能及时地捕捉，对多种不同的控制对象能灵活地进行实时控制。

可以看出，满足上述要求的计算机系统与通用计算机系统是不同的。换句话讲，能够满足和适合以上这些应用的计算机系统与通用计算机系统在应用目标上有巨大的差异。一般将具备高速计算能力和海量存储，用于高速数值计算和海量数据处理的计算机称为通用计算机系统。而将面对工控领域对象，嵌入到各种控制应用系统、各类电子系统和电子产品中，实现嵌入式应用的计算机系统称为嵌入式计算机系统，简称嵌入式系统(Embedded Systems)。

嵌入式系统是以应用为核心，以计算机技术为基础，软硬件可裁剪，适应应用系统对功能、可靠性、安全性、成本、体积、重量、功耗、环境等方面有严格要求的专用计算机系统。嵌入式系统将应用程序和操作系统与计算机硬件集成在一起，简单地讲，就是系统的应用软件与系统的硬件一体化。这种系统具有软件代码小、高度自动化、响应速度快等特点，特别适应于面向对象的要求实时和多任务的应用。

特定的环境和特定的功能要求嵌入式系统与所嵌入的应用环境成为一个统一的整体，并且往往要满足紧凑、可靠性高、实时性好、功耗低等技术要求。面向具体应用的嵌入式系统，以及系统的设计方法和开发技术，构成了今天嵌入式系统的重要内涵，也是嵌入式系统发展成为一个相对独立的计算机研究和学习领域的原因。

### 1.1.2 嵌入式系统和通用计算机系统比较

作为计算机系统的不同分支，嵌入式系统和人们熟悉的通用计算机系统既有共性也有差异。

**1. 嵌入式系统和通用计算机系统的共同点**

嵌入式系统和通用计算机系统都属于计算机系统，从系统组成上讲，它们都是由硬件和软件构成的；工作原理是相同的，都是存储程序机制。从硬件上看，嵌入式系统和通用计算机系统都是由CPU、存储器、I/O接口和中断系统等部件组成；从软件上看，嵌入式系统软件和通用计算机软件都可以划分为系统软件和应用软件两类。

**2. 嵌入式系统和通用计算机系统的不同点**

作为计算机系统的一个新兴的分支，嵌入式系统与人们熟悉和常用的通用计算机系统相比又具有以下不同点。

(1) 形态。通用计算机系统具有基本相同的外形（如主机、显示器、鼠标和键盘等）并且独立存在；而嵌入式系统通常隐藏在具体某个产品或设备（称为宿主对象，如空调、洗衣机、数字机顶盒等）中，它的形态随着产品或设备的不同而不同。

(2) 功能。通用计算机系统一般具有通用而复杂的功能，任意一台通用计算机都具有文档编辑、影音播放、娱乐游戏、网上购物和通信聊天等通用功能；而嵌入式系统嵌入在某个宿主对象中。功能由宿主对象决定，具有专用性，通常是为某个应用量身定做的。

(3) 功耗。目前，通用计算机系统的功耗一般为200W左右；而嵌入式系统的宿主对象通常是小型应用系统，如手机、MP3和智能手环等，这些设备不可能配置容量较大的电源，因此，低功耗一直是嵌入式系统追求的目标，如日常生活中使用的智能手机，其待机功率100～200mW，即使在通话时功率也只有4～5W。

(4) 资源。通用计算机系统通常拥有大而全的资源（如鼠标、键盘、硬盘、内存条和显示器等）；而嵌入式系统受限于嵌入的宿主对象（如手机、MP3和智能手环等），通常要求小型化和低功耗，其软硬件资源受到严格的限制。

(5) 价值。通用计算机系统的价值体现在“计算”和“存储”上，计算能力（处理器的字长和主频等）和存储能力（内存和硬盘的大小和读取速度等）是通用计算机的通用评价指标；而嵌入式系统往往嵌入到某个设备和产品中，其价值一般不取决于其内嵌的处理器的性能，而体现在它所嵌入和控制的设备。如一台智能洗衣机往往用洗净比、洗涤容量和脱水转速等来衡量，而不以其内嵌的微控制器的运算速度和存储容量等来衡量。

### 1.1.3 嵌入式系统的特点

通过嵌入式系统的定义和嵌入式系统与通用计算机系统的比较，可以看出嵌入式系统具有以下特点。

**1. 专用性强**

嵌入式系统按照具体应用需求进行设计，完成指定的任务，通常不具备通用性，只能面向某个特定应用，就像嵌入在微波炉中的控制系统只能完成微波炉的基本操作，而不能在洗衣机中使用。

**2. 可裁剪性**

受限于体积、功耗和成本等因素，嵌入式系统的硬件和软件必须高效率地设计，根据实际应用需求量体裁衣，去除冗余，从而使系统在满足应用要求的前提下达到最精简的配置。

**3. 实时性好**

所谓实时性是指系统能够及时（在限定时间内）处理外部事件。大多数实时系统都是嵌入式系统，而嵌入式系统多数也有实时性的要求，例如，用户将银行卡插入ATM机插卡口，

ATM机控制系统必须立即启动读卡程序。

4. 可靠性高

很多嵌入式系统必须一年365天、每天24小时持续工作，甚至在极端环境下正常运行。大多数嵌入式系统都具有可靠性机制，例如，硬件的看门狗定时器、软件的内存保护和重启机制等，以保证嵌入式系统在出现问题时能够重新启动，保障系统的健壮性。

5. 生命周期长

遵从于摩尔定律，通用计算机的更新换代速度较快。嵌入式系统的生命周期与其嵌入的产品或设备同步，经历产品导入期、成长期、成熟期和衰退期等各个阶段，一般比通用计算机要长。

6. 不易被垄断

嵌入式系统是将先进的计算机技术、半导体技术和电子技术和各个行业的具体应用相结合后的产物，这一点就决定了它必然是一个技术密集、资金密集、高度分散、不断创新的知识集成系统。因此，嵌入式系统不易在市场上形成垄断。目前，嵌入式系统处于百花齐放、各有所长、全面发展的时代，各类嵌入式系统软硬件差别显著，其通用性和可移植性都较通用计算机系统要差。在学习嵌入式系统时要有所侧重，然后触类旁通。

## 1.1.4 嵌入式系统的应用领域

嵌入式系统以其独特的结构和性能，越来越多地应用到国民经济的各个领域。

1. 工业控制

基于嵌入式芯片的工业自动化设备获得了长足的发展，目前已经有大量的8位、16位、32位嵌入式微控制器在应用中。网络化是提高生产效率和产品质量、减少人力资源的主要途径，如工业过程控制、数字机床、电力系统、电网安全、电网设备监测、石油化工系统等。就传统的工业控制产品而言，低端型采用的往往是8位单片机。但是随着技术的发展，32位、64位的处理器逐渐成为工业控制设备的核心，在未来几年内必将获得长足的发展。

2. 交通管理

在车辆导航、流量控制、信息监测与汽车服务等方面，嵌入式系统技术已经获得了广泛的应用，内嵌GPS模块，GSM模块的移动定位终端已经在各种运输行业获得了成功的使用。目前GPS设备已经从尖端产品进入了普通百姓的家庭，只需要几千元，就可以随时随地定位。

3. 信息家电

信息家电领域将成为嵌入式系统最大的应用领域，冰箱、空调等的网络化、智能化将引领人们的生活步入一个崭新的空间。即使不在家里，也可以通过手机、网络进行远程控制。在这些设备中，嵌入式系统将大有用武之地。

4. 家庭智能管理

水、电、煤气表的远程自动抄表，安全防火、防盗系统中嵌入的专用控制芯片将代替传统的人工检查，并实现更高、更准确和更安全的性能。目前在服务领域，如远程点菜器等已经体现了嵌入式系统的优势。

**5. POS网络**

公共交通无接触智能卡(Contactless Smart Card，CSC)发行系统、公共电话卡发行系统、自动售货机、智能ATM终端将全面进入人们的生活，到时手持一卡就可以行遍天下。

**6. 环境工程**

嵌入式系统将应用于水文资料实时监测、防洪体系及水土质量监测、堤坝安全监测、地震监测、实时气象信息监测、水源和空气污染监测。在很多环境恶劣，地况复杂的地区，嵌入式系统将实现无人监测。

## 1.1.5 嵌入式系统范例

为帮助读者进一步理解嵌入式系统的定义和应用方法，下面以作者设计并实施的一种"幼儿算术学习机"为例进一步阐述嵌入式系统的概念。

**1. 设计背景**

幼儿、少儿在识数和数数之后就要进行简单的算术运算，但是对于幼儿、少儿来说，世界是懵懂的，他们的头脑并没有形成数学思维，甚至不明白什么是"加"法。传统的算术启蒙学习一般由生活中的实物演示开始，比方说已经有3个苹果，再拿来5个苹果，数一数总共有多少个苹果，有时苹果可能被换成硬币或是珠子之类的东西。加减还容易说明白，乘除就要困难一些，10以内算术运算是容易找实物来演示的，100以内的算术运算找那么多数量的实物就会有点困难。传统的数学学习一般是老师教会学生，然后由学生在纸上做题巩固，这种方式不能很好地调动学生学习兴趣，学生学习进度慢，学习效率也不高。所以市场迫切需要一种类似于"玩具"一样的学习工具，以帮助幼儿、少儿建立算术运算概念，并具有学习、练习和测试等丰富功能。

**2. 实施方式**

如图1-1所示是一种幼儿算术学习机，包括：①数码管；②LED点阵；③矩阵键盘；④控制器；⑤结果提示；⑥声音模块。数码管、LED点阵、结果提示、声音模块和控制器相连，控制器是系统的核心，负责系统运算和控制功能。该学习机可以帮助少儿建立算术运算概念，训练其运算、思维能力，提高初学者学习兴趣和学习效率。系统具有学习、练习和测试功能，在练习和测试模式下既可自动出题，又支持教师或家长手动输入试题。该学习机具有功能丰富，直观形象，使用方便等优点。

**3. 范例理解**

不难看出，幼儿算术学习机是一个典型的嵌入式系统，将具备一定运算和控制功能的控制器嵌入到整个系统中，完成数码管显示、LED点阵控制、键盘处理、语音合成、结果提示等所有功能。在该系统中，控制器是系统的核心，其运算和控制能力的要求相对于通用计算机来说要低很多，但其个性化比较强，控制器和数码管、LED点阵及语音合成模块接口必须单独设计，没有通用计算机中的"视频卡"或"声卡"可以直接购买，另外读者也可以发现该系统

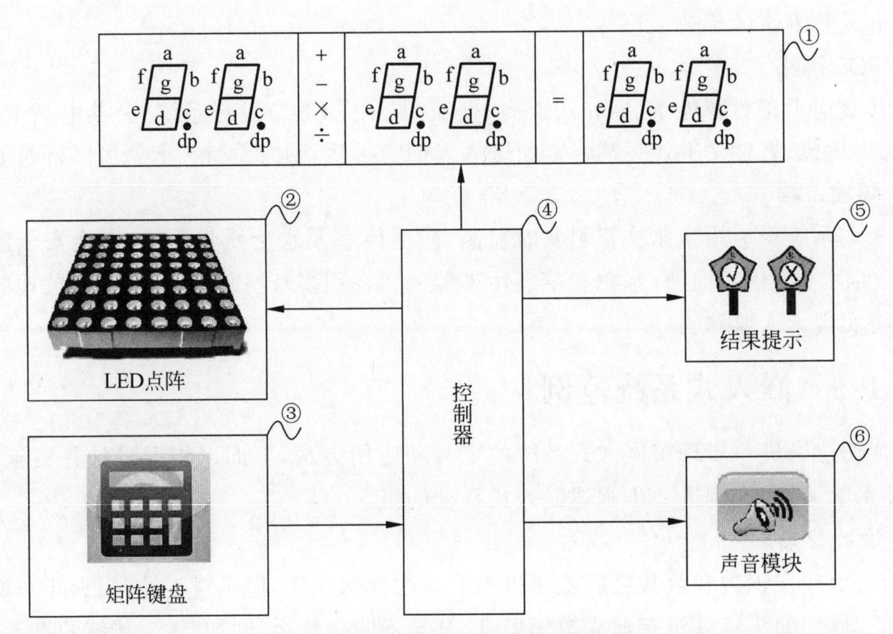


图 1-1　嵌入式系统示例结构示意图

对成本和功耗比较敏感。

通过对该嵌入式系统实例的学习，读者可以更好地理解嵌入式系统和通用计算机系统的区别和联系，以及嵌入式系统的特点和应用方法。

## 1.2　ARM Cortex-M3 处理器

在众多嵌入式应用系统中，基于 ARM 处理器的嵌入式系统占有极高的市场份额，也是嵌入式学习的首选。

### 1.2.1　ARM 公司

#### 1. 公司简介

ARM 公司（Advanced RISC Machines Ltd）是全球领先的半导体知识产权（IP）提供商，在数字电子产品的开发中处于核心地位。ARM 公司的总部位于英国剑桥，它拥有 1700 多名员工，在全球设立了多个办事处，其中有比利时、法国、印度、瑞典和美国的设计中心。

全世界超过 95％的智能手机和平板电脑都采用 ARM 架构。ARM 设计了大量高性价比、耗能低的 RISC 处理器、相关技术及软件。2014 年基于 ARM 技术的芯片全年全球出货量是 120 亿片，从诞生到现在为止基于 ARM 技术的芯片有 600 亿片。ARM 技术具有性能高、成本低和能耗省的特点，在智能机、平板电脑、嵌入控制、多媒体数字等处理器领域拥有主导地位。

**2. 发展历史**

ARM 公司是苹果、诺基亚、Acorn、VLSI、Technology 等公司的合资企业。

ARM 公司 1991 年成立于英国剑桥，通过出售芯片技术授权，建立起新型的微处理器设计、生产和销售商业模式。ARM 将其技术授权给世界上许多著名的半导体、软件和 OEM 厂商，每个厂商得到的都是一套独一无二的 ARM 相关技术及服务。利用这种合伙关系，ARM 很快成为许多全球性 RISC 标准的缔造者。

总共有 30 家半导体公司与 ARM 签订了硬件技术使用许可协议，其中包括 Intel、IBM、华为、三星半导体、NEC、SONY、飞利浦和 NI 这样的大公司。至于软件系统的合伙人，则包括微软、Sun 和 MRI 等一系列知名公司。

采用 ARM 技术知识产权(IP 核)的微处理器，即通常所说的 ARM 微处理器，已遍及工业控制、消费类电子产品、通信系统、网络系统、无线系统等各类产品市场，基于 ARM 技术的微处理器应用约占据了 32 位 RISC 微处理器 75 %以上的市场份额，ARM 技术正在逐步渗入生活的各个方面。

20 世纪 90 年代，ARM 公司的业绩平平，处理器的出货量徘徊不前。由于资金短缺，ARM 公司做出了一个意义深远的决定：自己不制造芯片，只将芯片的设计方案授权给其他公司，由它们来生产。正是这个模式，最终使得 ARM 芯片遍地开花。

进入 21 世纪之后，由于手机制造行业的快速发展，手机出货量呈现爆炸式增长，ARM 处理器占领了全球手机市场。2006 年，全球 ARM 芯片出货量为 20 亿片，2010 年，ARM 合作伙伴的芯片出货量达到了 60 亿片。

**3. 主要特点**

ARM 公司是专门从事基于 RISC 技术芯片设计开发的公司，作为知识产权供应商，本身不直接从事芯片生产，靠转让设计许可由合作公司生产各具特色的芯片，世界各大半导体生产商从 ARM 公司购买其设计的 ARM 微处理器核，根据各自不同的应用领域，加入适当的外围电路，从而形成自己的 ARM 微处理器芯片。全世界有几十家大的半导体公司都使用 ARM 公司的授权，因此，既使得 ARM 技术获得更多的第三方工具、制造、软件的支持，又使整个系统成本降低，使产品更容易进入市场被消费者所接受，更具有竞争力。

ARM 的商业模式主要涉及 IP 的设计和许可，而非生产和销售实际的半导体芯片。ARM 向合作伙伴(包括世界领先的半导体公司和系统公司)授予 IP 许可证。这些合作伙伴可利用 ARM 的 IP 设计创造和生产片上系统设计，但需要向 ARM 支付原始 IP 的许可费用并为每块生产的芯片或晶片交纳版税。除了处理器 IP 外，ARM 还提供了一系列工具、物理和系统 IP 来优化片上系统设计。

正因为 ARM 的 IP 多种多样以及支持基于 ARM 的解决方案的芯片和软件体系十分庞大，全球领先的原始设备制造商(OEM)都在广泛使用 ARM 技术，应用领域涉及手机、数字机顶盒以及汽车制动系统和网络路由器。当今，全球95%以上的手机以及超过25%的电子设备都在使用ARM技术。

### 1.2.2 ARM处理器

ARM公司不断地开发新的处理器内核和系统功能块，包括流行的ARM7TDMI处理器，还有更新的高档产品ARM1176TZ(F)-S处理器(用于高档手机)。功能的不断进化，处理水平的持续提高，造就了一系列的ARM架构。要说明的是，架构版本号和名字中的数字并不是一码事。比如，ARM7TDMI是基于ARMv4T架构的(T表示支持"Thumb指令")；ARMv5TE架构则是伴随着ARM9E处理器家族亮相的。ARM9E家族成员包括ARM926E-S和ARM946E-S。ARMv5TE架构添加了"服务于多媒体应用增强的DSP指令"。

后来又推出了ARM11，ARM11是基于ARMv6架构。基于ARMv6架构的处理器还包括ARM1136J(F)-S，ARM1156T2(F)-S及ARM1176JZ(F)-S。ARMv6是ARM进化史上的重要里程碑：从ARMv6开始，许多突破性的新技术被引进，存储器系统加入了很多新特性，单指令流、多数据流(SIMD)指令也是从ARMv6开始首次引入的。而最前卫的新技术，就是经过优化的Thumb-2指令集，它专用于低成本的单片机及汽车组件市场。

ARMv6的设计中还有另一个重大的设计理念：虽然这个架构要能上能下，从最低端的MCU到最高端的"应用处理器"都通吃，但仍须定位准确，使处理器的架构能胜任每个应用领域。结果就是使ARMv6能够灵活地配置和剪裁。在对成本敏感的市场上，要设计一个低门数的架构，让它有极强的确定性；在高端市场上，不管是要有丰富功能的还是要有高性能的，都要有拿得出手的好产品。

最近几年，基于从ARMv6开始的新设计理念，ARM公司进一步扩展了CPU设计，ARMv7架构闪亮登场。在这个版本中，内核架构首次从单一款式变成三种款式。

1. ARM Cortex-A

设计用于高性能的"开放应用平台"——越来越接近计算机了。

ARM Cortex-A系列应用型处理器可向托管丰富OS平台和用户应用程序的设备提供全方位的解决方案，从超低成本手机、智能手机、移动计算平台、数字电视和机顶盒到企业网络、打印机和服务器解决方案。高性能的Cortex-A15、可伸缩的Cortex-A9、经过市场验证的Cortex-A8处理器和高效的Cortex-A7和Cortex-A5处理器均共享同一架构，因此具有完全的应用兼容性，支持传统的ARM、Thumb指令集和新增的高性能紧凑型Thumb-2指令集。

2. ARM Cortex-R

ARM Cortex-R实时处理器为要求高可靠性、高可用性、高容错功能、可维护性和实时响应的嵌入式系统提供高性能计算解决方案。

Cortex-R系列处理器通过已经在数以亿计的产品中得到验证的成熟技术为开发的产

品提供极快的上市速度，并利用广泛的 ARM 生态系统、全球和本地语言以及全天候的支持服务，保证快速、低风险的产品开发。

许多应用都需要 Cortex-R 系列的关键特性，即：

(1) 高性能：与高时钟频率相结合的快速处理能力；

(2) 实时：处理能力在所有场合都符合硬实时限制；

(3) 安全：具有高容错能力的可靠且可信的系统；

(4) 经济实惠：具有实现最佳性能、功耗和面积的功能。

### 3. ARM Cortex-M

ARM Cortex-M 处理器系列是一系列可向上兼容的高能效、易于使用的处理器，这些处理器旨在帮助开发人员满足将来的嵌入式应用的需要。这些需要包括以更低的成本提供更多功能、不断增加连接、改善代码重用和提高能效。

Cortex-M 系列针对成本和功耗敏感的 MCU 和终端应用(如智能测量、人机接口设备、汽车和工业控制系统、大型家用电器、消费性产品和医疗器械)的混合信号设备进行过优化。

几十年来，每一次 ARM 体系结构的更新，随后就会带来一批新的支持该架构的 ARM 内核。ARM 体系结构与 ARM 内核的对应关系，如图 1-2 所示。

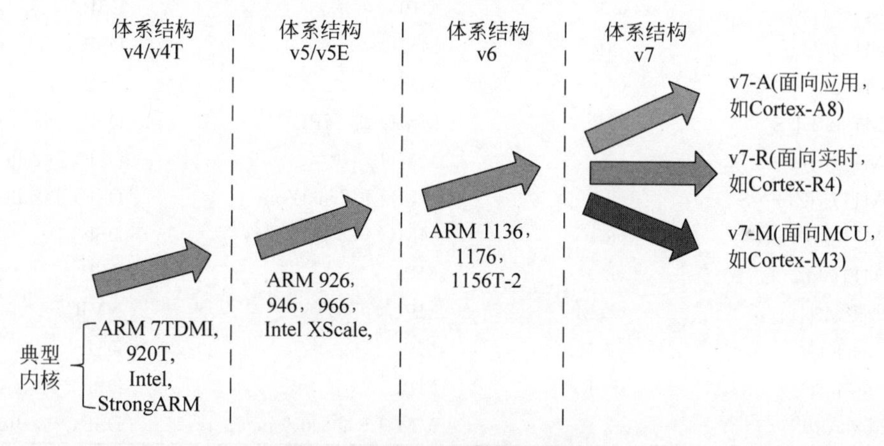


图 1-2　ARM 处理器架构进化史

以前，ARM 使用一种基于数字的命名法。在早期(20 世纪 90 年代)，还在数字后面添加字母后缀，用来进一步明确该处理器支持的特性。就拿 ARM7TDMI 来说，T 代表 Thumb 指令集，D 是说支持 JTAG 调试(Debugging)，M 意指快速乘法器，I 则对应一个嵌入式 ICE 模块。后来，这 4 项基本功能成了任何新产品的标配，于是就不再使用这 4 个后缀——相当于默许了。但是新的后缀不断加入，包括定义存储器接口的，定义高速缓存的，以及定义“紧耦合存储器(TCM)”的，于是形成了新一套命名法，这套命名法也一直在使用。

到了 ARMv7 架构时代，ARM 改革了一度使用的、冗长的、需要“解码”的数字命名法，转为另一种看起来比较整齐的命名法。比如，ARMv7 的三个款式都以 Cortex 作为主名。

这不仅更加清晰地定义并且“精装”了所使用的ARM架构，也避免了新手对架构版本号和系列号的混淆。例如，ARM7TDMI并不是一款ARMv7的产品，而是辉煌起点——ARMv4T架构的产品。

ARM处理器名称、架构版本号与存储器管理特性对应关如表1-1所示。

**表1-1 ARM处理器命名表**

| 处理器名称 | 架构版本号 | 存储器管理特性 | 其他特性 |
|---|---|---|---|
| ARM7TDMI | v4T | | |
| ARM7TDMI-S | v4T | | |
| ARM7EJ-S | v5E | | DSP，Jazelle |
| ARM920T | v4T | MMU | |
| ARM922T | v4T | MMU | |
| ARM926EJ-S | v5E | MMU | DSP，Jazelle |
| ARM946E-S | v5E | MPU | DSP |
| ARM966E-S | v5E | | DSP |
| ARM968E-S | v5E | | DMA，DSP |
| ARM966HS | v5E | MPU（可选） | DSP |
| ARM1020E | v5E | MMU | DSP |
| ARM1022E | v5E | MMU | DSP |
| ARM1026EJ-S | v5E | MMU或MPU | DSP，Jazelle |
| ARM1136J(F)-S | v6 | MMU | DSP，Jazelle |
| ARM1176JZ(F)-S | v6 | MMU＋TrustZone | DSP，Jazelle |
| ARM11 MPCore | v6 | MMU＋多处理器缓存 | DSP |
| ARM1156T2(F)-S | v6 | MPU | DSP |
| Cortex-M3 | v7-M | MPU（可选） | NVIC |
| Cortex-R4 | v7-R | MPU | DSP |
| Cortex-R4F | v7-R | MPU | DSP＋浮点运算 |
| Cortex-A8 | v7-A | MMU＋TrustZone | DSP，Jazelle |

本书主要讲述的是目前被控制领域广泛使用的基于ARM Cortex-M3内核的STM32F103微控制器，其内核架构为ARM v7-M。

## 1.3 STM32微控制器

### 1.3.1 从Cortex-M3内核到基于Cortex-M3的MCU

1.2节介绍了ARM公司最新推出的面向微控制器(Microcontroller Unit，MCU)应用的Cortex-M3处理器，但却无法从ARM公司直接购买到这样一款ARM处理器芯片。按照ARM公司的经营策略，它只负责设计处理器IP核，而不生产和销售具体的处理器芯片。

ARM Cortex-M3 处理器内核是微控制器的中央处理单元(CPU)。完整的基于 Cortex-M3 的 MCU 还需要很多其他组件。在芯片制造商得到 Cortex-M3 处理器内核的使用授权后，它们就可以把 Cortex-M3 内核用在自己的硅片设计中，添加存储器、外设、I/O 及其他功能块，即为基于 Cortex-M3 的微控制器。不同厂家设计出的 MCU 会有不同的配置，包括存储器容量、类型、外设等都各具特色。Cortex-M3 内核和基于 Cortex-M3 的 MCU 关系如图 1-3 所示。

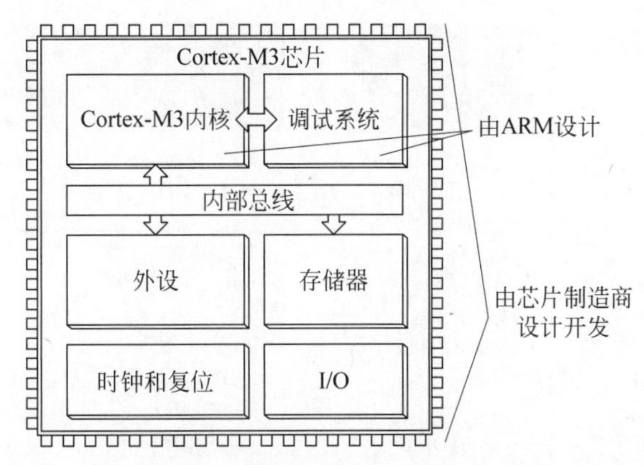


图 1-3　Cortex-M3 内核与基于 Cortex-M3 MCU 关系图

## 1.3.2　STM32 微控制器产品线

现在，市场上常见的基于 Cortex-M3 的 MCU 有意法半导体(ST Microelectronics)有限公司的 STM32F103 微控制器、德州仪器公司(TI)的 LM3S8000 微控制器和恩智浦公司(NXP)的 LPC1788 微控制器等，其应用遍及工业控制、消费电子、仪器仪表、智能家居等各个领域。

意法半导体集团于 1987 年 6 月成立，是由意大利的 SGS 微电子公司和法国 THOMSON 半导体公司合并而成。1998 年 5 月，改名为意法半导体有限公司(意法半导体)，是世界最大的半导体公司之一。从成立至今，意法半导体的增长速度超过了半导体工业的整体增长速度。自 1999 年起，意法半导体始终是世界十大半导体公司之一。据最新的工业统计数据，意法半导体是全球第五大半导体厂商，在很多市场居世界领先水平。例如，意法半导体是世界第一大专用模拟芯片和电源转换芯片制造商，世界第一大工业半导体和机顶盒芯片供应商，而且在分立器件、手机相机模块和车用集成电路领域居世界前列。

在诸多半导体制造商中，意法半导体是较早在市场上推出基于 Cortex-M 内核的 MCU 产品的公司，其根据 Cortex-M 内核设计生产的 STM32 微控制器充分发挥了低成本、低功耗、高性价比的优势，以系列化的方式推出方便用户选择，受到了广泛的好评。2009—2014 年总出货量已超过 10 亿片，在中国占据了大部分基于 Cortex-M 内核的 MCU 市场。

STM32 系列微控制器适合的应用：替代绝大部分 8/16 位 MCU 的应用，替代目前常用的 32 位 MCU(特别是 ARM7)的应用，小型操作系统相关的应用以及简单图形和语音相关的应用等。

STM32 系列微控制器不适合的应用有：程序代码大于 1MB 的应用，基于 Linux 或 Android 的应用，基于高清或超高清的视频应用等。

STM32 系列微控制器的产品线包括高性能类型、主流类型和超低功耗类型三大类，分别面向不同的应用，其具体产品系列如图 1-4 所示。

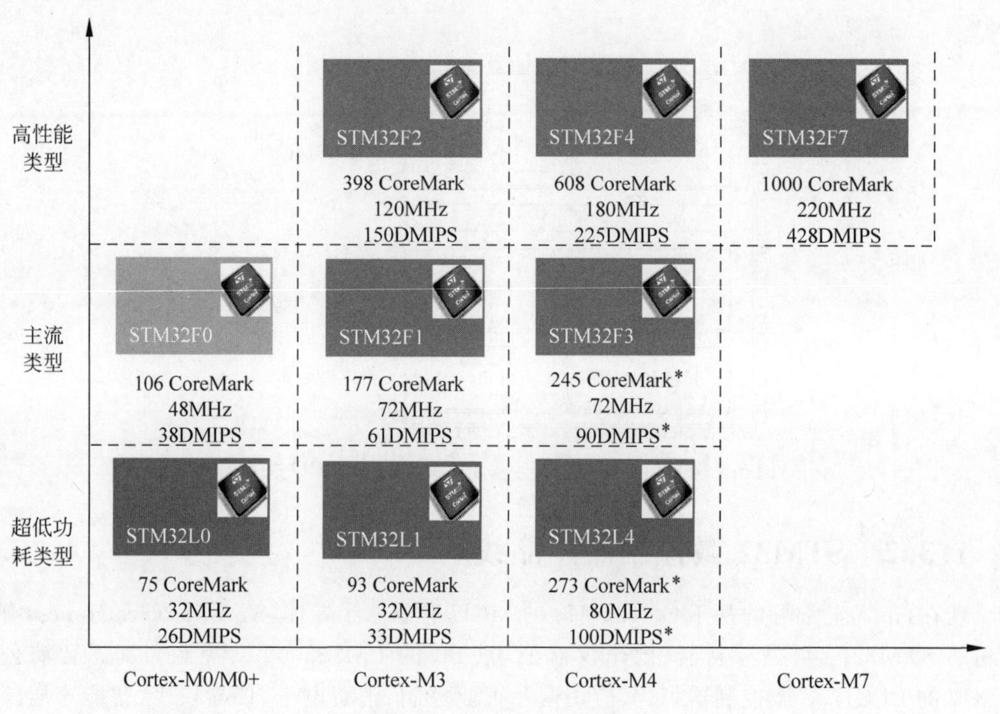


图 1-4　STM32 产品线图

### 1. STM32F1 系列(主流类型)

STM32F1 系列微控制器基于 Cortex-M3 内核，利用一流的外设和低功耗、低压操作实现了高性能，同时以可接受的价格，利用简单的架构和简便易用的工具实现了高集成度，能够满足工业、医疗和消费类市场的各种应用需求。凭借该产品系列，意法半导体在全球基于 ARM Cortex-M3 的微控制器领域处于领先地位。本书后续章节即是基于 STM32F1 系列中的典型微控制器 STM32F103 进行讲述的。

截至 2016 年 3 月，STM32F1 系列微控制器包含以下 5 个产品线，它们的引脚、外设和软件均兼容。

(1) STM32F100，超值型，24MHz CPU，具有电机控制和 CEC 功能。

(2) STM32F101，基本型，36MHz CPU，具有高达 1MB 的 Flash。

(3) STM32F102，USB 基本型，48MHz CPU，具备 USBFS。

(4) STM32F103,增强型,72MHz CPU,具有高达1MB的Flash、电机控制、USB和CAN。

(5) STM32F105/107,互联型,72MHz CPU,具有以太网MAC、CAN和USB2.0 OTG。

**2. STM32F4系列(高性能类型)**

STM32F4系列微控制器基于Cortex-M4内核,采用了意法半导体有限公司的90nm NVM工艺和ART加速器,在高达180MHz的工作频率下通过闪存执行时,其处理性能达到225 DMIPS/608CoreMark。这是迄今所有基于Cortex-M内核的微控制器产品所达到的最高基准测试分数。由于采用了动态功耗调整功能,通过闪存执行时的电流消耗范围为STM32F401的128μA/MHz到STM32F439的260μA/MHz。

截至2016年3月,STM32F4系列包括8条互相兼容的数字信号控制器(Digital Signal Controller,DSC)产品线,是MCU实时控制功能与DSP信号处理功能的完美结合体。

(1) STM32F401,84MHz CPU/105DMIPS,尺寸最小、成本最低的解决方案,具有卓越的功耗效率(动态效率系列)。

(2) STM32F410,100MHz CPU/125DMIPS,采用新型智能DMA,优化了数据批处理的功耗(采用批采集模式的动态效率系列),配备的随机数发生器、低功耗定时器和DAC,为卓越的功率效率性能设立了新的里程碑(停机模式下89μA/MHz)。

(3) STM32F411,100MHz CPU/125DMIPS,具有卓越的功率效率、更大的SRAM和新型智能DMA,优化了数据批处理的功耗(采用批采集模式的动态效率系列)。

(4) STM32F405/415,168MHz CPU/210DMIPS,高达1MB的Flash闪存,具有先进连接功能和加密功能。

(5) STM32F407/417,168MHz CPU/210DMIPS,高达1MB的Flash闪存,增加了以太网MAC和照相机接口。

(6) STM32F446,180MHz CPU/225DMIPS,高达512KB的Flash闪存,具有Dual Quad SPI和SDRAM接口。

(7) STM32F429/439,180MHz CPU/225DMIPS,高达2MB的双区闪存,带SDRAM接口、Chrom-ART加速器和LCD-TFT控制器。

(8) STM32F427/437,180MHz CPU/225DMIPS,高达2MB的双区闪存,具有SDRAM接口、Chrom-ART加速器、串行音频接口,性能更高,静态功耗更低。

(9) SM32F469/479,180MHz CPU/225DMIPS,高达2MB的双区闪存,带SDRAM和QSPI接口、Chrom-ART加速器、LCD-TFT控制器和MPI-DSI接口。

**3. STM32F7系列(高性能类型)**

STM32F7是世界上第一款基于Cortex-M7内核的微控制器。它采用6级超标量流水线和浮点单元,并利用ST的ART加速器和L1缓存,实现了Cortex-M7的最大理论性能——无论是从嵌入式闪存还是外部存储器来执行代码,都能在216MHz处理器频率下使性能达到462DMIPS/1082CoreMark。由此可见，相对于意法半导体以前推出的高性能微控制器，如F2、F4系列，STM32F7的优势就在于其强大的运算性能，能够适用于那些对于高性能计算有巨大需求的应用，对于目前还在使用简单计算功能的可穿戴设备和健身应用来说，将会带来革命性的颠覆，起到巨大的推动作用。

截至2016年3月，STM32F7系列与STM32F4系列引脚兼容，包含以下4款产品线：STM32F7x5子系列、STM32F7x6子系列、STM32F7x7子系列和STM32F7x9子系列。

**4. STM32L1系列（超低功耗类型）**

STM32L1系列微控制器基于Cortex-M3内核，采用意法半导体专有的超低泄漏制程，具有创新型自主动态电压调节功能和5种低功耗模式，为各种应用提供了无与伦比的平台灵活性。STM32L1扩展了超低功耗的理念，并且不会牺牲性能。与STM32L0一样，STM32L1提供了动态电压调节、超低功耗时钟振荡器、LCD接口、比较器、DAC及硬件加密等部件。

STM32L1系列微控制器可以实现在1.65～3.6V范围内以32MHz的频率全速运行，其功耗参考值如下：

(1) 动态运行模式，低至177μA/MHz。

(2) 低功耗运行模式：低至9μA。

(3) 超低功耗模式＋备份寄存器＋RTC：900nA(3个唤醒引脚)。

(4) 超低功耗模式＋备份寄存器：280nA(3个唤醒引脚)。

除了超低功耗MCU以外，STM32L1还提供了多种特性、存储容量和封装引脚数选项，如32～512KB Flash存储器、高达80KB的SDRAM、16KB真正的嵌入式EEPROM、48～144个引脚。为了简化移植步骤和为工程师提供所需的灵活性，STM32L1与不同的STM32F系列均引脚兼容。

截至2016年3月，STM32L1系列微控制器包含4款不同的子系列：STM32L100超值型、STM32L151、STM32L152(LCD)和STM32L162(LCD和AES-128)。

### 1.3.3 STM32微控制器命名规则

意法半导体在推出以上一系列基于Cortex-M内核的STM32微控制器产品线的同时，也制定了它们的命名规则。通过名称，用户能直观、迅速地了解某款具体型号的STM32微控制器产品。STM32系列微控制器的名称主要由以下几部分组成。

**1. 产品系列名**

STM32系列微控制器名称通常以STM32开头，表示产品系列，代表意法半导体基于ARM Cortex-M系列内核的32位MCU。

**2. 产品类型名**

产品类型是STM32系列微控制器名称的第二部分，通常有F(Flash Memory，通用快速闪存)、W(无线系统芯片)、L(低功耗低电压,1.65～3.6V)等类型。

### 3. 产品子系列名

产品子系列是STM32系列微控制器名称的第三部分。例如,常见的STM32F产品子系列有050(ARM Cortex-M0内核)、051(ARM Cortex-M0内核)、100(ARM Cortex-M3内核,超值型)、101(ARM Cortex-M3内核,基本型)、102(ARM Cortex-M3内核,USB基本型)、103(ARM Corlex-M3内核,增强型)、105(ARM Cortex-M3内核,USB互联网型)、107(ARM Cortex-M3内核,USB互联网型和以太网型)、108(ARM Cortex-M3内核,IEEE802.15.4标准)、151(ARM Cortex-M3内核,不带LCD)、152/162(ARM Cortex-M3内核,带LCD)、205/207(ARM Cortex-M3内核,摄像头)、215/217(ARM Cortex-M3内核,摄像头和加密模块)、405/407(ARMCortex-M4内核,MCU＋FPU,摄像头)、415/417(ARM Cortex-M4内核,MCU＋FPU,加密模块和摄像头)等。

### 4. 引脚数

引脚数是STM32系列微控制器名称的第四部分,通常有以下几种:F(20 pin)、G(28 pin)、K(32 pin)、T(36 pin)、H(40 pin)、C(48 pin)、U(63 pin)、R(64 pin)、O(90 pin)、V(100 pin)、Q(132 pin)、Z(144 pin)和I(176 pin)等。

### 5. Flash存储器容量

Flash存储器容量是STM32系列微控制器名称的第五部分,通常以下几种:4(16K Flash,小容量)、6(32KB Flash,小容量)、8(64KB Flash,中容量)、B(128KB Flash,中容量)、C(256KB Flash,大容量)、D(384KB Flash,大容量)、E(512KB Flash,大容量)、F(768KB Flash,大容量)、G(1MB Flash,大容量)。

### 6. 封装方式

封装方式是STM32系列微控制器名称的第六部分,通常有以下几种:T(LQFP,Low-profile Quad Flat Package,薄型四侧引脚扁平封装)、H(BGA,Ball Grid Array,球栅阵列封装)、U(VFQFPN,Very thin Fine pitch Quad Flat Pack No-lead package,超薄细间距四方扁平无铅封装)、Y(WLCSP,Wafer Level Chip Scale Packaging,晶圆片级芯片规模封装)。

### 7. 温度范围

温度范围是STM32系列微控制器名称的第七部分,通常有以下两种:6(－40～85℃,工业级)、7(－40～105℃,工业级)。

下面以本书后续章节重点研究的STM32F103微控制器为例,其命名规则如图1-5所示。

通过命名规则,读者能直观、迅速地了解某款具体型号的微控制器产品。例如,本书后续部分主要介绍的微控制器STM32F103ZET6,其中,STM32代表意法半导体公司基于ARM Cortex-M系列内核的32位MCU,F代表通用闪存型,103代表基于ARM Cortex-M3内核的增强型子系列,Z代表144个引脚。E代表大容量512KB Flash存储器,T代表LQFP封装方式,6代表－40～85℃的工业级温度范围。

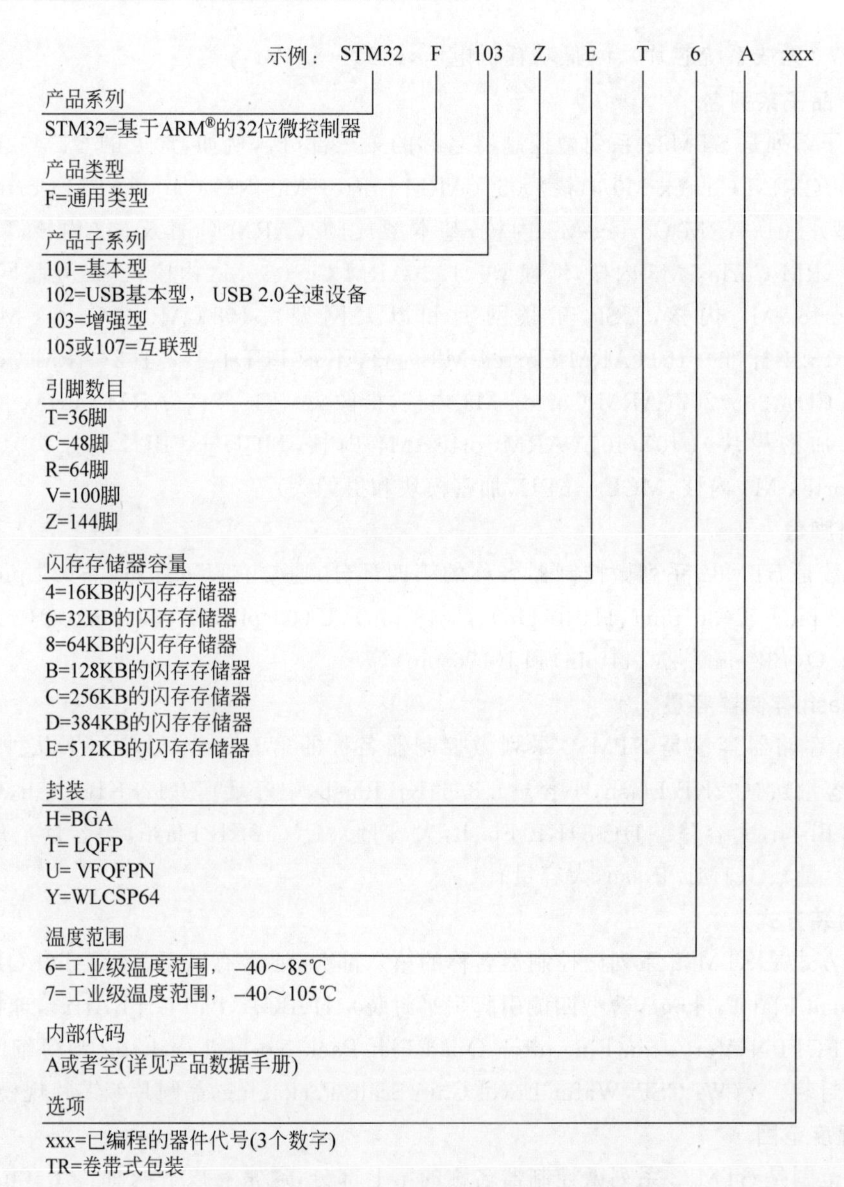

示例： STM32 F 103 Z E T 6 A xxx
产品系列
STM32=基于ARM®的32位微控制器
产品类型
F=通用类型
产品子系列
101=基本型
102=USB基本型， USB 2.0全速设备
103=增强型
105或107=互联型
引脚数目
T=36脚
C=48脚
R=64脚
V=100脚
Z=144脚
闪存存储器容量
4=16KB的闪存存储器
6=32KB的闪存存储器
8=64KB的闪存存储器
B=128KB的闪存存储器
C=256KB的闪存存储器
D=384KB的闪存存储器
E=512KB的闪存存储器
封装
H=BGA
T= LQFP
U= VFQFPN
Y=WLCSP64
温度范围
6=工业级温度范围， –40～85℃
7=工业级温度范围， –40～105℃
内部代码
A或者空(详见产品数据手册)
选项
xxx=已编程的器件代号(3个数字)
TR=卷带式包装


图 1-5 STM32F103 微控制器命名规则

## 1.4 嵌入式系统的软件

嵌入式系统的软件一般固化于嵌入式存储器中，是嵌入式系统的控制核心，控制着嵌入式系统的运行，实现嵌入式系统的功能。由此可见，嵌入式软件在很大程度上决定整个嵌入式系统的价值。

从软件结构上划分，嵌入式软件分为无操作系统和带操作系统两种。

### 1.4.1 无操作系统的嵌入式软件

对于通用计算机，操作系统是整个软件的核心，不可或缺；然而，对于嵌入式系统，由于其专用性，在某些情况下无需操作系统。尤其在嵌入式系统发展的初期，由于较低的硬件配置、单一的功能需求以及有限的应用领域（主要集中在工业控制和国防军事领域），嵌入式软件的规模通常较小，没有专门的操作系统。

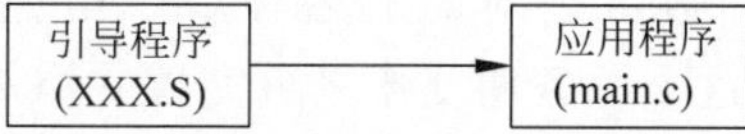

图 1-6 无操作系统嵌入式软件结构

在组成结构上，无操作系统的嵌入式软件仅由引导程序和应用程序两部分组成，如图 1-6 所示。引导程序一般由汇编语言编写，在嵌入式系统上电后运行，完成自检、存储映射、时钟系统和外设接口配置等一系列硬件初始化操作。应用程序一般由 C 语言编写，直接架构在硬件之上，在引导程序之后运行，负责实现嵌入式系统的主要功能。

### 1.4.2 带操作系统的嵌入式软件

随着嵌入式应用在各个领域的普及和深入，嵌入式系统向多样化、智能化和网络化发展，其对功能、实时性、可靠性和可移植性等方面的要求越来越高，嵌入式软件日趋复杂，越来越多地采用嵌入式操作系统＋应用软件的模式。相比无操作系统的嵌入式软件，带操作系统的嵌入式软件规模较大，其应用软件架构于嵌入式操作系统上，而非直接面对嵌入式硬件，可靠性高，开发周期短，易于移植和扩展，适用于功能复杂的嵌入式系统。

带操作系统的嵌入式软件的体系结构如图 1-7 所示，自下而上包括设备驱动层、操作系统层和应用软件层等。

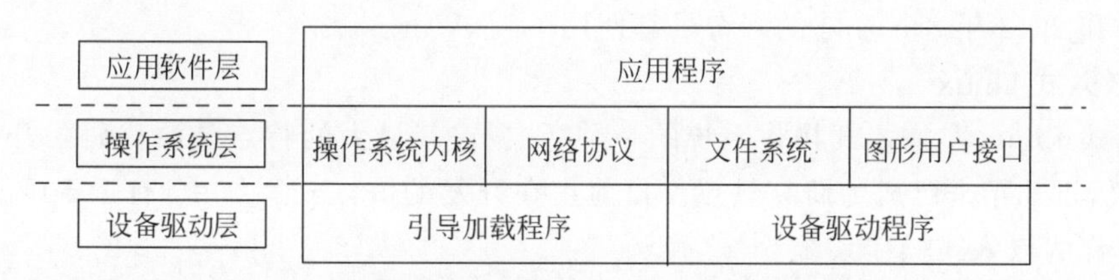

图 1-7 带操作系统的嵌入式软件的体系结构

### 1.4.3 典型嵌入式操作系统

嵌入式操作系统（Embedded Operating System，EOS）是指用于嵌入式系统的操作系统。嵌入式操作系统是一种用途广泛的系统软件，通常包括与硬件相关的底层驱动软件、系统内核、设备驱动接口、通信协议、图形界面、标准化浏览器等。嵌入式操作系统负责嵌入式系统的全部软硬件资源的分配、任务调度、控制与协调并发活动。它必须体现其所在系统的特征，能够通过装卸某些模块来达到系统所要求的功能。目前在嵌入式领域广泛使用的操作系统有：嵌入式实时操作系统 μC/OS-Ⅱ、嵌入式 Linux、Windows CE、VxWorks 等，以及应用在智能手机和平板电脑的 Android、iOS 等。

### 1. μC/OS-Ⅱ

μC/OS Ⅱ(Micro-Controller Operating System Two)是一个可以基于ROM运行的、可裁剪的、抢占式、实时多任务内核,具有高度可移植性,特别适合于微处理器和控制器,适合很多商业操作系统性能相当的实时操作系统(RTOS)。为了提供最好的移植性能,μC/OS Ⅱ最大程度上使用ANSI C语言进行开发,并且已经移植到近40多种处理器体系上,涵盖了从8位到64位各种CPU(包括DSP)。μC/OS Ⅱ可以视为一个简单的多任务调度器,在这个任务调度器之上完善并添加了和多任务操作系统相关的系统服务,如信号量、邮箱等。其主要特点有公开源代码,代码结构清晰、明了,注释详尽,组织有条理,可移植性好,可裁剪,可固化。内核属于抢占式,最多可以管理60个任务。从1992年开始,由于高度可靠性、鲁棒性和安全性,μC/OS Ⅱ已经广泛使用在照相机、航空电子产品等应用中。

### 2. VxWorks

VxWorks是美国Wind River System公司(风河公司,即WRS公司)推出的一个实时操作系统。Tornado是WRS公司推出的一套实时操作系统开发环境,类似Microsoft Visual C,但是提供了更丰富的调试、仿真环境和工具。

VxWorks操作系统是美国风河公司于1983年设计开发的一种嵌入式实时操作系统(RTOS),是嵌入式开发环境的关键组成部分。良好的持续发展能力、高性能的内核及友好的用户开发环境,在嵌入式实时操作系统领域占据一席之地。它以其良好的可靠性和卓越的实时性被广泛地应用在通信、军事、航空、航天等高精尖技术及实时性要求极高的领域中,如卫星通信、军事演习、弹道制导、飞机导航等。在美国的F-16、FA-18战斗机、B-2隐身轰炸机和爱国者导弹上,甚至连1997年4月在火星表面登陆的火星探测器、2008年5月登陆的凤凰号和2012年8月登陆的好奇号都使用了VxWorks。

### 3. 嵌入式Linux

嵌入式Linux是嵌入式操作系统的一个新成员,其最大的特点是源代码公开并且遵循GPL协议,近几年来已成为研究热点。目前正在开发的嵌入式系统中,有近50%的项目选择Linux作为嵌入式操作系统。

嵌入式Linux是将日益流行的Linux操作系统进行裁剪修改,使之能在嵌入式计算机系统上运行的一种操作系统。嵌入式Linux既继承了Internet上无限的开放源代码资源,又具有嵌入式操作系统的特性。嵌入式Linux的特点是版权费免费;为全世界的自由软件开发者提供支持,而且性能优异,软件移植容易,代码开放,有许多应用软件支持,应用产品开发周期短,新产品上市迅速,系统实时性、稳定性和安全性好。

### 4. Android

Android是一种基于Linux的自由及开放源代码的操作系统,主要应用于移动设备,如智能手机和平板电脑,由Google公司和开放手机联盟领导及开发。尚未有统一中文名称,中国大陆地区较多人使用"安卓"或"安致"。Android操作系统最初由Andy Rubin开发,主要支持手机。2005年8月由Google收购注资。2007年11月,Google与84家硬件制造商、软件开发商及电信营运商组建开放手机联盟共同研发改良Android系统。随后Google

以 Apache 开源许可证的授权方式，发布了 Android 的源代码。第一部 Android 智能手机发布于 2008 年 10 月。Android 逐渐扩展到平板电脑及其他领域上，如电视、数码相机、游戏机、智能手表等。2011 年第一季度，Android 在全球的市场份额首次超过塞班系统，跃居全球第一。2013 年的第四季度，Android 平台手机的全球市场份额已经达到 78.1%。

5. Windows CE

Windows Embedded Compact（即 Windows CE）是微软公司嵌入式、移动计算平台的基础，它是一个可抢先式、多任务、多线程并具有强大通信能力的 32 位嵌入式操作系统，是微软公司为移动应用、信息设备、消费电子和各种嵌入式应用而设计的实时系统，目标是实现移动办公、便携娱乐和智能通信。

Windows CE 是模块化的操作系统，主要包括 4 个模块，即内核(Kernel)、文件子系统、图形窗口事件子系统(GWES)和通信模块。其中，内核负责进程与线程调度、中断处理、虚拟内存管理等；文件子系统管理文件操作、注册表和数据库等；图形窗口事件子系统包括图形界面、图形设备驱动和图形显示 API 函数等；通信模块负责设备与 PC 间的互联和网络通信等。目前，Windows CE 的最高版本为 7.0，作为 Windows10 操作系统的移动版。

Windows CE 支持 4 种处理器架构，即 x86、MIPS、ARM 和 SH4，同时支持多媒体设备、图形设备、存储设备、打印设备和网络设备等多种外设。除了在智能手机方面得到广泛应用之外，Windows CE 也被应用于机器人、工业控制、导航仪、PDA 和示波器等设备上。

### 1.4.4 软件架构选择建议

从理论上讲，基于操作系统的开发模式具有快捷、高效的特点，开发的软件移植性、后期维护性、程序稳健性等都比较好。但不是所有系统都要基于操作系统，因为这种模式要求开发者对操作系统的原理有比较深入的掌握，一般功能比较简单的系统，不建议使用操作系统，毕竟操作系统也占用系统资源；也不是所有系统都能使用操作系统，因为操作系统对系统的硬件有一定的要求。因此，在通常情况下，虽然 STM32 单片机是 32 位系统，但不主张嵌入操作系统。

如果系统足够复杂，任务足够多，又或者有类似于网络通信、文件处理、图形接口需求加入时，不得不引入操作系统来管理软硬件资源时，也要选择轻量化的操作系统，比方说，μC/OS-Ⅱ或是 VxWorks，但是 VxWorks 是商业的，其许可费用比较高，所以选择 μC/OS-Ⅱ的比较多，相应的参考资源也比较多；建议不要选择 Linux、Android 和 Windows CE 这样的重量级的操作系统，因为 STM32F1 系列微控制器硬件系统在未进行扩展时，是不能满足此类操作系统的运行需求的。

## 本章小结

本章首先讲解了嵌入式系统的定义，并比较了嵌入式系统和通用计算机系统的异同点，并由此总结出嵌入式系统的特点。随后介绍本书的主角——微控制器，因为 ARM 嵌入式系统特殊的商业模式，所以分成两步进行介绍：第一步介绍 ARM 处理器，第二步介绍基于 ARM 处理器内核的 STM32 微控制器。最后，本章讨论了嵌入式系统软件结构，分为两种情况：一种是无操作系统的，另一种是带操作系统的，并给出了两种体系架构的选择建议。

## 思考与扩展

1. 什么是嵌入式系统？
2. 嵌入式系统与通用计算机系统的异同点？
3. 嵌入式系统的特点主要有哪些？
4. ARM Cortex-M3 处理器有几个类别，分别应用于哪些领域？
5. 简要说明 ARM Cortex-M3 内核和 ARM Cortex-M3 的 MCU 的关系。
6. STM32 微控制器产品线包括哪三个类别？
7. 以 STM32F103ZET6 微控制器为例说明 STM32 微控制器命名规则？
8. 嵌入式系统的软件分为哪两种体系结构？
9. 常见的嵌入式操作系统有哪几种？
10. 对于 STM32 嵌入式系统软件，如何选择操作系统？

# 第2章 STM32开发板硬件系统

**本章要点**

- 开发板总体概况
- 电源模块电路
- 核心板电路
- I/O模块电路
- 扩展模块电路

嵌入式系统开发是一门实践性很强的专业课，必须通过大量的实验才能较好地掌握其系统资源的使用。嵌入式系统由硬件和软件两部分组成，硬件是基础，软件是关键，两者联系十分紧密，本章将对教材配套开发板的全部硬件系统作一个总体的介绍，这部分内容是后续项目实践的基础，也是整个嵌入式学习的基础。

## 2.1 开发板总体概况

开发板
硬件系统

### 2.1.1 开发板设计背景

传统的51单片机除了使用开发板进行实践以外，还可以通过Proteus等软件进行仿真学习。由于基于ARM内核微控制器十分复杂，产品线又十分丰富，仅意法半导体公司产品系列就达上百个，所以现有仿真软件不能很好地支持。为了知识的完整性，第3章最后一节也介绍了Keil MDK软件仿真调试方法，但是事实上，这个仿真用起来很不方便，准确度也难以保证，另外其只能仿真CPU，而不能仿真外围接口设备。所以嵌入式系统学习还需要一个开发板，边学习边实践，这也是目前普遍认可的学习方法。

现在网上也有很多开发板出售，但是相对来说价格较贵，更重要的是这些开发板往往过于复杂，开始就是操作系统、图形接口、触摸屏、USB、CAN、Wi-Fi等，作为工程技术人员的实践硬件还是相当不错的，但是作为学校的教学实验板是不合适的，初学者会感到学习困难，丧失学习兴趣，而且学校教学安排也没有那么多课时来完成这么复杂的学习项目。所以初学者迫切需要这样的嵌入式开发板：能够包括经典的单片机实验项目，如流水灯、数码管、ADC、LCD 等，适合从零开始学习 ARM 嵌入式系统或是由传统 8 位单片机转入 32 位单片机的初学者。

### 2.1.2 开发板总体介绍

作者经过相当长时间设计、制板，测试，最终设计出一款非常适合 32 位单片机初学者的嵌入式实验板。其主要包括电源电路、STM32 核心板电路、输入输出接口电路和通信接口电路等，2.2 节将具体介绍该开发板的每一个子电路，相应模块的原理图也在后续讲解中给出。

该嵌入式开发板的 PCB 总体规划：尺寸为 17.0cm×12.5cm，板层为双面布线、顶层安装，工艺为普通工艺、绿底白字、过孔盖油。

开发板 PCB 元件总体布局如图 2-1 所示。

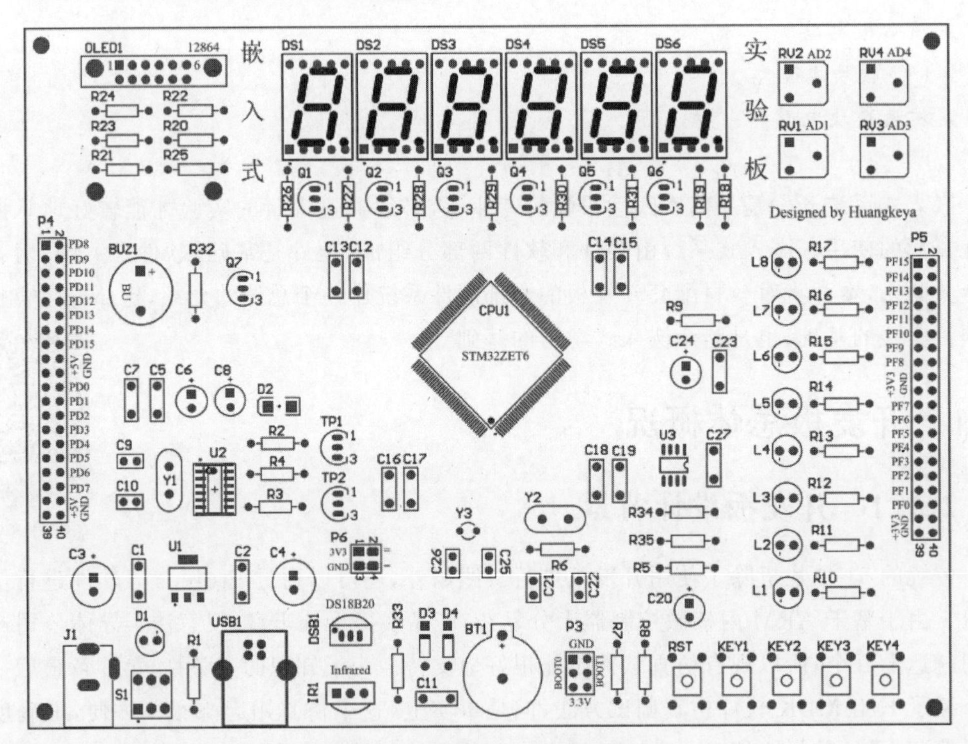


图 2-1 开发板 PCB 元件布局图

PCB 布线完成效果如图 2-2 所示。

对开发板电路进行 PCB 制板、元器件购买、SMT 贴片、插件安装，组装完成之后再进行系统测试，测试通过后就可以学习使用了。

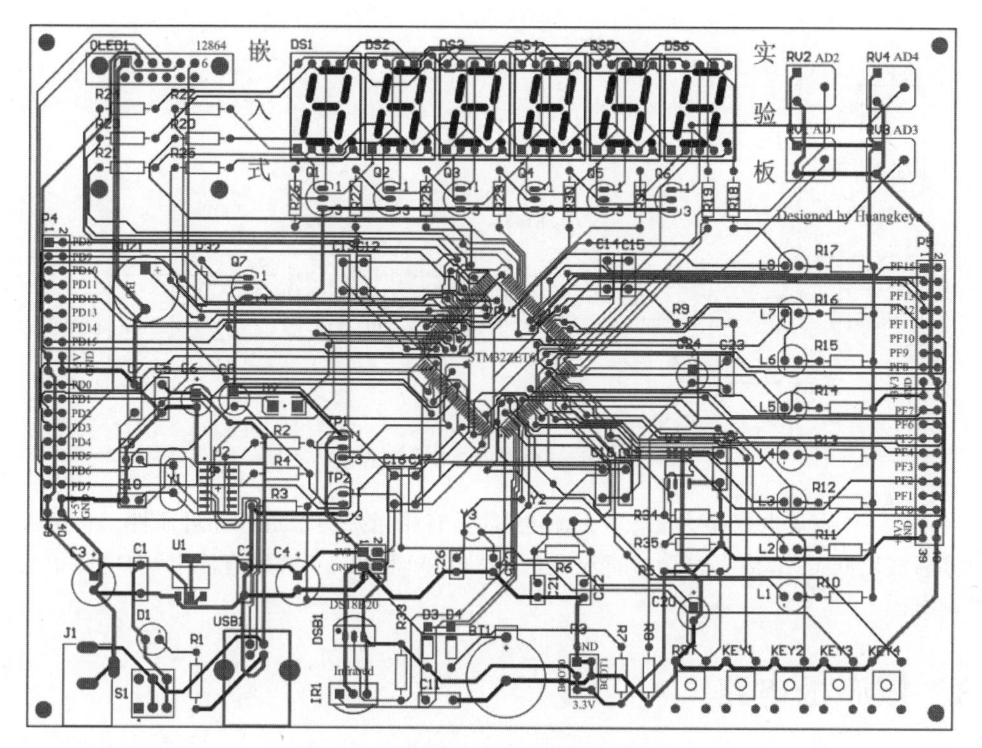


图 2-2　开发板 PCB 布线完成效果图

# 2.2　电源模块

## 2.2.1　电源模块原理图

电源模块是给实验板所有模块提供电源的，本实验板采用双电源供电方式，一种方式为USB 接口供电方式，另一种方式为火牛接口供电方式，两个供电电路采用并联的方式，实验时只要接入一个电源即可。一般情况，USB 供电方式即可满足实验板供电要求，因为 USB 接口既可以实现数据通信，又可以为实验板提供电源，现在无论台式计算机还是笔记本电脑都具备 USB 接口，故该方式使用十分方便。当 USB 接口供电不能满足要求，例如，在某些大电流工作场所，也可以通过火牛接口 J1 向实验板提供电源，该方式可以向实验板提供更大的电流。电源模块原理图如图 2-3 所示。

## 2.2.2　电源模块工作原理

如图 2-3 所示，S1 为一个自锁按钮，可以接通或断开电源。发光二极管 LED1 为电源指示灯，R1 为限流电阻，接通电源 LED1 发光。C1 和 C3 为 REG1117-3.3 芯片输入端的滤波电容，C2 和 C4 为输出端的滤波电容。U1 为 DC/DC 变换芯片 REG1117-3.3，该芯片可

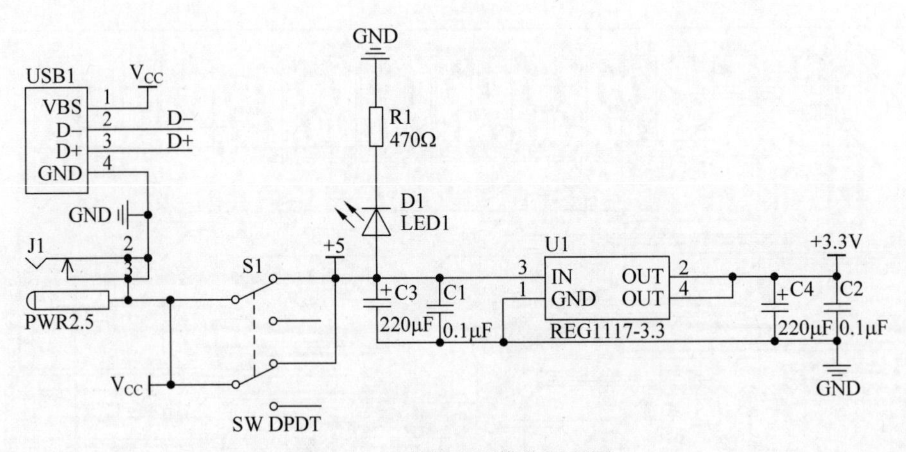


图 2-3　开发板电源模块原理图

以将输入的 5V 直流电变换为 3.3V 直流电，且具有相当好的稳定性和可靠性。该电源模块可以接通或断开 USB 或火牛接口直流电源，输出 5V 和 3.3V 两种直流电，向电路板的各模块提供电源。

## 2.3　核心板电路

核心板电路就是单片机最小系统电路加上 ISP 下载电路，也就是让微控制器运行起来，并可在线更新程序。

### 2.3.1　CPU 模块

实验板 CPU 模块选择意法半导体公司的 32 位高性能微控制器 STM32F103ZET6，该芯片是 STM32F103 系列最高配的芯片，其引脚如图 2-4 所示。

STM32F103ZET6 芯片的主要特性如下：

(1) 集成了 32 位的 ARM Cortex-M3 内核，最高工作频率可达 72MHz，计算能力为 1.25DMIPS/MHz(Dhrystone 2.1)，具有单周期乘法指令和硬件除法器；

(2) 具有 512KB 片内 Flash 存储器和 64KB 片内 SRAM 存储器；

(3) 内部集成了 8MHz 晶体振荡器，可外接 4～16MHz 时钟源；

(4) 2.0～3.6V 单一供电电源，具有上电复位功能(POR)；

(5) 具有睡眠、停止、待机三种低功耗工作模式；

(6) 144 引脚 LQFP 封装(薄型四边引线扁平封装)；

(7) 内部集成了 11 个定时器：4 个 16 位的通用定时器，2 个 16 位的可产生 PWM 波控制电机的定时器，2 个 16 位的可驱动 DAC 的定时器，2 个加窗口的看门狗定时器和 1 个 24 位的系统节拍定时器(24 位减计数)；

(8) 2 个 12 位的 DAC 和 3 个 12 位的 ADC(21 通道)；

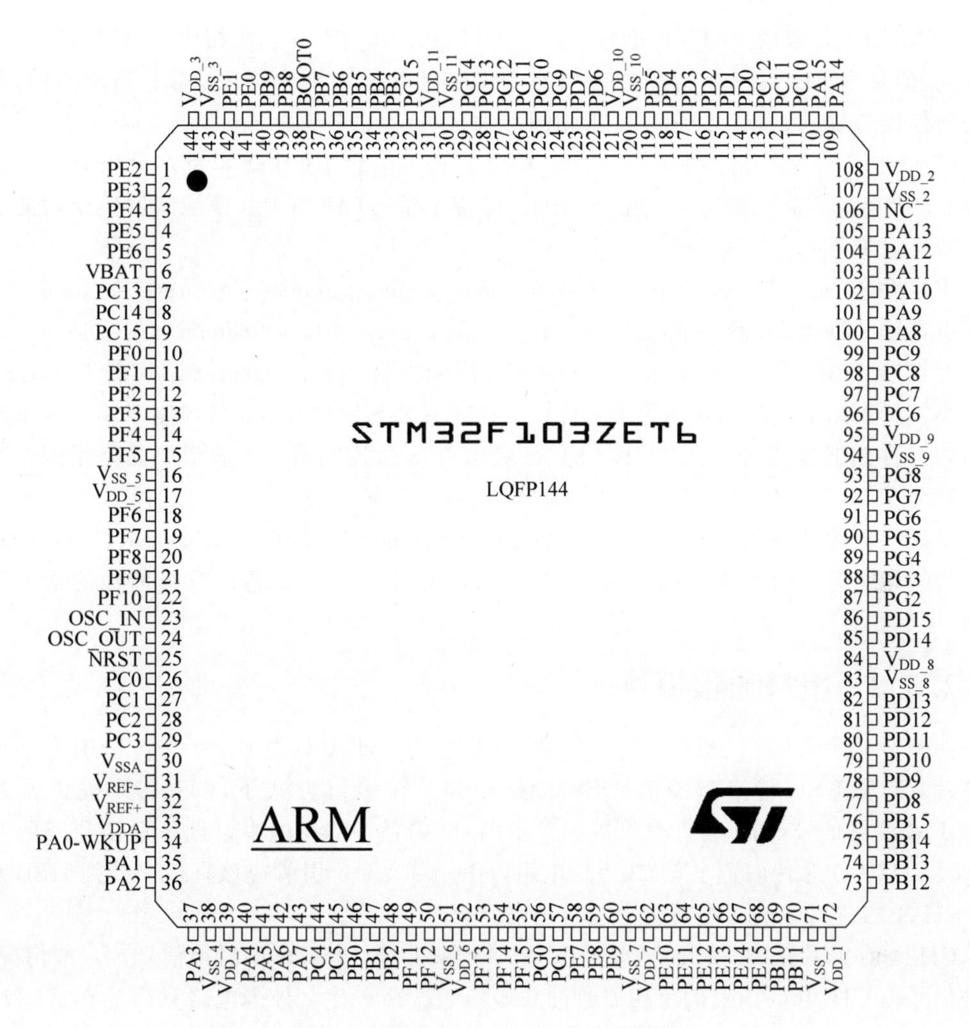


图 2-4 STM32F103ZET6 芯片引脚图

(9) 集成了内部温度传感和实时时钟 RTC；

(10) 具有 112 根高速通用输入输出口(GPIO)，可从其中任选 16 根作为外部中断输入口，几乎全部 GPIO 可承受 5V 输入(PA0～PA7、PB0～PB1、PC0～PC5、PC13～PC15 和 PF6～PF10 除外)；

(11) 集成了 13 个外部通信接口：2 个 I2C、3 个 SPI(18Mb/s，其中复用 2 个 I2S)、1 个 CAN(2.0B)、5 个 UART、1 个 USB 2.0 设备和 1 个并行 SDIO；

(12) 具有 12 通道的 DMA 控制器，支持定时器、ADC、DAC、SDIO、I2S、SPI、I2C 和 UART 外设；

(13) 具有 96 位的全球唯一编号；

(14) 工作温度为－40～85℃；

STM32F103 家族中的其他型号芯片与 STM32F103ZET6 芯片相比，内核相同，工作频率相同，但片内 FLASH 存储器和 SRAM 存储器的容量以及片内外设数量有所不同，对外部的通信接口数量和芯片封装也各不相同，因此性价比也各不相同。

STM32F103 微控制器小容量产品引脚定义表见附录 B；中等容量产品引脚定义表见附录 C；大容量产品引脚定义表见附录 D。详细了解 STM32F103 微控制器模块功能和技术参数可以参考以下数据手册：

小容量 STM32F103xx：http://www.st.com/stonline/products/literature/ds/15060.pdf

中容量 STM32F103xx：http://www.st.com/stonline/products/literature/ds/13587.pdf

大容量 STM32F103xx：http://www.st.com/stonline/products/literature/ds/14611.pdf

小容量产品是指闪存存储器容量为 16～32KB 的 STM32F103 微控制器。中容量产品是指闪存存储器容量为 64～128KB 的 STM32F103 微控制器。大容量产品是指闪存存储器容量为 256～512KB 的 STM32F103 微控制器。

值得一提的是，STM32F103xC、STM32F103xD 和 STM32F103xE(x＝R，V 或 Z)这三个系列的相同封装的芯片是引脚兼容的，这种芯片兼容方式是芯片升级换代的最高兼容标准。

## 2.3.2 串口通信模块

如图 2-5 所示为开发板串口通信模块，其核心为 CH340G 芯片，为一个 USB 总线的转接芯片，实现 USB 转串口或者 USB 转打印口。在串口方式下，CH340G 提供常用的 MODEM 联络信号，用于为计算机扩展异步串口，或者将普通的串口设备直接升级到 USB 总线。CH340G 芯片内置了 USB 上拉电阻，UD＋和 UD－引脚应该直接连接到 USB 总线上。CH340G 芯片内置了电源上电复位电路。

CH340G 芯片正常工作时需要外部向 XI 引脚提供 12MHz 的时钟信号。一般情况下，时钟信号由 CH340G 内置的反相器通过晶体稳频振荡产生。外围电路只需要在 XI 和 XO 引脚之间连接一个 12MHz 的晶体，并且分别为 XI 和 XO 引脚对地连接微调电容。

CH340G 芯片支持 5V 电源电压或者 3.3V 电源电压。当使用 5V 工作电压时，CH340G 芯片的 $V_{CC}$ 引脚输入外部 5V 电源，并且 V3 引脚应该外接容量为 4700pF 或者 0.01μF 的电源退耦电容。当使用 3.3V 工作电压时，CH340G 芯片的 V3 引脚应该与 $V_{CC}$ 引脚相连接，同时输入外部的 3.3V 电源，并且与 CH340G 芯片相连接的其他电路的工作电压不能超过 3.3V。

异步串口方式下 CH340 芯片的引脚包括：数据传输引脚、MODEM 联络信号引脚、辅助引脚。数据传输引脚包括：TXD 引脚和 RXD 引脚。MODEM 联络信号引脚包括：CTS＃引脚、DSR＃引脚、RI＃引脚、DCD＃引脚、DTR＃引脚、RTS＃引脚。所有这些 MODEM 联络信号都是由计算机应用程序控制并定义其用途。

如图 2-5 所示，电路中 CH340G 芯片采用的是 5V 电压供电，所以在芯片 V3 引脚接一个 0.01μF 的去耦合电容 C3。C1 和 C2 为电源滤波电容，使芯片供电更加平稳。XI 和 XO

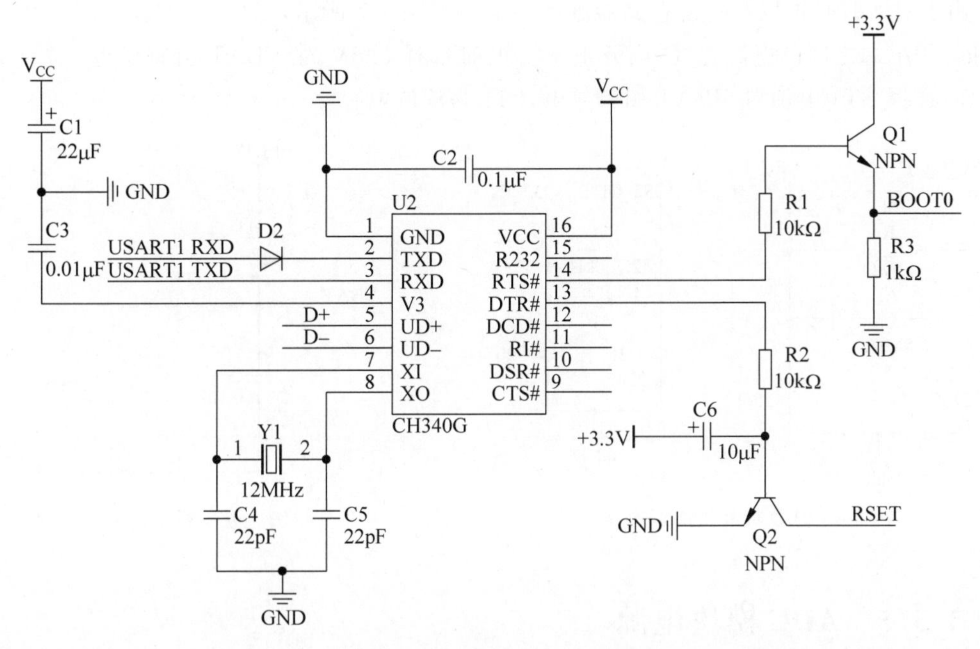


图 2-5　开发板串口通信模块

两个引脚外接 12MHz 晶振，并在晶振两端接两个 22pF 的对地微调电容 C4 和 C5。RTS 和 DTR 为 MODEM 联络信号引脚，RTS 通过外接开关电路控制 BOOT0 引脚信号，DTR 通过外接开关电路控制 RSET 引脚信号。MCU-ISP 下载软件通过程序控制 BOOT0 和 RSET 电平，使芯片在编程和运行两个状态之间切换，并能实现程序下载完成自动复位进入运行状态，该方式使芯片操作十分方便，而不需要像一般开发板那样使用拨码开关实现芯片状态切换，并需要手动复位。

### 2.3.3　外接晶振模块

晶振一般叫作晶体谐振器，是一种机电器件，用电损耗很小的石英晶体经精密切割磨削并镀上电极，焊上引线做成。它的作用是为 STM32 系统提供基准时钟信号，类似于部队训练时喊口令的人，STM32 单片机内部所有的工作都是以这个时钟信号为步调基准进行工作的。

如图 2-6 所示，STM32 开发板需要两个晶振：一个是系统主晶振 Y2，频率为 8MHz，为 STM32 内核提供振荡源；另一个是实时时钟晶振 Y3，频率为 32.768kHz。为稳定频率，在每一个晶振的两端分别接上两个 22pF 的对地微调电容。

### 2.3.4　备用电源模块

STM32 开发板的备用电源为钮扣电池，具体设计时选用 CR1220 型号，供电电压为

3V，用于对实时时钟以及备份存储器进行供电。如图 2-7 所示，二极管 D3、D4 用于系统电源和备用电源之间的电源选择，当开发板上电时选择 3.3V 对 VBAT 引脚供电，当开发板断电时选择 BT1 电池对 VBAT 引脚供电，C11 为滤波电容。

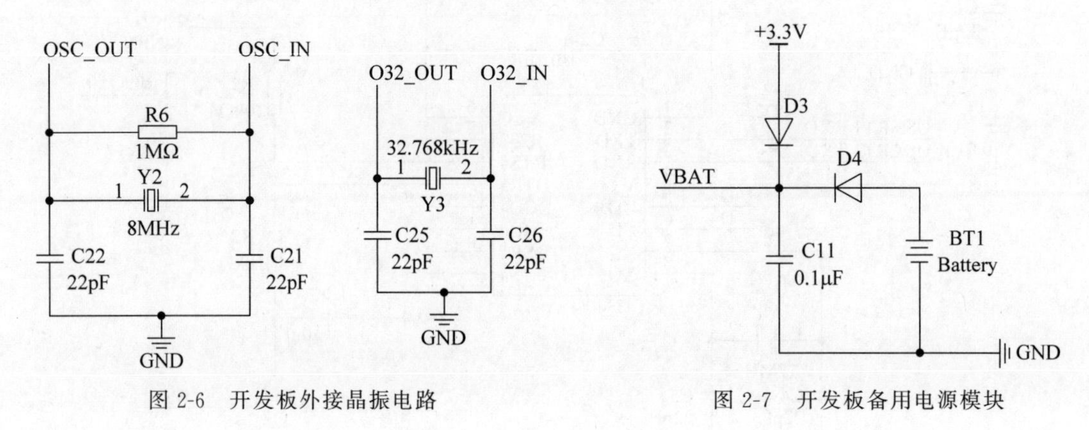


图 2-6 开发板外接晶振电路　　　　图 2-7 开发板备用电源模块

## 2.3.5 ADC 模块电源

如图 2-8 所示，ADC 模块电源 $V_{DDA}$ 和 AD 转换参考电源 $V_{REF+}$ 均取自系统 3.3V 主电源，并经一个 10Ω 电阻 R9 隔离。ADC 模块电源地线 $V_{SSA}$ 和 ADC 参考电源地线 $V_{REF-}$ 直接接至电源的地线 GND。

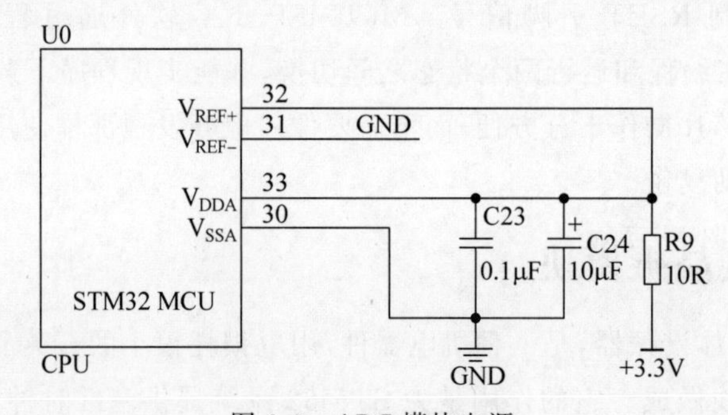


图 2-8 ADC 模块电源

## 2.3.6 CPU 滤波电路

如图 2-9 所示，为保证 CPU 供电可靠稳定，需要在 STM32F103 芯片所有的电源引脚 $V_{DD}$ 和 $V_{SS}$ 之间加上滤波电容。CPU 滤波电路采用了 8 个 0.1μF 的电容(C12～C19)并联为 CPU 电源提供滤波功能。为保证滤波效果，在 PCB 布局时每两个电容为一组，共四组，每一组电容要尽量靠近 CPU 的电源引脚。

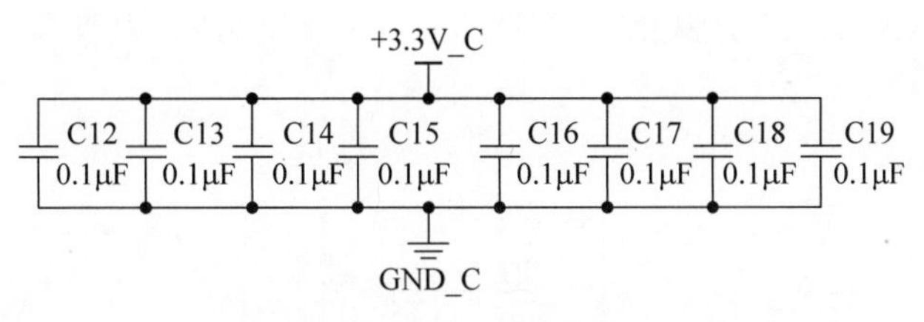


图 2-9　CPU 滤波电路

## 2.3.7　复位电路

如图 2-10 所示为 STM32 单片机的复位电路，其可以实现上电复位和按键复位，开发板刚接通电源时，R5 和 C20 构成 RC 充电电路，对系统进行上电复位，复位持续时间由 R5 电阻值和 C20 容值乘积决定，一般情况电阻取 10kΩ，电容取 10μF 可以满足复位要求。按钮 RST 可以实现按键复位，当需要复位时按下 RST 按钮，RSET 引脚直接接地，CPU 即可进入复位状态。

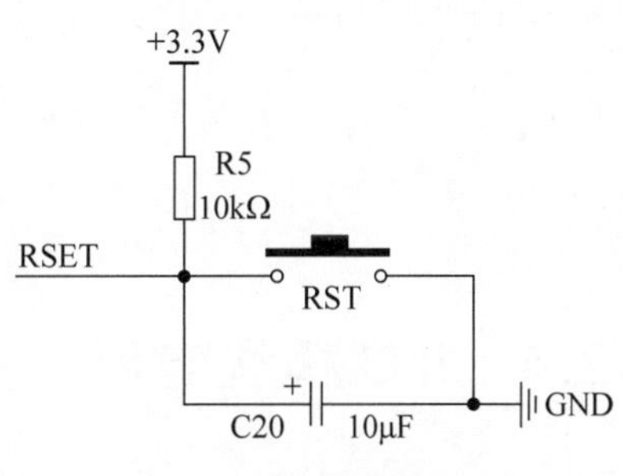


图 2-10　开发板复位电路

## 2.3.8　启动设置电路

STM32 三种启动模式对应的存储介质均是芯片内置的，它们是：

(1) 用户闪存，即芯片内置的 Flash。

(2) SRAM，即芯片内置的 RAM 区，就是内存。

(3) 系统存储器，即芯片内部一块特定的区域，芯片出厂时在这个区域预置了一段 Boot loader，就是通常说的 ISP 程序。这个区域的内容在芯片出厂后不能修改或擦除，即它是一个 ROM 区。

在每个 STM32 的芯片上都有两个引脚 BOOT0 和 BOOT1，这两个引脚在芯片复位时的电平状态决定了芯片复位后从哪个区域开始执行程序，如表 2-1 所示。

**表 2-1　启动方式与引脚对应表**

| 启动模式选择引脚 | | 启动模式 | 说　明 |
|---|---|---|---|
| BOOT1 | BOOT0 | | |
| × | 0 | 从用户闪存启动 | 这是正常的工作模式 |
| 0 | 1 | 从系统存储器启动 | 启动的程序功能由厂家设置 |
| 1 | 1 | 从内置 SRAM 启动 | 这种模式可以用于调试 |

如图 2-11 所示，可以通过跳线帽来设置 BOOT0 引脚和 BOOT1 引脚的电平状态，进而进行启动方式选择。在本设计模块当中，是通过 ISP 软件控制 BOOT0 和 BOOT1 引脚的电平状态的，进而实现程序下载和复位运行的自动切换。为确保 ISP 软件正确控制，开发板

在使用时需将 P3 模块的“3”引脚和“5”引脚以及 P3 模块的“2”引脚和“4”引脚使用短路帽短接。

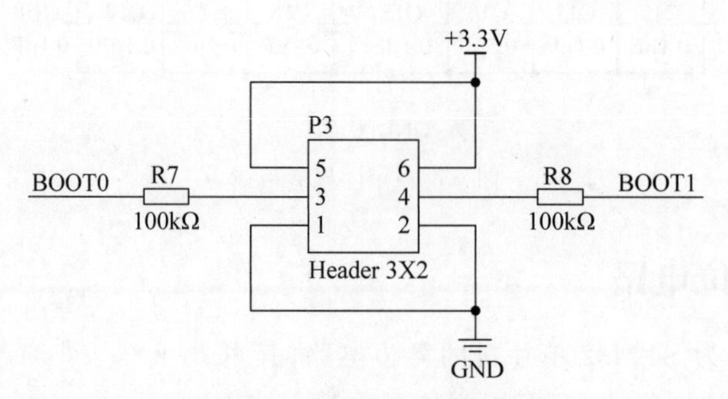


图 2-11 开发板启动设置电路

## 2.4 I/O 模块电路

本节主要介绍开发板的输入和输出设备，这些设备是开发板的基础设备，也是学习嵌入式系统的首先需要掌握的接口技术。

### 2.4.1 LED 指示灯模块

如图 2-12 所示，实验板共设置 8 个 LED 指示灯，采用共阳接法，即 8 个 LED 指示灯 L1～L8 的阳极经限流电阻 R10～R17 接系统的 3.3V 电源，8 个 LED 指示灯的阴极接 CPU 的 PC0～PC7。由电路图可知，如果要想某一个指示灯亮，则需由单片机控制相应的引脚输出低电平，例如，需要点亮 L1 和 L3，则需要编写程序，使 PC0 和 PC2 输出低电平。

### 2.4.2 按键模块

如图 2-13 所示，实验板共设置 4 个输入按键，4 个按键的一端并联并接地，另外一端由 CPU 的 GPIO 控制，具体为 KEY1 接 PE0，KEY2 接 PE1，KEY3 接 PE2，KEY4 接 PE3。由图可知，当某一按键按下时，相应的 GPIO 引脚应为低电平，CPU 读出相应的电平状态即可执行相应的子程序或是处理不同的中断服务程序。

### 2.4.3 数码管模块

如图 2-14 所示，实验板共设置 6 个共阳数码管，采用动态扫描方式控制，为实现上述控制方法，需要将所有数码管的笔画位(a, b, c, d, e, f, g, dp，共 8 个笔画引脚)并联，每一个数码管的公共端(3 和 8 引脚)，由一个 PNP 三极管控制，可以将该数码管打开或关闭。为限制数码管的每一个发光二极管的电流或是其亮度，需要在笔画位与 MCU 的 I/O 引脚之间串联电阻。位选三极管 Q1～Q6 的基极也由 MCU 的 I/O 引脚控制，为避免三极管导通时钳位于某一具体电位，在位选三极管基极与 MCU 的 GPIO 引脚之间也需串联一个电阻。

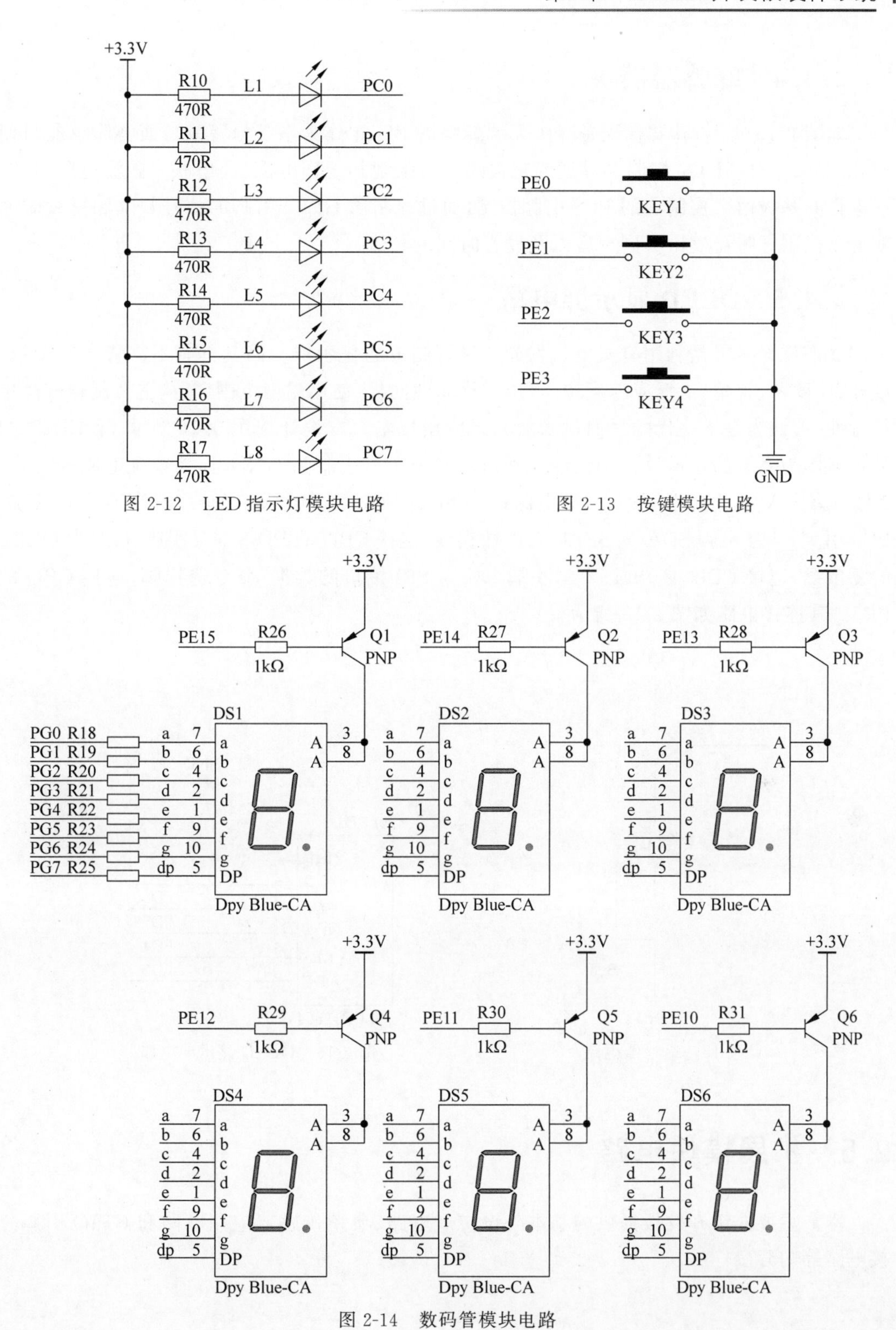


图 2-12　LED指示灯模块电路

图 2-13　按键模块电路

图 2-14　数码管模块电路

### 2.4.4 蜂鸣器模块

如图 2-15 所示，开发板配备一个无源蜂鸣器 BUZ1 作为系统报警或是演奏简单曲目使用，由 PNP 三极管 Q7 控制其导通或是关闭。为限制其工作电流，还串联一限流电阻 R32。三极管的基极由微控制器的 PC8 引脚控制，通过控制该 GPIO 引脚的信号频率和持续时间就可以控制蜂鸣器发出不同声音以及发音时间的长短。

### 2.4.5 OLED 显示屏电路

OLED 显示屏是利用有机电自发光二极管制成的显示屏。因其具有不需背光源、对比度高、厚度薄、视角广、反应速度快、可用于挠曲性面板、使用温度范围广、构造及制程较简单等特性，被认为是下一代的平面显示器新兴应用技术。本设计选用 0.96 英寸 OLED12864 显示屏作为系统的显示设备，共有 6 个引脚，其中 1 号引脚为 GND，连接系统电源的地线；2 号引脚为 $V_{CC}$，连接系统的+5V 电源；3 号引脚 SCL 为 SPI 接口的时钟线，连接 CPU 的 PD6 引脚；4 号引脚 SDA 为 SPI 接口的数据线，连接 CPU 的 PD7；5 号引脚 RES 为 OLED 的复位线，连接 CPU 的 PD4；6 号引脚 DC 为 SPI 接口的数据/命令选择脚，连接 CPU 的 PD5。其连接电路如图 2-16 所示。

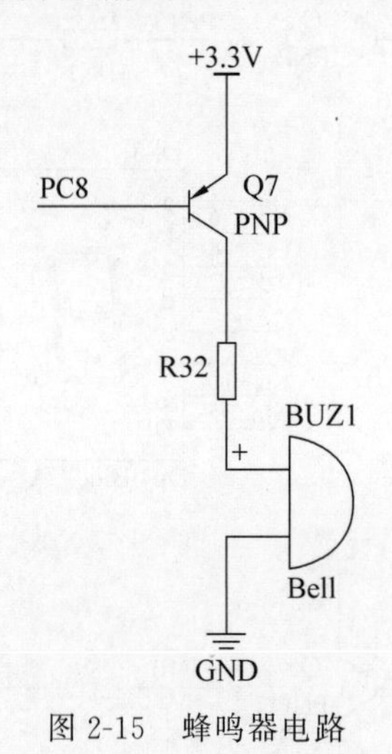


图 2-15 蜂鸣器电路

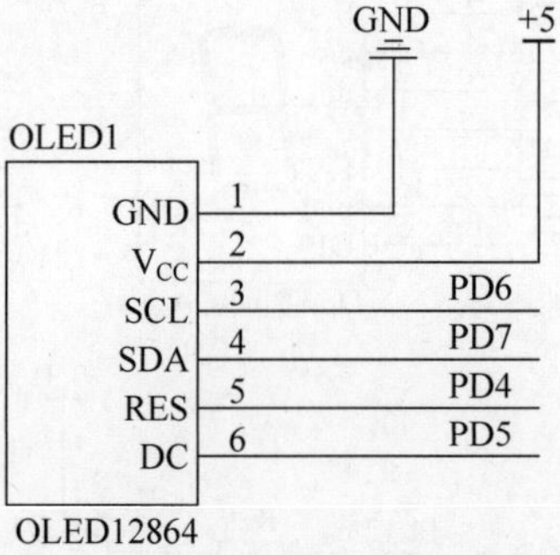

OLED1
GND 1
$V_{CC}$ 2
SCL 3
SDA 4
RES 5
DC 6
GND
+5
PD6
PD7
PD4
PD5
OLED12864

图 2-16 OLED 显示屏电路

## 2.5 扩展模块电路

本节主要介绍开发板提供的基本外设扩展电路、典型传感器应用电路和 GPIO 引脚外接电路等内容。

### 2.5.1 温度传感器

DS18B20是常用的数字温度传感器，其输出的是数字信号，具有体积小、硬件开销低、抗干扰能力强、精度高的特点。DS18B20数字温度传感器接线方便，封装后可应用于多种场合，如管道式、螺纹式、磁铁吸附式、不锈钢封装式，型号多种多样，有LTM8877、LTM8874等。DS18B20属于单总线传感器，其接线较为简单，1号引脚为地线接电源地线即可，2号引脚为数据线，连接至CPU的PE4引脚，3号引脚为芯片电源连接到系统3.3V电源，同时还需要在3号引脚和2号引脚之间跨接一个10kΩ的电阻。其电路连接如图2-17所示。

### 2.5.2 红外传感器

红外传感器接收的典型电路如图2-18所示，红外接收电路通常被厂家集成在一个元件中，成为一体化红外接收头。内部电路包括红外监测二极管、放大器、限幅器、带通滤波器、积分电路、比较器等。红外监测二极管监测到的红外信号，然后把信号送到放大器和限幅器，限幅器把脉冲幅度控制在一定的水平，而不论红外发射器和接收器的距离远近。红外接收头也属于单总线传感器，电路连接也较为简单，如图2-18所示，只需要将3号引脚接3.3V电源，2号引脚接地，1号引脚连接微控制器的PE5引脚即可。

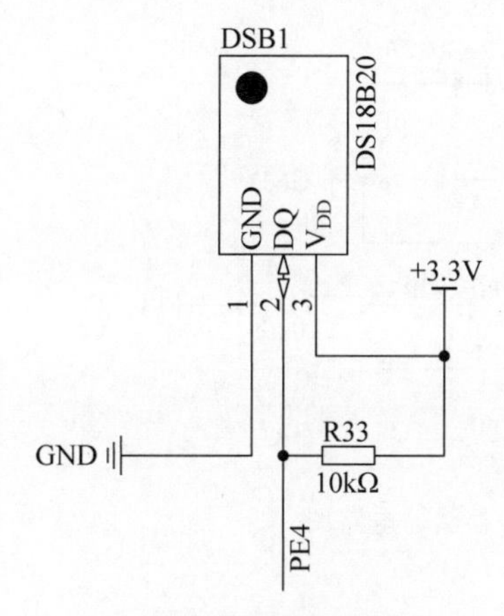


图2-17　温度传感器电路

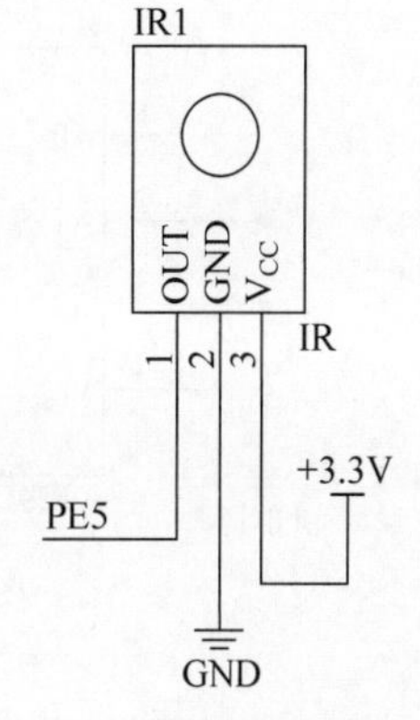


图2-18　红外传感器接收电路

### 2.5.3 AD采样模块

如图2-19所示，AD采样模块主要目的是提供4个可以调节的电压供系统采样，并将其转换成数字量，送入CPU模块进行后续处理。由于STM32芯片内核已经集成了AD转换器，故不用外接AD转换电路。所以本模块电路元件主要为4个10kΩ的电位器，电位器一端接系统电源 3.3V,另一端接电源地,中间抽头与 STM32 微控器一组 GPIO 引脚(PA0～PA3)连接。

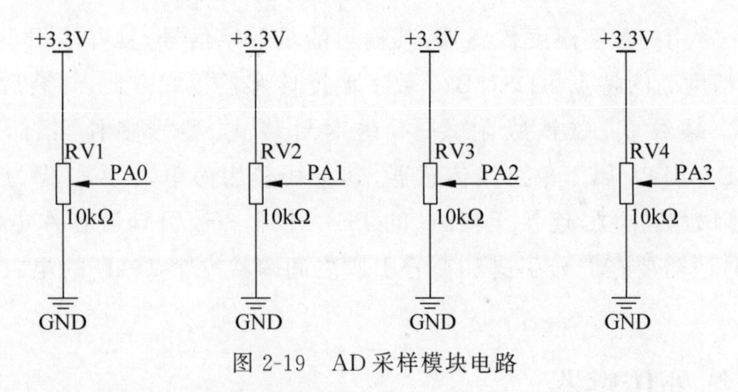


图 2-19 AD 采样模块电路

## 2.5.4 EEPROM 存储器

为能够持续保留重要数据和保存系统配置信息,开发板外扩了一片 EEPROM 存储芯片 AT24C02,与 MCU 之间接口采用模拟 I2C 接口,其连接电路如图 2-20 所示。由图可知,电源和地之间加一个 0.1μF 的滤波电容,A0～A2 芯片地址设定引脚均接地,可知该芯片的器件引脚地址为 000,I2C 时钟线 SCL 连接至 MCU 的 PF0 引脚,I2C 数据线 SDA 连接至 MCU 的 PF1 引脚,同时 I2C 两根信号线分别接 10kΩ 上拉电阻。

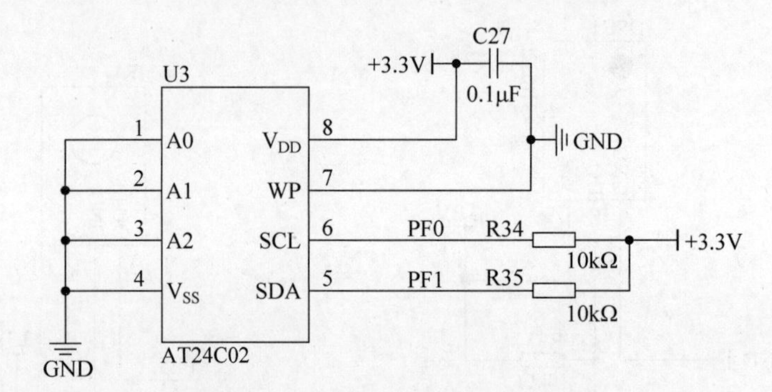


图 2-20 EEPROM 存储器电路图

## 2.5.5 I/O 引脚外接模块

如图 2-21 所示,为了方便用户在外电路中使用本实验板的控制引脚,所以特将 STM32 的部分 I/O 引脚以及系统电源(5V 和 3.3V)引出到实验板两边的排针上。如果用户需要使用实验板的控制功能,只需要使用杜邦线将系统电源和 I/O 引脚信号引入到外电路当中,然后在实验板编写控制程序,实现对外电路的控制,此时实验板的作用就相当于普通的单片机核心板。

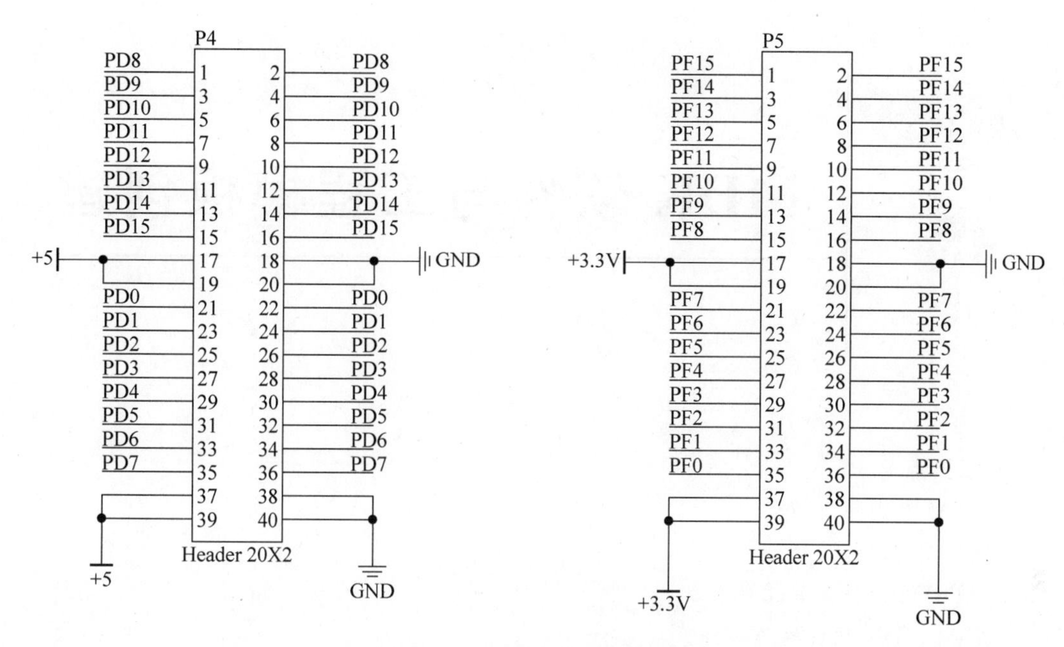


图 2-21 I/O 引脚外接模块电路

# 本章小结

本章对本书配套开发的硬件系统进行了介绍，嵌入式系统开发软硬件联系紧密，对硬件系统有一个总体认识，对下一步学习帮助很大。在章节叙述中，在对开发板总体进行简单阐述之后，便依次对开发板各功能模块进行了介绍，这些功能模块包括电源模块、核心板电路、I/O 模块电路和扩展模块电路四个方面。

# 思考与扩展

1. 开发板使用的微控制器具体型号是什么？
2. 开发板电源模块可以提供几种供电电压？
3. LED 指示灯采用共阳接法还是共阴接法，其电源电压为多少伏？
4. 当开发板的按键按下时端口的为高电平还是低电平？
5. 开发板有几个外接晶振，频率分别为多少，各自的作用是什么？
6. 数码管采用共阳接法还是共阴接法，其笔画位和公共端分别由 MCU 的哪些 GPIO 控制？

第3章

# MDK 软件与工程模板创建

**本章要点**

- STM32 固件库概述
- STM32 固件库下载
- STM32 固件库目录结构
- Keil MDK 软件操作方法
- Keil MDK 工程模板的创建
- Keil MDK 软件模拟仿真调试

"工欲善其事,必先利其器",无论是基于寄存器方式还是基于库函数方式开发 STM32 应用程序,首先必须选择一个熟悉、完善的开发平台,建立方便、合理的程序工程模板。对于 51 单片机开发者来说,Keil-C 是再熟悉不过的。而 Keil 公司针对 32 位 ARM 嵌入式系统推出的 Keil MDK 开发平台功能强大,基本操作又和 Keil-C 保持兼容,是 32 位嵌入式单片机开发的首选。建立工程模板的核心内容包含两个方面:一是必须包含的文件;二是这些文件对应的路径。

## 3.1 STM32 固件库认知

工程模板创建

建立工程模板需要从指定路径找到必要文件,要想很好地完成这一任务,我们需要首先认识 STM32 固件库。

### 3.1.1 STM32 固件库概述

意法半导体公司提供的 STM32F10x 标准外设库是基于 STM32F1 系列微控制器的固件库进行 STM32F103 开发的一把利器。可以像在标准 C 语言编程中调用 printf()一样,在 STM32F10x 的开发中调用标准外设库的库函数,进行应用开发。相比传统的直接读写寄存器方式,STM32F10x 标准外设库不仅明显降低了开发门槛和难度,缩短了开发周期,进而降低开发成本，而且提高了程序的可读性和可维护性，给STM32F103开发带来了极大的便利。毫无疑问，STM32F10x标准外设库是用户学习和开发STM32F103微控制器的第一选择。

STM32固件库是根据CMSIS标准(Cortex Microcontroller Software Interface Standard，ARM Cortex微控制器软件接口标准)而设计的。CMSIS标准由ARM和芯片生产商共同提出，让不同的芯片公司生产的Cortex M3微控制器能在软件上基本兼容。

STM32F10x的固件库是一个或一个以上的完整的软件包(称为固件包)，包括所有的标准外设的设备驱动程序，其本质是一个固件函数包(库)，它由程序、数据结构和各种宏组成，包括了微控制器所有外设的性能特征。该函数库还包括每一个外设的驱动描述和应用实例，为开发者访问底层硬件提供了一个中间API(APPlication Programming Interface，应用编程接口)。通过使用固件函数库，无须深入掌握底层硬件细节，开发者就可以轻松应用每一个外设。每个外设驱动都由一组函数组成，这组函数覆盖了该外设的所有功能。每个器件的开发都由一个通用API驱动，API对该驱动程序的结构、函数和参数名称都进行了标准化。

### 3.1.2 STM32固件库下载

意法半导体公司2007年10月发布了V1.0版本的固件库，2008年6月发布了V2.0版的固件库。V3.0以后的版本相对之前的版本改动较大，本书使用目前最为通用的V3.5版本，该版本固件库支持所有的STM32F10x系列。具体下载方法如下：

第一步：输入www.st.com网址，打开意法半导体官方网站，在首页搜索栏输入stm32f10x，其操作界面如图3-1所示。

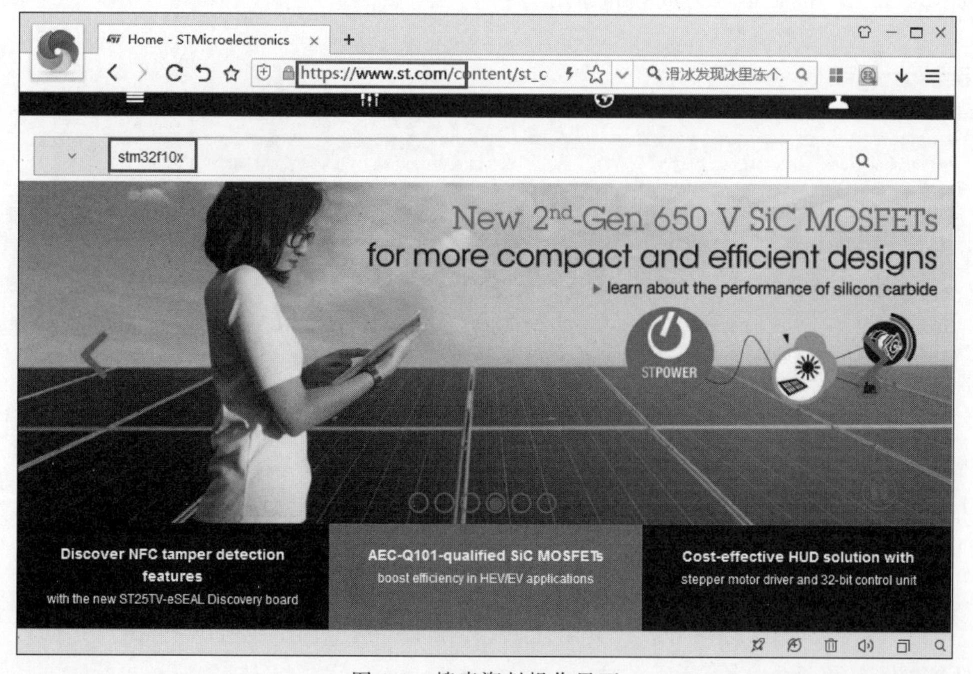


图3-1 搜索资料操作界面

在图 3-1 中,单击右侧搜索图标开始搜索,结果如图 3-2 所示,其中 STM32F10x standard peripheral library 记录即为 STM32F1 的标准外设库。

| Part Number | Status | Type | Category | Description |
|---|---|---|---|---|
| STSW-STM32023 | Active | Embedded Software | MCUs Embedded Software | How to migrate from the STM32F10xxx firmware library V2.0.3 to the STM32F10xxx standard peripheral library V3.0.0 (AN2953) |
| STSW-STM32011 | Active | Embedded Software | MCUs Embedded Software | Smartcard interface with the STM32F10x and STM32L1xx microcontrollers (AN2598) |
| STSW-STM32024 | Active | Embedded Software | MCUs Embedded Software | Getting started with uClinux for STM32F10x high-density devices (AN3012) |
| STSW-STM32027 | Active | Embedded Software | MCUs Embedded Software | Communication peripheral FIFO emulation with DMA and DMA timeout in STM32F10x microcontrollers (AN3109) |
| STSW-STM32054 | Active | Embedded Software | MCUs Embedded Software | STM32F10x standard peripheral library |
| STSW-STM32008 | Active | Embedded Software | MCUs Embedded Software | STM32F10xxx in-application programming using the USART (AN2557) |

图 3-2 搜索结果页面

打开链接即可进入固件库下载页面,操作结果如图 3-3 所示,同时也可以看到,该固件库版本为 3.5.0,该版本最为成熟和通用。

GET SOFTWARE

| Part Number | General Description | Software Version | Supplier | Marketing Status | Download |
|---|---|---|---|---|---|
| STSW-STM32054 | STM32F10x standard peripheral library | 3.5.0 | ST | Active | Get Software |

图 3-3 固件库下载页面

单击图 3-3 右边的 Get Software 按钮,登录并确认著作权之后,即可将该固件库下载到的本机。

需要说明的是:意法半导体官网资料需要登录才可以下载,如果没有账号还需要注册,当然读者也可以直接在清华大学出版社网站下载本书的教学素材,里面包含 STM32 内核固件库。

## 3.1.3 STM32 固件库目录结构

下载 STM32F10x 标准外设库并解压后,其目录结构如图 3-4 所示,由图可知固件库包含四个文件夹和两个文件。

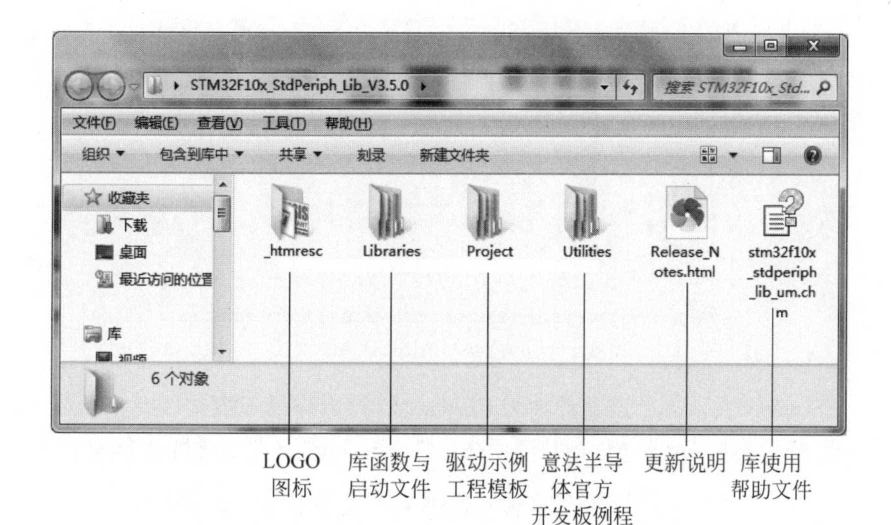


图 3-4 STM32 固件库目录结构

两个文件中，stm32f10x_stdperiph_lib_um.chm 为已经编译的帮助系统，也就是该固件库的使用手册和应用举例，该文件很重要；而另一个文件 Release_Notes.html 是固件库版本更新说明，可以将其忽略。

四个文件夹中，_htmresc 文件夹是意法半导体公司的 LOGO 图标等文件，也可以将其忽略，重要的三个文件夹是 Libraries、Project 和 Utilities，下面对其进行分别介绍。

1. Libraries 文件夹

Libraries 文件夹用于存放 STM32F10x 开发要用到的各种库函数和启动文件，其下包括 CMSIS 和 STM32F10x_StdPeriph_Driver 两个子文件夹，如图 3-5 所示。

图 3-5 Libraries 文件夹

1) CMSIS 子文件夹

CMSIS 子文件夹是 STM32F10x 的内核库文件夹，其核心是 CM3 子文件夹，其余可以忽略。在 CM3 子文件夹下有 CoreSupport 和 DeviceSupport 两个文件夹，如图 3-6 所示。

图 3-6　Libraries\CMSIS\CM3 目录

(1) CoreSupport 文件夹。该文件夹为 Cortex-M3 核内外设函数文件夹，Cortex-M3 内核通用源文件 core_cm3. c 和 Cortex-M3 内核通用头文件 core_cm3. h 即在此目录下，如图 3-7 所示。

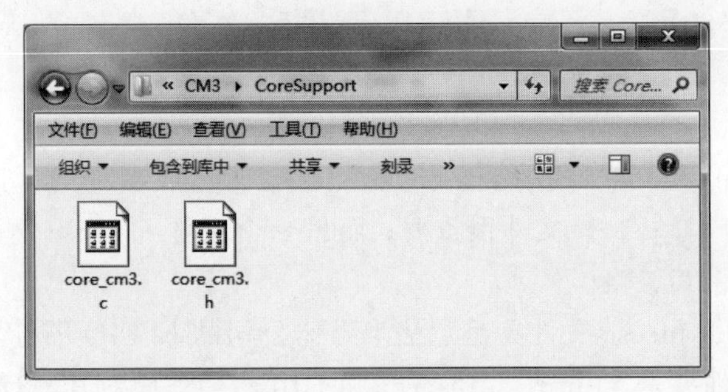


图 3-7　CMSIS\CM3\CoreSupport 目录

上述文件位于 CMSIS 核心层的核内外设访问层，由 ARM 公司提供，包含用于访问内核寄存器的名称、地址定义等内容。

(2) DeviceSupport 文件夹。该文件夹为设备外设支持函数文件夹，STM32F10x 头文件 stm32f10x. h 和系统初始化文件 system_stm32f10x. c 即位于此目录下的 ST\STM32F10x 文件夹中，如图 3-8 所示。

图 3-8　DeviceSupport\ST\STM32F10x 目录

除了头文件和初始化文件，STM32F10x 系列微控制器的启动代码文件，也位于此目录下的 ST\STM32F10x\startup\arm 文件夹中，如图 3-9 所示。例如，本书配套开发板使用的 STM32F103ZET6 微控制器属于 STM32F103 的大容量产品，因此，它对应的启动代码文件为 startup_stm32f10x_hd. s。

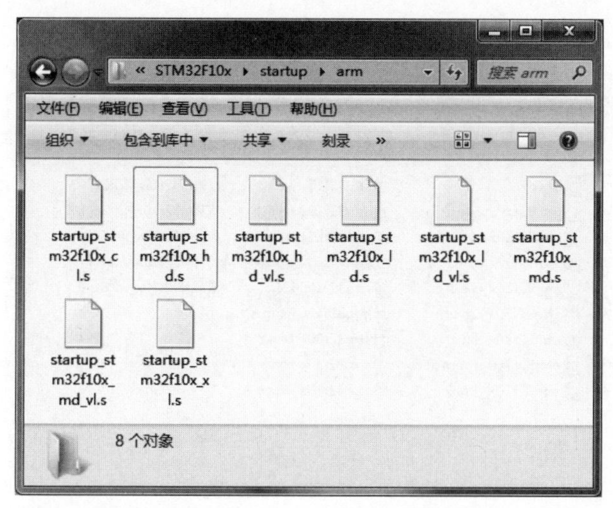


图 3-9 STM32F10x 启动代码文件目录

上述文件位于 CMSIS 核心层的设备外设访问层，由意法半导体公司提供，包含片上核外设寄存器名称、地址定义、中断向量定义等。

2）STM32F10x_StdPeriph_Driver 文件夹

STM32F10x_StdPeriph_Driver 子文件夹为 STM32Fl0x 标准外设驱动库函数目录，包括了所有 STM32F10x 微控制器的外设驱动，如 GPIO、TIMER、SysTick、ADC、DMA、USART、SPI 和 I2C 等。STM32F10x 的每个外设驱动对应一个源代码文件 stm32f10x_ppp. c 和一个头文件 stm32f10x_ppp. h。相应地，STM32F10x_StdPeriph_Driver 文件夹下也有两个子目录：src 和 inc，如图 3-10 所示。特别地，除了以上 STM32F10x 片上外设的驱动以外，Cortex-M3 内核中 NVIC 的驱动(misc. c 和 misc. h)也在该文件夹中。

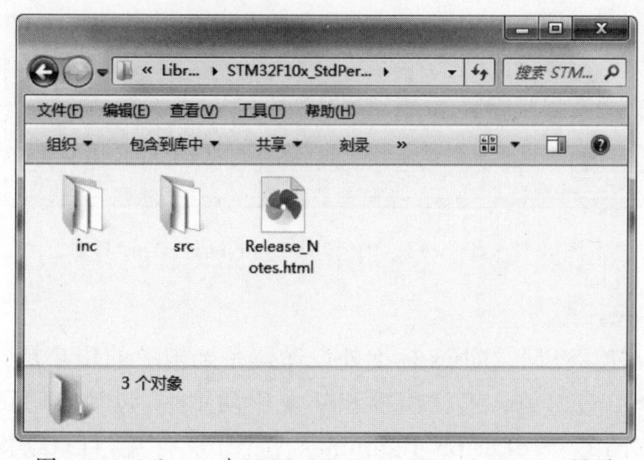


图 3-10 Libraries\STM32F10x_StdPeriph_Driver 目录

(1) src 子目录：src 是 source 的缩写，该子目录下存放意法半导体公司为 STM32F10x 每个外设而编写的库函数源代码文件，如图 3-11 所示。

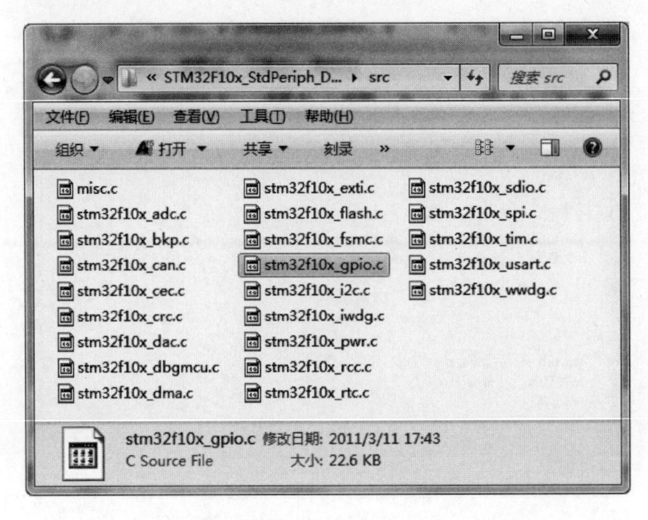


图 3-11 STM32F10x_StdPeriph_Driver\src 目录

(2) inc 子目录：inc 是 include 的缩写。该子目录下存放 STM32F10x 每个外设库函数的头文件，如图 3-12 所示。

图 3-12 STM32F10x_StdPeriph_Driver\inc 目录

### 2. Project 文件夹

Project 文件夹对应 STM32F10x 标准外设库体系架构中的用户层，用来存放意法半导体公司官方提供的 STM32F10x 工程模板和外设驱动示例，包括 STM32F10x_StdPeriph_Template 和 STM32F10x_StdPeriph_Examples 两个子文件夹，目录结构如图 3-13 所示。

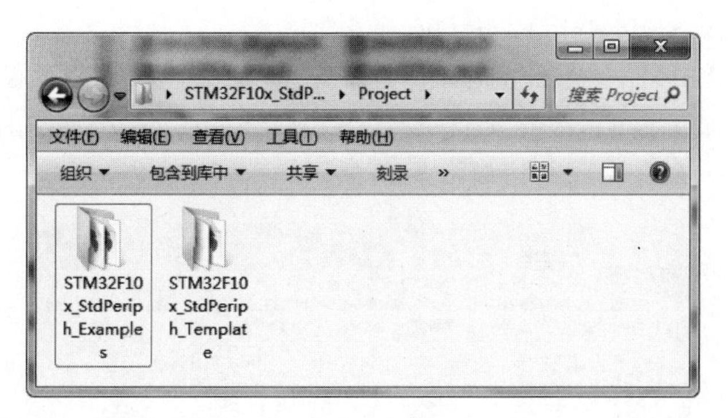


图 3-13　STM32F10x_StdPeriph_Lib_V3.5.0\Project 文件夹目录

1）STM32F10x_StdPeriph_Template 子文件夹

STM32F10x_StdPeriph_Template 子文件夹，是意法半导体公司提供的 STM32F10x 工程模板目录，包括了 5 个开发工具相关子目录和 5 个用户应用相关文件，目录结构如图 3-14 所示。

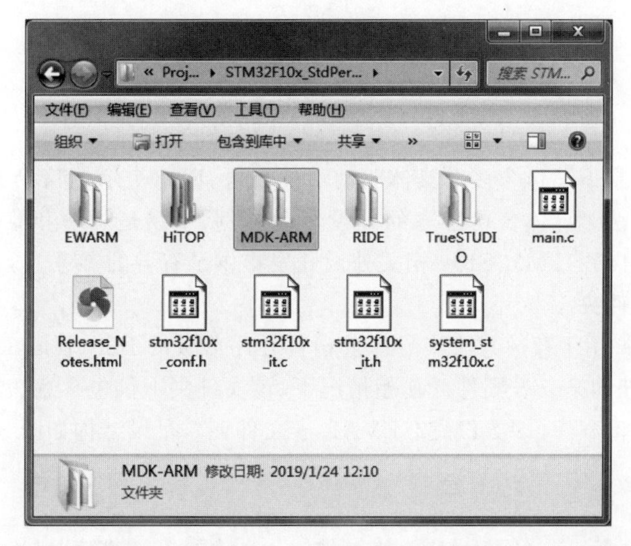


图 3-14　Project\STM32F10x_StdPeriph_Template 文件夹目录

（1）开发工具相关子目录：根据使用的开发工具的不同，分为 MDK-ARM、EWARM、HiTOP、RIDE 和 TrueSTUDIO 这 5 个子目录，每个子目录分别存放对应开发工具下 STM32F10x 的工程文件。

（2）用户应用相关文件：包括 main.c、stm32f10x_it.c、stm32f10x_it.h、stm32f10x_conf.h 和 system_stm32f10x.c 这 5 个文件。无论使用 5 种开发工具中的哪一个构建 STM32F10x 工程，用户的具体应用都只与这 5 个文件有关。这样，在同一型号的微控制器上开发不同应用时，无须修改相关开发工具目录下的工程文件，只需要用新编写的应用程序文件替换这 5 个文件即可。

2）STM32F10x_StdPeriph_Examples 子文件夹

STM32F10x_StdPeriph_Examples 子文件夹，是意法半导体公司提供的 STM32F10x 外设驱动示例目录。该目录包含许多以 STM32F10x 外设命名的子目录，囊括了 STM32F10x 所有外设，其目录结构如图 3-15 所示。

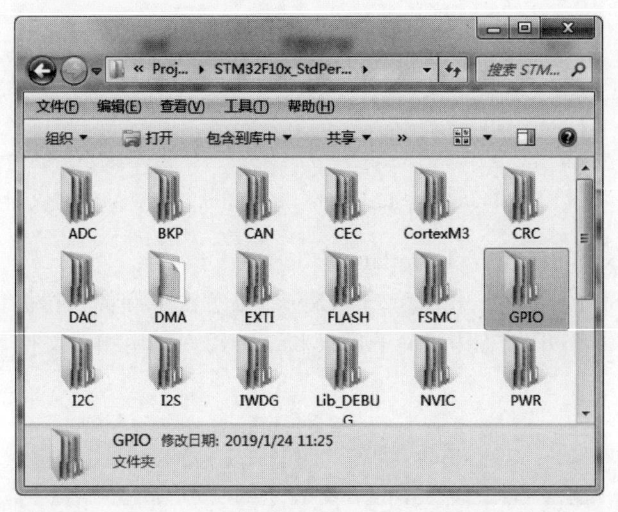


图 3-15　Project\STM32F10x_StdPeriph_Examples 目录

每个外设子目录下又包含多个具体驱动示例目录，而每个示例目录下又包含 5 个用户应用相关文件。意法半导体公司官方的外设驱动示例，不仅是了解和验证 STM32 外设功能的重要途径，而且给 STM32F10x 相关外设开发提供了有益的参考。

### 3. Utilities 文件夹

Utilities 文件夹用于存放意法半导体公司官方评估板的 BSP（Board Support Package，板级支持包）和额外的第三方固件。初始情况下，该文件夹下仅包含意法半导体公司各款官方评估板的板级驱动程序（即 STM32_EVAL 子文件夹），目录结构如图 3-16 所示。

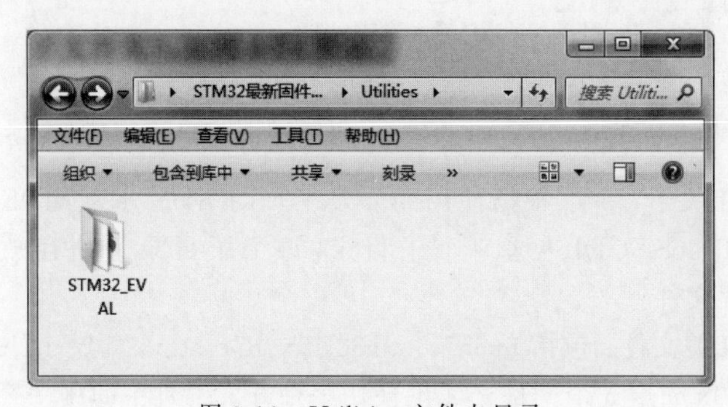


图 3-16　Utilities 文件夹目录

用户在实际开发时，可以根据应用需求，在 Utilities 文件夹下增删内容，如删除仅支持意法半导体公司官方评估板的板驱动包，添加由意法半导体公司及其第三方合作伙伴提供的固件协议，包括各种嵌入式操作系统、文件系统、图形接口等，当然也可以不使用其参考模板，自行独立创建工程模板，本书采用的是后者。

## 3.2 工程模板创建

本节介绍 Keil MDK-ARM 软件的使用，并创建一个自己的 MDK 工程模板，该工程模板是后续学习的基础。

### 3.2.1 Keil MDK-ARM 软件简介

Keil MDK-ARM 是适用于基于 Cortex-M、Cortex-R4、ARM7 和 ARM9 处理器的设备的完整软件开发环境。Keil MDK-ARM 是专为微控制器应用程序开发而设计的，它易于学习和使用，同时具有强大的功能，适用于多数要求苛刻的嵌入式应用程序开发。Keil MDK-ARM 是目前最流行的嵌入式开发工具，集成了业内最领先的技术，包括 μVision4 集成开发环境与 ARM 编译器，具有自动配置启动代码、集成 Flash 烧写模块、强大的 Simulation 设备模拟、性能分析等功能。

目前 Keil MDK-ARM 的最新版本是 4.74。4.0 以上版本的 Keil MDK-ARM 的 IDE 界面有了很大的改变，并且支持 Cortex-M 内核的处理器。Keil MDK-ARM 4.74 界面简洁、美观，实用性更强，对于使用过 Keil 的读者来说，更容易上手。Keil MDK-ARM 软件主要特点如下：

(1) 完美支持 Cortex-M、Cortex-R4、ARM7 和 ARM9 系列器件。

(2) 行业领先的 ARM C/C++编译工具链。

(3) 确定的 Keil RTX，小封装实时操作系统(带源码)。

(4) μVision4 IDE 集成开发环境，调试器和仿真环境。

(5) TCP/IP 网络套件提供多种的协议和各种应用。

(6) 提供带标准驱动类的 USB 设备和 USB 主机栈。

(7) 为带图形用户接口的嵌入式系统提供了完善的 GUI 库支持。

(8) ULINKpro 可实时分析运行中的应用程序，且能记录 Cortex-M 指令的每一次执行。

(9) 关于程序运行的完整代码覆盖率信息。

(10) 执行分析工具和性能分析器可使程序得到最优化。

(11) 大量的项目例程有助于快速熟悉 Keil MDK-ARM 强大的内置特征。

(12) 符合 CMSIS (Cortex 微控制器软件接口标准)。

本书选择 Keil MDK-ARM 4.74 版本的开发工具作为学习 STM32 的软件。当然，读者也可以到 Keil 公司网站下载或查看最新的 Keil MDK-ARM 软件版本。

### 3.2.2 工程模板的创建

工程模板是我们后续所有项目的基础，正确、合理的工程模板不仅使用起来得心应手，而且有利于结构化程序设计。工程模板除了必须包含的框架体系结构，也有一部分个性化的因素，所以每个人创建的工程模板可能是不同的。

### 1. 创建工程模板素材

创建工程模板素材主要是内核固件库 3.5 版，另外还有两个重要的预定义命令，也以文本文档的形式给出来，相关素材均可以在清华大学出版社网站下载。

为了便于叙述，将原固件库的文件夹名 STM32F10x_StdPeriph_Lib_V3.5.0 更改为简短一些的 F10x_Lib_V3.5，以便在书中给出具体的文件路径。

### 2. 工程模板创建步骤

第一步：创建或复制文件夹。

（1）在桌面创建"工程模板"文件夹。

（2）复制固件库中的 Libraries 文件夹到工程模板文件夹。

（3）创建 Output 文件夹，用于存放输出文件。

（4）创建 Startup 文件夹，用于存放启动文件，并复制 startup_stm32f10x_hd.s 文件到该文件夹中，此文件为大容量芯片的启动文件，文件路径为：F10x_Lib_V3.5\Libraries\CMSIS\CM3\DeviceSupport\ST\STM32F10x\startup\arm。操作结果如图 3-17 所示。

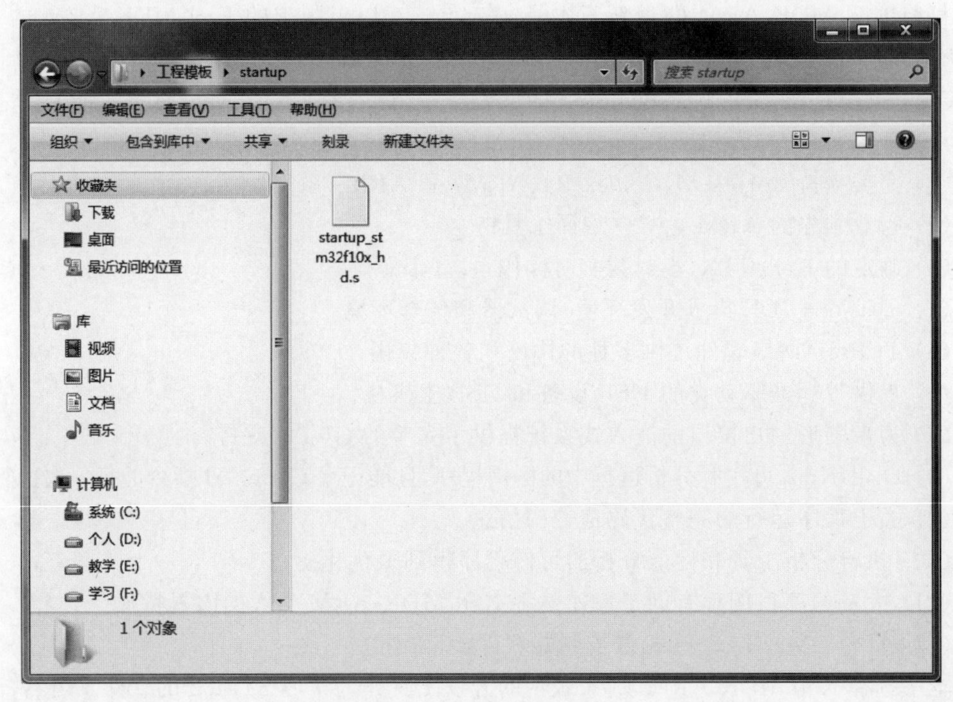


图 3-17 Startup 文件夹

（5）创建 User 文件夹，并复制 main.c、stm32f10x_conf.h、stm32f10x_it.c、stm32f10x_it.h 文件到该文件夹中。上述文件路径为：F10x_Lib_V3.5\Project\STM32F10x_StdPeriph_Template，其操作结果如图 3-18 所示。

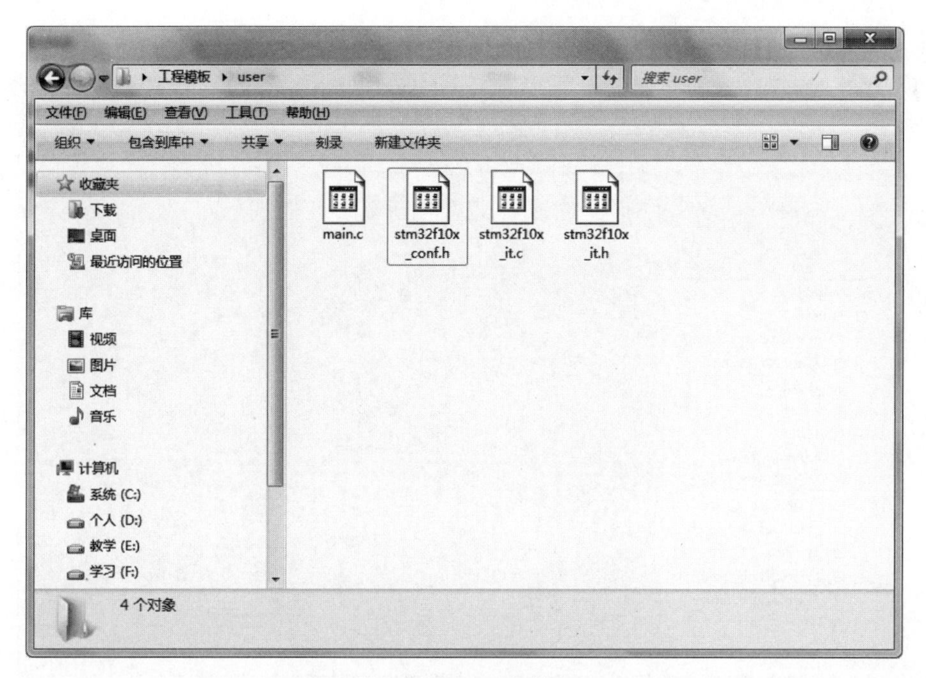


图 3-18　User 文件夹

(6) 创建 APP 文件夹，用于存放用户编写的外设驱动程序。

经过上述步骤创建的工程模板文件夹如图 3-19 所示。

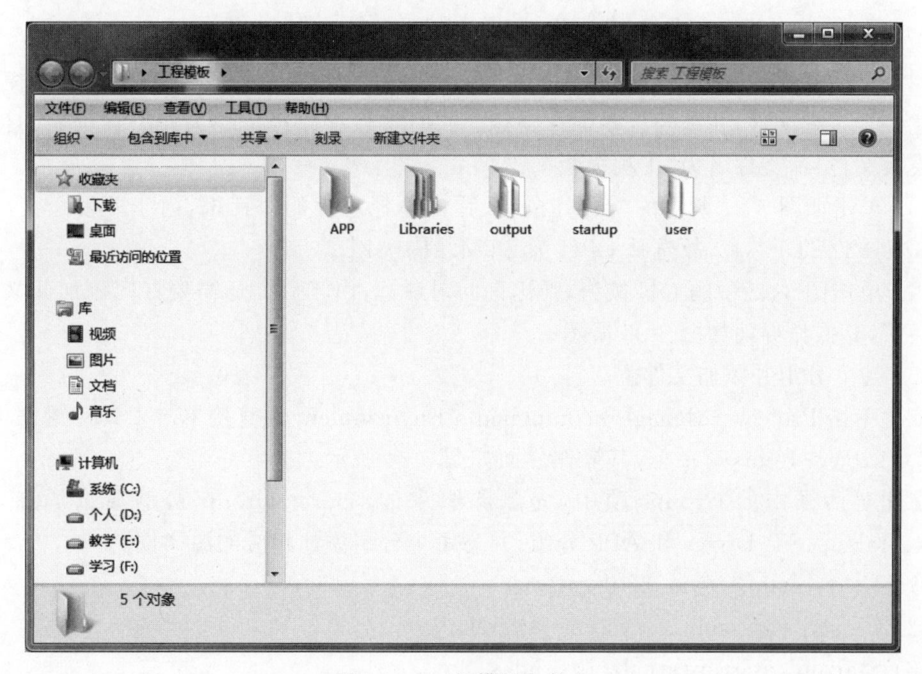


图 3-19　工程模板文件夹

第二步：建工程模板文件，建立文档分组。

(1) 在开始/程序或桌面快捷方式中启动 Keil μVision4 软件，其界面如图 3-20 所示。

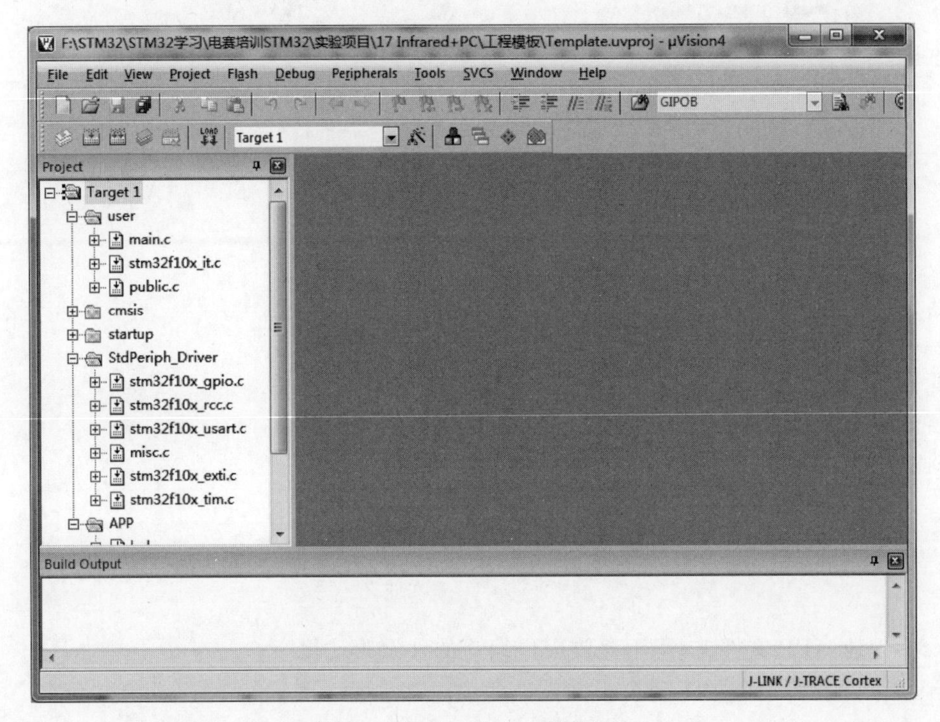


图 3-20 Keil μVision4 软件界面

(2) 依次单击菜单栏 Project→new μvision Project 命令，弹出如图 3-21 所示的窗口，表示新建一个工程文件，并需要选择保存路径。此时将保存路径选择为我们在桌面的创建的工程模板文件夹，文件名为“工程模板”。

(3) 单击如图 3-21 所示的“保存”按钮，弹出选择芯片的对话框，由于开发板使用的是 STM32F103ZET6 芯片，故选择 CPU 为 STM32F103ZE。

(4) 单击图 3-22 中的 OK 按钮，弹出询问对话框，由于后面还需要专门添加此文件，故选择“否”，其操作界面如图 3-23 所示。

(5) 建立分组并添加文件。

依次单击 Project→Manage→components Environment 或直接单击工具栏图标打开 Manage Project Items 对话框，其操作界面如图 3-24 所示。

在此对话框中的 Groups 项中，先删除原来的 Source Group 1，然后依添加 User、Cmsis、Startup、ST_Driver 和 APP 分组，并为每个分组添加相应的源文件。

(1) User：main. c，stm32f10x_it. c。

(2) Cmsis：core_cm3. c，system_stm32f10x. c。

(3) Startup：startup_stm32f10x_hd. s。

图 3-21　保存新建工程文件

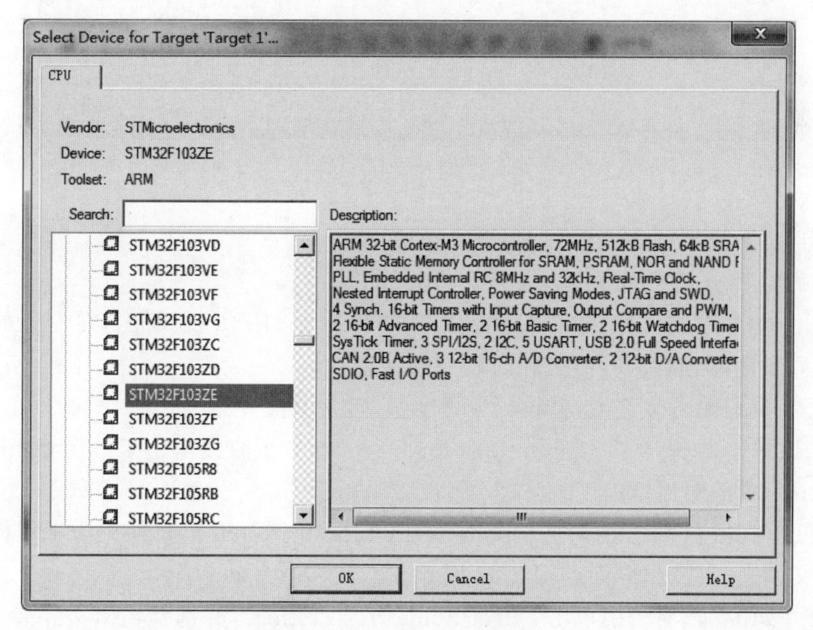


图 3-22　CPU 芯片选择

图 3-23 复制启动文件选项

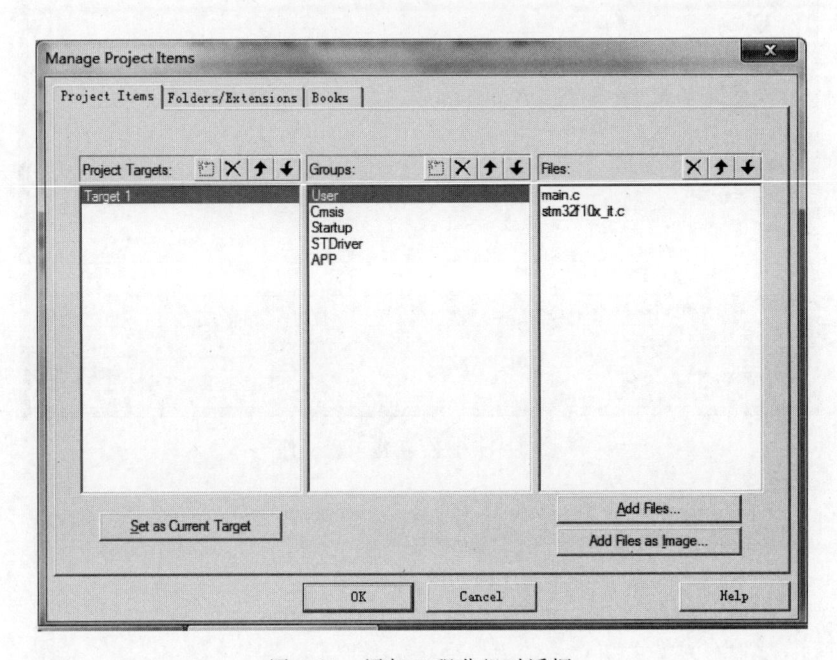


图 3-24 添加工程分组对话框

(4) ST_Driver：stm32f10x_gpio. c、stm32f10x_rcc. c。

(5) APP：此分组下面还没有文件，由用户编写。

建立分组和添加文件操作完成之后，Keil 软件界面如图 3-25 所示，在左边的工程浏览窗口，可以看到刚刚创建的分组和相应的文件信息。

第三步：设置输出文件夹，添加预编译变量，包含头文件路径。

(1) 依次单击菜单 Project→Options for target 命令或直接单击工具栏图标，可以打开如图 3-26 所示的对话框。

(2) 在 Output 选项卡中勾选 Create HEX File，并选择输出文件夹为工程模板目录下的 output 文件夹，其操作界面如图 3-27 所示。

(3) 在 Listing 选项卡中单击 Select Folder for Listings，并选择输出文件夹为工程模板目录下的 output 文件夹，操作界面如图 3-28 所示。

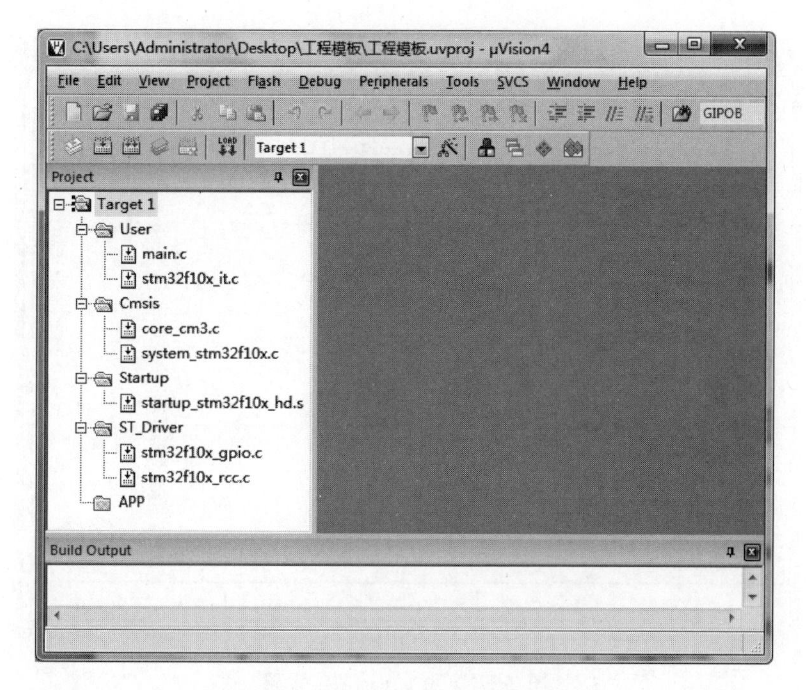


图 3-25 建立分组和添加文件完成

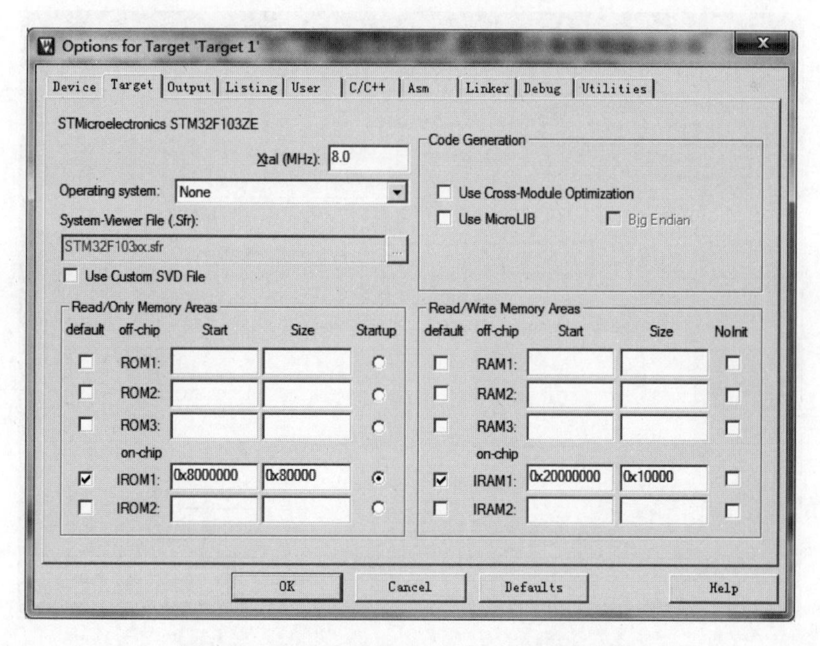


图 3-26 Options for Target 'Target 1'对话框

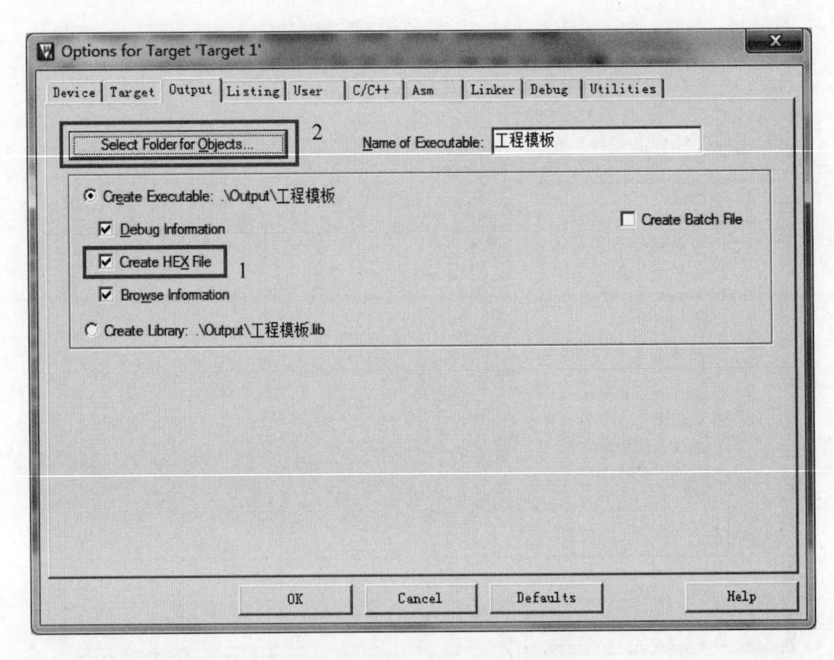


图 3-27　Output 选项卡设置

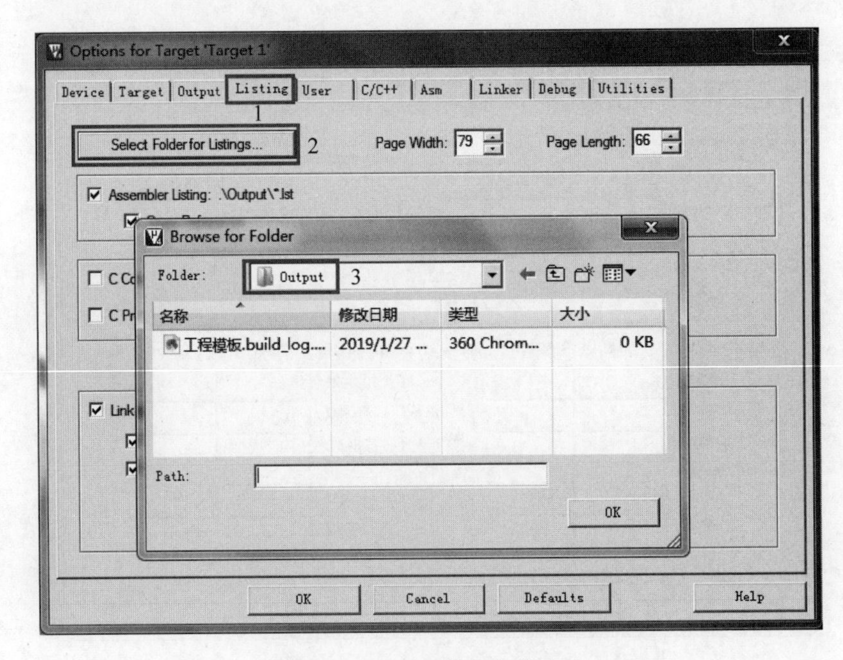


图 3-28　Listing 输出文件目录

（4）在 C/C++选项卡中，在 Define 区域添加两个重要的预编译命令：USE_STDPERIPH_DRIVER，STM32F10X_HD，这两个预编译命令存放在素材文件夹中的“两个重要的预编译指令.txt”文件中，操作界面如图 3-29 所示。

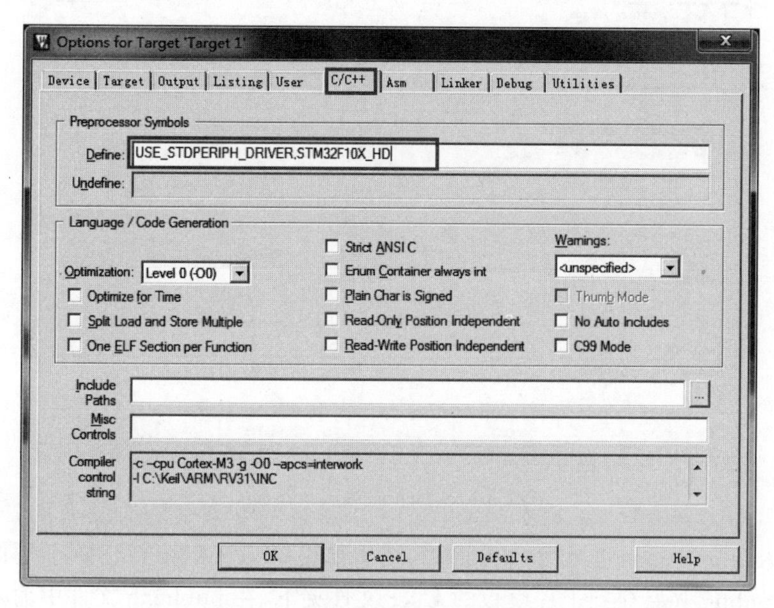

图 3-29　添加两个重要预编译命令

（5）在如图 3-29 所示的 C/C++选项卡中，单击 Include Path 后面的按钮，打开包含文件夹路径设置对话框。将工程中可能需要用到的头文件所在路径全部包含进来，操作结果如图 3-30 所示。

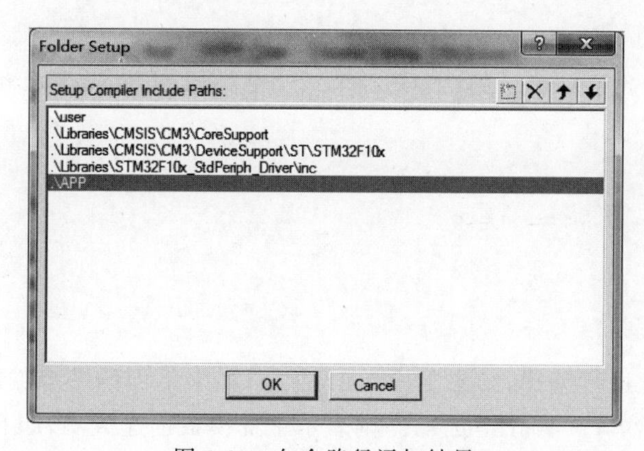

图 3-30　包含路径添加结果

（6）在 Debug 选项卡中选中 Use Simulator 单选按钮，其操作界面如图 3-31 所示。至此工程文件 Options for Target 选项已全部配置完成，单击 OK 按钮退出。

第四步：创建 public.h 文件，重写 main.c 文件，编译调试。

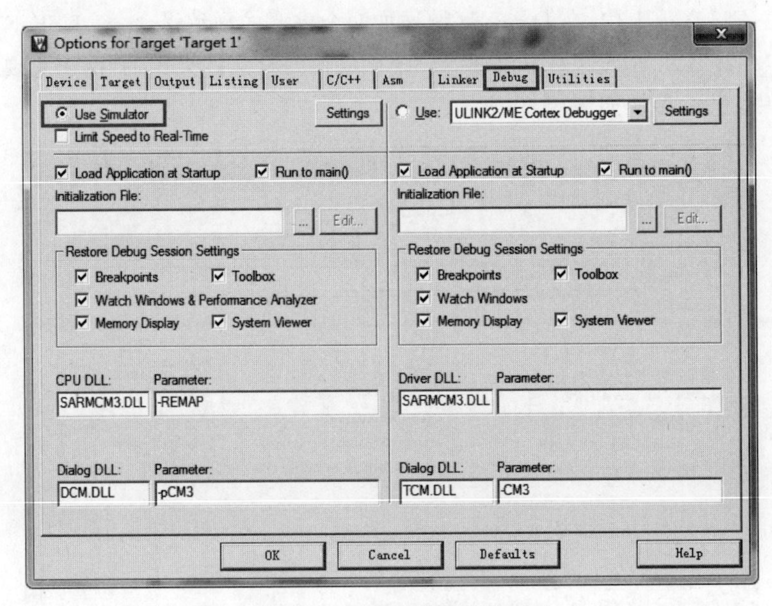


图 3-31 Debug 选项卡设置

(1) 在 Keil μVision4 工程文件界面中，依次单击 File→New 新建一个空白文件，并将其以文件名 public.h 保存到工程模板的 User 文件夹下，在 public.h 文件中输入以下代码。

```
#ifndef _public_H
#define _public_H
#include "stm32f10x.h"

#endif
```

(2) 将原 main.c 中的程序删除，写一个 main 的空函数，并包含公共头文件 public.h。

```
#include "public.h"
int main()
{

}
```

(3) 对整个工程进行编译，结果如图 3-32 所示，如果下面的编译输出显示为：“".\工程模板.axf" - 0 Error(s), 0 Warning(s).”则表示工程模板创建成功，如有错误则需要返回上面步骤，找出原因并进行更正，直至没有编译错误出现为止。

至此整个工程模板就创建完成了，工程模板对整个嵌入式系统的学习是至关重要的，后面项目学习都是在该模板的基础上进行扩展的，所以大家应该熟练掌握模板的创建方法。

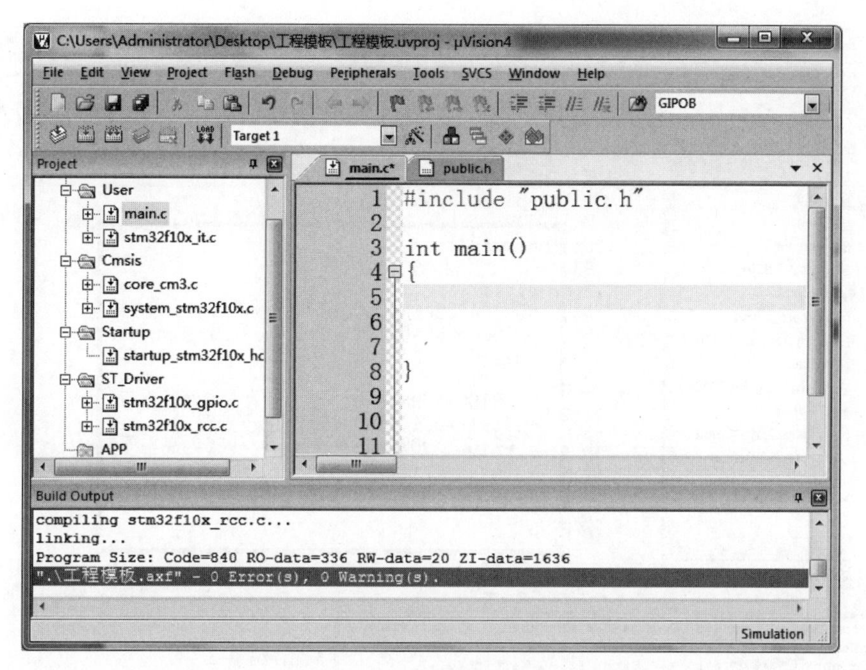


图 3-32 编译输出界面

## 3.3 软件模拟仿真

模拟仿真调试

Keil MDK-ARM 同样提供了强大的软件模拟仿真功能，对于暂不具备硬件平台的学习者也可以通过模拟仿真学习嵌入式开发。下面以一个具体实例讲解软件模拟仿真方法。

第一步：创建项目工程，并编译生成目标文件。

在上一节创建的工程模板中 main.c 文件中输入图 3-33 中方框中的源程序，该程序用于在 PC0 端口输出方波信号，该程序只是用于讲解 Keil MDK 软件仿真操作，其代码较为简单，读者将在后续章节逐步学习，其操作过程如图 3-33 所示。

第二步：将调试方式设置为软件模拟仿真方式。

在 Keil MDK-ARM 的工程管理窗口中，选中刚才编译连接成功的 Target1 工程并右击，在右键菜单中选择 Option for Target 'Target 1'命令，打开 Option for Target 'Target 1'对话框。在该对话框中，选择 Debug 选项卡，选中左侧的 Use Simulator 单选按钮，同时设置左侧 CPU DLL 为 SARMCM3.DLL 和 Parameter 为空，并设置左侧 Dialog DLL 为 DARMSTM.DLL 和 Parameter 为-pSTM32F103ZE，然后单击 OK 按钮确定，其操作界面及顺序如图 3-34 所示。

第三步：进入软件模拟调试模式。

选择菜单 Debug→start/stop Debug session 命令或者单击工具栏中的 Debug 按钮，

图 3-33 创建工程项目并编译

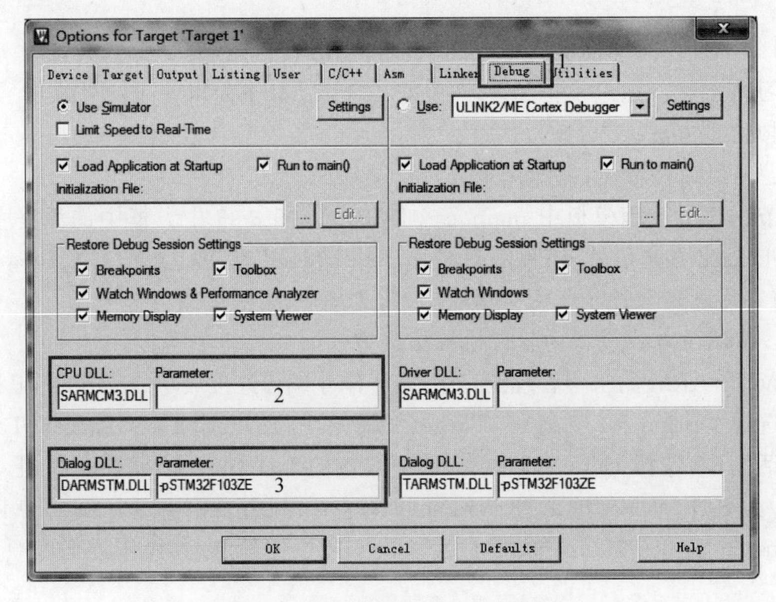


图 3-34 软件模拟调试方式设置

进入软件模拟调试模式,其操作界面如图 3-35 所示。

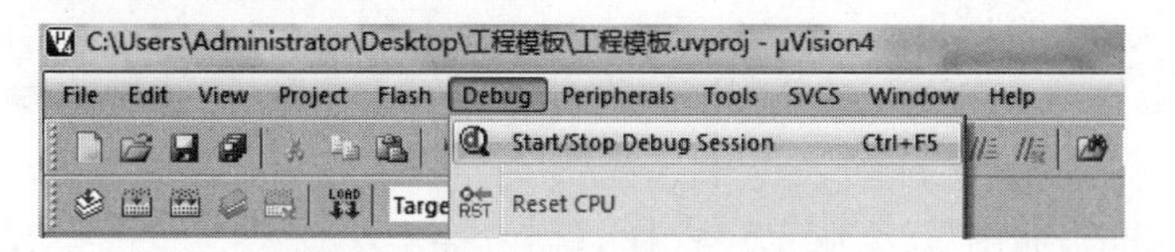


图 3-35 进入/退出模拟调试方式

第四步:打开相关窗口添加监测变量或信号。

选择菜单 View→Analysis Windows→Logic Analyzer 命令或者直接单击工具栏中的 Logic Analyzer 按钮,打开逻辑分析仪窗口,如图 3-36 和图 3-37 所示。

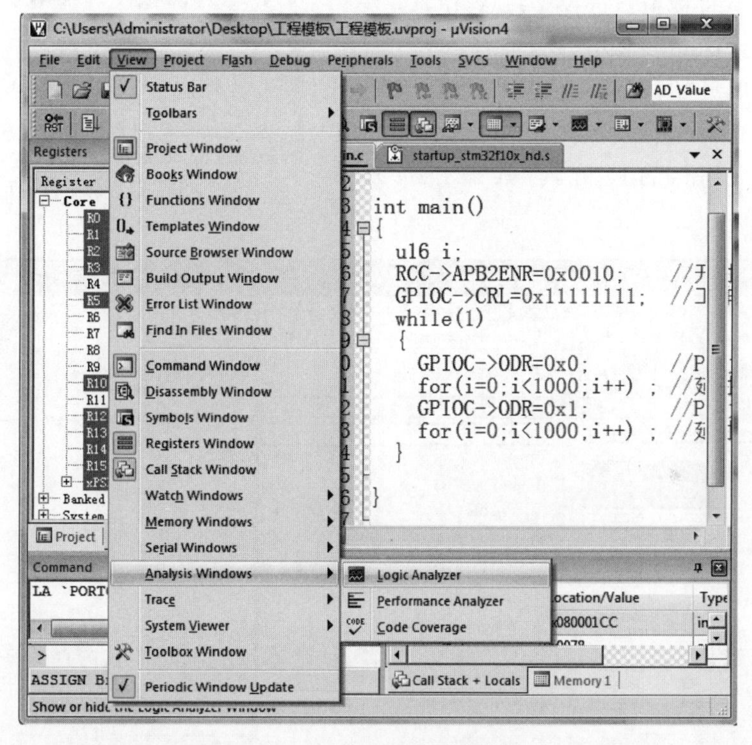


图 3-36 打开逻辑分析仪

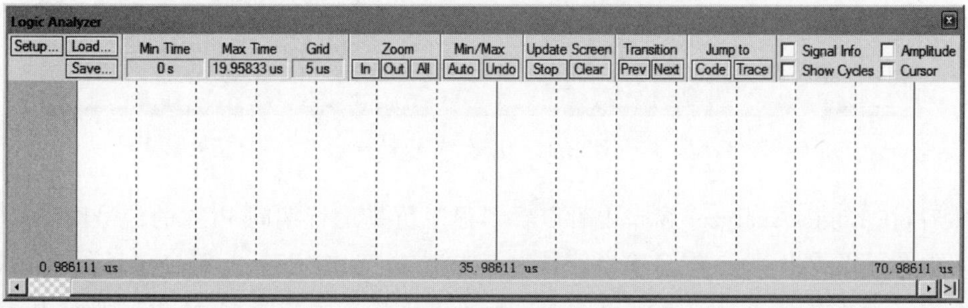

图 3-37 逻辑分析仪窗口

单击逻辑分析仪窗口的 Setup 按钮，打开 Setup Logic Analyzer 对话框，单击右上角的 New 按钮，在空白框中输入 PORTC. 0 新增一个观测信号，并在 Display Type 下拉列表框中选择 Bit，单击 Close 按钮退出，如图 3-38 所示。这样，就在 Logic Analyzer 窗口中添加了一个观测信号 PORTC. 0。在程序软件仿真运行过程中，可通过观察该信号的波形图得到 STM32F103 微控制器的引脚 PC0 上输入或输出的变化情况。

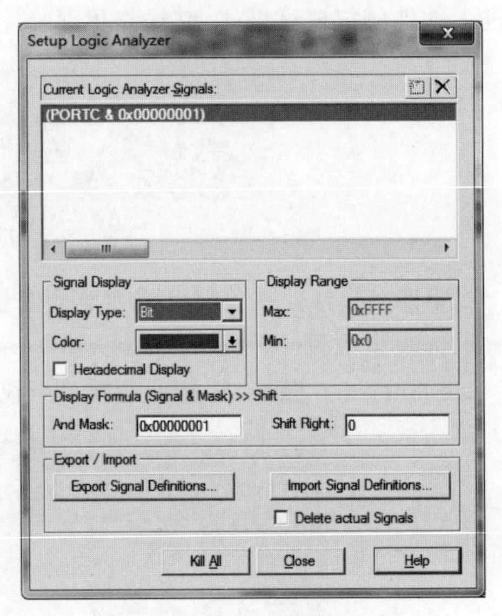


图 3-38　添加观测信号

第五步：软件模拟运行程序，观察仿真结果。

选择菜单 Debug→Run 命令或者单击工具栏中的 Run 按钮，开始仿真。让程序运行一段时间后，再选择菜单 Debug→Stop 命令或者单击工具栏中的 Stop 按钮，暂停仿真，其操作界面如图 3-39 所示。

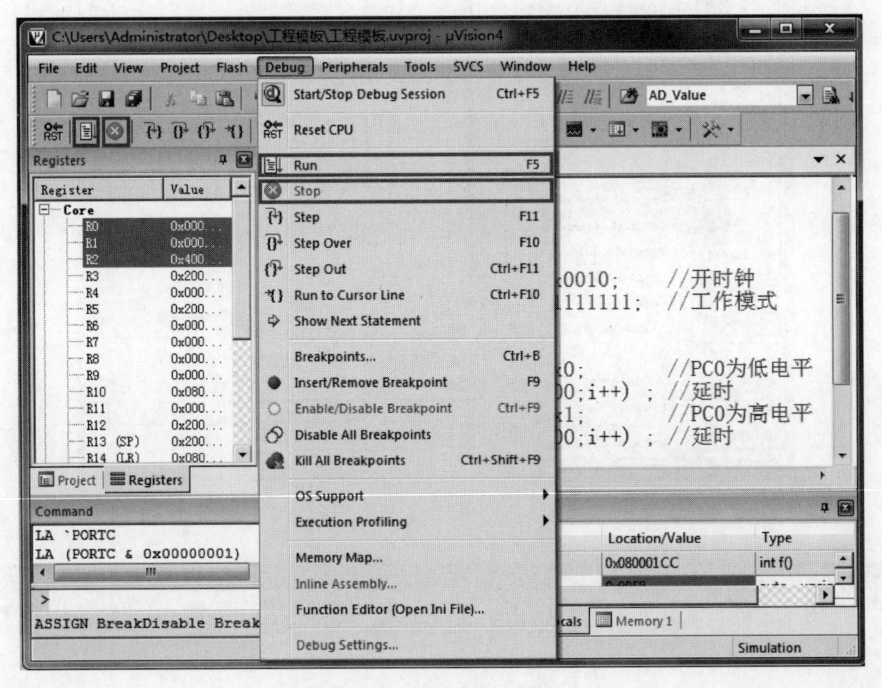


图 3-39　开始/停止运行

然后，在 Logic Analyzer 窗口中可以看到程序仿真运行期间 PC0 的信号图，如图 3-40 所示。由图可以看出，PC0 端口输出信号为一方波，占空比为 50%，符合项目预期效果。如果看不清信号波形图，单击 Zoom 中的 All 按钮可以显示全部波形，还可以通过 In 按钮放大波形，Out 按钮缩小波形。

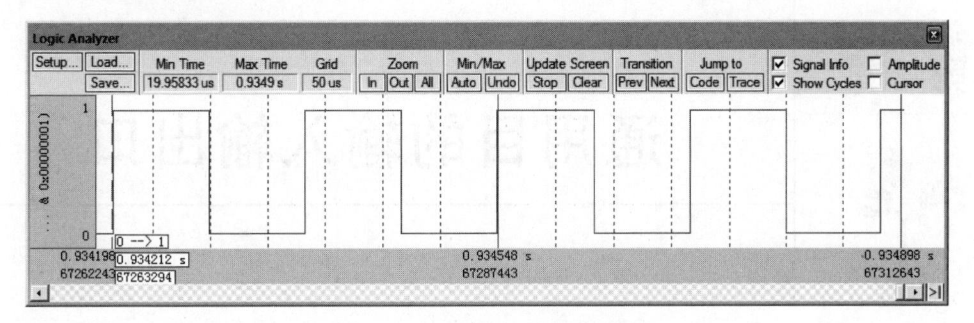


图 3-40　逻辑分析仪输出波形

第六步：退出模拟仿真调试模式。

选择菜单 Debug→Start/Stop Debug Session 命令或者单击工具栏中的 Debug 按钮，即可退出模拟仿真调试模式。

上述例题只是 Keil MDK-ARM 模拟仿真最简单的应用，其观测信号范围十分广泛，包括 I/O 端口、逻辑数值、寄存器、存储器等，还可以设定外设的工作状态，包括 GPIO、ADC、DMA、TIMER 等，还经常被用于时序分析，调试输出等典型应用，功能十分强大。用好模拟仿真调试，可以提前发现错误，是硬件运行调试的有益补充。

# 本章小结

本章的主要任务是创建是一个正确的、合理的、适合自己的工程模板，这项工作也是本课程后续学习的基础。本章首先对固件库进行认知，包括固件库概述、下载和目录结构等。随后开始工程模板的创建，包括 Keil MDK-ARM 软件简介和工程模板创建具体步骤详解。本章最后还介绍了基于 Keil MDK-ARM 软件的模拟仿真调试，该部分内容为选学内容，是硬件运行调试的有益的补充。

# 思考与扩展

1. 什么是 STM32 固件库？
2. 目前通用的 STM32F10x 固件库版本是多少？
3. STM32 固件库下载网址是什么？并从该网站下载最新的固件库。
4. 请指出固件库中文件 core_cm3.c 文件的路径。
5. 请指出固件库中文件 stm32f10x.h 文件的路径。
6. Keil MDK-ARM 软件的下载网址是什么？并从该网站下载最新的软件包。
7. Keil MDK-ARM 软件建立的工程文件的扩展名是什么？
8. 参照书中工程模板创建方法，建立自己的工程模板。

# 第 4 章

# 通用目的输入输出口

**本章要点**

➢ GPIO 概述及引脚命名
➢ GPIO 内部结构
➢ GPIO 工作模式
➢ GPIO 输出速度
➢ GPIO 复用功能重映射
➢ GPIO 控制寄存器及配置实例
➢ 基于寄存器开发方式的 LED 灯闪烁工程

通用目的输入输出口(General Purpose Input Output GPIO)是微控制器必备的片上外设,几乎所有的基于微控制器的嵌入式应用开发都会用到它,是嵌入式系统学习中最基本的也是最重要的模块,本章将详细介绍 STM32F103 系列微控制器的 GPIO 模块。

## 4.1 GPIO 概述及引脚命名

GPIO 引脚讲解

GPIO 是微控制器的数字输入输出的基本模块,可以实现微控制器与外部设备的数字交换。借助 GPIO,微控制器可以实现对外围设备最简单、最直观的监控,除此之外,当微控制器没有足够的 I/O 引脚或片内存储器时,GPIO 还可实现串行和并行通信、存储器扩展等复用功能。

根据具体型号不同,STM32F103 微控制器的 GPIO 可以提供最多 112 个多功能双向 I/O 引脚。这些 I/O 引脚依次分布在不同的端口中,这些引脚分布在 GPIOA、GPIOB、GPIOC、GPIOD、GPIOE、GPIOF 和 GPIOG 端口中。在引脚命名采用,端口号:端口号通常以大写字母命名,从 A 开始,依次类推。例如,GPIOA、GPIOB、GPIOC 等。引脚号:每个端口有 16 个 I/O 引脚,分别命名为 0～15。例如,STM32F103ZET6 微控制器的 GPIOA 端口有 16 个引脚,分别为 PA0、PA1、PA2、PA3…PA14 和 PA15。

## 4.2 GPIO 内部结构

STM32F103 微控制器 GPIO 的内部结构如图 4-1 所示。

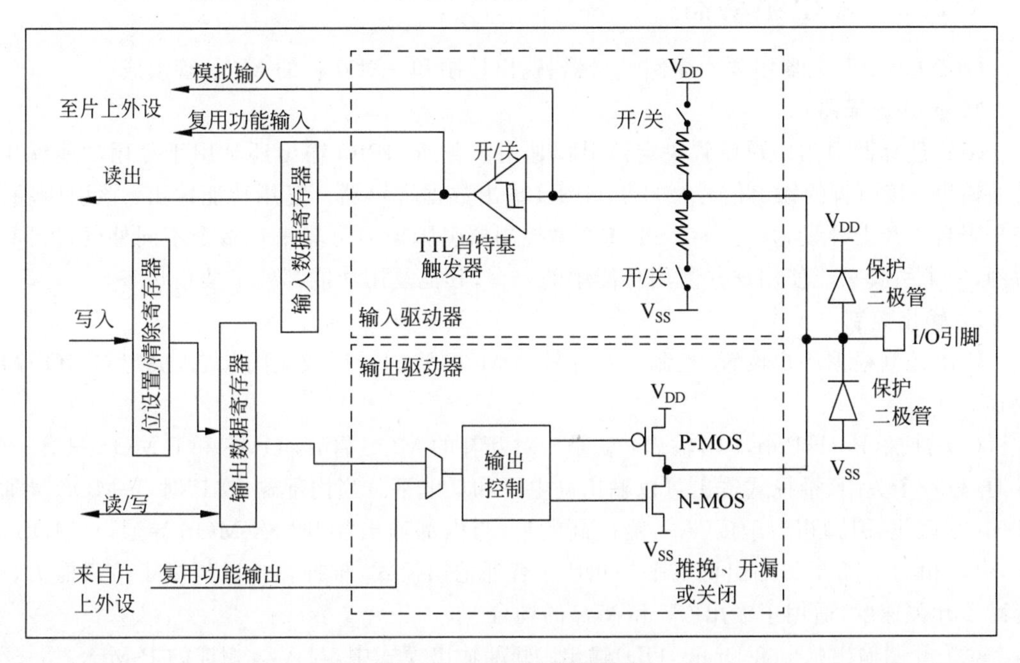


图 4-1　GPIO 内部结构图

由图 4-1 可以看出，STM32F103 微控制器 GPIO 的内部主要由保护二极管、输入驱动器、输出驱动器、输入数据寄存器、输出数据寄存器等组成，其中输入驱动器和输出驱动器是每一个 GPIO 引脚内部结构的核心部分。

### 4.2.1　输入驱动器

GPIO 的输入驱动器主要由 TTL 肖特基触发器、带开关的上拉电阻和带开关的下拉电阻电路组成。

根据 TTL 肖特基触发器、上拉电阻和下拉电阻开关状态，GPIO 的输入方式可以分为以下 4 种：

(1) 模拟输入：TTL 肖特基触发器关闭，模拟信号被提前送到片上外设，即 AD 转换器。

(2) 上拉输入：GPIO 内置上拉电阻，即上拉电阻开关闭合，下拉电阻开关打开，引脚默认情况下输入为高电平。

(3) 下拉输入：GPIO 内置下拉电阻，即下拉电阻开关闭合，上拉电阻开关打开，引脚默认情况下输入为低电平。

(4) 浮空输入：GPIO 内部既无上拉电阻也无下拉电阻，处于浮空状态，上拉电阻开关和下拉电阻开关均打开。该模式下，引脚在默认情况下为高阻态(悬空)，其电平状态完全由外部电路决定。

### 4.2.2 输出驱动器

GPIO 输出驱动器主要由多路选择器、输出控制和一对互补的 MOS 管组成。

**1. 多路选择器**

多路选择器根据用户设置决定该引脚是用于普通 GPIO 输出还是用于复用功能输出。普通输出：该引脚的输出信号来自于 GPIO 输出数据寄存器。复用功能输出：该引脚输出信号来自于片上外设，并且一个 STM32 微控制器引脚输出可能来自多个不同外设，但同一时刻，一个引脚只能使用这些复用功能中的一个，其他复用功能都处于禁止状态。

**2. 输出控制**

输出控制根据用户设置，控制一对互补的 MOS 管的导通或关闭状态，决定 GPIO 输出模式。

(1) 推挽(Push-Pull,PP)输出：就是一对互补的 MOS 管，N-OMS 和 P-MOS 只有一个导通，另一个关闭，推挽式输出可以输出高电平和低电平。当内部输出“1”时，P-MOS 导通，N-MOS 截止，引脚相当于接 $V_{DD}$，输出高电平，当内部输出“0”时，N-MOS 导通，P-MOS 截止，引脚相当于接 $V_{SS}$，输出低电平。相比于普通输出模式，推挽输出既提高了负载能力，又提高了开关速度，适用于输出 0V 和 $V_{DD}$ 的场合。

(2) 开漏输出(Open-Drain,OD)输出：开漏输出模式中，与 $V_{DD}$ 相连的 P-MOS 始终处于截止状态，对于与 $V_{SS}$ 相连的 N-MOS 来说，其漏极是开路的。在开漏输出模式下，当内部输出“0”时，N-MOS 管导通，引脚相当于接地，外部输出低电平；当内部输出“1”时，N-MOS 管截止，由于此时 P-MOS 管也截止，外部输出既不是高电平，也不是低电平，而是高阻态(悬空)。如果想要外部输出高电平，必须在 I/O 引脚上外接一个上拉电阻。开漏输出可以匹配电平，一般适用于电平不匹配的场合，而且，开漏输出吸收电流的能力相对较强，适合做电流型的驱动，比方说驱动继电器的线圈等。

## 4.3 GPIO 工作模式

由 GPIO 内部结构和上述分析可知，STM32 芯片 I/O 引脚共有 8 种工作模式，包括 4 种输入模式和 4 种输出模式。

输入模式：

(1) 输入浮空(GPIO_Mode_IN_FLOATING)。

(2) 输入上拉(GPIO_Mode_IPU)。

(3) 输入下拉(GPIO_Mode_IPD)。

(4) 模拟输入(GPIO_Mode_AIN)。

输出模式：

(1) 开漏输出(GPIO_Mode_Out_OD)。

(2) 开漏复用输出(GPIO_Mode_AF_OD)。

(3) 推挽式输出(GPIO_Mode_Out_PP)。

(4) 推挽式复用输出(GPIO_Mode_AF_PP)。

## 4.3.1 输入浮空

输入浮空：浮空就是逻辑器件与引脚既不接高电平，也不接低电平。通俗讲浮空就是浮在空中，相当于此端口在默认情况下什么都不接，呈高阻态，这种设置在数据传输时用得比较多。浮空最大的特点就是电压的不确定性，它可能是0V，也可能是 $V_{CC}$，还可能是介于两者之间的某个值(最有可能)，其工作过程如图4-2所示。

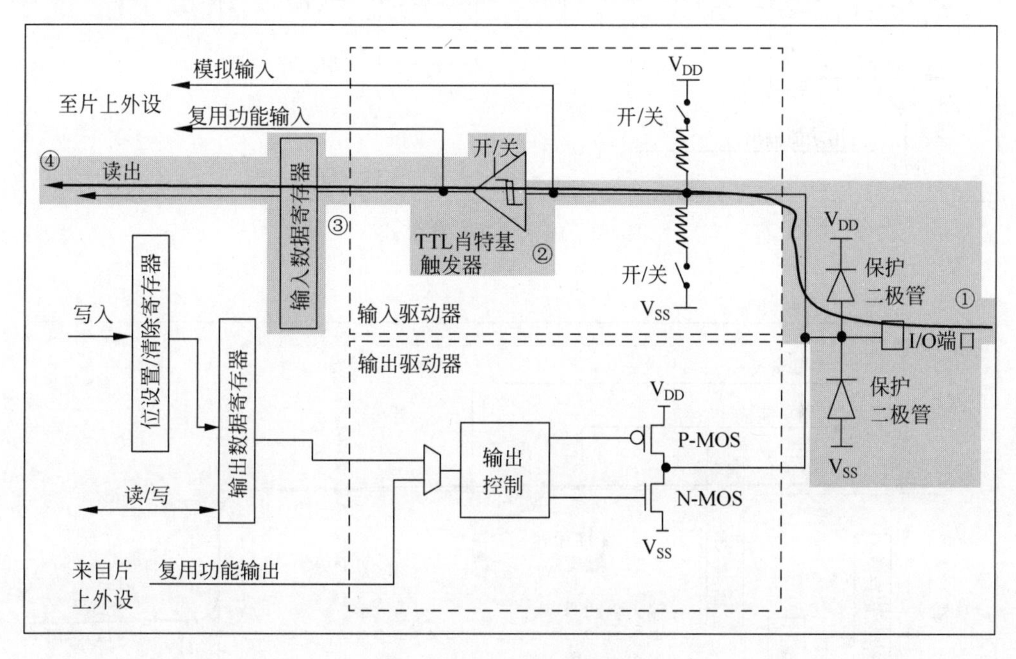


图4-2　输入浮空工作模式

## 4.3.2 输入上拉

输入上拉：上拉就是把电位拉高，比如拉到 $V_{CC}$。上拉就是将不确定的信号通过一个电阻钳位在高电平，电阻同时起到限流的作用，弱强只是上拉电阻的阻值不同，没有什么严格区分，其工作过程如图4-3所示。

## 4.3.3 输入下拉

输入下拉：就是把电位拉低，拉到GND。与上拉原理相似，其工作过程如图4-4所示。

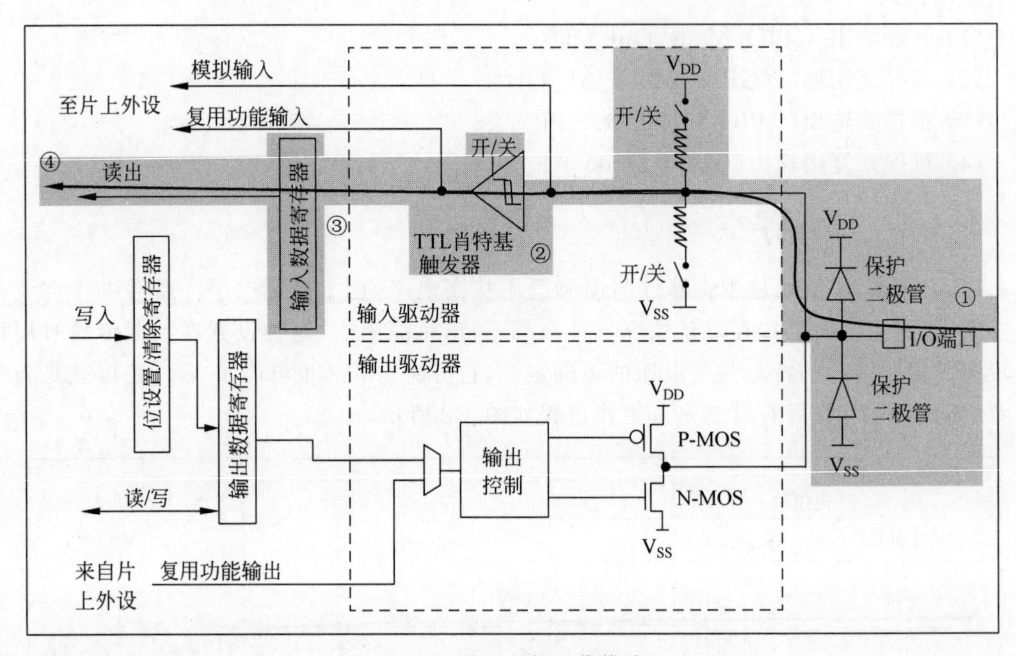


图 4-3 输入上拉工作模式

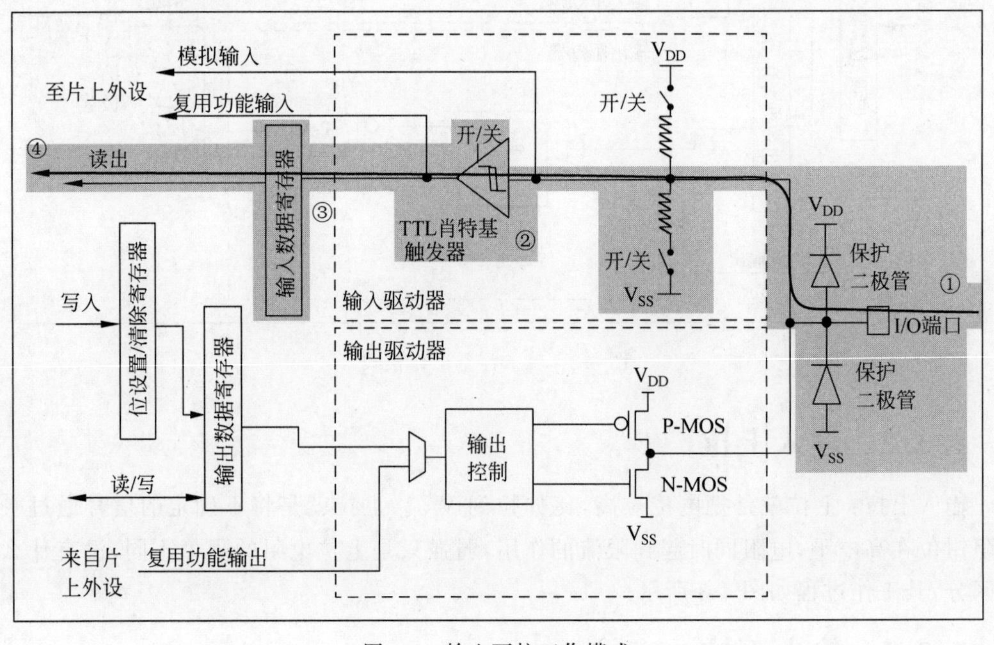


图 4-4 输入下拉工作模式

## 4.3.4　模拟输入

模拟输入：用于将芯片引脚模拟信号输入到内部的模数转换器，此时上拉电阻开关和下拉电阻开关均关闭，并且肖特基触发器也关闭，其工作过程如图 4-5 所示。

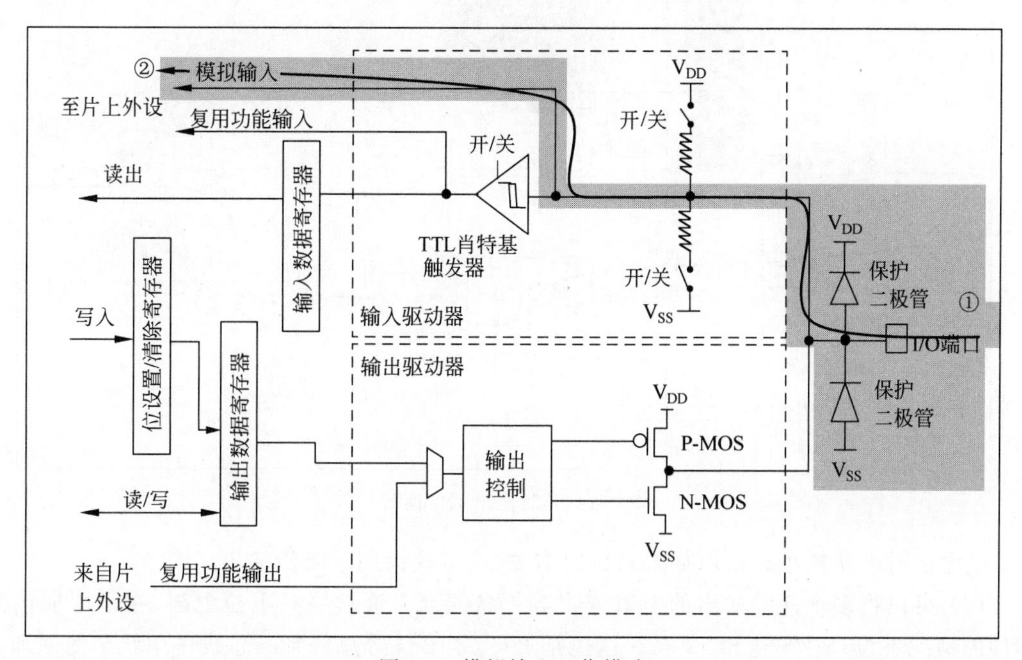


图 4-5　模拟输入工作模式

## 4.3.5　开漏输出

开漏输出：输出端相当于三极管的集电极，要得到高电平状态需要上拉电阻才行，适合于做电流型的驱动，其吸收电流的能力相对强（一般 20mA 以内），其工作过程如图 4-6 所示。

开漏输出的电路有以下几个特点：

(1) 利用外部电路的驱动能力，减少 IC 内部的驱动。当 IC 内部 MOSFET 导通时，驱动电流是从外部的 $V_{CC}$ 流经上拉电阻、MOSFET 到 GND，IC 内部仅需很小的栅极驱动电流。

(2) 一般来说，开漏是用来连接不同电平的器件，匹配电平用的，因为开漏引脚不连接外部的上拉电阻时，只能输出低电平，如果需要同时具备输出高电平的功能，则需要接上拉电阻，有一个很好的优点是通过改变上拉电源的电压，便可以改变传输电平。比如加上上拉电阻就可以提供 TTL/CMOS 电平输出等。

(3) OPEN-DRAIN 提供了灵活的输出方式，但也有其弱点，就是带来上升沿的延时。因为上升沿是通过外接上拉无源电阻对负载充电，所以当电阻选择小时延时就小，但功耗

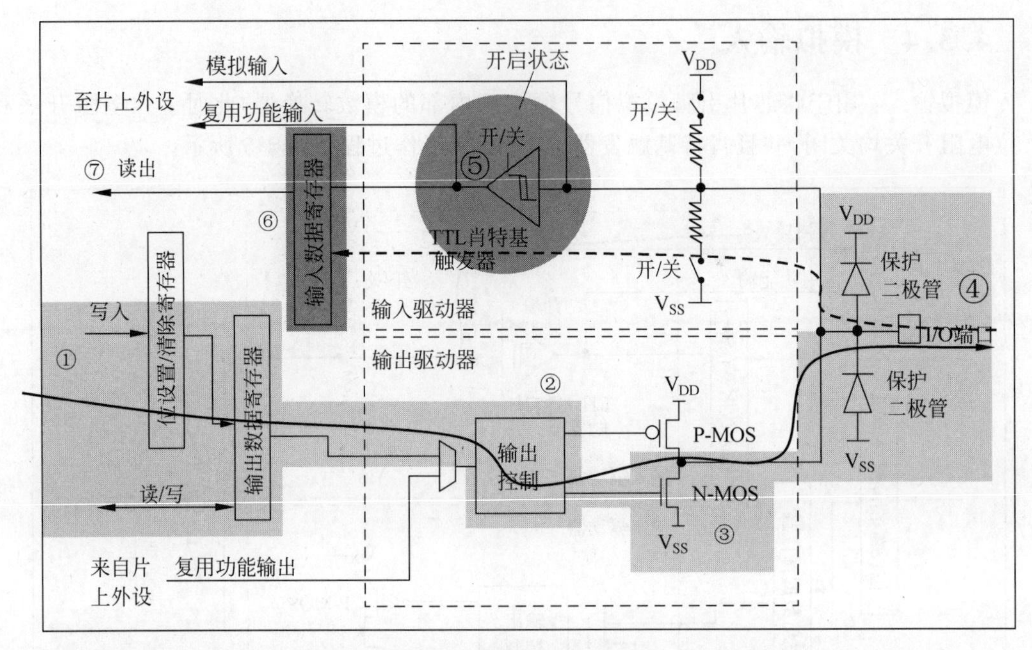


图 4-6 开漏输出工作模式

大；反之延时大功耗小。所以如果对延时有要求，则建议用下降沿输出。

(4) 可以将多个开漏输出的引脚连接到一条线上。通过一只上拉电阻，在不增加任何器件的情况下，形成"与逻辑"关系。这也是 I2C、SMBus 等总线判断总线占用状态的原理。

### 4.3.6 开漏复用输出

开漏复用输出：可以理解为 GPIO 口被用作第二功能时的配置情况(即并非作为通用 I/O 口使用)，端口必须配置成复用功能输出模式(推挽或开漏)，其工作过程如图 4-7 所示。

### 4.3.7 推挽式输出

推挽式输出：可以输出高、低电平，连接数字器件；推挽结构一般是指两个 MOS 管分别受到互补信号的控制，总是在一个 MOS 管导通的时候另一个截止。推挽电路是两个参数相同的三极管或 MOSFET，以推挽方式存在于电路中，各负责正负半周的波形。电路工作时，两只对称的功率开关管每次只有一个导通，所以导通损耗小，效率高。推挽式输出既提高电路的负载能力，又提高开关速度，其工作过程如图 4-8 所示。

### 4.3.8 推挽式复用输出

推挽式复用输出：可以理解为 GPIO 口被用作第二功能时的配置情况(并非作为通用 I/O 口使用)，其工作过程如图 4-9 所示。

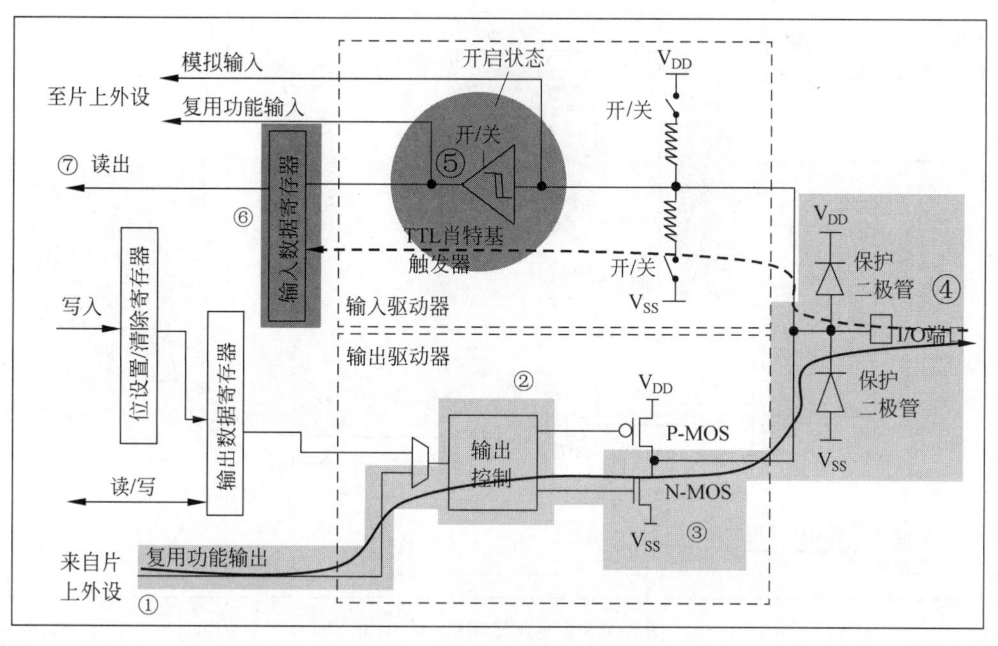


图 4-7 开漏复用输出工作模式

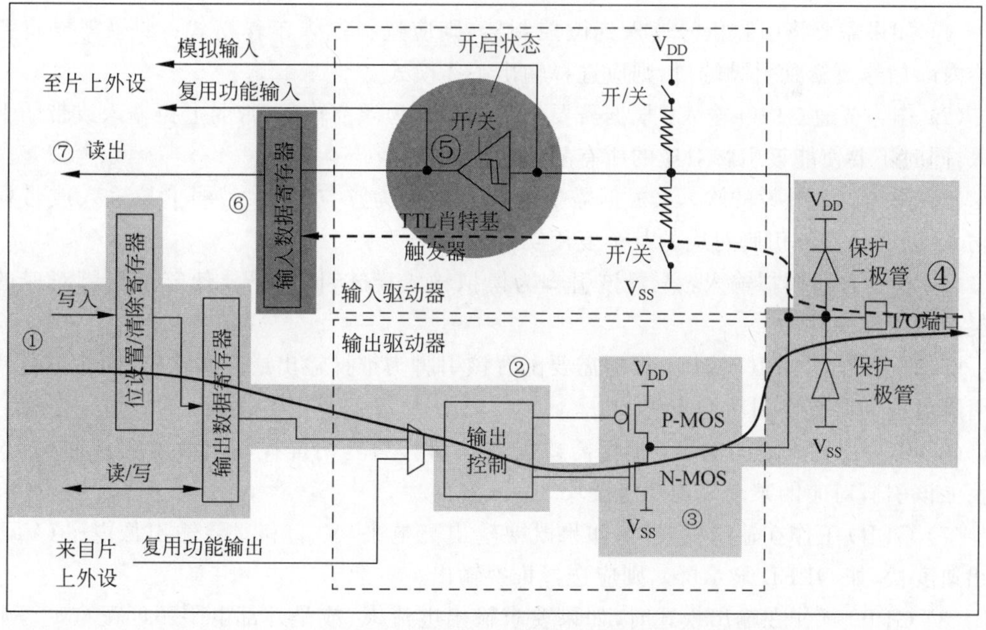


图 4-8 推挽式输出工作模式

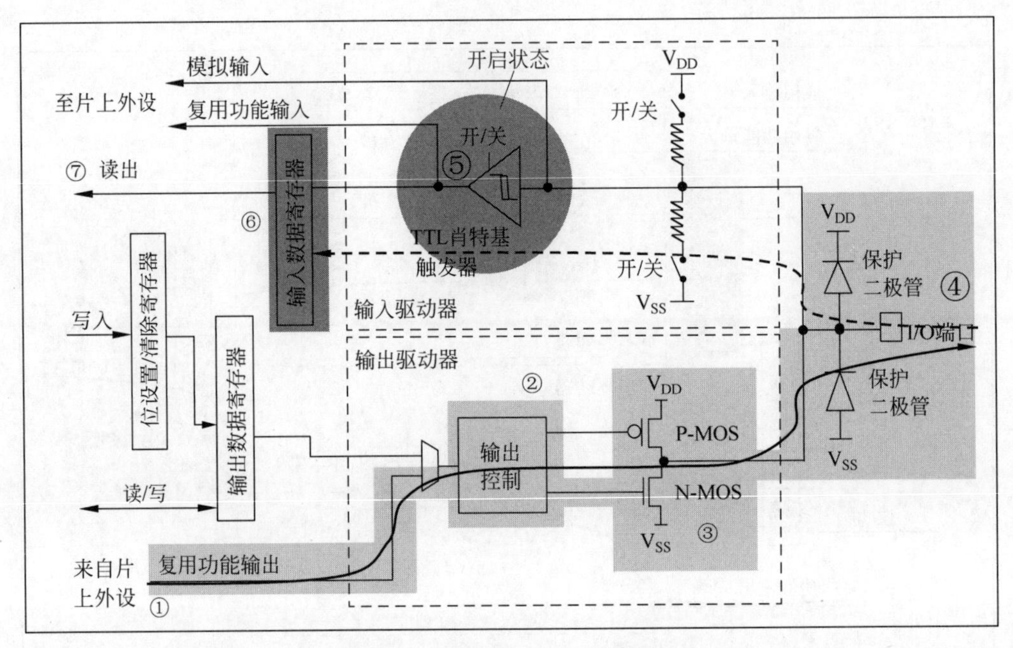


图 4-9 推挽式复用输出工作模式

### 4.3.9 工作模式选择

(1) 如果需要将引脚信号读入到微控制器,则应选择输入工作模式;如果需要将微控制器内部信号更新到引脚端口,则应选择输出工作模式。

(2) 作为普通 GPIO 输入:根据需要配置该引脚为浮空输入、带弱上拉输入或带弱下拉输入,同时不要使能该引脚对应的所有复用功能模块。

(3) 作为内置外设的输入:根据需要配置该引脚为浮空输入、带弱上拉输入或带弱下拉输入,同时使能该引脚对应的某个复用功能模块。

(4) 作为普通模拟输入:配置该引脚为模拟输入模式,同时不要使能该引脚对应的所有复用功能模块。

(5) 作为普通 GPIO 输出:根据需要配置该引脚为推挽输出或开漏输出,同时不要使能该引脚对应的所有复用功能模块。

(6) 作为内置外设的输出:根据需要配置该引脚为复用推挽输出或复用开漏输出,同时使能该引脚对应的某个复用功能模块。

(7) GPIO 工作在输出模式时,如果既要输出高电平($V_{DD}$)和又要输出低电平($V_{SS}$)且输出速度快(如 OLED 显示屏),则应选择推挽输出。

(8) GPIO 工作在输出模式时,如果要求输出电流大,或是外部电平不匹配(5V),则应选择开漏输出。

## 4.4　GPIO 输出速度

如果 STM32 微控制器的 GPIO 引脚工作于某个输出模式下，通常还需设置其输出速度。这个输出速度指的是 I/O 口驱动电路的响应速度，而不是输出信号的速度，输出信号的速度取决于软件程序。

STM32 微控制器 I/O 引脚内部有多个响应速度不同的驱动电路，用户可以根据自己的需要选择合适的驱动电路。众所周知，高频驱动电路其输出频率高、噪声大、功耗高、电磁干扰强；低频驱动电路其输出频率低、噪声小、功耗低、电磁干扰弱。通过选择速度来选择不同的输出驱动模块，达到最佳的噪声控制和降低功耗的目的。当不需要高输出频率时，尽量选用低频响应速度的驱动电路，这样非常有利于提高系统 EMI(电磁干扰)性能；当然如果需要输出较高频率信号，但是却选择了低频驱动模块，很有可能会得到失真的输出信号。所以 GPIO 的引脚速度应与应用匹配，一般推荐 I/O 引脚的输出速度是其输出信号速度的 5～10 倍。

STM32F103 微控制器 I/O 口输出模式下有三种输出速度可选(2MHz、10MHz、50MHz)，下面根据一些常见应用，给读者一些选用参考：

(1) 对于连接 LED、数码管和蜂鸣器等外部设备的普通输出引脚，一般设置为 2MHz。

(2) 对于串口来说，假设最大波特率为 115 200b/s，这样只需要用 2MHz 的 GPIO 的引脚速度就可以了，省电噪声又小；

(3) 对于 I2C 接口，假如使用 400 000b/s 波特率，若想把余量留大一些，2MHz 的 GPIO 引脚速度或许还是不够，这时可以选用 10MHz 的 GPIO 引脚速度；

(4) 对于 SPI 接口，假如使用 18Mb/s 或 9Mb/s 的波特率，用 10MHz 的 GPIO 口也不够用，需要选择 50MHz 的 GPIO 引脚速度；

(5) 对于用作 FSMC 复用功能连接存储器的输出引脚，一般设置为 50MHz 的 I/O 引脚速度。

## 4.5　复用功能重映射

用户根据实际需要可以把某些外设的“复用功能”从“默认引脚”转移到“备用引脚”上，这就是外设复用功能的 I/O 引脚重映射。

从片上外设的角度看：例如，对于 STM32F103 微控制器的片上外设 USART1 来说，它的发送端 Tx 和接收端 Rx 默认映射到引脚 PA9 和 PA10，但如果此时引脚 PA9 已被另一复用功能 TIM1 的通道 2(TIM1_CH2)占用，就需要对 USART1 进行重映射，将 Tx 和 Rx 重新映射到引脚 PB6 和 PB7，其重映射关系如表 4-1 所示。

**表 4-1　USART1 重映像关系表**

| 复用功能 | USART1_REMAP=0 | USART1_REMAP=1 |
|---|---|---|
| USART1_Tx | PA9 | PB6 |
| USART1_Rx | PA10 | PB7 |

从 I/O 引脚的角度看：例如，对于 GPIO 引脚 PB1，根据大容量 STM32F103xx 数据手册中的引脚定义表，它的主功能是 PB1，默认复用功能是 ADC12_IN9、TIM3_CH4、TIM8_CH3N，重定义功能是 TIM1_CH3N。

## 4.6 GPIO 控制寄存器

4.6 GPIO 控制寄存器

### 1. 端口配置低寄存器(GPIOx_CRL)(x=A..E)

偏移地址：0x00

复位值：0x4444 4444

端口配置低寄存器各位如下：

| 31 | 30 | 29 | 28 | 27 | 26 | 25 | 24 | 23 | 22 | 21 | 20 | 19 | 18 | 17 | 16 |
|---|---|---|---|---|---|---|---|---|---|---|---|---|---|---|---|
| CNF15[1:0] | | MODE15[1:0] | | CNF14[1:0] | | MODE14[1:0] | | CNF13[1:0] | | MODE13[1:0] | | CNF12[1:0] | | MODE12[1:0] | |
| RW | RW | RW | RW | RW | RW | RW | RW | RW | RW | RW | RW | RW | RW | RW | RW |

| 15 | 14 | 13 | 12 | 11 | 10 | 9 | 8 | 7 | 6 | 5 | 4 | 3 | 2 | 1 | 0 |
|---|---|---|---|---|---|---|---|---|---|---|---|---|---|---|---|
| CNF11[1:0] | | MODE11[1:0] | | CNF10[1:0] | | MODE10[1:0] | | CNF9[1:0] | | MODE9[1:0] | | CNF8[1:0] | | MODE8[1:0] | |
| RW | RW | RW | RW | RW | RW | RW | RW | RW | RW | RW | RW | RW | RW | RW | RW |

说明：

| | |
|---|---|
| 位 31:30<br>27:26<br>23:22<br>19:18<br>15:14<br>11:10<br>7:6<br>3:2 | CNFy[1:0]：端口 x 配置位(y = 0…7)(Port x configuration bits)<br>软件通过这些位配置相应的 I/O 端口<br>在输入模式(MODE[1:0]=00)：<br>00：模拟输入模式<br>01：浮空输入模式(复位后的状态)<br>10：上拉/下拉输入模式<br>11：保留<br>在输出模式(MODE[1:0]>00)：<br>00：通用推挽输出模式<br>01：通用开漏输出模式<br>10：复用功能推挽输出模式<br>11：复用功能开漏输出模式 |
| 位 29:28<br>25:24<br>21:20<br>17:16<br>13:12<br>9:8，5:4<br>1:0 | MODEy[1:0]：端口 x 的模式位(y = 0…7)(Port x mode bits)<br>软件通过这些位配置相应的 I/O 端口<br>00：输入模式(复位后的状态)<br>01：输出模式，最大速度 10MHz<br>10：输出模式，最大速度 2MHz<br>11：输出模式，最大速度 50MHz |

### 2. 端口配置高寄存器(GPIOx_CRH)(x=A..E)

偏移地址：0x04

复位值：0x4444 4444

端口配置高寄存器各位如下：

| 31 | 30 | 29 | 28 | 27 | 26 | 25 | 24 | 23 | 22 | 21 | 20 | 19 | 18 | 17 | 16 |
|---|---|---|---|---|---|---|---|---|---|---|---|---|---|---|---|
| CNF15[1:0] | | MODE15[1:0] | | CNF14[1:0] | | MODE14[1:0] | | CNF13[1:0] | | MODE13[1:0] | | CNF12[1:0] | | MODE12[1:0] | |
| RW | RW | RW | RW | RW | RW | RW | RW | RW | RW | RW | RW | RW | RW | RW | RW |

| 15 | 14 | 13 | 12 | 11 | 10 | 9 | 8 | 7 | 6 | 5 | 4 | 3 | 2 | 1 | 0 |
|---|---|---|---|---|---|---|---|---|---|---|---|---|---|---|---|
| CNF11[1:0] | | MODE11[1:0] | | CNF10[1:0] | | MODE10[1:0] | | CNF9[1:0] | | MODE9[1:0] | | CNF8[1:0] | | MODE8[1:0] | |
| RW | RW | RW | RW | RW | RW | RW | RW | RW | RW | RW | RW | RW | RW | RW | RW |

说明：

| | |
|---|---|
| 位 31:30<br>27:26<br>23:22<br>19:18<br>15:14<br>11:10<br>7:6<br>3:2 | CNFy[1:0]：端口 x 配置位(y = 8…15) (Port x configuration bits)<br>软件通过这些位配置相应的 I/O 端口<br>在输入模式(MODE[1:0]=00)：<br>00：模拟输入模式<br>01：浮空输入模式(复位后的状态)<br>10：上拉/下拉输入模式<br>11：保留<br>在输出模式(MODE[1:0]>00)：<br>00：通用推挽输出模式<br>01：通用开漏输出模式<br>10：复用功能推挽输出模式<br>11：复用功能开漏输出模式 |
| 位 29:28<br>25:24<br>21:20<br>17:16<br>13:12<br>9:8，5:4<br>1:0 | MODEy[1:0]：端口 x 的模式位(y = 8…15) (Port x mode bits)<br>软件通过这些位配置相应的 I/O 端口<br>00：输入模式(复位后的状态)<br>01：输出模式，最大速度 10MHz<br>10：输出模式，最大速度 2MHz<br>11：输出模式，最大速度 50MHz |

### 3. 端口输入数据寄存器(GPIOx_IDR) (x=A..E)

地址偏移：0x08

复位值：0x0000 XXXX

端口输入数据寄存器各位如下：

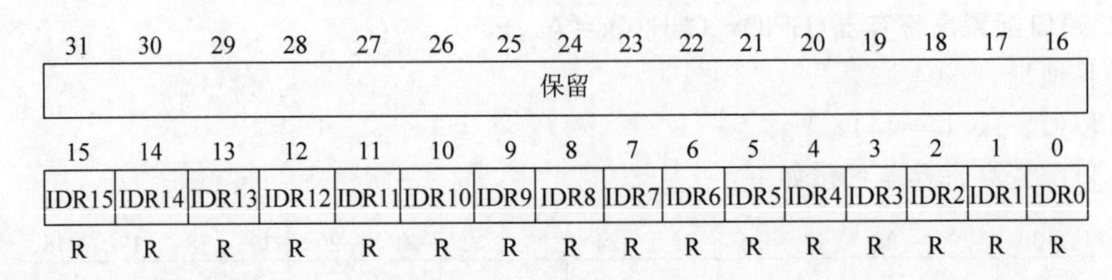

| 31 | 30 | 29 | 28 | 27 | 26 | 25 | 24 | 23 | 22 | 21 | 20 | 19 | 18 | 17 | 16 |
|---|---|---|---|---|---|---|---|---|---|---|---|---|---|---|---|
| 保留 | | | | | | | | | | | | | | | |

| 15 | 14 | 13 | 12 | 11 | 10 | 9 | 8 | 7 | 6 | 5 | 4 | 3 | 2 | 1 | 0 |
|---|---|---|---|---|---|---|---|---|---|---|---|---|---|---|---|
| IDR15 | IDR14 | IDR13 | IDR12 | IDR11 | IDR10 | IDR9 | IDR8 | IDR7 | IDR6 | IDR5 | IDR4 | IDR3 | IDR2 | IDR1 | IDR0 |
| R | R | R | R | R | R | R | R | R | R | R | R | R | R | R | R |

说明：

| | |
|---|---|
| 位 31:16 | 保留，始终读为 0 |
| 位 15:0 | IDRy[15:0]：端口输入数据（y = 0…15）(Port input data)<br>这些位为只读并只能以字（16 位）的形式读出。读出的值为对应 I/O 口的状态 |

### 4. 端口输出数据寄存器（GPIOx_ODR）（x = A..E）

地址偏移：0x0C

复位值：0x0000 0000

端口输出数据寄存器各位如下：

| 31 | 30 | 29 | 28 | 27 | 26 | 25 | 24 | 23 | 22 | 21 | 20 | 19 | 18 | 17 | 16 |
|---|---|---|---|---|---|---|---|---|---|---|---|---|---|---|---|
| 保留 | | | | | | | | | | | | | | | |

| 15 | 14 | 13 | 12 | 11 | 10 | 9 | 8 | 7 | 6 | 5 | 4 | 3 | 2 | 1 | 0 |
|---|---|---|---|---|---|---|---|---|---|---|---|---|---|---|---|
| ODR15 | ODR14 | ODR13 | ODR12 | ODR11 | ODR10 | ODR9 | ODR8 | ODR7 | ODR6 | ODR5 | ODR4 | ODR3 | ODR2 | ODR1 | ODR0 |
| RW | RW | RW | RW | RW | RW | RW | RW | RW | RW | RW | RW | RW | RW | RW | RW |

说明：

| | |
|---|---|
| 位 31:16 | 保留，始终读为 0 |
| 位 15:0 | ODRy[15:0]：端口输出数据（y = 0…15）(Port output data)<br>这些位可读可写并只能以字（16 位）的形式操作<br>注：对 GPIOx_BSRR（x = A…E），可以分别地对各个 ODR 位进行独立的设置/清除 |

### 5. 端口位设置/清除寄存器（GPIOx_BSRR）（x = A..E）

地址偏移：0x10

复位值：0x0000 0000

端口位设置/清除寄存器各位如下：

| 31 | 30 | 29 | 28 | 27 | 26 | 25 | 24 | 23 | 22 | 21 | 20 | 19 | 18 | 17 | 16 |
|---|---|---|---|---|---|---|---|---|---|---|---|---|---|---|---|
| BR15 | BR14 | BR13 | BR12 | BR11 | BR10 | BR9 | BR8 | BR7 | BR6 | BR5 | BR4 | BR3 | BR2 | BR1 | BR0 |
| W | W | W | W | W | W | W | W | W | W | W | W | W | W | W | W |

| 15 | 14 | 13 | 12 | 11 | 10 | 9 | 8 | 7 | 6 | 5 | 4 | 3 | 2 | 1 | 0 |
|---|---|---|---|---|---|---|---|---|---|---|---|---|---|---|---|
| BS15 | BS14 | BS13 | BS12 | BS11 | BS10 | BS9 | BS8 | BS7 | BS6 | BS5 | BS4 | BS3 | BS2 | BS1 | BS0 |
| W | W | W | W | W | W | W | W | W | W | W | W | W | W | W | W |

说明：

| | |
|---|---|
| 位 31:16 | BRy：清除端口 x 的位 y（y = 0…15）(Port x Reset bit y)<br>这些位只能写入并只能以字(16 位)的形式操作<br>0：对对应的 ODRy 位不产生影响<br>1：清除对应的 ODRy 位为 0<br>注：如果同时设置了 BSy 和 BRy 的对应位，BSy 位起作用 |
| 位 15:0 | BSy：设置端口 x 的位 y（y = 0…15）(Port x Set bit y)<br>这些位只能写入并只能以字(16 位)的形式操作<br>0：对对应的 ODRy 位不产生影响<br>1：设置对应的 ODRy 位为 1 |

### 6. 端口位清除寄存器(GPIOx_BRR)（x＝A..E）

地址偏移：0x14

复位值：0x0000 0000

端口位清除寄存器各位如下：

| 31 | 30 | 29 | 28 | 27 | 26 | 25 | 24 | 23 | 22 | 21 | 20 | 19 | 18 | 17 | 16 |
|---|---|---|---|---|---|---|---|---|---|---|---|---|---|---|---|
| 保留 | | | | | | | | | | | | | | | |

| 15 | 14 | 13 | 12 | 11 | 10 | 9 | 8 | 7 | 6 | 5 | 4 | 3 | 2 | 1 | 0 |
|---|---|---|---|---|---|---|---|---|---|---|---|---|---|---|---|
| BR15 | BR14 | BR13 | BR12 | BR11 | BR10 | BR9 | BR8 | BR7 | BR6 | BR5 | BR4 | BR3 | BR2 | BR1 | BR0 |
| W | W | W | W | W | W | W | W | W | W | W | W | W | W | W | W |

说明：

| | |
|---|---|
| 位 31:16 | 保留 |
| 位 15:0 | BRy：清除端口 x 的位 y（y = 0…15）(Port x Reset bit y)<br>这些位只能写入并只能以字(16 位)的形式操作<br>0：对对应的 ODRy 位不产生影响<br>1：清除对应的 ODRy 位为 0 |

### 7. 端口配置锁定寄存器(GPIOx_LCKR)（x＝A..E）

当执行正确的写序列设置了位 16(LCKK)时，该寄存器用来锁定端口位的配置。位[15:0]用于锁定 GPIO 的配置。在规定的写入操作期间，不能改变 LCKP[15:0]。当对相应的端口位执行了 LOCK 序列后，在下次系统复位之前将不能再更改端口位的配置。

每个锁定位锁定控制寄存器(CRL，CRH)中相应的 4 个位。

地址偏移：0x18

复位值：0x0000 0000

端口配置锁定寄存器各位如下：

| 31 | 30 | 29 | 28 | 27 | 26 | 25 | 24 | 23 | 22 | 21 | 20 | 19 | 18 | 17 | 16 |
|---|---|---|---|---|---|---|---|---|---|---|---|---|---|---|---|
| 保留 | | | | | | | | | | | | | | | LCKK |
| | | | | | | | | | | | | | | | RW |

| 15 | 14 | 13 | 12 | 11 | 10 | 9 | 8 | 7 | 6 | 5 | 4 | 3 | 2 | 1 | 0 |
|---|---|---|---|---|---|---|---|---|---|---|---|---|---|---|---|
| LCK15 | LCK14 | LCK13 | LCK12 | LCK11 | LCK10 | LCK9 | LCK8 | LCK7 | LCK6 | LCK5 | LCK4 | LCK3 | LCK2 | LCK1 | LCK0 |
| RW | RW | RW | RW | RW | RW | RW | RW | RW | RW | RW | RW | RW | RW | RW | RW |

说明：

| | |
|---|---|
| 位 31:17 | 保留 |
| 位 16 | LCKK：锁键(Lock key)<br>该位可随时读出，它只可通过锁键写入序列修改<br>0：端口配置锁键位未激活<br>1：端口配置锁键位被激活，下次系统复位前 GPIOx_LCKR 寄存器被锁住<br>锁键的写入序列：<br>写 1→写 0→写 1→读 0→读 1<br>最后一个读可省略，但可以用来确认锁键已被激活<br>注：在操作锁键的写入序列时，不能改变 LCK[15:0]的值<br>操作锁键写入序列中的任何错误将不能激活锁键 |
| 位 15:0 | LCKy：端口 x 的锁位 y (y = 0…15) (Port x Lock bit y)<br>这些位可读可写但只能在 LCKK 位为 0 时写入<br>0：不锁定端口的配置<br>1：锁定端口的配置 |

### 8. APB2 外设时钟使能寄存器(RCC_APB2ENR)

偏移地址：0x18

复位值：0x0000 0000

访问：字、半字和字节访问

注：当外设时钟没有启用时，软件不能读出外设寄存器的数值，返回的数值始终是 0x0。

APB2 外设时钟使能寄存器各位如下：

| 31 | 30 | 29 | 28 | 27 | 26 | 25 | 24 | 23 | 22 | 21 | 20 | 19 | 18 | 17 | 16 |
|---|---|---|---|---|---|---|---|---|---|---|---|---|---|---|---|
| 保留 | | | | | | | | | | | | | | | |

| 15 | 14 | 13 | 12 | 11 | 10 | 9 | 8 | 7 | 6 | 5 | 4 | 3 | 2 | 1 | 0 |
|---|---|---|---|---|---|---|---|---|---|---|---|---|---|---|---|
| ADC3 EN | UST1 EN | TIM8 EN | SPI EN | TIM1 EN | ADC2 EN | ADC1 EN | IOPG EN | IOPF EN | IOPE EN | IOPD EN | IOPC EN | IOPB EN | IOPA EN | 保留 | AFIO EN |
| RW | RW | RW | RW | RW | RW | RW | RW | RW | RW | RW | RW | RW | RW | | RW |

说明：

| | |
|---|---|
| 位 31:16 | 保留，始终读为 0 |
| 位 15 | ADC3EN：ADC3 接口时钟使能(ADC 3 interface clock enable)<br>由软件置 1 或清 0<br>0：ADC3 接口时钟关闭；1：ADC3 接口时钟开启 |
| 位 14 | USART1EN：USART1 时钟使能(USART1 clock enable)<br>由软件置 1 或清 0<br>0：USART1 时钟关闭；1：USART1 时钟开启 |
| 位 13 | TIM8EN：TIM8 定时器时钟使能(TIM8 Timer clock enable)<br>由软件置 1 或清 0<br>0：TIM8 定时器时钟关闭；1：TIM8 定时器时钟开启 |
| 位 12 | SPI1EN：SPI1 时钟使能(SPI 1 clock enable)<br>由软件置 1 或清 0<br>0：SPI1 时钟关闭；1：SPI1 时钟开启 |
| 位 11 | TIM1EN：TIM1 定时器时钟使能(TIM1 Timer clock enable)<br>由软件置 1 或清 0<br>0：TIM1 定时器时钟关闭；1：TIM1 定时器时钟开启 |
| 位 10 | ADC2EN：ADC2 接口时钟使能(ADC 2 interface clock enable)<br>由软件置 1 或清 0<br>0：ADC2 接口时钟关闭；1：ADC2 接口时钟开启 |
| 位 9 | ADC1EN：ADC1 接口时钟使能(ADC 1 interface clock enable)<br>由软件置 1 或清 0<br>0：ADC1 接口时钟关闭；1：ADC1 接口时钟开启 |
| 位 8 | IOPGEN：I/O 端口 G 时钟使能(I/O port G clock enable)<br>由软件置 1 或清 0<br>0：I/O 端口 G 时钟关闭；1：I/O 端口 G 时钟开启 |
| 位 7 | IOPFEN：I/O 端口 F 时钟使能(I/O port F clock enable)<br>由软件置 1 或清 0<br>0：I/O 端口 F 时钟关闭；1：I/O 端口 F 时钟开启 |
| 位 6 | IOPEEN：I/O 端口 E 时钟使能(I/O port E clock enable)<br>由软件置 1 或清 0<br>0：I/O 端口 E 时钟关闭；1：I/O 端口 E 时钟开启 |
| 位 5 | IOPDEN：I/O 端口 D 时钟使能(I/O port D clock enable)<br>由软件置 1 或清 0<br>0：I/O 端口 D 时钟关闭；1：I/O 端口 D 时钟开启 |

| | |
|---|---|
| 位 4 | IOPCEN：I/O 端口 C 时钟使能(I/O port C clock enable)<br>由软件置 1 或清 0<br>0：I/O 端口 C 时钟关闭；1：I/O 端口 C 时钟开启 |
| 位 3 | IOPBEN：I/O 端口 B 时钟使能(I/O port B clock enable)<br>由软件置 1 或清 0<br>0：I/O 端口 B 时钟关闭；1：I/O 端口 B 时钟开启 |
| 位 2 | OPAEN：I/O 端口 A 时钟使能(I/O port A clock enable)<br>由软件置 1 或清 0<br>0：I/O 端口 A 时钟关闭；1：I/O 端口 A 时钟开启 |
| 位 1 | 保留，始终读为 0 |
| 位 0 | AFIOEN：辅助功能 I/O 时钟使能(Alternate function I/O clock enable)<br>由软件置 1 或清 0<br>0：辅助功能 I/O 时钟关闭；1：辅助功能 I/O 时钟开启 |

## 4.7 GPIO 寄存器配置实例

已知开发板 LED 指示灯电路如图 4-10 所示。

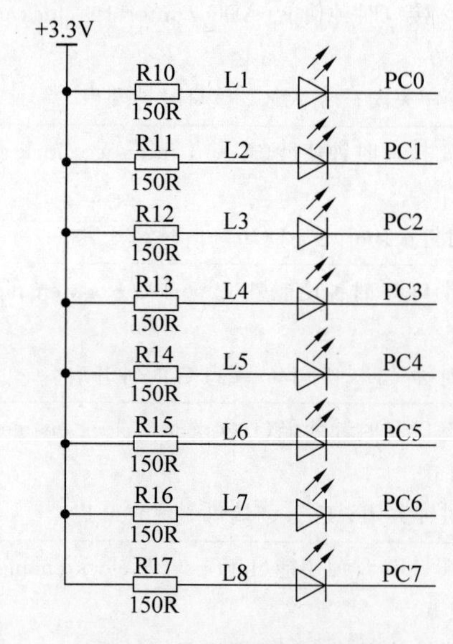


图 4-10　LED 指示灯电路

如果需要实现 8 个 LED 闪烁程序，则需要对相应的寄存器进行配置。需要配置的寄存器分别如下。

1）端口配置低寄存器（GPIOC_CRL）

GPIOC_CRL 的各位数值为：

| 31 | 30 | 29 | 28 | 27 | 26 | 25 | 24 | 23 | 22 | 21 | 20 | 19 | 18 | 17 | 16 |
|---|---|---|---|---|---|---|---|---|---|---|---|---|---|---|---|
| CNF7[1:0] | | MODE7[1:0] | | CNF6[1:0] | | MODE6[1:0] | | CNF5[1:0] | | MODE5[1:0] | | CNF4[1:0] | | MODE4[1:0] | |
| 0 | 0 | 0 | 1 | 0 | 0 | 0 | 1 | 0 | 0 | 0 | 1 | 0 | 0 | 0 | 1 |
| RW | RW | RW | RW | RW | RW | RW | RW | RW | RW | RW | RW | RW | RW | RW | RW |

| 15 | 14 | 13 | 12 | 11 | 10 | 9 | 8 | 7 | 6 | 5 | 4 | 3 | 2 | 1 | 0 |
|---|---|---|---|---|---|---|---|---|---|---|---|---|---|---|---|
| CNF3[1:0] | | MODE3[1:0] | | CNF2[1:0] | | MODE2[1:0] | | CNF1[1:0] | | MODE1[1:0] | | CNF0[1:0] | | MODE0[1:0] | |
| 0 | 0 | 0 | 1 | 0 | 0 | 0 | 1 | 0 | 0 | 0 | 1 | 0 | 0 | 0 | 1 |
| RW | RW | RW | RW | RW | RW | RW | RW | RW | RW | RW | RW | RW | RW | RW | RW |

配置说明：

GPIOC_CRL＝0x1111 1111。

MODEy[1:0]＝ 01：输出模式，最大速度 10MHz。

CNFy[1:0]＝ 00：通用推挽输出模式。

该实验无须配置 GPIOC_CRH，因为该 LED 闪烁电路只使用 GPIOC 的低 8 位，即 PC0～PC7。

2）端口输出数据寄存器（GPIOC_ODR）

如果要使 LED 灯全部点亮，注意 LED 是采用共阳接法，I/O 端口输出低电平时点亮，则 GPIOC_ODR 的各位数值为：

| 31 | 30 | 29 | 28 | 27 | 26 | 25 | 24 | 23 | 22 | 21 | 20 | 19 | 18 | 17 | 16 |
|---|---|---|---|---|---|---|---|---|---|---|---|---|---|---|---|
| 保留 | | | | | | | | | | | | | | | |

| 15 | 14 | 13 | 12 | 11 | 10 | 9 | 8 | 7 | 6 | 5 | 4 | 3 | 2 | 1 | 0 |
|---|---|---|---|---|---|---|---|---|---|---|---|---|---|---|---|
| 0 | 0 | 0 | 0 | 0 | 0 | 0 | 0 | 0 | 0 | 0 | 0 | 0 | 0 | 0 | 0 |
| RW | RW | RW | RW | RW | RW | RW | RW | RW | RW | RW | RW | RW | RW | RW | RW |

注：GPIOC_ODR＝0x0000 0000。

如果将 LED 灯全部熄灭，则 GPIOC_ODR 的数值为：

| 31 | 30 | 29 | 28 | 27 | 26 | 25 | 24 | 23 | 22 | 21 | 20 | 19 | 18 | 17 | 16 |
|---|---|---|---|---|---|---|---|---|---|---|---|---|---|---|---|
| 保留 | | | | | | | | | | | | | | | |

| 15 | 14 | 13 | 12 | 11 | 10 | 9 | 8 | 7 | 6 | 5 | 4 | 3 | 2 | 1 | 0 |
|---|---|---|---|---|---|---|---|---|---|---|---|---|---|---|---|
| 1 | 1 | 1 | 1 | 1 | 1 | 1 | 1 | 1 | 1 | 1 | 1 | 1 | 1 | 1 | 1 |
| RW | RW | RW | RW | RW | RW | RW | RW | RW | RW | RW | RW | RW | RW | RW | RW |

注：GPIOC_ODR＝0x0000 FFFF。

3）端口位设置/清除寄存器（GPIOC_BSRR）

如果要使 LED 灯全部点亮，则 GPIOC_BSRR 的数值为：

| 31 | 30 | 29 | 28 | 27 | 26 | 25 | 24 | 23 | 22 | 21 | 20 | 19 | 18 | 17 | 16 |
|---|---|---|---|---|---|---|---|---|---|---|---|---|---|---|---|
| 1 | 1 | 1 | 1 | 1 | 1 | 1 | 1 | 1 | 1 | 1 | 1 | 1 | 1 | 1 | 1 |
| W | W | W | W | W | W | W | W | W | W | W | W | W | W | W | W |

| 15 | 14 | 13 | 12 | 11 | 10 | 9 | 8 | 7 | 6 | 5 | 4 | 3 | 2 | 1 | 0 |
|---|---|---|---|---|---|---|---|---|---|---|---|---|---|---|---|
| 0 | 0 | 0 | 0 | 0 | 0 | 0 | 0 | 0 | 0 | 0 | 0 | 0 | 0 | 0 | 0 |
| W | W | W | W | W | W | W | W | W | W | W | W | W | W | W | W |

配置说明：

GPIOC_BSRR＝0xFFFF0000。

BRy＝1：清除对应的ODRy位为0。

BSy＝0：对对应的ODRy位不产生影响。

如果要使LED灯全部熄灭，则GPIOC_BSRR的数值为：

| 31 | 30 | 29 | 28 | 27 | 26 | 25 | 24 | 23 | 22 | 21 | 20 | 19 | 18 | 17 | 16 |
|---|---|---|---|---|---|---|---|---|---|---|---|---|---|---|---|
| 0 | 0 | 0 | 0 | 0 | 0 | 0 | 0 | 0 | 0 | 0 | 0 | 0 | 0 | 0 | 0 |
| W | W | W | W | W | W | W | W | W | W | W | W | W | W | W | W |

| 15 | 14 | 13 | 12 | 11 | 10 | 9 | 8 | 7 | 6 | 5 | 4 | 3 | 2 | 1 | 0 |
|---|---|---|---|---|---|---|---|---|---|---|---|---|---|---|---|
| 1 | 1 | 1 | 1 | 1 | 1 | 1 | 1 | 1 | 1 | 1 | 1 | 1 | 1 | 1 | 1 |
| W | W | W | W | W | W | W | W | W | W | W | W | W | W | W | W |

配置说明：

GPIOC_BSRR＝0x0000 FFFF。

BRy＝ 0：对对应的ODRy位不产生影响。

BSy＝ 1：设置对应的ODRy位为1。

4）APB2外设时钟使能寄存器(RCC_APB2ENR)

如果要使用某一个外设，首先就需要打开其时钟；当外设时钟没有启用时，软件不能读出外设寄存器的数值，返回的数值始终是0x0。

| 31 | 30 | 29 | 28 | 27 | 26 | 25 | 24 | 23 | 22 | 21 | 20 | 19 | 18 | 17 | 16 |
|---|---|---|---|---|---|---|---|---|---|---|---|---|---|---|---|
| 保留 | | | | | | | | | | | | | | | |

| 15 | 14 | 13 | 12 | 11 | 10 | 9 | 8 | 7 | 6 | 5 | 4 | 3 | 2 | 1 | 0 |
|---|---|---|---|---|---|---|---|---|---|---|---|---|---|---|---|
| ADC3 EN | UST1 EN | TIM8 EN | SPT1 EN | TIM1 EN | ADC2 EN | ADC1 EN | IOPG EN | IOPF EN | IOPE EN | IOPD EN | IOPC EN | IOPB EN | IOPA EN | 保留 | AFIO EN |
| 0 | 0 | 0 | 0 | 0 | 0 | 0 | 0 | 0 | 0 | 0 | 1 | 0 | 0 | 0 | 0 |
| RW | RW | RW | RW | RW | RW | RW | RW | RW | RW | RW | RW | RW | RW | | RW |

配置说明：

IOPCEN：I/O端口C时钟使能(I/O port C clock enable)。

0：I/O端口C时钟关闭。

1：I/O端口C时钟开启。

RCC_APB2ENR＝0x0000 0010

寄存器版 LED
灯闪烁工程

## 4.8　寄存器版 LED 灯闪烁工程

### 4.8.1　创建寄存器版工程模板

寄存器版工程模板可以直接采用第 3 章所创建的工程模板，由于基于寄存器访问的工程不需要调用意法半导体公司标准固件库，可以将意法半导体公司标准外设库项目组 ST Driver 删除；又因为程序比较简单，直接写在 main 函数当中，所以将项目组 APP 删除，该工程模板相对于库函数版的工程模板要简单了很多。寄存器版的工程模板项目组如图 4-11 所示。

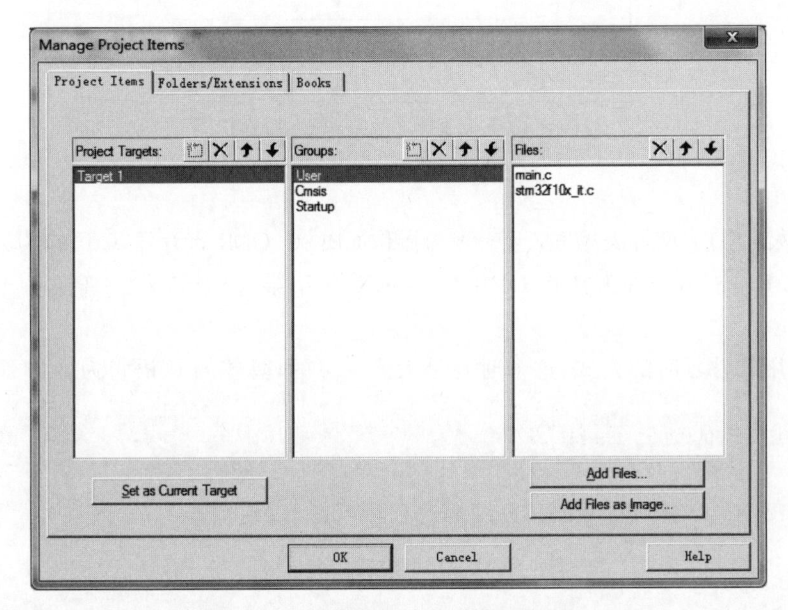


图 4-11　寄存器版的工程模板项目组

### 4.8.2　LED 灯闪烁程序设计

LED 灯闪烁控制要求为，开发板上电，8 个 LED 全部点亮，延时 1s，8 个 LED 全部熄灭，再延时 1s，再全部点亮 8 个，周而复始，不断循环，其流程图如图 4-12 所示。

根据上一节分析可知：

首先需要打开 GPIOC 端口时钟，C 语句为：RCC－＞APB2ENR＝0x0010；

将 PC 口初始化为推挽输出，工作速度为 10MHz，C 语句为：GPIOC－＞CRL＝0x11111111；

全部点亮 LED 有两种表述方式：一种为操作 GPIOC_ODR 寄存器，C 语句为：GPIOC－＞ODR ＝ 0x0000；另一种为操作 GPIOC_BSRR 寄存器，C 语句为：GPIOC－＞BSRR ＝

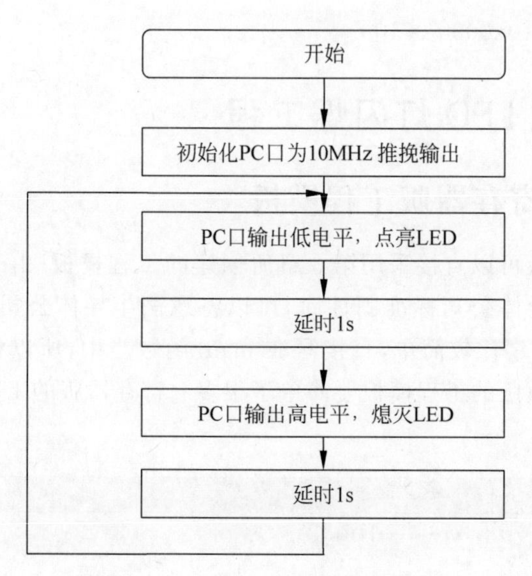


图 4-12 LED 灯闪烁程序流程图

0xFFFF0000；

全部熄灭 LED 有两种表述方式：一种为操作 GPIOC_ODR 寄存器，C 语句为：GPIOC－> ODR ＝ 0xFFFF；另一种为操作 GPIOC_BSRR 寄存器，C 语句为：GPIOC－> BSRR ＝ 0x0000FFFF；

延时采用软件延时的方式，这个时间是大概估算的，具体的 C 语句为：

```
for(i = 0; i < 6000000; i++);
```

设置 GPIOC_ODR 寄存器 LED 闪烁源程序(main.c)：

```
#include "public.h"
int main()
{
    u32 i;
    RCC -> APB2ENR = 0x0010;
    GPIOC -> CRL = 0x11111111;
    while(1)
        {
        GPIOC -> ODR = 0x0000;
        for(i = 0;i < 6000000;i++) ;
        GPIOC -> ODR = 0xFFFF;
        for(i = 0;i < 6000000;i++) ;
        }
}
```

设置 GPIOC_BSRR 寄存器 LED 闪烁源程序(main.c)：

```
#include "public.h"
int main()
{
    u32 i;
    RCC->APB2ENR = 0x0010;
    GPIOC->CRL = 0x11111111;
    while(1)
    {
        GPIOC->BSRR = 0xFFFF0000;
        for(i = 0;i < 6000000;i++) ;
        GPIOC->BSRR = 0x0000FFFF;
        for(i = 0;i < 6000000;i++) ;
    }
}
```

在 Keil MDK-ARM 软件中输入源程序，并对其进行编译，当 Build Output 窗口中提示 0 Error(s)，0 Warning(s).，即表示编译成功。操作界面如图 4-13 所示，此时可以将程序下载到开发板运行，观察实际运行效果。

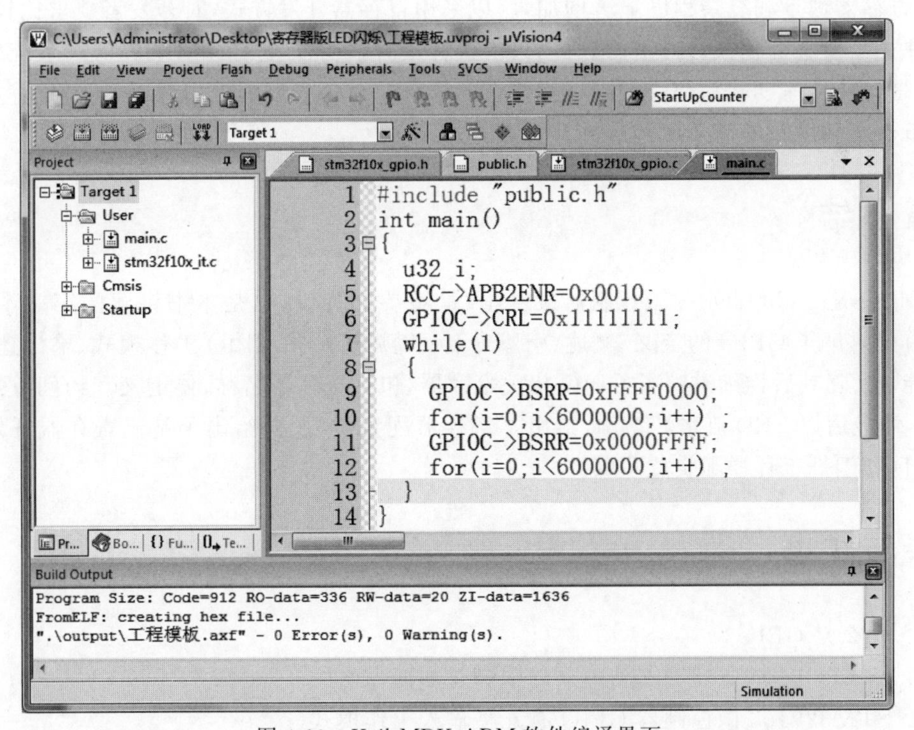


图 4-13　Keil MDK-ARM 软件编译界面

### 4.8.3 基于寄存器开发方式特点

早期的51单片机、AVR单片机和PIC单片机均是采用的是寄存器开发方式。尤其是51单片机我们十分熟悉,开发一个51单片机程序,一般采用汇编语言或是C语言编写控制程序,操作相应寄存器(如P1、IE、IP、TMOD、T1等),实现相应控制功能。使用寄存器方式开发STM32嵌入式系统应用程序也和编写51单片机C51程序类似。例如,编写C51程序,首先必须包括51单片机寄存器定义的头文件:#include "reg51.h"。同样在编写STM32F103微控制器C语言程序时,首先也要包含其寄存器定义文件:#include "stm32f10x.h"。

通过上述实例,我们能够体会基于寄存器的开发方式的简单、直接、高效的特点。“简单”是说要实现某个功能,只要在参考手册找到实现这个功能的寄存器,按照说明设置即可,而不需要下载其他的支持文件(比如固件库),前期准备相对较少,工程模板也比较简单。“直接”是指只要配置相应寄存器的某些位为1或0,就可以实现相应控制功能,而不需要函数调用、参数判断等一系列辅助操作。“高效”是指基于寄存器开发方式,其代码量小,执行速度快,上一节的例题充分验证了这一点。

由于以前单片机硬件资源相对有限,而且控制程序也相对简单,通过寄存器方式编程是直接、高效的,而且对于学习者来说也是很容易掌握的。但是STM32单片机外设资源十分丰富,寄存器数量和复杂程度显著增加,所以采用寄存器开发方式,对开发者要求比较高,开发时往往需要查询相关参考手册,所以目前寄存器开发方式主要适用于嵌入式系统底层开发,或是对执行速度和系统资源有严格要求的场合。对于一般的应用程序,还是推荐本书后续章节介绍和示范的基于库函数的开发方式。

## 本章小结

GPIO是STM32F103微控制器最基本、最重要的外设,也是本书讲解的第一个外设。本章首先讲解了GPIO的定义、概述、引脚命名;随后讲解了GPIO工作模式、输出速度、复用功能;紧随其后详细讲解了GPIO相关寄存器,包括寄存器名称、位定义和访问方式等内容;本章最后以LED流水灯为例,给出了寄存器配置方法,并给出了基于寄存器开发方式的LED灯闪烁工程详细实施步骤。

## 思考与扩展

1. 什么是GPIO?
2. STM32F103微控制器GPIO的引脚是如何命名的?
3. STM32F103微控制器GPIO有几种输入工作模式?

4. STM32F103 微控制器 GPIO 有几种输出工作模式？

5. STM32F103 微控制器 GPIO 输出速度有哪几种？在应用中应如何选择？

6. STM32F103 微控制器 GPIO 相关寄存器有哪些？

7. 如果需要设置 GPIOE 端口所有引脚输出低电平，则 GPIOE_ODR 寄存器的值为多少？

8. 如果需要设置 GPIOE 端口所有引脚输出高电平，则 GPIOE_BSRR 寄存器的值为多少？

9. STM32 微控制器软件设计有哪两种常用开发方式？

# 第 5 章

# LED 流水灯与 SysTick 定时器

**本章要点**

- 基于库函数的开发方法
- GPIO 输出相关库函数
- 库函数版 LED 流水灯程序设计
- SysTick 定时器概述、寄存器和应用方法
- SysTick 定时器毫秒和微秒延时函数
- SysTick 函数嵌入到 LED 流水灯项目中实现精确延时

第 4 章介绍了 STM32 的 GPIO 并给出了通过操作 GPIO 寄存器的 LED 灯闪烁程序，使大家对 STM32 程序设计有一定的了解，本章将首先介绍 STM32 的库函数开发方式，并详细给出库函数版的 LED 流水灯程序设计方法。Cortex-M3 处理器内部包含了一个简单的定时器，因为所有的 Cortex-M3 芯片都带有这个定时器，软件在不同 Cortex-M3 器件间的移植工作得以简化。本章将进一步介绍利用 SysTick 定时器编写延时函数方法，并将其嵌入到流水灯程序当中，为其提供精确的 1s 延时程序。

## 5.1 库函数开发方法

LED 流水灯

从第 4 章的分析可以看出，对寄存器操作虽然简单、直接、高效，但是需要对 STM32 硬件有非常好的理解，并且要记住所有相关寄存器的名称、位定义以及操作方式，这对于绝大部分初学者来说相当不容易。另外，基于寄存器编写出来的程序可读性比较差，不便于系统维护和程序员之间的交流，所以对于初学者和普通程序开发人员，本书推荐另外一种程序开发方法，即基于库函数的开发方法。

库函数对于程序设计人员并不陌生，我们在学习 C 语言时，经常会使用到 stdio. h 库所提供的标准输入输出库函数 scanf()和 printf()。类似地，为了简化编程开发难度，意法半导体公司向用户提供了 STM32 标准库函数，又称为 STM32 固件库，它包括所有标准外设的驱动程序，可以极大地方便用户使用STM32微控制器的片上外设。

STM32固件库是由ST公司针对STM32微控制器为用户开发提供的API（APPlication Program Interface，应用程序接口）。实际上，STM32固件库是位于寄存器和用户之间的预定义代码，它由程序、数据结构和各种宏定义组成。它向下实现与寄存器的直接相关操作，向上为用户提供配置寄存器的标准接口。通过使用固件库的标准函数，无须深入掌握底层硬件细节，开发者就可以轻松应用每一个外设。就像学习C语言编程使用库函数printf()和scanf()时，只是学习它们的调用方法，并没有去研究它们的源代码实现一样。

显而易见，相比于寄存器开发方式，基于库函数的开发方式具有容易学习、便于阅读和维护成本低等优点，降低了开发难度和门槛，缩短了开发周期。标准库函数由于考虑到软件通用性，需要面面俱到，为提高软件的鲁棒性，需要对软件参数进行检测，这些都会使得库函数方式生成的代码较直接配置寄存器方式要大一些。但是由于STM32拥有充足的硬件资源，权衡利弊，绝大多数情况下，宁愿牺牲一点资源而选择库函数开发。通常，只有在对代码运行时间要求极其苛刻的场合，例如，频繁调用的异常服务程序，才会选择寄存器方式编写程序。随着意法半导体官方固件库的不断丰富和完善，库函数方式目前已经成为STM32嵌入式开发的首选。

## 5.2　GPIO输出库函数

由LED流水灯控制电路可知，需要配置PC口为输出方式，并设置PC0～PC7的电平状态，以点亮或是熄灭LED指示灯。现将涉及的库函数一一详解如下，因为这是本书第一次介绍库函数，所以讲解要详尽一些。

### 5.2.1　函数RCC_APB2PeriphClockCmd

表5-1描述了函数RCC_APB2PeriphClockCmd。

表5-1　函数RCC_APB2PeriphClockCmd

| 函数名 | RCC_APB2PeriphClockCmd |
|---|---|
| 函数原型 | void RCC_APB2PeriphClockCmd(u32 RCC_APB2Periph,FunctionalState NewState) |
| 功能描述 | 使能或者失能APB2外设时钟 |
| 输入参数1 | RCC_APB2Periph：门控APB2外设时钟<br>参阅Section：RCC_APB2Periph，查阅更多该参数允许取值范围 |
| 输入参数2 | New State：指定外设时钟的新状态<br>这个参数可以取：ENABLE或者DISABLE |
| 输出参数 | 无 |
| 返回值 | 无 |
| 先决条件 | 无 |
| 被调用函数 | 无 |

RCC_APB2Periph 参数：

该参数被门控的 APB2 外设时钟，可以取下表的一个或者多个取值的组合作为该参数的值。

表 5-2 RCC_AHB2Periph 值

| RCC_AHB2Periph | 描　述 |
|---|---|
| RCC_APB2Periph_AFIO | 功能复用 I/O 时钟 |
| RCC_APB2Periph_GPIOA | GPIOA 时钟 |
| RCC_APB2Periph_GPIOB | GPIOB 时钟 |
| RCC_APB2Periph_GPIOC | GPIOC 时钟 |
| RCC_APB2Periph_GPIOD | GPIOD 时钟 |
| RCC_APB2Periph_GPIOE | GPIOE 时钟 |
| RCC_APB2Periph_ADC1 | ADC1 时钟 |
| RCC_APB2Periph_ADC2 | ADC2 时钟 |
| RCC_APB2Periph_TIM1 | TIM1 时钟 |
| RCC_APB2Periph_SPI1 | SPI1 时钟 |
| RCC_APB2Periph_USART1 | USART1 时钟 |
| RCC_APB2Periph_ALL | 全部 APB2 外设时钟 |

例如：

```
/* Enable GPIOA, GPIOB and SPI1 clocks */
RCC_APB2PeriphClockCmd(RCC_APB2Periph_GPIOA | RCC_APB2Periph_GPIOB |
RCC_APB2Periph_SPI1, ENABLE);
```

此函数用于打开挂接在 APB2 总线上的外设时钟，要打开哪一个设备只要将其名称作为参数填入到函数中即可，如果是要打开多个设备的时钟，多个设备的名称用“|”号连接。

例如，对于 LED 流水灯控制来说，因为 LED 的阴极由 STM32 单片机的 GPIOC 口控制的，所以需要调用该函数打开 GPIO 时钟，其语句为：

```
RCC_APB2PeriphClockCmd(RCC_APB2Periph_GPIOC, ENABLE);
```

### 5.2.2 函数 GPIO_Init

表 5-3 描述了函数 GPIO_Init。

表 5-3 函数 GPIO_Init

| 函数名 | GPIO_Init |
|---|---|
| 函数原型 | void GPIO_Init(GPIO_TypeDef * GPIOx, GPIO_InitTypeDef * GPIO_InitStruct) |
| 功能描述 | 根据 GPIO_InitStruct 中指定的参数初始化外设 GPIOx 寄存器 |
| 输入参数 1 | GPIOx：x 可以是 A、B、C、D 或者 E，用来选择 GPIO 外设 |

续表

| | |
|---|---|
| 输入参数 2 | GPIO_InitStruct：指向结构 GPIO_InitTypeDef 的指针，包含了外设 GPIO 的配置信息<br>参阅 Section：GPIO_InitTypeDef，查阅更多该参数允许取值范围 |
| 输出参数 | 无 |
| 返回值 | 无 |
| 先决条件 | 无 |
| 被调用函数 | 无 |

**GPIO_InitTypeDef structure**

GPIO_InitTypeDef 定义于文件"stm32f10x_gpio.h"：

```
typedef struct
{
u16  GPIO_Pin;
GPIOSpeed_TypeDef  GPIO_Speed;
GPIOMode_TypeDef  GPIO_Mode;
}  GPIO_InitTypeDef;
```

**GPIO_Pin**

该参数选择待设置的 GPIO 引脚，使用操作符"|"可以一次选中多个引脚。可以使用表 5-4 中的任意组合。

**表 5-4　GPIO_Pin 值**

| GPIO_Pin | 描　述 | GPIO_Pin | 描　述 |
|---|---|---|---|
| GPIO_Pin_None | 无引脚被选中 | GPIO_Pin_8 | 选中引脚 8 |
| GPIO_Pin_0 | 选中引脚 0 | GPIO_Pin_9 | 选中引脚 9 |
| GPIO_Pin_1 | 选中引脚 1 | GPIO_Pin_10 | 选中引脚 10 |
| GPIO_Pin_2 | 选中引脚 2 | GPIO_Pin_11 | 选中引脚 11 |
| GPIO_Pin_3 | 选中引脚 3 | GPIO_Pin_12 | 选中引脚 12 |
| GPIO_Pin_4 | 选中引脚 4 | GPIO_Pin_13 | 选中引脚 13 |
| GPIO_Pin_5 | 选中引脚 5 | GPIO_Pin_14 | 选中引脚 14 |
| GPIO_Pin_6 | 选中引脚 6 | GPIO_Pin_15 | 选中引脚 15 |
| GPIO_Pin_7 | 选中引脚 7 | GPIO_Pin_All | 选中全部引脚 |

**GPIO_Speed**

GPIO_Speed 用以设置选中引脚的速率。表 5-5 给出了该参数可取的值。

**表 5-5　GPIO_Speed 值**

| GPIO_Speed | 描　述 | GPIO_Speed | 描　述 |
|---|---|---|---|
| GPIO_Speed_10MHz | 最高输出速率 10MHz | GPIO_Speed_50MHz | 最高输出速率 50MHz |
| GPIO_Speed_2MHz | 最高输出速率 2MHz | | |

**GPIO_Mode**

GPIO_Mode 用以设置选中引脚的工作状态。表 5-6 给出了该参数可取的值。

**表 5-6 GPIO_Mode 值**

| GPIO_Speed | 描　述 | GPIO_Speed | 描　述 |
|---|---|---|---|
| GPIO_Mode_AIN | 模拟输入 | GPIO_Mode_Out_OD | 开漏输出 |
| GPIO_Mode_IN_FLOATING | 浮空输入 | GPIO_Mode_Out_PP | 推挽输出 |
| GPIO_Mode_IPD | 下拉输入 | GPIO_Mode_AF_OD | 复用开漏输出 |
| GPIO_Mode_IPU | 上拉输入 | GPIO_Mode_AF_PP | 复用推挽输出 |

例如：

```
/* Configure all the GPIOA in Input Floating mode */
GPIO_InitTypeDef GPIO_InitStructure;
GPIO_InitStructure.GPIO_Pin = GPIO_Pin_All;
GPIO_InitStructure.GPIO_Speed = GPIO_Speed_10MHz;
GPIO_InitStructure.GPIO_Mode = GPIO_Mode_IN_FLOATING;
GPIO_Init(GPIOA, &GPIO_InitStructure);
```

对于 LED 流水灯控制，因为既需要输出高电平，又需要输出低电平，所以需要将 GPIOC 配置为推挽输出模式；而对输出速度并没有特殊要求，配置成 2MHz 即可。引脚可以选全部也可选 GPIO_Pin_0～GPIO_Pin_7。所以其参考初始化程序如下：

```
/* Configure all the GPIOC in Output Push - Pull mode */
GPIO_InitTypeDef GPIO_InitStructure;
GPIO_InitStructure.GPIO_Pin = GPIO_Pin_All;
GPIO_InitStructure.GPIO_Speed = GPIO_Speed_2MHz;
GPIO_InitStructure.GPIO_Mode = GPIO_Mode_Out_PP;
GPIO_Init(GPIOC, &GPIO_InitStructure);
```

### 5.2.3 函数 GPIO_Write

表 5-7 描述了 GPIO_Write。

**表 5-7 GPIO_Write**

| 函数名 | GPIO_Write |
|---|---|
| 函数原型 | void GPIO_Write(GPIO_TypeDef * GPIOx, u16 PortVal) |
| 功能描述 | 向指定 GPIO 数据端口写入数据 |
| 输入参数 1 | GPIOx: x 可以是 A、B、C、D 或者 E，用来选择 GPIO 外设 |
| 输入参数 2 | PortVal: 待写入端口数据寄存器的值 |
| 输出参数 | 无 |

续表

| | |
|---|---|
| 返回值 | 无 |
| 先决条件 | 无 |
| 被调用函数 | 无 |

例如：

```
/* Write data to GPIOA data port */
GPIO_Write(GPIOA, 0x1101);
```

在LED流水灯控制中，由于采用共阳接法，GPIOC的I/O口输出低电平点亮，如果只需要点亮L1，只需要PC0输出低电平，其余I/O口输出高电平，对应GPIO输出数据为0xFE，其对应的控制语句为：

```
GPIO_Write(GPIOC, 0xFE);
```

### 5.2.4 函数GPIO_SetBits

表5-8描述了GPIO_SetBits。

表5-8 GPIO_SetBits

| | |
|---|---|
| 函数名 | GPIO_SetBits |
| 函数原型 | void GPIO_SetBits(GPIO_Type Def * GPIOx, u16 GPIO_Pin) |
| 功能描述 | 设置指定的数据端口位 |
| 输入参数1 | GPIOx：x可以是A、B、C、D或者E，用来选择GPIO外设 |
| 输入参数2 | GPIO_Pin：待设置的端口位<br>该参数可以取GPIO_Pin_x(x可以是0～15)的任意组合<br>参阅Section：GPIO_Pin，查阅更多该参数允许取值范围 |
| 输出参数 | 无 |
| 返回值 | 无 |
| 先决条件 | 无 |
| 被调用函数 | 无 |

例如：

```
/* Set the GPIOA port pin 10 and pin 15 */
GPIO_SetBits(GPIOA, GPIO_Pin_10 | GPIO_Pin_15);
```

### 5.2.5 函数GPIO_ResetBits

表5-9描述了GPIO_ResetBits。

表 5-9　GPIO_ResetBits

| | |
|---|---|
| 函数名 | GPIO_ResetBits |
| 函数原型 | void GPIO_ResetBits(GPIO_TypeDef * GPIOx, u16 GPIO_Pin) |
| 功能描述 | 清除指定的数据端口位 |
| 输入参数 1 | GPIOx：x 可以是 A、B、C、D 或者 E，来选择 GPIO 外设 |
| 输入参数 2 | GPIO_Pin：待清除的端口位该参数可以取 GPIO_Pin_x(x 可以是 0～15)的任意组合 |
| 输出参数 | 无 |
| 返回值 | 无 |
| 先决条件 | 无 |
| 被调用函数 | 无 |

例如：

```
/* Clears the GPIOA port pin 10 and pin 15 */
GPIO_ResetBits(GPIOA, GPIO_Pin_10 | GPIO_Pin_15);
```

### 5.2.6　函数 GPIO_WriteBit

表 5-10 描述了 GPIO_WriteBit。

表 5-10　GPIO_WriteBit

| | |
|---|---|
| 函数名 | GPIO_WriteBit |
| 函数原型 | void GPIO_WriteBit(GPIO_TypeDef * GPIOx, u16 GPIO_Pin, BitAction BitVal) |
| 功能描述 | 设置或者清除指定的数据端口位 |
| 输入参数 1 | GPIOx：x 可以是 A、B、C、D 或者 E，来选择 GPIO 外设 |
| 输入参数 2 | GPIO_Pin：待设置或者清除指的端口位<br>该参数可以取 GPIO_Pin_x(x 可以是 0～15)的任意组合<br>参阅 Section：GPIO_Pin，查阅更多该参数允许取值范围 |
| 输入参数 3 | BitVal：该参数指定了待写入的值，该参数必须取枚举 BitAction 的其中一个值，Bit_RESET：清除数据端口位<br>Bit_SET：设置数据端口位 |
| 输出参数 | 无 |
| 返回值 | 无 |
| 先决条件 | 无 |
| 被调用函数 | 无 |

例如：

```
/* Set the GPIOA port pin 15 */
GPIO_WriteBit(GPIOA, GPIO_Pin_15, Bit_SET);
```

## 5.3　LED 流水灯控制

已知开发板 LED 流水灯电路原理图如图 5-1 所示。由图可知，如需实现 LED 流水灯控制只需要依次点亮 L1～L8，即需依次设置 PC0～PC7 为低电平即可，对应 GPIOC 端口写入数据分别为 0xFE、0xFD、0xFB、0XF7、0xEF、0xDF、0xBF、0x7F。

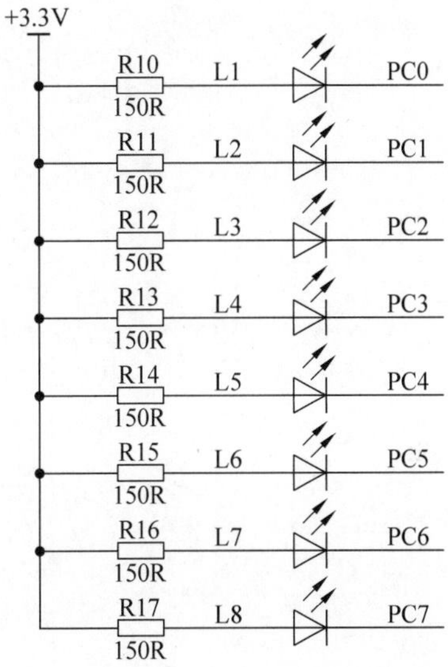

项目具体实施步骤为：

第一步：复制第 3 章创建的工程模板文件夹到桌面(其他文件夹路径也可以，只是桌面操作起来更方便)，并将文件夹改名为“2 LED 流水灯”(其他名称完全可以，只是命名需要遵循一定原则，以便于项目积累)。

第二步：将原工程模板编译一下，直到没有错误和警告为止。新建两个文件，将其改名为 LED.C 和 LED.H 并保存到工程模板下的 APP 文件中。并将 LED.C 文件添加到 APP 项目组下，并再次编译一下。

第三步：在 LED.C 文件中输入如下源程序，在程序中首先包含 LED.H 头文件，然后创建三个函数，分别是延时函数 void delay(u32 i)，LED 流水灯初始化函数 void LEDInit()，以及流水灯显示函数 void LEDdisplay()。



图 5-1　LED 流水灯电路原理图

```
#include "LED.h"
/**********************************************************************
* 函 数 名          : delay
* 函数功能          : 延时函数,delay(6000000)延时约 1s
* 输    入          : i
* 输    出          : 无
**********************************************************************/
void delay(u32 i)
{
    while(i--);
}

/**********************************************************************
* 函 数 名          : LEDInit
* 函数功能          : LED 初始化函数
* 输    入          : 无
* 输    出          : 无
**********************************************************************/
```

```
void LEDInit()
{
    GPIO_InitTypeDef GPIO_InitStructure;
    SystemInit();
    RCC_APB2PeriphClockCmd(RCC_APB2Periph_GPIOC , ENABLE);

    GPIO_InitStructure.GPIO_Pin = GPIO_Pin_All;
    GPIO_InitStructure.GPIO_Speed = GPIO_Speed_2MHz;
    GPIO_InitStructure.GPIO_Mode = GPIO_Mode_Out_PP ;
    GPIO_Init(GPIOC, &GPIO_InitStructure);
}

/*******************************************************************
 * 函 数 名        : LEDdisplay
 * 函数功能        : LED 显示函数  LED 闪烁
 * 输    入        : 无
 * 输    出        : 无
*******************************************************************/
void LEDdisplay()
{
    while(1)
    {
        GPIO_Write(GPIOC, 0xfe);
        delay(6000000);                     //延时约为 1s
        GPIO_Write(GPIOC, 0xfd);
        delay(6000000);                     //延时约为 1s
        GPIO_Write(GPIOC, 0xfb);
        delay(6000000);                     //延时约为 1s
        GPIO_Write(GPIOC, 0xf7);
        delay(6000000);                     //延时约为 1s
        GPIO_Write(GPIOC, 0xef);
        delay(6000000);                     //延时约为 1s
        GPIO_Write(GPIOC, 0xdf);
        delay(6000000);                     //延时约为 1s
        GPIO_Write(GPIOC, 0xbf);
        delay(6000000);                     //延时约为 1s
        GPIO_Write(GPIOC, 0x7f);
        delay(6000000);                     //延时约为 1s
    }
}
```

第四步：在 LED. H 文件中输入如下源程序，其中条件编译和包含 STM32 头文件内容可以参考第 3 章工程模板创建时编写 public. h 的编写方法，其实一般情况下是直接复制 public. h 文件内容到 LED. H 文件中来，然后再进行修改即可，此处需要将我们在 LED. C 创建的函数声明加进来。

```
#ifndef _LED_H
#define _LED_H
#include "stm32f10x.h"
void delay(u32 i);
void LEDInit(void);
void LEDdisplay(void);
#endif
```

第五步：在 public.h 文件的中间部分添加#include "LED.H"语句，即包含 LED.H 头文件，此处要记住，任何时候程序中需要使用某一源文件中函数，必须先包含其头文件，否则编译是不能通过的。Public.h 文件的源代码如下。

```
#ifndef _public_H
#define _public_H
#include "stm32f10x.h"
#include "LED.H"
#endif
```

第六步：在 main.c 文件中输入如下源程序，其中 main 函数就是两条语句，分别调用 LEDInit()函数对 GPIO 引脚进行初始化，调用 LEDdisplay()函数进行流水灯显示，由于在 LEDdisplay()函数已经包含无限循环结构，此处不需要重复构建。

```
#include "public.h"
int main()
{
    LEDInit();
    LEDdisplay();
}
```

第七步：编译工程，如没有错误，则会在 output 文件夹中生成“工程模板.hex”文件，如有错误则修改源程序直至没有错误为止。

第八步：将生成的目标文件通过 ISP 软件下载到开发板微控制器的 Flash 存储器当中，复位运行，检查实验效果。

## 5.4　SysTick 定时器

5.4　SysTick 定时器

### 5.4.1　SysTick 定时器概述

在以前，大多操作系统需要一个硬件定时器来产生操作系统需要的滴答中断，作为整个系统的时基。例如，为多个任务许以不同数目的时间片，确保没有一个任务能霸占系统；或者把每个定时器周期的某个时间范围赐予特定的任务等，还有操作系统提供的各种定时功能,都与这个滴答定时器有关。因此,需要一个定时器来产生周期性的中断,而且最好还让用户程序不能随意访问它的寄存器,以维持操作系统"心跳"的节律。

Cortex-M3 处理器内部包含了一个简单的定时器。因为所有的 Cortex-M3 处理器都带有这个定时器,软件在不同 Cortex-M3 处理器间的移植工作得以化简。该定时器的时钟源可以是内部时钟(FCLK,Cortex-M3 处理器上的自由运行时钟),或者是外部时钟(Cortex-M3 处理器上的 STCLK 信号)。不过,STCLK 的具体来源由芯片设计者决定,因此不同产品之间的时钟频率可能会大不相同,需要检视芯片的器件手册来决定选择什么作为时钟源。

SysTick 定时器能产生中断,Cortex-M3 处理器为它专门开出一个异常类型,并且在向量表中有它的一席之地。它使操作系统和其他系统软件在 Cortex-M3 处理器间的移植变得简单多了,因为在所有 CM3 产品间对其处理都是相同的。

SysTick 定时器除了能服务于操作系统之外,还能用于其他目的:如作为一个闹钟,用于测量时间等。需要注意的是,当处理器在调试期间被喊停(halt)时,则 SysTick 定时器亦将暂停运作。

### 5.4.2 SysTick 定时器寄存器

有 4 个寄存器控制 SysTick 定时器,如表 5-11～表 5-14 所示。

**表 5-11 SysTick 控制及状态寄存器 STK_CTRL(0xE000_E010)**

| 位段 | 名　称 | 类型 | 复位值 | 描　述 |
|---|---|---|---|---|
| 16 | COUNTFLAG | R | 0 | 如果在上次读取本寄存器后,Sys Tick 已经数到了 0,则该位为 1。如果读取该位,该位将自动清零 |
| 2 | CLKSOURCE | R/W | 0 | 0=外部时钟源(STCLK)<br>1=内核时钟(FCLK) |
| 1 | TICKINT | R/W | 0 | 1=Sys Tick 倒数到 0 时产生 Sys Tick 异常请求<br>0=数到 0 时无动作 |
| 0 | ENABLE | R/W | 0 | Sys Tick 定时器的使能位 |

**表 5-12 SysTick 重装载数值寄存器 STK_LOAD(0xE000_E014)**

| 位段 | 名　称 | 类型 | 复位值 | 描　述 |
|---|---|---|---|---|
| 23:0 | RELOAD | R/W | 0 | 当倒数至零时,将被重装载的值 |

**表 5-13 SysTick 当前数值寄存器 STK_VAL(0xE000_E018)**

| 位段 | 名　称 | 类型 | 复位值 | 描　述 |
|---|---|---|---|---|
| 23:0 | CURRENT | R/Wc | 0 | 读取时返回当前倒计数的值,写它则使之清零,同时还会清除在 Sys Tick 控制及状态寄存器中的 COUNTFLAG 标志 |

表 5-14　SysTick 校准数值寄存器 STK_CALIB(0xE000_E01C)

| 位段 | 名　称 | 类型 | 复位值 | 描　述 |
|---|---|---|---|---|
| 31 | NOREF | R | — | 1=没有外部参考时钟(STCLK 不可用)<br>0=外部参考时钟可用 |
| 30 | SKEW | R | — | 1=校准值不是准确的 10ms<br>0=校准值是准确的 10ms |
| 23:0 | TENMS | R/W | 0 | 10ms 的时间内倒计数的格数。芯片设计者应该通过 Cortex-M3 的输入信号提供该数值。若该值读回零,则表示无法使用校准功能 |

### 5.4.3　SysTick 定时器应用

上一节 LED 流水灯控制程序中延时程序是通过软件延时的方法来实现的,这个时间很不精确,只能大概估计。根据上述分析,本节利用 SysTick 定时器可以分别编写 delay_us( )延时函数和 delay_ms( )延时函数,供流水灯控制程序调用,实现精确延时。本项目具体操作步骤如下：

第一步：复制上一节项目文件夹到桌面,并将文件夹改名为"3 SysTick 定时器"。

第二步：将原工程模板编译一下,直到没有错误和警告为止。新建两个文件,将其改名为 systick.c 和 systick.h 并保存到工程模板下的 APP 文件夹中。并将 systick.c 文件添加到 APP 项目组下,并再次编译一下。

第三步：在 systick.c 文件中输入如下源程序,在程序中首先包含 systick.h 头文件,然后创建两个延时函数,一个是微秒延时函数：delay_us(u32 i),另一个是毫秒延时函数：delay_ms(u32 i)。

```
#include "systick.h"
/*******************************************************************
* 函 数 名        : delay_us
* 函数功能        : 延时函数,延时 μs
* 输    入        : i
* 输    出        : 无
*******************************************************************/
void delay_us(u32 i)
{
    u32 temp;
    SysTick->LOAD = 9 * i;                    //设置重装数值, STCLK = HCLK/8 = 9MHz
    SysTick->CTRL = 0X01;                     //使能,减到零是无动作,采用外部时钟源
    SysTick->VAL = 0;                         //清零计数器
    do
    {
        temp = SysTick->CTRL;                 //读取当前倒计数值
```

```
    }
    while((temp&0x01)&&(!(temp&(1<<16))));        //等待时间到达
    SysTick->CTRL=0;                              //关闭计数器
    SysTick->VAL=0;                               //清空计数器
}
/************************************************************************
* 函 数 名          : delay_ms
* 函数功能          : 延时函数,延时 ms
* 输    入          : i
* 输    出          : 无
************************************************************************/
void delay_ms(u32 i)
{
    u32 temp;
    SysTick->LOAD=9000*i;                         //设置重装数值, STCLK=HCLK/8=9MHz 时
    SysTick->CTRL=0X01;                           //使能,减到零是无动作,采用外部时钟源
    SysTick->VAL=0;                               //清零计数器
    do
    {
        temp=SysTick->CTRL;                       //读取当前倒计数值
    }
    while((temp&0x01)&&(!(temp&(1<<16))));        //等待时间到达
    SysTick->CTRL=0;                              //关闭计数器
    SysTick->VAL=0;                               //清空计数器
}
```

第四步：在 systick.h 文件中输入如下源程序，其中条件编译格式不变，只要更改一下预定义变量名称即可，需要将刚定义的两个延时函数的声明加到头文件当中。

```
#ifndef _systick_H
#define _systick_H
#include<stm32f10x.h>
void delay_us(u32 i);
void delay_ms(u32 i);
#endif
```

第五步：在 LED 流水灯头文件 LED.H 中包含 systick.h，其源程序如下：

```
#ifndef _LED_H
#define _LED_H
#include "stm32f10x.h"
#include "systick.h"
void delay(u32 i);
void LEDInit(void);
void LEDdisplay(void);
#endif
```

第六步：修改 LED 流水灯源文件 LED.C 中的延时函数，将原来的“delay(6000000);”修改为“delay_ms(1000);”。

```
#include "LED.h"
/*************************************************************
 * 函 数 名        : LEDInit
 * 函数功能        : LED 初始化函数
 * 输    入        : 无
 * 输    出        : 无
*************************************************************/
void LEDInit()
{

    GPIO_InitTypeDef GPIO_InitStructure;
    SystemInit();
    RCC_APB2PeriphClockCmd(RCC_APB2Periph_GPIOC , ENABLE);

    GPIO_InitStructure.GPIO_Pin = GPIO_Pin_All;
    GPIO_InitStructure.GPIO_Speed = GPIO_Speed_2MHz;
    GPIO_InitStructure.GPIO_Mode = GPIO_Mode_Out_PP ;
    GPIO_Init(GPIOC, &GPIO_InitStructure);
}
/*************************************************************
 * 函 数 名        : LEDdisplay
 * 函数功能        : LED 显示函数  LED 闪烁
 * 输    入        : 无
 * 输    出        : 无
*************************************************************/
void LEDdisplay()
{
    while(1)
    {
        GPIO_Write(GPIOC, 0xfe);
        delay_ms(1000);                //SysTick Timer Delay 1s
        GPIO_Write(GPIOC, 0xfd);
        delay_ms(1000);                // SysTick Timer Delay 1s
        GPIO_Write(GPIOC, 0xfb);
        delay_ms(1000);                // SysTick Timer Delay 1s
        GPIO_Write(GPIOC, 0xf7);
        delay_ms(1000);                // SysTick Timer Delay 1s
        GPIO_Write(GPIOC, 0xef);
        delay_ms(1000);                // SysTick Timer Delay 1s
        GPIO_Write(GPIOC, 0xdf);
        delay_ms(1000);                // SysTick Timer Delay 1s
        GPIO_Write(GPIOC, 0xbf);
```

```
        delay_ms(1000);          // SysTick Timer Delay 1s
        GPIO_Write(GPIOC, 0x7f);
        delay_ms(1000);          // SysTick Timer Delay 1s
    }
}
```

第七步：编译工程，如没有错误则会在 output 文件中生成“工程模板.hex”文件，如有错误则修改源程序直至没有错误为止。

第八步：将生成的目标文件通过 ISP 软件下载到开发板 CPU 的 Flash 相存储器当中，复位运行，检查实验效果。

本节创建的 SysTick 延时函数还可以供后续章节所介绍项目调用，使用时需要包含其头文件 systick.h，给涉及时间控制的项目带来很大便利。

## 本章小结

本章首先介绍了库函数开方方式原理、特点及应用场合，并和寄存器开发方式进行了对比，指出基于库函数的开发方式是 STM32 嵌入式应用的首选。随后介绍了第一个基于库函数的嵌入式开发实例，即 LED 流水灯控制程序设计。由于读者前面没有接触过基于固件库的开发方式，所本部分内容介绍较为详尽，包括 GPIO 所有输出库函数的功能、参数和应用方法，并详细地给出了 LED 流水灯控制程序设计的步骤。SysTick 定时器是所有基于 ARM Cortex-M3 内核微控制器都具有的一个简单定时器，为应用程序在具有 Cortex-M3 内核的微控器之间移植提供了极大的方便。本章最后又介绍了 SysTick 定时器的功能、原理和控制寄存器，并编写了毫秒和微秒延时函数，用该延时函数重新改写 LED 流水灯控制程序，使其获得精确延时，为使用 SysTick 定时器进行时间控制应用程序提供了范例。

## 思考与扩展

1. 基于库函数开发方式的特点有哪些？
2. 函数 RCC_APB2PeriphClockCmd 的功能有哪些？
3. 函数 GPIO_Init 的功能有哪些？有哪些参数？
4. 函数 GPIO_Write 的功能是什么，有哪些参数？
5. 简述函数 GPIO_Write、GPIO_SetBits 和 GPIO_ResetBits 的异同点。
6. 简要说明 SysTick 定时器的概况以及使用该定时器的好处。
7. SysTick 定时器相关的控制寄存器有哪些？
8. SysTick 定时器常用的延时函数有哪两个？

第 6 章

# 按键输入与蜂鸣器

**本章要点**

- GPIO 输入库函数
- GPIO 输入控制方式
- 蜂鸣器工作原理及硬件电路
- 按键输入控制蜂鸣器发不同声音项目实施

GPIO 学习是嵌入式系统应用基础也是十分重要一部分内容。在第 5 章中我们给出 GPIO 输出应用库函数版实例，本章将继续学习 GPIO 及其应用之按键输入，以及 GPIO 输入、输出综合应用之由按键控制蜂鸣器发声，使读者能较好地掌握 GPIO 应用方法，以及嵌入式系统开发一般过程。

按键输入与蜂鸣器

## 6.1 GPIO 输入库函数

### 6.1.1 函数 GPIO_ReadInputDataBit

表 6-1 描述了函数 GPIO_ReadInputDataBit。

表 6-1 函数 GPIO_ReadInputDataBit

| | |
|---|---|
| 函数名 | GPIO_ReadInputDataBit |
| 函数原型 | u8 GPIO_ReadInputDataBit(GPIO_TypeDef * GPIOx,u16 GPIO_Pin) |
| 功能描述 | 读取指定端口引脚的输入 |
| 输入参数 1 | GPIOx：x 可以是 A、B、C、D 或者 E，用来选择 GPIO 外设 |
| 输入参数 2 | GPIO_Pin：待读取的端口位参阅<br>Section：GPIO_Pin 查阅更多该参数允许取值范围 |
| 输出参数 | 无 |
| 返回值 | 输入端口引脚值 |
| 先决条件 | 无 |
| 被调用函数 | 无 |

例如：

```
/* Reads the seventh pin of the GPIOB and store it in Read Value variable */
u8 ReadValue;
ReadValue = GPIO_ReadInputDataBit(GPIOB, GPIO_Pin_7);
```

### 6.1.2 函数 GPIO_ReadInputData

表 6-2 描述了函数 GPIO_ReadInputData。

表 6-2 函数 GPIO_ReadInputData

| | |
|---|---|
| 函数名 | GPIO_ReadInputData |
| 函数原型 | u16 GPIO_ReadInputData(GPIO_TypeDef * GPIOx) |
| 功能描述 | 读取指定的 GPIO 端口输入 |
| 输入参数 | GPIOx：x 可以是 A、B、C、D 或者 E，用来选择 GPIO 外设 |
| 输出参数 | 无 |
| 返回值 | GPIO 输入数据端口值 |
| 先决条件 | 无 |
| 被调用函数 | 无 |

例如：

```
/* Read the GPIOC input data port and store it in Read Value variable */
u16 ReadValue;
ReadValue = GPIO_ReadInputData(GPIOC);
```

### 6.1.3 函数 GPIO_ReadOutputDataBit

表 6-3 描述了函数 GPIO_ReadOutputDataBit。

表 6-3 函数 GPIO_ReadOutputDataBit

| | |
|---|---|
| 函数名 | GPIO_ReadOutputDataBit |
| 函数原型 | u8 GPIO_ReadOutputDataBit(GPIO_TypeDef * GPIOx，u16 GPIO_Pin) |
| 功能描述 | 读取指定端口引脚的输出 |
| 输入参数 1 | GPIOx：x 可以是 A、B、C、D 或者 E，用来选择 GPIO 外设 |
| 输入参数 2 | GPIO_Pin：待读取的端口位参阅<br>Section：GPIO_Pin 查阅更多该参数允许取值范围 |
| 输出参数 | 无 |
| 返回值 | 输出端口引脚值 |
| 先决条件 | 无 |
| 被调用函数 | 无 |

例如：

```
/* Reads the seventh pin of the GPIOB and store it in Read Value variable */
u8 Read alue;
Read alue = GPIO_ReadOutputDataBit(GPIOB, GPIO_Pin_7);
```

### 6.1.4 函数 GPIO_ReadOutputData

表 6-4 描述了函数 GPIO_ReadOutputData。

表 6-4　函数 GPIO_ReadOutputData

| | |
|---|---|
| 函数名 | GPIO_ReadOutputData |
| 函数原型 | u16 GPIO_ReadOutputData(GPIO_Type Def * GPIOx) |
| 功能描述 | 读取指定的 GPIO 端口输出 |
| 输入参数 | GPIOx：x 可以是 A、B、C、D 或者 E，用来选择 GPIO 外设 |
| 输出参数 | 无 |
| 返回值 | GPIO 输出数据端口值 |
| 先决条件 | 无 |
| 被调用函数 | 无 |

例如：

```
/* Read the GPIOC output data port and store it in Read Value variable */
u16 ReadValue;
ReadValue = GPIO_ReadOutputData(GPIOC);
```

## 6.2 项目分析

已知开发板按键电路和蜂鸣器电路如图 6-1 所示，此电路和第 2 章硬件电路并没有区别，在此再次给出以方便读者浏览。

图 6-1 中的(a)图为按键电路，开发板共设置 4 个按键，用于向系统输入简单控制信息。4 个按键一端并联接地，另外一端分别由 STM32 微控制器的 PE0～PE3 来控制，当某一个按键按下后，控制器的 I/O 端口应表现出低电平“0”，当按键没有按下时，其电平状态由微控制器 GPIO 引脚内部电平决定，为区别按键按下和没有按下两种情况，需要设置 GPIO 引脚未输入电平信号表现出高电平，结合第 4 章所介绍的 GPIO 工作原理，本例按键输入控制引脚应当配置为上拉输入模式(GPIO_Mode_IPU)。

图 6-1 中的(b)图为蜂鸣器控制电路，蜂鸣器是单片机系统常用的声音输出器件，常用于报警信号输出。蜂鸣器分有源和无源，有源蜂鸣器内置振荡电路，直接加电源就可以正常发声，通常频率固定。无源蜂鸣器则需要通过外部的正弦或方波信号驱动，控制稍微复杂一

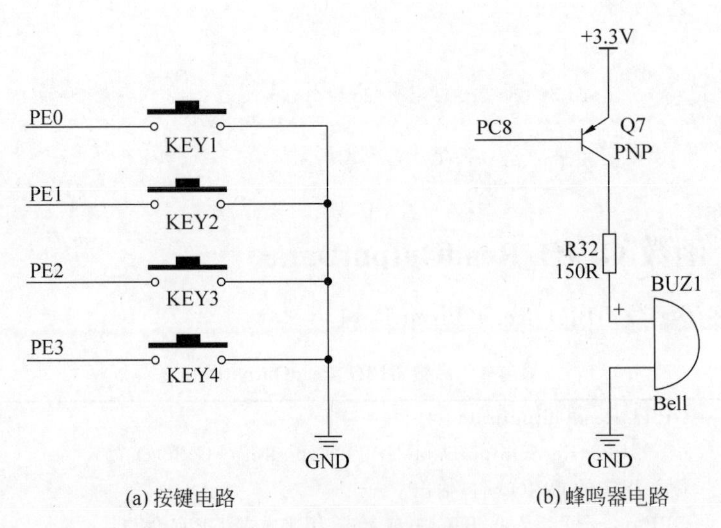

图 6-1　按键和蜂鸣器电路

点,但是可以发出不同频率的声响,编写程序还可以演绎一些音乐曲目。本开发板选择的是无源蜂鸣器,需要编写控制程序输出方波信号。由图中可知 Q7 是 PNP 三极管,基极控制信号 PC8 输出低电平导通,蜂鸣器有电流流过;PC8 输出高电平 Q7 截止,蜂鸣器没有电流流过,改变高低电平持续时间即方波的频率,以使蜂鸣器发出不同声响。根据上述分析,PC8 应工作于输出方式,并且要输出高低两种电平,所以 PC8 引脚应工作在推挽输出模式(GPIO_Mode_Out_PP)。

## 6.3 项目实施

项目实施的步骤如下。

第一步:复制第 5 章创建工程模板文件夹到桌面,并将文件夹改名为“4 BeepKey”,将原工程模板编译一下,直到没有错误和警告为止。

第二步:新建两个文件,将其改名为 beepkey. c 和 beepkey. h 并保存到工程模板下的 APP 文件中。并将 beepkey. c 文件添加到 APP 项目组下。

第三步:在 beepkey. c 文件中输入如下源程序,在程序中首先包含 beepkey. H 头文件,然后创建 6 个函数,void delay(u32 i)函数为简单延时函数,void BeepInit()为蜂鸣器初始化函数,void KeyInit()为按键初始化函数,sound1()和 sound2()为两个蜂鸣器发声程序,BeepKey()为实验核心程序,程序中设置了一个无限循环程序,在循环程序中不断判断有没有按键按下,如有则调用相应的发声程序。

```
#include "beepkey.h"
/*******************************************************************************
* 函 数 名         : delay
```

```
 * 函数功能          : 简易延时函数
 * 输    入          : 无
 * 输    出          : 无
******************************************************************/
void delay(u32 i)
{
    while(i--);
}
/******************************************************************
 * 函 数 名          : BeepInit
 * 函数功能          : 蜂鸣器端口初始化函数  通过改变频率控制声音变化
 * 输    入          : 无
 * 输    出          : 无
******************************************************************/
void BeepInit()                                    //端口初始化
{
    //声明一个结构体变量,用来初始化 GPIO
    GPIO_InitTypeDef GPIO_InitStructure;
    /* 开启 GPIO 时钟 */
    RCC_APB2PeriphClockCmd(RCC_APB2Periph_GPIOC,ENABLE);
    /* 配置 GPIO 的模式和 I/O 口 */
    GPIO_InitStructure.GPIO_Pin = GPIO_Pin_8;          //选择你要设置的 I/O 口
    GPIO_InitStructure.GPIO_Mode = GPIO_Mode_Out_PP;
    //设置推挽输出模式
    GPIO_InitStructure.GPIO_Speed = GPIO_Speed_50MHz;  //设置传输速率
    GPIO_Init(GPIOC,&GPIO_InitStructure);              /* 初始化 GPIO */
}
/******************************************************************
 * 函 数 名          : KeyInit
 * 函数功能          : 按键端口初始化函数    通过改变频率控制声音变化
 * 输    入          : 无
 * 输    出          : 无
******************************************************************/
void KeyInit()
{
    GPIO_InitTypeDef GPIO_InitStructure;
    //声明一个结构体变量,用来初始化 GPIO
    RCC_APB2PeriphClockCmd(RCC_APB2Periph_GPIOE,ENABLE);
    /* 开启 GPIO 时钟 */
    GPIO_InitStructure.GPIO_Pin =
    GPIO_Pin_0|GPIO_Pin_1|GPIO_Pin_2|GPIO_Pin_3;
    GPIO_InitStructure.GPIO_Speed = GPIO_Speed_50MHz;
    GPIO_InitStructure.GPIO_Mode = GPIO_Mode_IPU;  //设置上拉输入模式
    GPIO_Init(GPIOE, &GPIO_InitStructure);
}
```

```
/************************************************************
 * 函 数 名        : sound1
 * 函数功能        : 蜂鸣器报警函数
 * 输    入        : 无
 * 输    出        : 无
************************************************************/
void sound1()                                   //救护车报警
{
    u32 i = 5000;
    while(i-- )                                 //产生一段时间的 PWM 波,使蜂鸣器发声
    {
        GPIO_SetBits(GPIOC,GPIO_Pin_8);         //I/O 口输出高电平
        delay(i);
        GPIO_ResetBits(GPIOC,GPIO_Pin_8);       //I/O 口输出低电平
        delay(i-- );
    }
}
/************************************************************
 * 函 数 名        : sound2
 * 函数功能        : 蜂鸣器报警函数    通过改变频率控制声音变化
 * 输    入        : 无
 * 输    出        : 无
************************************************************/
void sound2()                                   //电动车报警
{
    u32 i = 1000;
    while(i-- )                                 //产生一段时间的 PWM 波,使蜂鸣器发声
    {
        GPIO_SetBits(GPIOC,GPIO_Pin_8);         //I/O 口输出高电平
        delay(i);
        GPIO_ResetBits(GPIOC,GPIO_Pin_8);       //I/O 口输出低电平
        delay(i-- );
    }
}
/******************************************************************
 * 函 数 名        : BeepKey
 * 函数功能        : 检测按键    控制蜂鸣器发不同报警声
 * 输    入        : 无
 * 输    出        : 无
******************************************************************/
void BeepKey()
{
    while(1)
    {
        if(GPIO_ReadInputDataBit(GPIOE,GPIO_Pin_0) == 0)          //判断按键 PE0 是否按下
```

```
            {
                delay_ms(10);                                      //消抖处理
                if(GPIO_ReadInputDataBit(GPIOE,GPIO_Pin_0) == 0)
              //再次判断按键 PE0 是否按下
                {
                    sound1();
                }
                while(GPIO_ReadInputDataBit(GPIOE,GPIO_Pin_0) == 0);  //等待按键松开
            }

            if(GPIO_ReadInputDataBit(GPIOE,GPIO_Pin_1) == 0)       //判断按键 PE1 是否按下
            {
                delay_ms(10);                                      //消抖处理
                if(GPIO_ReadInputDataBit(GPIOE,GPIO_Pin_1) == 0)
              //再次判断按键 PE1 是否按下
                {
                    sound2();
                }
                while(GPIO_ReadInputDataBit(GPIOE,GPIO_Pin_1) == 0);  //等待按键松开
            }
        }
    }
```

在上述 BeepKey()函数中需要对按键判断过程中进行消抖处理，这对于机械按键来说是相当重要的，否则极易造成误操作或是系统不稳定。其基本方法是首先发现按键按下后进入 if 语句执行，进入 if 语句后需要先延时 10ms，再使用 if 语句进行判断，如果按键还是按下则执行相应调用程序，这就是最简单的延时去抖动方法，具体方法大家可以分析上述代码细细体会。

第四步：在 beepkey.h 文件中输入如下源程序，其中条件编译格式不变，只要更改一下预定义变量名称即可，需要将我们刚定义函数的声明加到头文件当中。另外本程序中由于需要使用 SysTick 定时器，所以还是需要将 systick.h 包含进来。

```
#ifndef _BEEPKEY_H
#define _BEEPKEY_H
#include "stm32f10x.h"
#include "systick.h"
void delay(u32 i);
void BeepInit(void);
void KeyInit(void);
void sound1(void) ;
void sound2(void);
void BeepKey(void);
#endif
```

第五步：在 public.h 文件的中间部分添加"#include "beepkey.h""语句，即包含 beepkey.h 头文件，任何时候程序中需要使用某一源文件中函数，必须先包含其头文件，否则编译是不能通过的。Public.h 文件的源代码如下。

```
#ifndef _public_H
#define _public_H
#include "stm32f10x.h"
#include "LED.h"
#include "beepkey.h"
#endif
```

第六步：在 main.c 文件中输入如下源程序，其中 main 函数就是三条语句，分别是调用 BeepInit()函数对蜂鸣器引脚进行初始化，调用 KeyInit()函数对按键引脚进行初始化，调用 BeepKey 函数进行按键控制不同报警声音产生，由于在 BeepKey()函数已经包含无限循环结构，此处不需要重复构建。

```
#include "public.h"
int main()
{
    BeepInit();
    KeyInit();
    BeepKey();
}
```

第七步：编译工程，如没有错误，则会在 output 文件夹中生成"工程模板.hex"文件，如有错误则修改源程序直至没有错误为止。

第八步：将生成的目标文件通过 ISP 软件下载到开发板微控制器的 Flash 存储器当中，复位运行，检查实验效果。

## 本章小结

本章是将 GPIO 输入和 GPIO 输出相结合的综合应用实例，按键输入需要配置 GPIO 工作于输入状态，蜂鸣器发声需要配置 GPIO 工作于输出状态。本章首先介绍了 GPIO 输入库函数，然后对整个项目进行分析，介绍硬件电路及其工作原理，讨论了两部分硬件的具体配置方法。最后给出了项目实施的详细步骤和具体源代码，使读者可以依此实施和验证。通过本章学习使读者对 GPIO 应用有了更一步地理解，在实际应用中更加得心应手。

## 思考与扩展

1. GPIO 输入函数有哪些，名称、功能、输入参数、返回值各是什么？
2. 单片机控制系统中，按键应如何连接？不同连接方式，配置 GPIO 工作模式时应如何选择？

3. 蜂鸣器的工作原理是什么？什么是有源蜂鸣器？什么是无源蜂鸣器？在单片机控制系统中应如何控制它们？

4. 按键输入时是如何实现去抖动的，除了软件去抖动而外，如何进行硬件去抖动？

5. 如何实现按键功能复用？分别对单击、双击、长按等编写不同的响应程序。

6. 如何利用蜂鸣器发出有节奏的声音？参考网上资料，利用实验板上的硬件资源，编写简单的乐曲演奏程序。

# 第7章

# 数码管动态显示

**本章要点**

- 数码管工作原理
- 数码管编码方式
- 数码管显示方式
- 数码管动态显示学号项目实施
- 数码管动态显示时间项目实施

在单片机应用系统中，如果需要显示的内容只有数字和某些字母，使用数码管是一种较好的选择。LED数码管显示清晰，成本低廉，配置灵活，且单片机接口简单，编程容易。

## 7.1 数码管显示接口

数码管
显示接口

### 7.1.1 数码管工作原理

LED数码管是由发光二极管作为显示字段的数码型显示器。图7-1(a)为LED数码管的外形和引脚图，其中7只发光二极管分别对应a～g笔，构成"日"字形，另一只发光二极管dp作为小数点，因此，这种LED显示器称为八段数码管。

LED数码管按电路中的连接方式可以分为共阴极型和共阳极型两大类：共阴极型是将各段发光二极管的负极连在一起，作为公共端COM接地，a～g、dp各笔段接控制端，某笔段接高电平时发光，低电平时不发光，控制某几段笔段发光，就能显示出某个数码或字符，如图7-1(b)所示。共阳极型是将各段发光二极管的正极连在一起，作为公共端COM，某笔段接低电平时发光，高电平时不发光，如图7-1(c)所示。

LED数码管按其外形尺寸有多种形式，使用最多的是0.5英寸和0.8英寸；按显示颜色也有多种，主要有红色和绿色；按亮度强弱可分为超亮、高亮和普亮。

LED数码管的使用与发光二极管相同，根据其材料不同，正向压降一般为1.5～2V，额

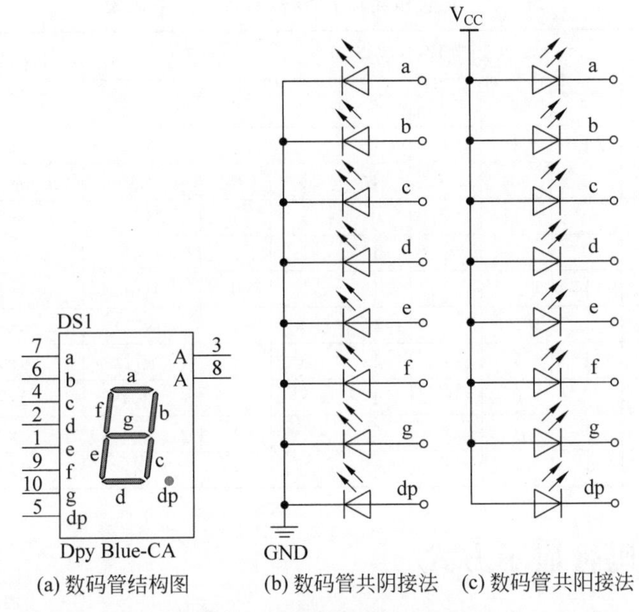

(a) 数码管结构图　(b) 数码管共阴接法　(c) 数码管共阳接法

图 7-1　数码管结构与原理图

定电流为 10mA，最大电流为 40mA。静态显示时取 10mA 为宜，动态扫描显示，可加大脉冲电流，但一般不超过 40mA。

## 7.1.2 数码管编码方式

当 LED 数码管与单片机相连时，一般将 LED 数码管的各笔段引脚 a、b、…、g、dp 按某一顺序接到 STM32 单片机某一个并行 I/O 口 D0、D1、…、D7，当该 I/O 口输出某一特定数据时，就能使 LED 数码管显示出某个字符。例如，要使共阳极 LED 数码管显示“0”，则 a、b、c、d、e、f 各笔段引脚为低电平，g 和 dp 为高电平，如表 7-1 所示。

**表 7-1　LED 数码管**

| D7 | D6 | D5 | D4 | D3 | D2 | D1 | D0 | 字段码 | 显示数字 |
|---|---|---|---|---|---|---|---|---|---|
| dp | g | f | e | d | c | b | a | | |
| 1 | 1 | 0 | 0 | 0 | 0 | 0 | 0 | 0xC0 | 0 |

0xC0 称为共阳 LED 数码管显示“0”的字段码。

LED 数码管的编码方式有多种，按小数点计否可分为七段码和八段码；按公共端连接方式可分为共阴字段码和共阳字段码，计小数点的共阴字段码与共阳字段码互为反码；按 a、b、…、g、dp 编码顺序是高位在前，还是低位在前，又可分为顺序字段码和逆字段码。甚至在某些特殊情况下可将 a、b、…、g、dp 顺序打乱编码。表 7-2 为共阴和共阳 LED 数码管八段编码表。

表 7-2 共阴和共阳 LED 数码管八段编码表

| 显示数字 | 共阴顺序小数点暗 | | | | | | | | | 共阳顺序小数点亮 | 共阳顺序小数点暗 |
|---|---|---|---|---|---|---|---|---|---|---|---|
| | dp | g | f | e | d | c | b | a | 十六进制 | | |
| 0 | 0 | 0 | 1 | 1 | 1 | 1 | 1 | 1 | 0x3F | 0x40 | 0xC0 |
| 1 | 0 | 0 | 0 | 0 | 0 | 1 | 1 | 0 | 0x06 | 0x79 | 0xF9 |
| 2 | 0 | 1 | 0 | 1 | 1 | 0 | 1 | 1 | 0x5B | 0x24 | 0xA4 |
| 3 | 0 | 1 | 0 | 0 | 1 | 1 | 1 | 1 | 0x4F | 0x30 | 0xB0 |
| 4 | 0 | 1 | 1 | 0 | 0 | 1 | 1 | 0 | 0x66 | 0x19 | 0x99 |
| 5 | 0 | 1 | 1 | 0 | 1 | 1 | 0 | 1 | 0x6D | 0x12 | 0x92 |
| 6 | 0 | 1 | 1 | 1 | 1 | 1 | 0 | 1 | 0x7D | 0x02 | 0x82 |
| 7 | 0 | 0 | 0 | 0 | 0 | 1 | 1 | 1 | 0x07 | 0x78 | 0xF8 |
| 8 | 0 | 1 | 1 | 1 | 1 | 1 | 1 | 1 | 0x7F | 0x00 | 0x80 |
| 9 | 0 | 1 | 1 | 0 | 1 | 1 | 1 | 1 | 0x6F | 0x10 | 0x90 |

### 7.1.3 数码管显示方式

LED 数码管显示电路在单片机应用系统中可分为静态显示方式和动态显示两种方式。

**1. 静态显示**

在静态显示方式下，每一位显示器的字段需要一个 8 位 I/O 口控制，而且该 I/O 口必须有锁存功能，N 位显示器就需要 N 个 8 位 I/O 口，公共端可直接接 $V_{DD}$(共阳)或接地(共阴)。显示时，每一位字段码分别从 I/O 控制口输出，保持不变直至 CPU 刷新显示为止，也就是各字段的灯亮灭状态不变。

静态显示方式编码较简单，但占用 I/O 口线多，即软件简单，硬件成本高，一般适用显示位数较少的场合。

**2. 动态显示**

动态扫描显示电路是将显示各位的所有相同字段线连在一起，每一位的 a 段连在一起，b 段连在一起，……，g 段连在一起，共 8 段，由一个 8 位 I/O 口控制，而每一位的公共端(共阳或共阴 COM)由另一个 I/O 口控制。

由于这种连接方式将每位相同字段的字段线连在一起，当输出字段码时，每一位将显示相同的内容。因此，要想显示不同的内容。必须采取轮流显示的方式。即在某一瞬时，只让某一位的字位线处于选通状态(共阴极 LED 数码管为低电平，共阳极为高电平)，其他各位的字位线处于断开状态，同时字段线上输出该位要显示的相应的字段码。在这一瞬时，只有这一位显示，其他几位暗。同样，在下一瞬时，单独显示下一位，这样依次循环扫描，轮流显示，由于人的视觉滞留效应，人们看到的是多位同时稳定显示。

动态扫描显示电路的特点是占用 I/O 端线少；电路较简单，硬件成本低；编程较复杂，CPU 要定时扫描刷新显示。当要求显示位数较多时，通常采用动态扫描显示方式。

## 7.2 项目分析

已知实验板数码管模块电路如图 7-2 所示，本项目的目标是在这个六位数码管上显示每位同学的学号，在讲解时由于没有具体学号可以对应，我们即将开始的例题是在这六位数码管上显示“0 1 2 3 4 5”这六个数字。

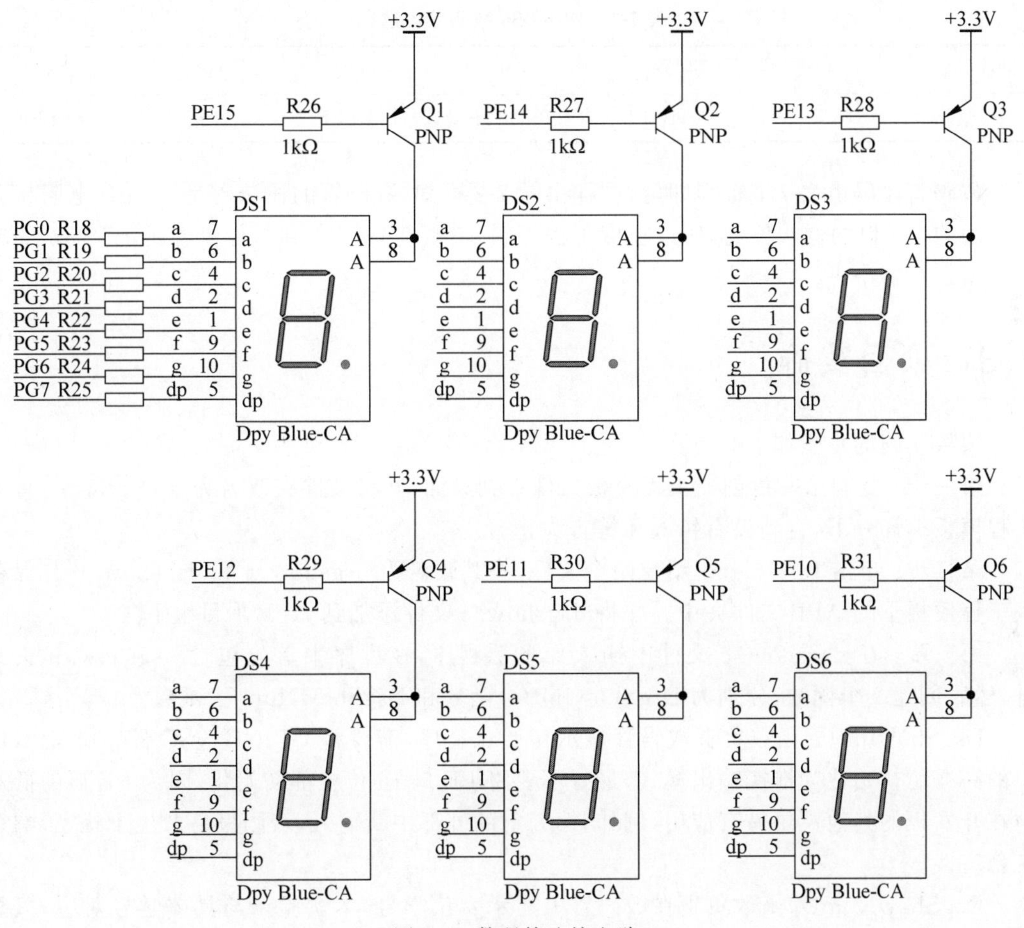


图 7-2 数码管连接电路

由上述分析可知，实验板上每位数码管段码(a，b，c，d，e，f，g，dp)是并联到一起的，要想显示这六个数字必须采用动态扫描的方式，即每一次选择一位数码管，显示一个数字，延时很短时间，然后再选中下一位数码管，显示第二个数字，依次类推，直到六个数字全部显示完成，再无限循环，即可完成全部显示任务。

如何在第一个数码管上显示第一个数字“0”呢？首先必须选中第一个数码管，而其余数码管处于未选中状态。由图 7-2 可知，数码管为共阳数码管，DS1 数码管任一笔画要想亮，必须设置数码管的3和8号引脚为高电平才行，而要使3和8引脚为高电平，PNP三极管Q1必须要导通才行，由PNP三极管工作原理可知，必须要设置Q1的基极控制信号PE15为低电平。同理可得PE14为低电平时Q2导通，PE13为低电平时Q3导通，PE12为低电平时Q4导通，PE11为低电平时Q5导通，PE10为低电平时Q6导通。各数码管的位选码如表7-3所示。特别需要注意的是数码管的位选段是接控制器的PE口的，所以编写程序时其位选码是送GPIOE的输出数据寄存器的。

**表7-3 DS1-DS6数码管位选码**

| 数码管 | DS1 | DS2 | DS3 | DS4 | DS5 | DS6 |
|---|---|---|---|---|---|---|
| 位选码 | 0x7FFF | 0xBFFF | 0xDFFF | 0xEFFF | 0xF7FF | 0xFBFF |

数码管段码由表7-1查得即可，同样由图7-2可知，数码管的段选码是经1kΩ电阻接到微控制的PG口的低八位的，所以在编写程序时，需要将段码送到微控制器的GPIOE的输出数据寄存器中去。

## 7.3 项目实施

项目实施的步骤如下。

第一步：复制第6章创建工程模板文件夹到桌面，并将文件夹改名为5 DsgShow，将原工程模板编译一下，直到没有错误和警告为止。

第二步：单击File→New新建两个文件，将其改名为dsgshow.c和dsgshow.h并保存到工程模板下的APP文件夹中。并将dsgshow.c文件添加到APP项目组下。

第三步：在dsgshow.c文件中输入如下源程序，在程序中首先包含dsgshow.h头文件，然后创建2个函数，分别为DsgShowInit( )函数和DsgShowNum( )函数。

DsgShowInit( )函数负责数码管显示初始化程序，需要将GPIOG全部端口和GPIOE口的高八位初始化为推挽输出模式，最好不要将PE口16位全部初始化，因为PE口的低八位在开发板的其他模块另有应用，例如，第8章的外部中断输入，否则极易产生干扰，影响系统稳定性。

DsgShowNum( )函数负责在数码管上显示六位学号，本实验未与具体学号对应，只显示六位数字"0 1 2 3 4 5"。其基本方法是动态扫描，即选中第一个数码管显示"0"，延时很短时间，再选择第二个数码管显示"1"，再延时，依次类推，直至所有数字全部显示完成，依此无限循环，即可在数码管上清晰稳定地显示6个数字。

```
/*****************************************************************
                Source file of dsgshow.c
*****************************************************************/
#include "dsgshow.h"
```

```
/*******************************************************************
* 函 数 名        : DsgShowInit
* 函数功能        : 数码管显示初始化
* 输    入        : 无
* 输    出        : 无
*******************************************************************/
void DsgShowInit()
{
    GPIO_InitTypeDef GPIO_InitStructure;
    //打开 GPIOE 和 GPIOG 时钟
    RCC_APB2PeriphClockCmd(RCC_APB2Periph_GPIOE|RCC_APB2Periph_GPIOG , ENABLE);
    //配置 GPIOE 为输出推挽模式，为避免后续中断产生误动作，只初始化高 8 位
    GPIO_InitStructure.GPIO_Pin = GPIO_Pin_15|GPIO_Pin_14|GPIO_Pin_13|
    GPIO_Pin_12|GPIO_Pin_11|GPIO_Pin_10|GPIO_Pin_9|GPIO_Pin_8;
    GPIO_InitStructure.GPIO_Speed = GPIO_Speed_10MHz;
    GPIO_InitStructure.GPIO_Mode = GPIO_Mode_Out_PP ;
    GPIO_Init(GPIOE, &GPIO_InitStructure);
    //配置 GPIOG 为输出推挽模式
    GPIO_InitStructure.GPIO_Pin = GPIO_Pin_All;
    GPIO_InitStructure.GPIO_Speed = GPIO_Speed_10MHz;
    GPIO_InitStructure.GPIO_Mode = GPIO_Mode_Out_PP ;
    GPIO_Init(GPIOG, &GPIO_InitStructure);
}

/*******************************************************************
* 函 数 名        : DsgShowNum
* 函数功能        : 数码管显示六位学号
* 输    入        : 无
* 输    出        : 无
*******************************************************************/
void DsgShowNum()
{
    u16 i;
    while(1)
    {
        GPIO_Write(GPIOE,0x7FFF);           //选中第一个数码管
        GPIO_Write(GPIOG,0xc0);             //送第一个数字的段码
        for(i = 0;i < 400;i++);             //延时比较短的时间
        GPIO_Write(GPIOE,0xBFFF);
        GPIO_Write(GPIOG,0xf9);
        for(i = 0;i < 400;i++);
        GPIO_Write(GPIOE,0xDFFF);
        GPIO_Write(GPIOG,0xa4);
        for(i = 0;i < 400;i++);
        GPIO_Write(GPIOE,0xEFFF);
        GPIO_Write(GPIOG,0xb0);
```

```
            for(i = 0;i < 400;i++);
            GPIO_Write(GPIOE,0xF7FF);
            GPIO_Write(GPIOG,0x99);
            for(i = 0;i < 400;i++);
            GPIO_Write(GPIOE,0xFBFF);
            GPIO_Write(GPIOG,0x92);
            for(i = 0;i < 400;i++);
        }
    }
```

第四步：在 dsgshow.h 文件中输入如下源程序，其中条件编译格式不变，只要更改一下预定义变量名称即可，需要将我们刚定义函数的声明加到头文件当中。

```
/************************************************************
                Source file of dsgshow.h
************************************************************/
#ifndef _DSGSHOW_H
#define _DSGSHOW_H
#include "stm32f10x.h"
void DsgShowInit(void);
void DsgShowNum(void);
#endif
```

第五步：在 public.h 文件的中间部分添加 # include "dsgshow.h"语句，即包含 dsgshow.h 头文件，任何时候，程序中需要使用某一源文件中函数，必须先包含其头文件，否则编译是不能通过的。Public.h 文件的源代码如下。

```
/************************************************************
                Source file of public.h
************************************************************/
#ifndef _public_H
#define _public_H
#include "stm32f10x.h"
#include "LED.h"
#include "beepkey.h"
#include "dsgshow.h"
#endif
```

第六步：在 main.c 文件中输入如下源程序，其中 main 函数就是二条语句，分别调用 DsgShowInit()对 GPIOE 和 GPIOG 进行初始化，调用 DsgShowNum()函数进行动态扫描，由于在 DsgShowNum()函数已经包含死循环结构，此处不需要重复构建。

```
/***************************************************************
                Source file of main.c
***************************************************************/
#include "public.h"
/***************************************************************
* Function Name  : main
* Description    : Main program
* Input          : None
* Output         : None
* Return         : None
***************************************************************/
int main()
{
    DsgShowInit();
    DsgShowNum();
}
```

第七步：编译工程，如没有错误，则会在 output 文件夹中生成“工程模板.hex”文件，如有错误则修改源程序直至没有错误为止。

第八步：将生成的目标文件通过 ISP 软件下载到开发板微控制器的 Flash 存储器当中，复位运行，检查实验效果。

## 7.4 项目拓展

扩展项目
显示时间

上一节中介绍的数码管动态显示程序编写其实是很不专业的，其通用性也比较差，主要目的是让大家能够快速熟悉数码管动态显示控制方法。

本节将介绍一个新的实例，其项目任务是将主程序赋值的三个变量：hour、minute、second 的值显示在六位数码管上，并在小时个位和分钟个位数字下面显示一个点。因为本例中涉及不同文件之间共享同一变量，这是我们前面没有接触过的，这一点需要注意。

因为此项目是上一项目的扩展，所以工程文件和上一项目是完全一样的，只是部分文件代码有所改变，改动涉及添加、修改和删除，现在改动之处一一列出，供大家参考。

**改动 1**：在 main.c 文件中定义三个外部变量，并在 main()函数中对其赋初值。修改后的 main.c 文件程序如下：

```
/***************************************************************
                Source file of main.c
***************************************************************/
#include "public.h"
//define three extern variable
u8 hour,minute,second;
```

```
/**************************************************************
* Function Name   : main
* Description     : Main program.
* Input           : None
* Output          : None
* Return          : None
**************************************************************/
int main()
{
    hour = 9;
    minute = 30;
    second = 0;
    DsgShowInit();
    DsgShowTime();
}
```

**改动 2**：在 dsgshow.c 文件包含语句(#include "dsgshow.h")的下面，输入如下语句：

```
extern u8 hour, minute, second;
```

此语句表明 hour、minute 和 second 是三个外部变量，已经在其他文件中定义过了，此处需要引用这三个外部变量，需要对其进行声明，其中 extern 是声明外部变量的关键字。

**改动 3**：在 dsgshow.c 文件中所有函数的外部定义两个数组：一个是用来存放数码管的段选码，另一个用来存放数码管的位选码，因为此时要显示时间变量，而不是某一个不变的常数，所以需要定义一个数组，根据要显示不同的数字，引用不同的数组元素。数组变量的定义格式内容如下：

```
u8 smgduan[10] = {0xc0,0xf9,0xa4,0xb0,0x99,0x92,0x82,0xf8,0x80,0x90 };
u16 smgwei[6] = {0x7fff,0xbfff,0xdfff,0xefff,0xf7ff,0xfbff};
```

**改动 4**：重新编写 DsgShowTime()函数，完成时、分、秒的显示，此处需要把要显示的两位的每一位数字都取出来，例如，设小时的值为“12”，则需要将其拆成“1”和“2”两个数字，具体方法是用“12/10=1”取出十位，用“12%10=2”取出个位。另外小时和分钟个位数字的小数点需要显示出来，因为数码管是共阳的，所以只要将要加小数点数字的段选码与 0x7f 进行与运算即可。

修改完成的 dsgshow.c 文件中的源程序代码如下：

```
**************************************************************
                Source file of dsgshow.c
**************************************************************/
#include "dsgshow.h"
//declare three extern variable
```

```
extern u8 hour,minute,second;
u8 smgduan[11] = {0xc0,0xf9,0xa4,0xb0,0x99,0x92,0x82,0xf8,0x80,0x90};
u16 smgwei[6] = {0x7fff,0xbfff,0xdfff,0xefff,0xf7ff,0xfbff};

/*******************************************************************
 * 函 数 名          : DsgShowInit
 * 函数功能          : 数码管显示初始化
 * 输    入          : 无
 * 输    出          : 无
 *******************************************************************/
void DsgShowInit()
{
    GPIO_InitTypeDef GPIO_InitStructure;
    //打开 GPIOE 和 GPIOG 时钟
    RCC_APB2PeriphClockCmd(RCC_APB2Periph_GPIOE|RCC_APB2Periph_GPIOG , ENABLE);
    //GPIOE 为输出推挽模式，为避免后续中断产生误动作，只初始化高 8 位
    GPIO_InitStructure.GPIO_Pin = GPIO_Pin_15|GPIO_Pin_14|GPIO_Pin_13|
    GPIO_Pin_12|GPIO_Pin_11|GPIO_Pin_10|GPIO_Pin_9|GPIO_Pin_8;
    GPIO_InitStructure.GPIO_Speed = GPIO_Speed_10MHz;
    GPIO_InitStructure.GPIO_Mode = GPIO_Mode_Out_PP ;
    GPIO_Init(GPIOE, &GPIO_InitStructure);
    //配置 GPIOG 为输出推挽模式
    GPIO_InitStructure.GPIO_Pin = GPIO_Pin_All;
    GPIO_InitStructure.GPIO_Speed = GPIO_Speed_10MHz;
    GPIO_InitStructure.GPIO_Mode = GPIO_Mode_Out_PP ;
    GPIO_Init(GPIOG, &GPIO_InitStructure);
}

/*******************************************************************
 * 函 数 名          : DsgShowNum
 * 函数功能          : 数码管显示六位学号
 * 输    入          : 无
 * 输    出          : 无
 *******************************************************************/
void DsgShowNum()
{
    u16 i;
    while(1)
    {
        GPIO_Write(GPIOE,0x7FFF);                    //选中第一个数码管
        GPIO_Write(GPIOG,0xc0);                      //送第一个数字的段码
        for(i = 0;i < 400;i++);                      //延时比较短的时间
        GPIO_Write(GPIOE,0xBFFF);
        GPIO_Write(GPIOG,0xf9);
        for(i = 0;i < 400;i++);
        GPIO_Write(GPIOE,0xDFFF);
```

```
        GPIO_Write(GPIOG,0xa4);
        for(i = 0;i < 400;i++);
        GPIO_Write(GPIOE,0xEFFF);
        GPIO_Write(GPIOG,0xb0);
        for(i = 0;i < 400;i++);
        GPIO_Write(GPIOE,0xF7FF);
        GPIO_Write(GPIOG,0x99);
        for(i = 0;i < 400;i++);
        GPIO_Write(GPIOE,0xFBFF);
        GPIO_Write(GPIOG,0x92);
        for(i = 0;i < 400;i++);
    }
}

/*******************************************************************
* 函 数 名          : DsgShowTime
* 函数功能          : 数码管显示时间
* 输    入          : 无
* 输    出          : 无
*******************************************************************/
void DsgShowTime()
{
    u16 j;
    while(1)
    {
        GPIO_Write(GPIOE,smgwei[0]);
        GPIO_Write(GPIOG,smgduan[hour/10]);
        for(j = 0;j < 400;j++);
        GPIO_Write(GPIOE,smgwei[1]);
        GPIO_Write(GPIOG,(smgduan[hour % 10])&0xff7f);
        for(j = 0;j < 400;j++);

        GPIO_Write(GPIOE,smgwei[2]);
        GPIO_Write(GPIOG,smgduan[minute/10]);
        for(j = 0;j < 400;j++);
        GPIO_Write(GPIOE,smgwei[3]);
        GPIO_Write(GPIOG,(smgduan[minute % 10])&0xff7f);
        for(j = 0;j < 400;j++);

        GPIO_Write(GPIOE,smgwei[4]);
        GPIO_Write(GPIOG,smgduan[second/10]);
        for(j = 0;j < 400;j++);
        GPIO_Write(GPIOE,smgwei[5]);
        GPIO_Write(GPIOG,smgduan[second % 10]);
        for(j = 0;j < 400;j++);
    }
}
```

**改动 5**：将新定义的 DsgShowTime()函数声明添加到 dsgshow. h 文件中，修改完成的 dsgshow. h 文件源代码如下：

```
/**********************************************************************
                    文件"dsgshow.h"源程序
**********************************************************************/
#ifndef _DSGSHOW_H
#define _DSGSHOW_H
#include "stm32f10x.h"
void DsgShowInit(void);
void DsgShowNum(void);
void DsgShowTime(void);
#endif
```

将修改好的源程序，编译生成目标程序，并将其下载到开发板，观察运行结果，看是否达到预期效果。

# 本章小结

本章首先介绍数码管的工作原理、编码格式以及显示方式。其次详细介绍了在六位数码管上显示每位同学学号的项目实施方式过程，该项目较为简单，主要目的是让读者较快掌握数码管的应用方法。最后又对数码管学号显示项目进行扩展，其目标是在六位数码管上显示时间的时、分、秒，由于扩展项目与原项目有很多共性的东西，所以只是对原项目的部分文件进行了修改。对时间显示是数码管的一个典型应用，本书的第 8 章以及第 9 章的例题都是在这个项目上进行扩展的，所以读者应当较好掌握相关内容，并完成实际项目调试。

# 思考与扩展

1. 数码管显示的原理是什么，共阳和共阴显示码如何确定？显示码分别是什么？

2. 什么是静态显示？什么是动态显示？两种显示方法的特点分别是什么？应如何进行选择？

3. 数码管动态扫描的延时时间长短对显示效果有何影响，延时程序一般应如何编写？

4. 在本章的扩展项目中，为什么要使用数组，数组的数据类型如何确定，如何定义数组和引用数组元素？

5. 如何改写学号显示程序？使其通用性更强，即由一个学号显示更改为另一个学号显示，其程序修改量越少越好。

6. 如何在一个开发板上显示两位或多位同学的学号？每一个学号显示持续时间大概 3 秒。

7. 如何实现滚动显示？例如，在六位数码管上显示11位的手机号码。

8. 将本章数码显示与第6章的按键输入结合在一起，当有不同按键按下时，数码管上显示不同的内容。

9. 编写一通用程序，将一个无符号整型数据显示在六位数码管上。

10. 已知有一浮点数，其数值小于1000，且小数点后保留两位小数，如何将其显示在数码管上？

第 8 章

# 中断系统与基本应用

**本章要点**

- 掌握中断的基本概念
- 掌握 STM32F103 中断系统
- STM32F103 外部中断/事件控制器 EXTI
- STM32 中断相关库函数，包括 NVIC 和 EXTI 两部分
- 完成 EXTI 项目实例，利用外部中断调节时间

中断是现代计算机必备的重要功能，尤其是在单片机嵌入式系统中，中断扮演了非常重的角色。因此，全面深入地了解中断的概念，并能灵活掌握中断技术应用，成为学习和真正掌握单片机应用非常重要的关键问题之一。

中断系统
基本概念

## 8.1 中断的基本概念

### 8.1.1 中断的定义

为了更好地描述中断，我们用日常生活中常见的例子来做比喻。假如你有朋友下午要来拜访，可又不知道他具体什么时候到，为了提高效率，你就边看书边等。在看书的过程中，门铃响了，这时，你先在书签上记下你当前阅读的页码，然后暂停阅读，放下手中的书，开门接待朋友。等接待完毕后，再从书签上找到阅读进度，从刚才暂停的页码处继续看书。这个例子很好地表现了日常生活中的中断及其处理过程：门铃的铃声让你暂时中止当前的工作(看书)，而去处理更为紧急的事情(朋友来访)，把急需处理的事情(接待朋友)处理完毕之后，再回过头来继续做原来的事情(看书)。显然这样的处理方式比你一个下午不做任何事情，一直站在门口傻等要高效多了。

类似地，在计算机执行程序的过程中，CPU 暂时中止其正在执行的程序，转去执行请求中断的那个外设或事件的服务程序，等处理完毕后再返回执行原来中止的程序，叫作中断。

## 8.1.2 中断的应用

### 1. 提高 CPU 工作效率

在早期的计算机系统中，CPU 工作速度快，外设工作速度慢，形成 CPU 等待，效率降低。设置中断后，CPU 不必花费大量的时间等待和查询外设工作，例如，计算机和打印机连接，计算机可以快速地传送一行字符给打印机（由于打印机存储容量有限，一次不能传送很多），打印机开始打印字符，CPU 可以不理会打印机，处理自己的工作，待打印机打印该行字符完毕，发给 CPU 一个信号，CPU 产生中断，中断正在处理的工作，转而再传送一行字符给打印机，这样在打印机打印字符期间（外设慢速工作），CPU 可以不必等待或查询，自行处理自己的工作，从而大大提高了 CPU 工作效率。

### 2. 具有实时处理功能

实时控制是微型计算机系统特别是单片机系统应用领域的一个重要任务。在实时控制系统中，现场各种参数和状态的变化是随机发生的，要求 CPU 能做出快速响应、及时处理。有了中断系统，这些参数和状态的变化可以作为中断信号，使 CPU 中断，在相应的中断服务程序中及时处理这些参数和状态的变化。

### 3. 具有故障处理功能

单片机应用系统在实际运行中，常会出现一些故障。例如，电源突然掉电、硬件自检出错、运算溢出等。利用中断，就可执行处理故障的中断程序服务。例如，电源突然掉电，由于稳压电源输出端接有大电容，从电源掉电至大电容的电压下降到正常工作电压之下，一般有几毫秒～几百毫秒的时间。这段时间内若使 CPU 产生中断，在处理掉电的中断服务程序中将需要保存的数据和信息及时转移到具有备用电源的存储器中，待电源恢复正常时再将这些数据和信息送回到原存储单元之中，返回中断点继续执行原程序。

### 4. 实现分时操作

单片机应用系统通常需要控制多个外设同时工作。例如，键盘、打印机、显示器、AD 转换器、D/A 转换器等，这些设备的工作有些是随机的，有些是定时的，对于一些定时工作的外设，可以利用定时器，到一定时间产生中断，在中断服务程序中控制这些外设工作。例如，动态扫描显示，每隔一定时间会更换显示字位码和字段码。

此外，中断系统还能用于程序调试、多机连接等。因此，中断系统是计算机中重要的组成部分。可以说，有了中断系统后，计算机才能比原来无中断系统的早期计算机演绎出多姿多彩的功能。

## 8.1.3 中断源与中断屏蔽

### 1. 中断源

中断源是指能引发中断的事件。通常，中断源都与外设有关。在前面讲述的朋友来访的例子中，门铃的铃声是一个中断源，它由门铃这个外设发出，告诉主人（CPU）有客来访（事件），并等待主人（CPU）响应和处理（开门接待客人）。计算机系统中，常见的中断源有按键、定时器溢出、串口收到数据等，与此相关的外设有键盘、定时器和串口等。

每个中断源都有它对应的中断标志位，一旦该中断发生，它的中断标志位就会被置位。如果中断标志位被清除，那么它所对应的中断便不会再被响应。所以，一般在中断服务程序最后要将对应的中断标志位清零，否则将始终响应该中断，不断执行该中断服务程序。

**2. 中断屏蔽**

在前面讲述的朋友来访的例子中，如果在看书的过程中门铃响起，你也可以选择不理会门铃声，继续看书，这就是中断屏蔽。

中断屏蔽是中断系统一个十分重要的功能。在计算机系统中，程序设计人员可以通过设置相应的中断屏蔽位，禁止 CPU 响应某个中断，从而实现中断屏蔽。在微控制器的中断控制系统，对一个中断源能否响应，一般由"中断允许总控制位"和该中断自身的"中断允许控制位"共同决定。这两个中断控制位中的任何一个被关闭，该中断就无法响应。

中断屏蔽的目的是保证在执行一些关键程序时不响应中断，以免造成延迟而引起错误。例如，在系统启动执行初始化程序时屏蔽键盘中断，能够使初始化程序顺利进行，这时，按任何按键都不会响应。当然，对于一些重要的中断请求是不能屏蔽的，例如，系统重启、电源故障、内存出错等影响整个系统工作的中断请求。因此，从中断是否可以被屏蔽划分，中断可分为可屏蔽中断和不可屏蔽中断两类。

值得注意的是，尽管某个中断源可以被屏蔽，但一旦该中断发生，不管该中断屏蔽与否，它的中断标志位都会被置位，而且只要该中断标志位不被软件清除，它就一直有效。等待该中断重新被使用时，它即允许被 CPU 响应。

### 8.1.4　中断处理过程

在中断系统中，通常将 CPU 处在正常情况下运行的程序称为主程序，把产生申请中断信号的事件称为中断源，由中断源向 CPU 所发出的申请中断信号称为中断请求信号，CPU 接收中断请求信号停止现行程序的运行而转向为中断服务称为中断响应，为中断服务的程序称为中断服务程序或中断处理程序。现行程序被打断的地方称为断点，执行完中断服务程序后返回断点处继续执行主程序称为中断返回。这个处理过程称为中断处理过程，如图 8-1 所示，其大致可以分为四步：中断请求、中断响应、中断服务和中断返回。

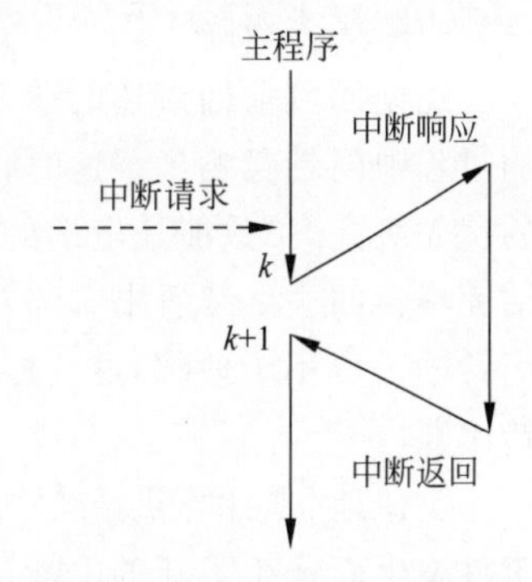


图 8-1　中断处理过程示意图

在整个中断处理过程中，由于 CPU 执行完中断处理程序之后仍然要返回主程序，因此在执行中断处理程序之前，要将主程序中断处的地址，即断点处（主程序下一条指令地址，即图 8-1 中的 $k+1$ 点）保存起来，称为保护断点。又由于 CPU 在执行中断处理程序时，可能会使用和改变主程序使用过的寄存器、标志位，甚至内存单元，因此，在执行中断服务程序前，还要把有关的数据保护起来，称为现场保护。在 CPU 执行完中断处理程序后，则要恢复原来的数据，并返回主程序的断点处继续执行，称为恢复现场和恢复断点。

在单片机中，断点的保护和恢复操作，是在系统响应中断和执行中断返回指令时由单片机内部硬件自动实现的。简单地说，就是在响应中断时，微控制器的硬件系统会自动将断点地址压进系统的堆栈保存；而当执行中断返回指令时，硬件系统又会自动将压入堆栈的断点弹出到CPU的执行指针寄存器中。在新型微控制器的中断处理过程中，保护和恢复现场的工作也是由硬件自动完成，无需用户操心，用户只需集中精力编写中断服务程序即可。

### 8.1.5 中断优先级与中断嵌套

#### 1. 中断优先级

计算机系统中的中断往往不止一个，那么，对于多个同时发生的中断或者嵌套发生的中断，CPU又该如何处理？应该先响应哪一个中断？为什么？答案就是设定中断优先级。

为了更形象地说明中断优先级的概念，还是从生活中的实例开始讲起。生活中的突发事件很多，为了便于快速处理，通常把这些事件按重要性或紧急程度从高到低依次排列。这种分级就称为优先级。如果多个事件同时发生，根据它们的优先级从高到低依次响应。例如，在前面讲述的朋友来访的例子中，如果门铃响的同时，电话铃也响了，那么你将在这两个中断请求中选择先响应哪一个请求。这里就有一个优先的问题。如果开门比接电话更重要（即门铃的优先级比电话的优先级高），那么就应该先开门（处理门铃中断），然后再接电话（处理电话中断），接完电话后再回来继续看书（回到原程序）。

类似地，计算机系统中的中断源众多，它们也有轻重缓急之分，这种分级就被称为中断优先级。一般来说，各个中断源的优先级都有事先规定。通常，中断的优先级是根据中断的实时性、重要性和软件处理的方便性预先设定的。当同时有多个中断请求产生时，CPU会先响应优先级较高的中断请求。由此可见，优先级是中断响应的重要标准，也是区分中断的重要标志。

#### 2. 中断嵌套

中断优先级除了用于并发中断中，还用于嵌套中断中。

还是回到前面讲述的朋友来访的例子，在你看书的时电话铃响了，你去接电话，在通话的过程中门铃又响了。这时，门铃中断和电话中断形成了嵌套。由于门铃的优先级比电话的优先级高，你只能让电话的对方稍等，放下电话去开门。开门之后再回头继续接电话，通话完毕再回去继续看书。当然，如果门铃的优先级比电话的优先级低，那么在通话的过程中门铃响了也不予理睬，继续接听电话（处理电话中断），通话结束后再去开门迎客（即处理门铃中断）。

类似地，在计算机系统中，中断嵌套是指当系统正在执行一个中断服务时又有新的中断事件发生而产生了新的中断请求。此时，CPU如何处理取决于新旧两个中断的优先级。当新发生的中断的优先级高于正在处理的中断时，CPU将终止执行优先级较低的当前中断处理程序，转去处理新发生的，优先级较高的中断，处理完毕才返回原来的中断处理程序继续执行。

通俗地说，中断嵌套其实就是更高一级的中断“加塞”，当CPU正在处理中断时，又接收了更紧急的另一件“急件”，转而处理更高一级的中断的行为。

## 8.2　STM32F103 中断系统

在了解了中断相关基础知识后，下面从中断控制器、中断优先级、中断向量表和中断服务程序 4 个方面来分析 STM32F103 微控制器的中断系统，最后介绍设置和使用 STM32F103 中断系统的全过程。

### 8.2.1　嵌套向量中断控制器 NVIC

嵌套向量中断控制器，简称 NVIC，是 ARM Cortex-M3 不可分离的一部分，它与 M3 内核的逻辑紧密耦合，有一部分甚至水乳交融在一起。NVIC 与 Cortex-M3 内核相辅相成，里应外合，共同完成对中断的响应。

ARM Coetex-M3 内核共支持 256 个中断，其中 16 个内部中断，240 个外部中断和可编程的 256 级中断优先级的设置。STM32 目前支持的中断共 84 个(16 个内部+68 个外部)，还有 16 级可编程的中断优先级。

STM32 可支持 68 个中断通道，已经固定分配给相应的外部设备，每个中断通道都具备自己的中断优先级控制字节(8 位，但是 STM32 中只使用 4 位，高 4 位有效)，每 4 个通道的 8 位中断优先级控制字构成一个 32 位的优先级寄存器。68 个通道的优先级控制字至少构成 17 个 32 位的优先级寄存器。

### 8.2.2　STM32F103 中断优先级

中断优先级决定了一个中断是否能被屏蔽，以及在未屏蔽的情况下何时可以响应。优先级的数值越小，则优先级越高。

STM32(Cortex-M3)中有两个优先级的概念：抢占式优先级和响应优先级，也把响应优先级称作“亚优先级”或“副优先级”，每个中断源都需要被指定这两种优先级。

**1. 何为抢占式优先级(preemption priority)**

高抢占式优先级的中断事件会打断当前的主程序/中断程序运行，俗称中断嵌套。

**2. 何为响应优先级(subpriority)**

在抢占式优先级相同的情况下，高响应优先级的中断优先被响应。

在抢占式优先级相同的情况下，如果有低响应优先级中断正在执行，高响应优先级的中断要等待已被响应的低响应优先级中断执行结束后才能得到响应(不能嵌套)。

**3. 判断中断是否会被响应的依据**

首先是抢占式优先级，其次是响应优先级。抢占式优先级决定是否会有中断嵌套。

**4. 优先级冲突的处理**

具有高抢占式优先级的中断可以在具有低抢占式优先级的中断处理过程中被响应，即中断的嵌套，或者说高抢占式优先级的中断可以嵌套低抢占式优先级的中断。

当两个中断源的抢占式优先级相同时，这两个中断将没有嵌套关系，当一个中断到来后，如果正在处理另一个中断，这个后到来的中断就要等到前一个中断处理完之后才能被处理。如果这两个中断同时到达，则中断控制器根据它们的响应优先级高低来决定先处理哪一个；如果它们的抢占式优先级和响应优先级都相等，则根据它们在中断表中的排位顺序决定先处理哪一个。

5. STM32 中对中断优先级的定义

STM32 中指定中断优先级的寄存器位有 4 位，这 4 个寄存器位的分组方式如下：

(1) 第 0 组：所有 4 位用于指定响应优先级。

(2) 第 1 组：最高 1 位用于指定抢占式优先级，最低 3 位用于指定响应优先级。

(3) 第 2 组：最高 2 位用于指定抢占式优先级，最低 2 位用于指定响应优先级。

(4) 第 3 组：最高 3 位用于指定抢占式优先级，最低 1 位用于指定响应优先级。

(5) 第 4 组：所有 4 位用于指定抢占式优先级。

优先级分组方式所对应的抢占式优先级和响应优先级寄存器位数和所表示的优先级级数如图 8-2 所示。

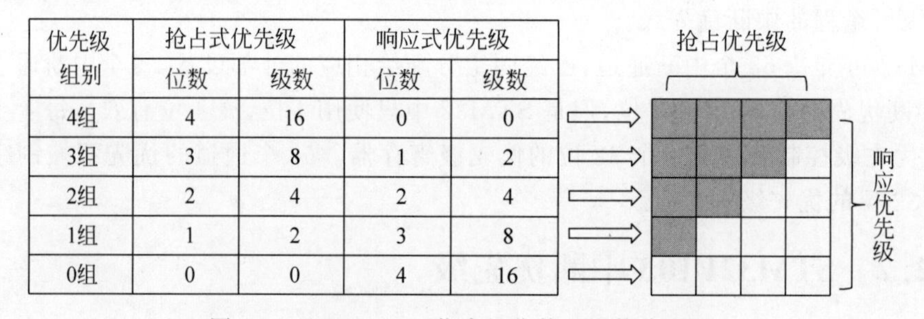

| 优先级组别 | 抢占式优先级 | | 响应式优先级 | |
|---|---|---|---|---|
| | 位数 | 级数 | 位数 | 级数 |
| 4组 | 4 | 16 | 0 | 0 |
| 3组 | 3 | 8 | 1 | 2 |
| 2组 | 2 | 4 | 2 | 4 |
| 1组 | 1 | 2 | 3 | 8 |
| 0组 | 0 | 0 | 4 | 16 |



图 8-2 STM32F103 优先级位数和级数分配图

## 8.2.3 STM32F103 中断向量表

中断向量表是中断系统中非常重要的概念。它是一块存储区域，通常位于存储器的零地址处，在这块区域上按中断号从小到大依次存放着所有中断处理程序的入口地址。当某个中断产生且经判断其未被屏蔽，CPU 会根据识别到的中断号到中断向量表中找到该中断号的所在表项，取出该中断对应的中断服务程序的入口地址，然后跳转到该地址执行。STM32F103 产品的中断向量表如表 8-1 所示。

表 8-1 STM32F103 中断向量表

| 位置 | 优先级 | 优先级类型 | 名称 | 说明 | 地址 |
|---|---|---|---|---|---|
| | — | — | — | 保留 | 0x0000_0000 |
| | −3 | 固定 | Reset | 复位 | 0x0000_0004 |
| | −2 | 固定 | NMI | 不可屏蔽中断 RCC 时钟安全系统(CSS)连接到 NMI 向量 | 0x0000_0008 |
| | −1 | 固定 | 硬件失效 | 所有类型的失效 | 0x0000_000C |

续表

| 位置 | 优先级 | 优先级类型 | 名　称 | 说　明 | 地　址 |
|---|---|---|---|---|---|
| | 0 | 可设置 | 存储管理 | 存储器管理 | 0x0000_0010 |
| | 1 | 可设置 | 总线错误 | 预取指失败，存储器访问失败 | 0x0000_0014 |
| | 2 | 可设置 | 错误应用 | 未定义的指令或非法状态 | 0x0000_0018 |
| | — | — | — | 保留 | 0x0000_001C |
| | — | — | — | 保留 | 0x0000_0020 |
| | — | — | — | 保留 | 0x0000_0024 |
| | — | — | — | 保留 | 0x0000_0028 |
| | 3 | 可设置 | SVCall | 通过 SWI 指令的系统服务调用 | 0x0000_002C |
| | 4 | 可设置 | 调试监控(DebugMonitor) | 调试监控器 | 0x0000_0030 |
| | — | — | — | 保留 | 0x0000_0034 |
| | 5 | 可设置 | PendSV | 可挂起的系统服务 | 0x0000_0038 |
| | 6 | 可设置 | SysTick | 系统嘀嗒定时器 | 0x0000_003C |
| 0 | 7 | 可设置 | WWDG | 窗口定时器中断 | 0x0000_0040 |
| 1 | 8 | 可设置 | PVD | 连到 EXTI 的电源电压检测(PVD)中断 | 0x0000_0044 |
| 2 | 9 | 可设置 | TAMPER | 侵入检测中断 | 0x0000_0048 |
| 3 | 10 | 可设置 | RTC | 实时时钟(RTC)全局中断 | 0x0000_004C |
| 4 | 11 | 可设置 | FLASH | 闪存全局中断 | 0x0000_0050 |
| 5 | 12 | 可设置 | RCC | 复位和时钟控制(RCC)中断 | 0x0000_0054 |
| 6 | 13 | 可设置 | EXTI0 | EXTI 线 0 中断 | 0x0000_0058 |
| 7 | 14 | 可设置 | EXTI1 | EXTI 线 1 中断 | 0x0000_005C |
| 8 | 15 | 可设置 | EXTI2 | EXTI 线 2 中断 | 0x0000_0060 |
| 9 | 16 | 可设置 | EXTI3 | EXTI 线 3 中断 | 0x0000_0064 |
| 10 | 17 | 可设置 | EXTI4 | EXTI 线 4 中断 | 0x0000_0068 |
| 11 | 18 | 可设置 | DMA1 通道 1 | DMA1 通道 1 全局中断 | 0x0000_006C |
| 12 | 19 | 可设置 | DMA1 通道 2 | DMA1 通道 2 全局中断 | 0x0000_0070 |
| 13 | 20 | 可设置 | DMA1 通道 3 | DMA1 通道 3 全局中断 | 0x0000_0074 |
| 14 | 21 | 可设置 | DMA1 通道 4 | DMA1 通道 4 全局中断 | 0x0000_0078 |
| 15 | 22 | 可设置 | DMA1 通道 5 | DMA1 通道 5 全局中断 | 0x0000_007C |
| 16 | 23 | 可设置 | DMA1 通道 6 | DMA1 通道 6 全局中断 | 0x0000_0080 |
| 17 | 24 | 可设置 | DMA1 通道 7 | DMA1 通道 7 全局中断 | 0x0000_0084 |
| 18 | 25 | 可设置 | ADC1_2 | ADC1 和 ADC2 的全局中断 | 0x0000_0088 |
| 19 | 26 | 可设置 | USB_HP_CAN_TX | USB 高优先级或 CAN 发送中断 | 0x0000_008C |
| 20 | 27 | 可设置 | USB_LP_CAN_RX0 | USB 低优先级或 CAN 接收 0 中断 | 0x0000_0090 |
| 21 | 28 | 可设置 | CAN_RX1 | CAN 接收 1 中断 | 0x0000_0094 |
| 22 | 29 | 可设置 | CAN_SCE | CAN SCE 中断 | 0x0000_0098 |
| 23 | 30 | 可设置 | EXTI9_5 | EXTI 线[9:5]中断 | 0x0000_009C |
| 24 | 31 | 可设置 | TIM1_BRK | TIM1 刹车中断 | 0x0000_00A0 |

续表

| 位置 | 优先级 | 优先级类型 | 名　称 | 说　明 | 地　址 |
|---|---|---|---|---|---|
| 25 | 32 | 可设置 | TIM1_UP | TIM1 更新中断 | 0x0000_00A4 |
| 26 | 33 | 可设置 | TIM1_TRG_COM | TIM1 触发和通信中断 | 0x0000_00A8 |
| 27 | 34 | 可设置 | TIM1_CC | TIM1 捕获比较中断 | 0x0000_00AC |
| 28 | 35 | 可设置 | TIM2 | TIM2 全局中断 | 0x0000_00B0 |
| 29 | 36 | 可设置 | TIM3 | TIM3 全局中断 | 0x0000_00B4 |
| 30 | 37 | 可设置 | TIM4 | TIM4 全局中断 | 0x0000_00B8 |
| 31 | 38 | 可设置 | I2C1_EV | I2C1 事件中断 | 0x0000_00BC |
| 32 | 39 | 可设置 | I2C1_ER | I2C1 错误中断 | 0x0000_00C0 |
| 33 | 40 | 可设置 | I2C2_EV | I2C2 事件中断 | 0x0000_00C4 |
| 34 | 41 | 可设置 | I2C2_ER | I2C2 错误中断 | 0x0000_00C8 |
| 35 | 42 | 可设置 | SPI1 | SPI1 全局中断 | 0x0000_00CC |
| 36 | 43 | 可设置 | SPI2 | SPI2 全局中断 | 0x0000_00D0 |
| 37 | 44 | 可设置 | USART1 | USART1 全局中断 | 0x0000_00D4 |
| 38 | 45 | 可设置 | USART2 | USART2 全局中断 | 0x0000_00D8 |
| 39 | 46 | 可设置 | USART3 | USART3 全局中断 | 0x0000_00DC |
| 40 | 47 | 可设置 | EXTI15_10 | EXTI 线[15:10]中断 | 0x0000_00E0 |
| 41 | 48 | 可设置 | RTCAlarm | 连到 EXTI 的 RTC 闹钟中断 | 0x0000_00E4 |
| 42 | 49 | 可设置 | USB 唤醒 | 连到 EXTI 的从 USB 待机唤醒中断 | 0x0000_00E8 |
| 43 | 50 | 可设置 | TIM8_BRK | TIM8 刹车中断 | 0x0000_00EC |
| 44 | 51 | 可设置 | TIM8_UP | TIM8 更新中断 | 0x0000_00F0 |
| 45 | 52 | 可设置 | TIM8_TRG_COM | TIM8 触发和通信中断 | 0x0000_00F4 |
| 46 | 53 | 可设置 | TIM8_CC | TIM8 捕获比较中断 | 0x0000_00F8 |
| 47 | 54 | 可设置 | ADC3 | ADC3 全局中断 | 0x0000_00FC |
| 48 | 55 | 可设置 | FSMC | FSMC 全局中断 | 0x0000_0100 |
| 49 | 56 | 可设置 | SDIO | SDIO 全局中断 | 0x0000_0104 |
| 50 | 57 | 可设置 | TIM5 | TIM5 全局中断 | 0x0000_0108 |
| 51 | 58 | 可设置 | SPI3 | SPI3 全局中断 | 0x0000_010C |
| 52 | 59 | 可设置 | UART4 | UART4 全局中断 | 0x0000_0110 |
| 53 | 60 | 可设置 | UART5 | UART5 全局中断 | 0x0000_0114 |
| 54 | 61 | 可设置 | TIM6 | TIM6 全局中断 | 0x0000_0118 |
| 55 | 62 | 可设置 | TIM7 | TIM7 全局中断 | 0x0000_011C |
| 56 | 63 | 可设置 | DMA2 通道 1 | DMA2 通道 1 全局中断 | 0x0000_0120 |
| 57 | 64 | 可设置 | DMA2 通道 2 | DMA2 通道 2 全局中断 | 0x0000_0124 |
| 58 | 65 | 可设置 | DMA2 通道 3 | DMA2 通道 3 全局中断 | 0x0000_0128 |
| 59 | 66 | 可设置 | DMA2 通道 4_5 | DMA2 通道 4 和 DMA2 通道 5 全局中断 | 0x0000_012C |

STM32F1 系列微控制器不同产品支持可屏蔽中断的数量略有不同，互联型的 STM32F105 系列和 STM32F107 系列共支持 68 个可屏蔽中断通道，而其他非互联型的产品（包括 STM32F103 系列）支持 60 个可屏蔽中断通道，上述通道均不包括 ARM Cortex-M3 内核中断源，即表 8-1 中加灰色底纹的前 16 行。

### 8.2.4 STM32F103 中断服务函数

中断服务程序，在结构上与函数非常相似。但是不同的是，函数一般有参数有返回值，并在应用程序中被人为显式地调用执行，而中断服务程序一般没有参数也没有返回值，并只有中断发生时才会被自动隐式地调用执行。每个中断都有自己的中断服务程序，用来记录中断发生后要执行的真正意义上的处理操作。

STM32F103 所有的中断服务函数在该微控制器所属产品系列的启动代码文件 startup_stm32f10x_xx.s 中都有预定义，通常以 PPP_IRQHandler 命名，其中 PPP 是对应的外设名。用户开发自己的 STM32F103 应用时可在文件 stm32f10x_it.c 中使用 C 语言编写函数重新定义之。程序在编译、链接生成可执行程序阶段，会使用用户自定义的同名中断服务程序替代启动代码中原来默认的中断服务程序。

例如，要更新外部中断 1 的中断服务程序（其他的中断服务程序可由此类推而得），可直接在 STM32F103 中断服务程序文件 stm32f10x_it.c 中新增或修改外部中断 1 的中断服务程序，其操作界面如图 8-3 所示。

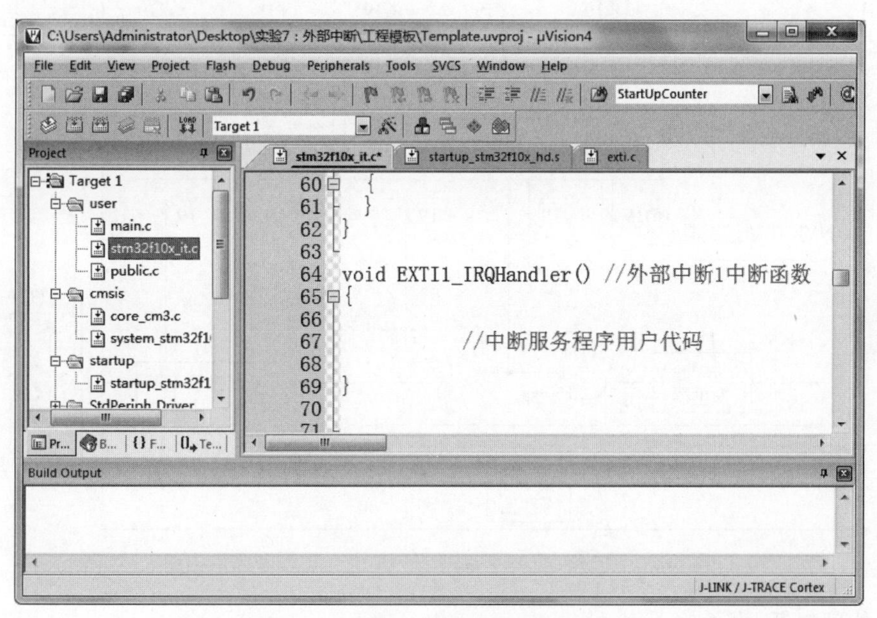


图 8-3 中断服务程序创建操作界面

尤其需要注意的是，在更新 STM32F103 中断服务程序时，必须确保 STM32F103 中断服务程序文件（stm32f10x_it.c）中的中断服务程序名（如 EXTI1_IRQHandler）和启动代码文件(startup_stm32f10x_xx.s)中的中断服务程序名(EXTI1_IRQHandler)相同,否则在链接生成可执行文件时无法使用用户自定义的中断服务程序替换原来默认的中断服务程序。

## 8.3 STM32F103外部中断/事件控制器EXTI

STM32F103微控制器的外部中断/事件控制器(EXTI)由19个产生事件/中断请求的边沿检测器组成,每个输入线可以独立地配置输入类型(脉冲或挂起)和对应的触发事件(上升沿或下降沿或者双边沿都触发)。每个输入线都可以独立地被屏蔽。挂起寄存器保持着状态线的中断请求。

### 8.3.1 EXTI内部结构

在STM32F103微控制器中,外部中断/事件控制器EXTI,由19根外部输入线、19个产生中断/事件请求的边沿检测器和APB外设接口等部分组成,如图8-4所示。

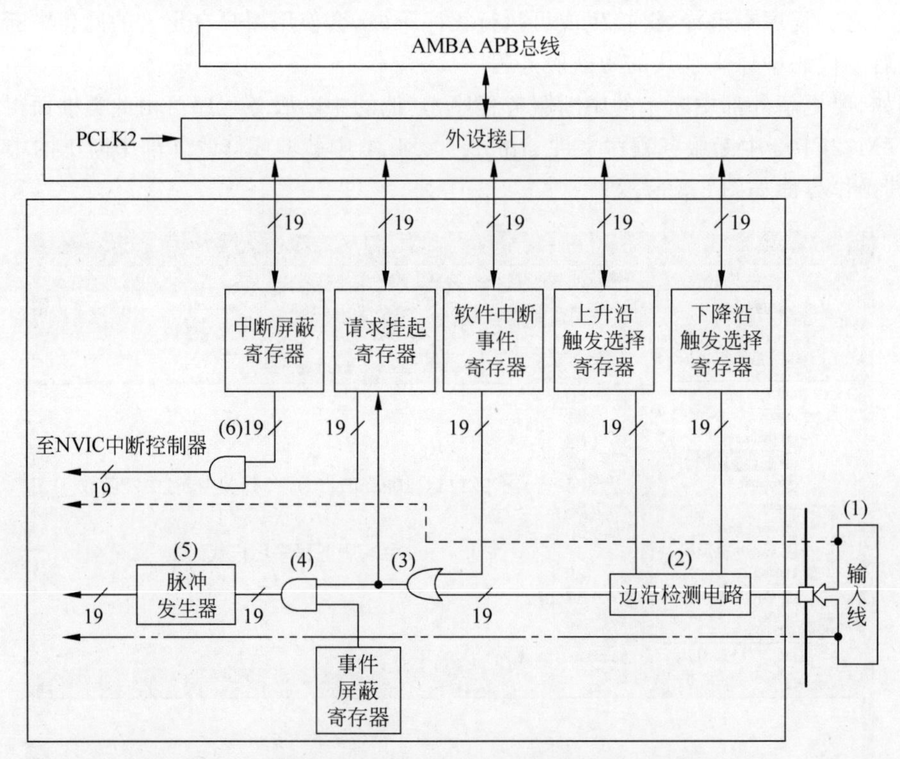


图8-4 STM32F103外部中断/事件控制器内部结构图

#### 1. 外部中断、事件输入

从图8-4可以看出,STM32F103外部中断/事件控制器EXT1内部信号线上画有一条斜线,旁边标有19,表示这样的线路共有19套。

与此对应,EXTI 的外部中断/事件输入线也有 19 根,分别是 EXTI0、EXTI1…EXTI18。除了 EXTI16(PVD 输出)、EXTI17(RTC 闹钟)和 EXTI18(USB 唤醒)外,其他 16 根外部信号输入线 EXTI0、EXTI1…EXTI15 可以分别对应于 STM32F103 微控制器的 16 个引脚 Px0、Px1…Px15,其中 x 为 A、B、C、D、E、F、G。

STM32F103 微控制器最多有 112 个 IO 引脚,可以以下方式连接到 16 根外部中断/事件输入线上：如图 8-5 所示,任一端口的 0 号引脚(如 PA0、PB0…PG0)映射到 EXTI 的外部中断/事件输入线 EXTI0 上,任一端口的 1 号脚(如 PA1、PB1…PG1)映射到 EXTI 的外部中断/事件输入线 EXTI1 上,以此类推,任一端口的 15 号引脚(如 PA15、PB15…PG15)映射到 EXTI 的外部中断/事件输入线 EXTI15 上。需要注意的是,在同一时刻,只能有一个端口的 n 号引脚映射到 EXTI 对应的外部中断/事件输入线 EXTIn 上,n∈{0、1、2…15}。

另外,如果将 STM32F103 的 I/O 引脚映射为 EXTI 的外部中断/事件输入线,必须将该引脚设置为输入模式。

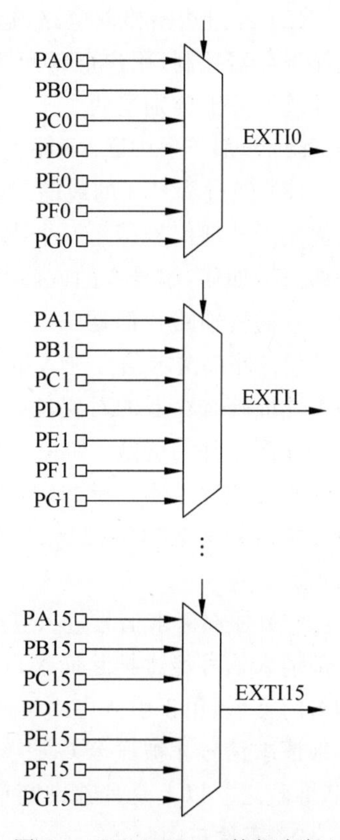

图 8-5　STM32F103 外部中断/事件输入线映像

**2. APB 外设接口**

图 8-4 上部的 APB 外设模块接口是 STM32F103 微控制器每个功能模块都有的部分,CPU 通过这样的接口访问各个功能模块。

尤其需要注意的是,如果使用 STM32F103 引脚的外部中断/事件映射功能,必须打开 APB2 总线上该引脚对应端口的时钟以及 AFIO 功能时钟。

**3. 边沿检测器**

如图 8-4 所示,EXTI 中的边沿检测器共有 19 个,用来连接 19 个外部中断/事件输入线,是 EXTI 的主体部分。每个边沿检测器由边沿检测电路、控制寄存器、门电路和脉冲发生器等部分组成。边沿检测器每个部分的具体功能将在 8.3.2 节结合 EXTI 的工作原理具体介绍。

## 8.3.2　EXTI 工作原理

在初步介绍了 STM32F103 外部中断/事件控制器 EXTI 的内部结构后,本节由右向左,从输入(外部输入线)到输出(外部中断/事件请求信号),逐步讲述 EXTI 的工作原理,即 STM32F103 微控制中外部中断/事件请求信号的产生和传输过程。

**1. 外部中断/事件请求的产生和传输**

外部中断/事件请求的产生和传输过程如下：

(1) 外部信号从编号1的STM32F103微控制器引脚进入。

(2) 经过边沿检测电路,这个边沿检测电路受到上升沿触发选择寄存器和下降沿触发选择寄存器控制,用户可以配置这两个寄存器选择在哪一个边沿产生中断/事件,由于选择上升或下降沿分别受两个平行的寄存器控制,所以用户还可以在双边沿(即同时选择上升沿和下降沿)都产生中断/事件。

(3) 经过编号3的或门,这个或门的另一个输入是中断/事件寄存器,由此可见,软件可以优先于外部信号产生一个中断/事件请求,即当软件中断/事件寄存器对应位为1时,不管外部信号如何,编号3的或门都会输出有效的信号。到此为止,无论是中断或事件,外部请求信号的传输路径都是一致的。

(4) 外部请求信号进入编号4的与门,这个与门的另一个输入是事件屏蔽寄存器。如果事件屏蔽寄存器的对应位为0,则该外部请求信号不能传输到与门的另一端,从而实现对某个外部事件的屏蔽;如果事件屏蔽寄存器的对应位为1,则与门产生有效的输出并送至编号5的脉冲发生器。脉冲发生器把一个跳变的信号转变为一个单脉冲,输出到STM32F103微控制器的其他功能模块。以上是外部事件请求信号传输路径,如图8-4中双点线箭头所示。

(5) 外部请求信号进入挂起请求寄存器,挂起请求寄存器记录了外部信号的电平变化。外部请求信号经过挂起请求寄存器后,最后进入编号6的与门。这个与门的功能和编号4的与门类似,用于引入中断屏蔽寄存器的控制。只有当中断屏蔽寄存器的对应位为1时,该外部请求信号才被送至Cortex-M3内核的NVIC中断控制器,从而发出一个中断请求,否则,屏蔽之。以上是外部中断请求信号的传输路径,如图8-4中虚线箭头所示。

**2. 事件与中断**

由上面讲述的外部中断/事件请求信号的产生和传输过程可知,从外部激励信号看,中断和事件的请求信号没有区别,只是在STM32F103微控制器内部将它们分开。

(1) 一路信号(中断)会被送至NVIC向CPU产生中断请求,至于CPU如何响应,由用户编写或系统默认的对应的中断服务程序决定。

(2) 另一路信号(事件)会向其他功能模块(如定时器、USART、DMA等)发送脉冲触发信号,至于其他功能模块会如何响应这个脉冲触发信号,则由对应的模块自己决定。

## 8.3.3 EXTI主要特性

STM32F103微控制器的外部中断/事件控制器EXTI,具有以下主要特性:

(1) 每个外部中断/事件输入线都可以独立地配置它的触发事件(上升沿、下降沿或双边沿),并能够单独地被屏蔽。

(2) 每个外部中断都有专用的标志位(请求挂起寄存器),保持着它的中断请求。

(3) 可以将多达112个通用I/O引脚映射到16个外部中断/事件输入线上。

(4) 可以检测脉冲宽度低于APB2时钟宽度的外部信号。

# 8.4　STM32 中断相关库函数

## 8.4.1　STM32F10x 的 NVIC 相关库函数

### 1. 函数 NVIC_DeInit

表 8-2 描述了函数 NVIC_DeInit。

表 8-2　函数 NVIC_DeInit

| 函数名 | NVIC_DeInit |
|---|---|
| 函数原型 | void NVIC_DeInit(void) |
| 功能描述 | 将外设 NVIC 寄存器重设为缺省值 |
| 输入参数 | 无 |
| 输出参数 | 无 |
| 返回值 | 无 |
| 先决条件 | 无 |
| 被调用函数 | 无 |

例如：

```
/* Resets the NVIC registers to their default reset value */
NVIC_DeInit();
```

### 2. 函数 NVIC_Init

表 8-3 描述了函数 NVIC_Init。

表 8-3　函数 NVIC_Init

| 函数名 | NVIC_Init |
|---|---|
| 函数原型 | void NVIC_Init(NVIC_InitTypeDef * NVIC_InitStruct) |
| 功能描述 | 根据 NVIC_InitStruct 中指定的参数初始化外设 NVIC 寄存器 |
| 输入参数 | NVIC_InitStruct：指向结构 NVIC_InitTypeDef 的指针，包含了外设 GPIO 的配置信息 |
| 输出参数 | 无 |
| 返回值 | 无 |
| 先决条件 | 无 |
| 被调用函数 | 无 |

**NVIC_InitTypeDef structure**

NVIC_InitTypeDef 定义于文件"stm32f10x_nvic.h"：

```
Typedef struct
{
u8 NVIC_IRQChannel;
u8 NVIC_IRQChannelPreemptionPriority;
```

```
u8 NVIC_IRQChannelSubPriority;
FunctionalState NVIC_IRQChannelCmd;
}NVIC_InitTypeDef;
```

**NVIC_IRQChannel**

该参数用以使能或者失能指定的 IRQ 通道。表 8-4 给出了该参数可取的值。

**表 8-4 NVIC_IRQChannel 值**

| NVIC_IRQn | 描　述 |
|---|---|
| WWDG_IRQn | 窗口看门狗中断 |
| PVD_IRQn | PVD 通过 EXTI 探测中断 |
| TAMPER_IRQn | 篡改中断 |
| RTC_IRQn | RTC 全局中断 |
| FlashItf_IRQn | FLASH 全局中断 |
| RCC_IRQn | RCC 全局中断 |
| EXTI0_IRQn | 外部中断线 0 中断 |
| EXTI1_IRQn | 外部中断线 1 中断 |
| EXTI2_IRQn | 外部中断线 2 中断 |
| EXTI3_IRQn | 外部中断线 3 中断 |
| EXTI4_IRQn | 外部中断线 4 中断 |
| DMAChannel1_IRQn | DMA 通道 1 中断 |
| DMAChannel2_IRQn | DMA 通道 2 中断 |
| DMAChannel3_IRQn | DMA 通道 3 中断 |
| DMAChannel4_IRQn | DMA 通道 4 中断 |
| DMAChannel5_IRQn | DMA 通道 5 中断 |
| DMAChannel6_IRQn | DMA 通道 6 中断 |
| DMAChannel7_IRQn | DMA 通道 7 中断 |
| ADC_IRQn | ADC 全局中断 |
| USB_HP_CANTX_IRQn | USB 高优先级或者 CAN 发送中断 |
| USB_LP_CAN_RX0_IRQn | USB 低优先级或者 CAN 接收 0 中断 |
| CAN_RX1_IRQn | CAN 接收 1 中断 |
| CAN_SCE_IRQn | CAN SCE 中断 |
| EXTI9_5_IRQn | 外部中断线 9～5 中断 |
| TIM1_BRK_IRQn | TIM1 暂停中断 |
| TIM1_UP_IRQn | TIM1 刷新中断 |
| TIM1_TRG_COM_IRQn | TIM1 触发和通信中断 |
| TIM1_CC_IRQn | TIM1 捕获比较中断 |
| TIM2_IRQn | TIM2 全局中断 |
| TIM3_IRQn | TIM3 全局中断 |
| TIM4_IRQn | TIM4 全局中断 |
| I2C1_EV_IRQn | I2C1 事件中断 |

续表

| NVIC_IRQn | 描　述 |
|---|---|
| I2C1_ER_IRQn | I2C1 错误中断 |
| I2C2_EV_IRQn | I2C2 事件中断 |
| I2C2_ER_IRQn | I2C2 错误中断 |
| SPI1_IRQn | SPI1 全局中断 |
| SPI2_IRQn | SPI2 全局中断 |
| USART1_IRQn | USART1 全局中断 |
| USART2_IRQn | USART2 全局中断 |
| USART3_IRQn | USART3 全局中断 |
| EXTI15_10_IRQn | 外部中断线 15～10 中断 |
| RTCAlarm_IRQn | RTC 闹钟通过 EXTI 线中断 |
| USBWakeUp_IRQn | USB 通过 EXTI 线从悬挂唤醒中断 |

**NVIC_IRQChannelPreemptionPriority**

该参数设置了成员 NVIC_IRQChannel 中的先占优先级，表 8-5 列举了该参数的取值。

**NVIC_IRQChannelSubPriority**

该参数设置了成员 NVIC_IRQChannel 中的从优先级，表 8-5 列举了该参数的取值。

表 8-5 给出了由函数 NVIC_PriorityGroupConfig 设置的先占优先级和从优先级可取的值。

**表 8-5　先占优先级和从优先级值①②**

| NVIC_PriorityGroup | NVIC_IRQChannel 的先占优先级 | NVIC_IRQChannel 的从优先级 | 描　述 |
|---|---|---|---|
| NVIC_PriorityGroup_0 | 0 | 0～15 | 先占优先级 0 位从优先级 4 位 |
| NVIC_PriorityGroup_1 | 0～1 | 0～7 | 先占优先级 1 位从优先级 3 位 |
| NVIC_PriorityGroup_2 | 0～3 | 0～3 | 先占优先级 2 位从优先级 2 位 |
| NVIC_PriorityGroup_3 | 0～7 | 0～1 | 先占优先级 3 位从优先级 1 位 |
| NVIC_PriorityGroup_4 | 0～15 | 0 | 先占优先级 4 位从优先级 0 位 |

说明：① 选中 NVIC_PriorityGroup_0，则参数 NVIC_IRQChannelPreemptionPriority 对中断通道的设置不产生影响。

② 选中 NVIC_PriorityGroup_4，则参数 NVIC_IRQChannelSubPriority 对中断通道的设置不产生影响。

**NVIC_IRQChannelCmd**

该参数指定了在成员 NVIC_IRQChannel 中定义的 IRQ 通道被使能还是失能。这个参数取值为 ENABLE 或者 DISABLE。

例如：

```
NVIC_InitTypeDef NVIC_InitStructure;
/* Configure the Priority Grouping with 1 bit */
```

```
NVIC_PriorityGroupConfig(NVIC_PriorityGroup_1);
/* Enable TIM3 global interrupt with Preemption Priority 0 and SubPriority as 2 */
NVIC_InitStructure.NVIC_IRQChannel = TIM3_IRQChannel;
NVIC_InitStructure.NVIC_IRQChannelPreemptionPriority = 0;
NVIC_InitStructure.NVIC_IRQChannelSubPriority = 2;
NVIC_InitStructure.NVIC_IRQChannelCmd = ENABLE;
NVIC_InitStructure(&NVIC_InitStructure);
```

### 3. 函数 NVIC_PriorityGroupConfig

表 8-6 描述了函数 NVIC_PriorityGroupConfig。

**表 8-6 函数 NVIC_PriorityGroupConfig**

| | |
|---|---|
| 函数名 | NVIC_PriorityGroupConfig |
| 函数原型 | void NVIC_PriorityGroupConfig(u32 NVIC_PriorityGroup) |
| 功能描述 | 设置优先级分组：先占优先级和从优先级 |
| 输入参数 | NVIC_PriorityGroup：优先级分组位长度，参阅 Section：NVIC_PriorityGroup，查阅更多该参数允许取值范围 |
| 输出参数 | 无 |
| 返回值 | 无 |
| 先决条件 | 优先级分组只能设置一次 |
| 被调用函数 | 无 |

**NVIC_PriorityGroup**

该参数设置优先级分组位长度(见表 8-7)。

**表 8-7 NVIC_PriorityGroup 值**

| NVIC_PriorityGroup | 描述 | |
|---|---|---|
| NVIC_PriorityGroup_0 | 先占优先级 0 位 | 从优先级 4 位 |
| NVIC_PriorityGroup_1 | 先占优先级 1 位 | 从优先级 3 位 |
| NVIC_PriorityGroup_2 | 先占优先级 2 位 | 从优先级 2 位 |
| NVIC_PriorityGroup_3 | 先占优先级 3 位 | 从优先级 1 位 |
| NVIC_PriorityGroup_4 | 先占优先级 4 位 | 从优先级 0 位 |

例如：

```
/* Configure the Priority Grouping with 1 bit */
NVIC_PriorityGroupConfig(NVIC_PriorityGroup_1);
```

## 8.4.2 STM32F10x 的 EXTI 相关库函数

### 1. 函数 EXTI_DeInit

表 8-8 描述了函数 EXTI_DeInit。

表 8-8 函数 EXTI_DeInit

| 函数名 | EXTI_DeInit |
|---|---|
| 函数原型 | EXTI_DeInit(void) |
| 功能描述 | 将外设 EXTI 寄存器重设为缺省值 |
| 输入参数 | 无 |
| 输出参数 | 无 |
| 返回值 | 无 |
| 先决条件 | 无 |
| 被调用函数 | 无 |

例如：

```
/* Resets the EXTI registers to thei
EXTI_DeInit();
```

### 2. 函数 EXTI_Init

表 8-9 描述了函数 EXTI_Init。

表 8-9 函数 EXTI_Init

| 函数名 | EXTI_Init |
|---|---|
| 函数原型 | void EXTI_Init(EXTI_InitTypeDef * EXTI_InitStruct) |
| 功能描述 | 根据 EXTI_InitStruct 中指定的参数初始化外设 EXTI 寄存器 |
| 输入参数 | EXTI_InitStruct：指向结构 EXTI_InitTypeDef 的指针，包含了外设 EXTI 的配置信息，参阅 Section：EXTI_InitTypeDef，查阅更多该参数允许取值范围 |
| 输出参数 | 无 |
| 返回值 | 无 |
| 先决条件 | 无 |
| 被调用函数 | 无 |

**EXTI_InitTypeDef structure**

EXTI_InitTypeDef 定义于文件“stm32f10x_exti.h”：

```
typedef struct
{
u32 EXTI_Line;
EXTIMode_TypeDef EXTI_Mode;
EXTIrigger_TypeDef EXTI_Trigger;
FunctionalState EXTI_LineCmd;
} EXTI_InitTypeDef;
```

**EXTI_Line**

EXTI_Line 选择了待使能或者失能的外部线路。表 8-10 给出了该参数可取的值。

表 8-10 EXTI_Line 值

| EXTI_Line | 描 述 | EXTI_Line | 描 述 |
|---|---|---|---|
| EXTI_Line0 | 外部中断线 0 | EXTI_Line10 | 外部中断线 10 |
| EXTI_Line1 | 外部中断线 1 | EXTI_Line11 | 外部中断线 11 |
| EXTI_Line2 | 外部中断线 2 | EXTI_Line12 | 外部中断线 12 |
| EXTI_Line3 | 外部中断线 3 | EXTI_Line13 | 外部中断线 13 |
| EXTI_Line4 | 外部中断线 4 | EXTI_Line14 | 外部中断线 14 |
| EXTI_Line5 | 外部中断线 5 | EXTI_Line15 | 外部中断线 15 |
| EXTI_Line6 | 外部中断线 6 | EXTI_Line16 | 外部中断线 16 |
| EXTI_Line7 | 外部中断线 7 | EXTI_Line17 | 外部中断线 17 |
| EXTI_Line8 | 外部中断线 8 | EXTI_Line18 | 外部中断线 18 |
| EXTI_Line9 | 外部中断线 9 | | |

**EXTI_Mode**

EXTI_Mode 设置了被使能线路的模式。表 8-11 给出了该参数可取的值。

表 8-11 EXTI_Mode 值

| EXTI_Mode | 描 述 |
|---|---|
| EXTI_Mode_Event | 设置 EXTI 线路为事件请求 |
| EXTI_Mode_Interrupt | 设置 EXTI 线路为中断请求 |

**EXTI_Trigger**

EXTI_Trigger 设置了被使能线路的触发边沿。表 8-12 给出了该参数可取的值。

表 8-12 EXTI_Trigger 值

| EXTI_Trigger | 描 述 |
|---|---|
| EXTI_Trigger_Falling | 设置输入线路下降沿为中断请求 |
| EXTI_Trigger_Rising | 设置输入线路上升沿为中断请求 |
| EXTI_Trigger_Rising_Falling | 设置输入线路上升沿和下降沿为中断请求 |

**EXTI_LineCmd**

EXTI_LineCmd 用来定义选中线路的新状态。它可以被设为 ENABLE 或者 DISABLE。例如：

```
/* Enables external lines 12 and 14 interrupt generation on fallingedge */
EXTI_InitTypeDef EXTI_InitStructure;
EXTI_InitStructure.EXTI_Line = EXTI_Line12 | EXTI_Line14;
EXTI_InitStructure.EXTI_Mode = EXTI_Mode_Interrupt;
EXTI_InitStructure.EXTI_Trigger = EXTI_Trigger_Falling;
```

```
EXTI_InitStructure.EXTI_LineCmd = ENABLE;
EXTI_Init(&EXTI_InitStructure);
```

### 3. 函数 EXTI_GetITStatus

表 8-13 描述了函数 EXTI_GetITStatus。

**表 8-13　函数 EXTI_GetITStatus**

| | |
|---|---|
| 函数名 | EXTI_GetITStatus |
| 函数原型 | ITStatus EXTI_GetITStatus(u32 EXTI_Line) |
| 功能描述 | 检查指定的 EXTI 线路触发请求发生与否 |
| 输入参数 | EXTI_Line：待检查 EXTI 线路的挂起位<br>参阅 Section：EXTI_Line，查阅更多该参数允许取值范围 |
| 输出参数 | 无 |
| 返回值 | EXTI_Line 的新状态(SET 或者 RESET) |
| 先决条件 | 无 |
| 被调用函数 | 无 |

例如：

```
/* Get the status of EXTI line 8 */
ITStatus EXTIStatus;
EXTIStatus = EXTI_GetITStatus(EXTI_Line8);
```

### 4. 函数 EXTI_GetFlagStatus

表 8-14 描述了函数 EXTI_GetFlagStatus。

**表 8-14　函数 EXTI_GetFlagStatus**

| | |
|---|---|
| 函数名 | EXTI_GetFlagStatus |
| 函数原型 | FlagStatus EXTI_GetFlagStatus(u32 EXTI_Line) |
| 功能描述 | 检查指定的 EXTI 线路标志位设置与否 |
| 输入参数 | EXTI_Line：待检查的 EXTI 线路标志位 |
| 输出参数 | 无 |
| 返回值 | EXTI_Line 的新状态(SET 或者 RESET) |
| 先决条件 | 无 |
| 被调用函数 | 无 |

例如：

```
/* Get the status of EXTI line 8 */
FlagStatus EXTIStatus;
EXTIStatus = EXTI_GetFlagStatus(EXTI_Line8);
```

5. 函数 EXTI_ClearFlag

表 8-15 描述了函数 EXTI_ClearFlag。

**表 8-15 函数 EXTI_ClearFlag**

| | |
|---|---|
| 函数名 | EXTI_ClearFlag |
| 函数原型 | void EXTI_ClearFlag(u32 EXTI_Line) |
| 功能描述 | 清除 EXTI 线路挂起标志位 |
| 输入参数 | EXTI_Line：待清除标志位的 EXTI 线路 |
| 输出参数 | 无 |
| 返回值 | 无 |
| 先决条件 | 无 |
| 被调用函数 | 无 |

例如：

```
/* Clear the EXTI line 2 pending flag */
EXTI_ClearFlag(EXTI_Line2);
```

6. 函数 EXTI_ClearITPendingBit

表 8-16 描述了函数 EXTI_ClearITPendingBit。

**表 8-16 函数 EXTI_ClearITPendingBit**

| | |
|---|---|
| 函数名 | EXTI_ClearITPendingBit |
| 函数原型 | void EXTI_ClearITPendingBit(u32 EXTI_Line) |
| 功能描述 | 清除 EXTI 线路挂起位 |
| 输入参数 | EXTI_Line：待清除 EXTI 线路的挂起位 |
| 输出参数 | 无 |
| 返回值 | 无 |
| 先决条件 | 无 |
| 被调用函数 | 无 |

例如：

```
/* Clears the EXTI line 2 interrupt pending bit */
EXTI_ClearITpendingBit(EXTI_Line2);
```

### 8.4.3 EXTI 中断线 GPIO 引脚映射库函数

**函数 GPIO_EXTILineConfig**

表 8-17 描述了 GPIO_EXTILineConfig。

表 8-17　函数 GPIO_EXTILineConfig

| 函数名 | GPIO_EXTILineConfig |
| --- | --- |
| 函数原型 | void GPIO_EXTILineConfig(u8 GPIO_PortSource, u8 GPIO_PinSource) |
| 功能描述 | 选择 GPIO 引脚用作外部中断线路 |
| 输入参数 1 | GPIO_PortSource：选择用作外部中断线源的 GPIO 端口<br>参阅 Section：GPIO_PortSource，查阅更多该参数允许取值范围 |
| 输入参数 2 | GPIO_PinSource：待设置的外部中断线路<br>该参数可以取 GPIO_PinSourcex(x 可以是 0～15) |
| 输出参数 | 无 |
| 返回值 | 无 |
| 先决条件 | 无 |
| 被调用函数 | 无 |

例如：

```
/* Selects PB.08 as EXTI Line 8 */
GPIO_EXTILineConfig(GPIO_PortSource_GPIOB, GPIO_PinSource8);
```

## 8.5 EXTI 项目实例

外部中断项目实例

为帮助读者更好地掌握 STM32 单片机外部中断的应用方法，现以一具体项目为例，详细介绍外部中断的应用过程。

### 8.5.1 项目分析

在第 7 章中的我们已经完成了在六位数码管上动态显示时间的项目，在本项目当中，我们需要利用外部中断进行时、分、秒的调节。时钟会有一个初始的时间，时钟在运行时肯定还需要对时间调整。调整时间一般用按键来实现的，对按键的处理有两种方法，一种是查询法，另一种是中断方法。查询法耗用大量的 CPU 运行时间，还要与动态扫描程序进行融合，效率低，编程复杂。中断法很好地克服上述缺点，所以本例采用外部中断进行按键处理，完成时间调节。

要应用 STM32 的 EXTI 外部中断，具体需要完成的工作如图 8-6 所示，其中建立中断向量表和分配堆栈空间并初始化是由系统自动完成的，其源程序存放于系统启动文件 startup_stm32f10x_yy.s 中，在第 3 章创建工程模板时已经将开发板芯片 STM32F103ZET6 所对应的启动文件 startup_stm32f10x_hd.s 添加到工程模板当中了。要应用 STM32 外部中断必须对其初始化，其中包括 GPIO 初始化、EXTI 中断线引脚映射、EXTI 初始化和 NVIC 初始化，上述初始化程序顺序并没有严格规定，可以将其所有初始化程序放到一个函数当中，也可以分别编制初始化函数。外部中断要想完成控制功能，必须编写中断服务程序，中断服务程序必须编写在 stm32f10x_it.c 文件，且函数名为 EXTIn_IRQHandler，其中 n 为外部中断线号。

如图 8-7 所示，KEY1 按键定义为小时调节，KEY2 按键定义为分钟调节，KEY3 按键定义为秒调节，均只能向上调节，调到最大时重新置零。由于四个按键的一段接地，所以 GPIO 初始化时应将其配置为输入上拉模式。因为各个按键未按下时表现高电平，按下时表现为低电平，所以中断初始化时应将触发方式设置为下降沿触发。

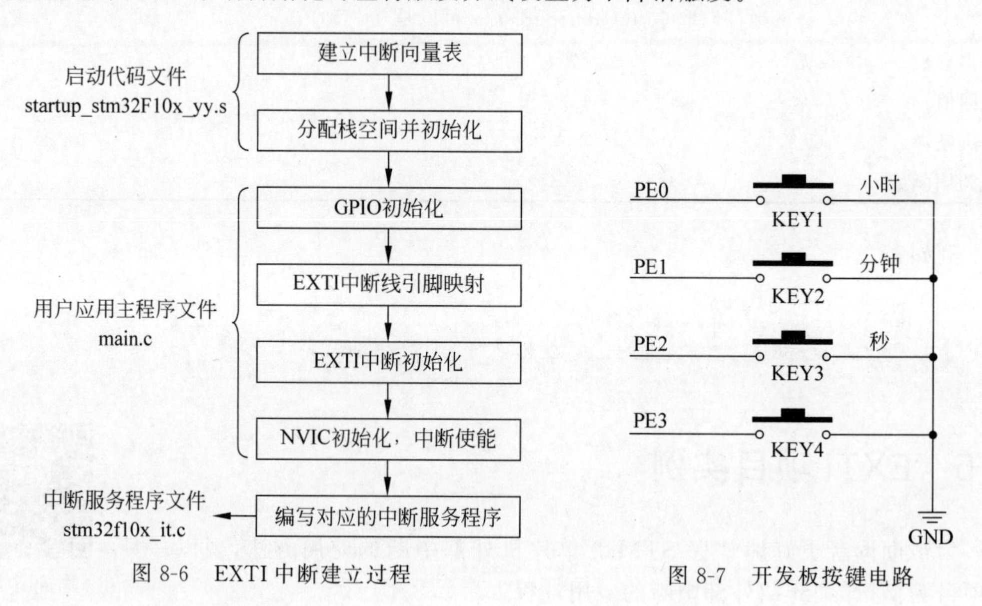


图 8-6　EXTI 中断建立过程

图 8-7　开发板按键电路

## 8.5.2　项目实施

具体项目实施步骤如下：

第一步：复制第 7 章创建工程模板文件夹到桌面，并将文件夹改名为“6 EXTI”，将原工程模板编译一下，直到没有错误和警告为止。

第二步：为工程模板的 ST_Driver 项目组添加两个外部中断需要用的源文件，分别为 stm32f10x_exti.c 文件和 misc.c，这两个文件均位于..\Libraries\STM32F10x_StdPeriph_Driver\src 目录下。添加完成之后操作界面如图 8-8 所示。

第三步：新建两个文件，将其改名为 EXTI.C 和 EXTI.H 并保存到工程模板下的 APP 文件夹中。并将 EXTI.C 文件添加到 APP 项目组下。

第四步：在 EXTI.C 文件中输入如下源程序，在程序中首先包含 EXTI.H 头文件，然后创建 EXTIInti()中断初始化程序，其中包括打开 GPIOE 及 AFIO 时钟，GPIO 引脚初始化，给外部引脚映射中断线，外部中断初始化，优先级分组，NVIC 初始化等程序。该部分内容也可以分为多个函数，本例为了调用方便，将所有程序编写在一个函数当中。

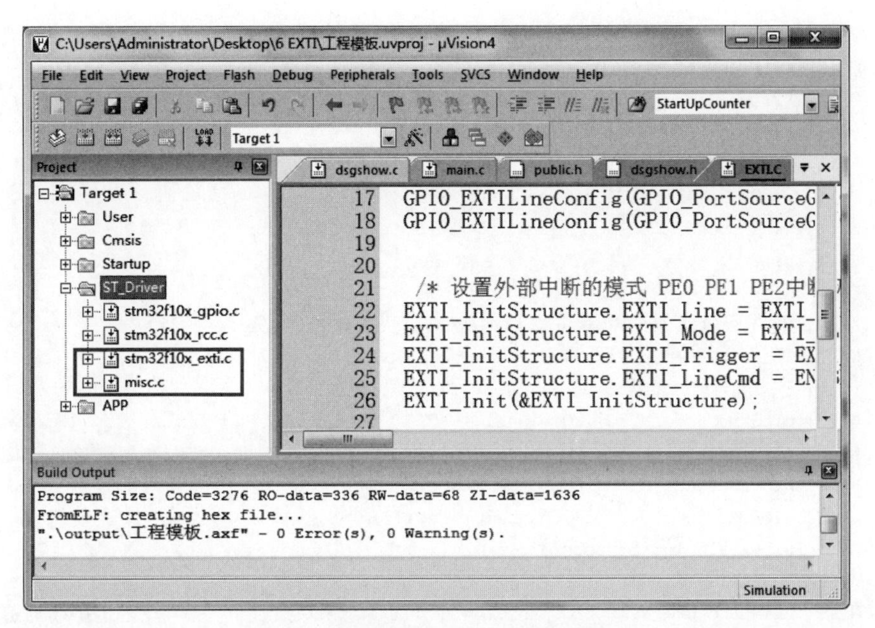


图 8-8　添加外部中断库文件操作界面

```
/***************************************************************
                  Source file of EXTI.C
***************************************************************/
#include "EXTI.H"
/***************************************************************
 * Function Name  : EXTIInti
 * Description    : EXTI Initialization
 * Input          : None
 * Output         : None
 * Return         : None
***************************************************************/
void EXTIInti()
{
    GPIO_InitTypeDef GPIO_InitStructure;
    EXTI_InitTypeDef EXTI_InitStructure;
    NVIC_InitTypeDef NVIC_InitStructure;
    RCC_APB2PeriphClockCmd(RCC_APB2Periph_GPIOE|RCC_APB2Periph_AFIO , ENABLE);
    /* GPIO引脚初始化 上拉输入模式  */
    GPIO_InitStructure.GPIO_Pin = GPIO_Pin_0|GPIO_Pin_1|GPIO_Pin_2;
    GPIO_InitStructure.GPIO_Speed = GPIO_Speed_50MHz;
    GPIO_InitStructure.GPIO_Mode = GPIO_Mode_IPU;
    GPIO_Init(GPIOE, &GPIO_InitStructure);
    //选择 GPIO引脚用作外部中断线路  此处一定要记住给端口引脚加上中断外部线路
```

```
    GPIO_EXTILineConfig(GPIO_PortSourceGPIOE, GPIO_PinSource0);     //PE0:hour +
    GPIO_EXTILineConfig(GPIO_PortSourceGPIOE, GPIO_PinSource1);     //PE1:minute +
    GPIO_EXTILineConfig(GPIO_PortSourceGPIOE, GPIO_PinSource2);     //PE2:second +
    /* 设置外部中断的模式 PE0 PE1 PE2 中断初始化 */
    EXTI_InitStructure.EXTI_Line = EXTI_Line0|EXTI_Line1|EXTI_Line2;
    EXTI_InitStructure.EXTI_Mode = EXTI_Mode_Interrupt;
    EXTI_InitStructure.EXTI_Trigger = EXTI_Trigger_Falling;
    EXTI_InitStructure.EXTI_LineCmd = ENABLE;
    EXTI_Init(&EXTI_InitStructure);
    //NVIC 优先级分组 抢占式优先 2 位四级 响应式优先级 2 位四级
    NVIC_PriorityGroupConfig(NVIC_PriorityGroup_2);
        /* 设置 NVIC 参数 */
    NVIC_InitStructure.NVIC_IRQChannel = EXTI0_IRQn;                   //指定中断通道
    NVIC_InitStructure.NVIC_IRQChannelPreemptionPriority = 1;          //配置抢占式优先级
    NVIC_InitStructure.NVIC_IRQChannelSubPriority = 0;                 //配置响应式优先级
    NVIC_InitStructure.NVIC_IRQChannelCmd = ENABLE;                    //中断使能
    NVIC_Init(&NVIC_InitStructure);
    /* 设置 NVIC 参数 */
    NVIC_InitStructure.NVIC_IRQChannel = EXTI1_IRQn;                   //指定中断通道
    NVIC_InitStructure.NVIC_IRQChannelPreemptionPriority = 2;          //配置抢占式优先级
    NVIC_InitStructure.NVIC_IRQChannelSubPriority = 0;                 //配置响应式优先级
    NVIC_InitStructure.NVIC_IRQChannelCmd = ENABLE;                    //中断使能
    NVIC_Init(&NVIC_InitStructure);
    /* 设置 NVIC 参数 */
    NVIC_InitStructure.NVIC_IRQChannel = EXTI2_IRQn;                   //指定中断通道
    NVIC_InitStructure.NVIC_IRQChannelPreemptionPriority = 2;          //配置抢占式优先级
    NVIC_InitStructure.NVIC_IRQChannelSubPriority = 1;                 //配置响应式优先级
    NVIC_InitStructure.NVIC_IRQChannelCmd = ENABLE;                    //中断使能
    NVIC_Init(&NVIC_InitStructure);
}
```

第五步：在 EXTI.H 文件中输入如下源程序，其中条件编译格式不变，只要更改一下预定义变量名称即可，需要将我们刚定义函数的声明加到头文件当中。

```
/*****************************************************************
                    Source file of EXTI.H
*****************************************************************/
#ifndef _EXTI_H
#define _EXTI_H
#include "stm32f10x.h"
void EXTIInti(void);
#endif
```

第六步：在 public.h 文件的中间部分添加#include "EXTI.H"语句，即包含 EXTI.H 头文件，任何时候程序中需要使用某一源文件中函数，必须先包含其头文件，否则编译是不能通过的。public.h文件的源代码如下。

```
/*******************************************************************
                    Source file of public.h
*******************************************************************/
#ifndef _public_H
    #define _public_H
    #include "stm32f10x.h"
    #include "LED.h"
    #include "beepkey.h"
    #include "dsgshow.h"
    #include "EXTI.H"
#endif
```

第七步：在main.c文件中输入如下源程序，在main函数中，首先对时间变量赋初值，然后分别对数码管引脚和外部中断进行初始化，最后应用无限循环结构显示时间，并等待中断发生。

```
/*******************************************************************
                    Source file of main.c
*******************************************************************/
#include "public.h"
//define three extern variable
u8 hour,minute,second;
/*******************************************************************
* Function Name  : main
* Description    : Main program.
* Input          : None
* Output         : None
* Return         : None
*******************************************************************/
int main()
{
    hour = 9; minute = 6;second = 18;
    DsgShowInit();
    EXTIInti();
    while(1)
    {
        DsgShowTime();
    }
}
```

第八步：在Keil-MDK软件操作界面中打开User项目组下面的stm32f10x_it.c文件，其操作界面如图8-9所示。

并在stm32f10x_it.c文件的最下面编写三个中断服务程序，其中函数名一定要和系统

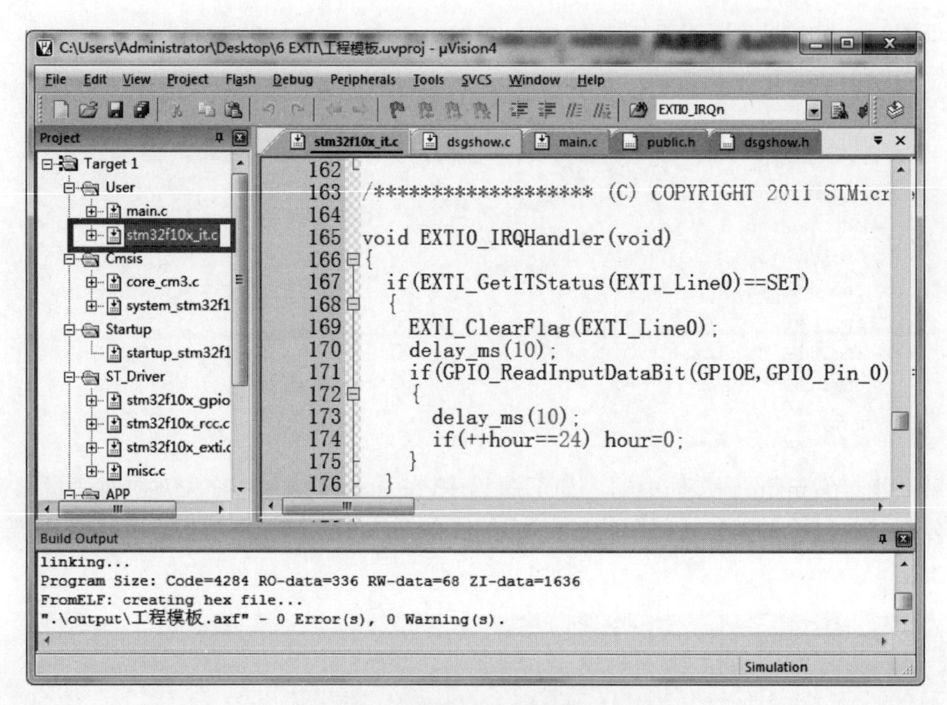


图 8-9　中断服务程序编写操作界面

预定义的一样，分别为 EXTI0_IRQHandler、EXTI1_IRQHandler、EXTI2_IRQHandler，在这三个中断服务程序完成小时、分钟和秒的时间调节，并进行按键去抖动处理。

```
/ ****************************************************************
              Source file of stm32f10x_it.c
**************************************************************** /
#include "stm32f10x_it.h"
#include "systick.h"
extern u8 hour,minute,second;
/ ****************************************************************
* Function Name   : EXTI0_IRQHandler
* Description     : EXTI0 Interrupt program Hour plus 1
* Input           : None
* Output          : None
**************************************************************** /
void EXTI0_IRQHandler(void)
{
    if(EXTI_GetITStatus(EXTI_Line0) == SET)
    {
        EXTI_ClearFlag(EXTI_Line0);
        delay_ms(10);
        if(GPIO_ReadInputDataBit(GPIOE,GPIO_Pin_0) == Bit_RESET)
```

```
        {
            delay_ms(10);
            if(++hour == 24) hour = 0;
        }
    }
}
/ ***************************************************************
 * Function Name  : EXTI1_IRQHandler
 * Description    : EXTI1 Interrupt program Minute plus 1
 * Input          : None
 * Output         : None
*************************************************************** /
void EXTI1_IRQHandler(void)
{
    if(EXTI_GetITStatus(EXTI_Line1) == SET)
    {

        EXTI_ClearFlag(EXTI_Line1);
        delay_ms(10);
        if(GPIO_ReadInputDataBit(GPIOE,GPIO_Pin_1) == Bit_RESET)
        {
            delay_ms(10);
            if(++minute == 60) minute = 0;
        }
    }
}

/ ***************************************************************
 * Function Name  : EXTI2_IRQHandler
 * Description    : EXTI2 Interrupt program Second plus 1
 * Input          : None
 * Output         : None
*************************************************************** /
void EXTI2_IRQHandler(void)
{
    if(EXTI_GetITStatus(EXTI_Line2) == SET)
    {
        EXTI_ClearFlag(EXTI_Line2);
        delay_ms(10);
        if(GPIO_ReadInputDataBit(GPIOE,GPIO_Pin_2) == Bit_RESET)
        {
            delay_ms(10);
            if(++second == 60) second = 0;
        }
    }
}
```

第九步：编译工程，如没有错误，则会在output文件夹中生成“工程模板.hex”文件，如有错误则修改源程序直至没有错误为止。

第十步：将生成的目标文件通过ISP软件下载到开发板微控制器的FLASH存储器当中，复位运行，检查实验效果。

## 本章小结

本章首先介绍中断的基本概念，然后介绍了STM32F103中断系统，以及STM32F103外部中断/事件控制器EXTI，这三部分是一个逐步递进的关系，读者要想完全掌握STM32中断系统，必须好好研读相关内容。随后介绍了STM32中断相关库函数，包括EXTI库函数和NVIC库函数两部分。为帮助读者掌握STM32中断系统的应用方法，本章最后给出了一个综合实例，该实例是在上一项目时间显示的基础上，用外部中断实现时间的调节，重点是中断初始化和中断服务程序的编写，读者可以在开发板上完成该项目实验，并能举一反三。

## 思考与扩展

1. 什么是中断？为什么要使用中断？
2. 什么是中断源？STM32F103支持哪些中断源？
3. 什么是中断屏蔽？为什么要进行中断屏蔽？如何进行中断屏蔽？
4. 中断的处理过程是什么？包含哪几个步骤？
5. 什么是中断优先级？什么是中断嵌套？
6. STM32F103优先级分组方法中，什么是抢占优先级？什么是响应优先级？
7. 什么是中断向量表？它通常存放在存储器的哪个位置？
8. 什么是中断服务函数？如何确定中断函数的名称？在哪里编写中断服务程序？
9. 中断服务函数与普通的函数相比有何异同？
10. 什么叫断点？什么叫中断现场？断点和中断现场保护和恢复有什么意义？
11. 对本章所介绍时间调节项目进行修改，时间调节设有三个按键：一个按键用来选择调节位置，一个按键是数字加，一个按键是数字减。
12. 设计并完成项目，开发板上电LED指示灯L1亮，设置两个按键：一个用于LED灯左移，另一个用于LED灯右移。

# 第 9 章

# 定时器与脉冲宽度调制

**本章要点**

- STM32F103 定时器概述
- 基本定时器
- 通用定时器
- 高级定时器
- 定时器相关库函数
- 定时器秒计时项目实施
- PWM 呼吸灯项目实施

微控制器中的定时器本质上是一个计数器，可以对内部脉冲或外部输入进行计数，不仅具有基本的延时/计数功能，还具有输入捕获、输出比较和 PWM 波形输出等高级功能。在嵌入式开发中，充分利用定时器的强大功能，可以显著提高外设驱动的编程效率和 CPU 利用率，增强系统的实时性。因此，掌握定时器的基本功能、工作原理和编程方法是嵌入式学习的重要内容。

## 9.1 STM32F103 定时器概述

基本定时器及应用

STM32F103 定时器相比于传统的 51 单片机要完善和复杂得多，它是专为工业控制应用量身定做，具有延时、频率测量、PWM 输出、电机控制及编码接口等功能。

STM32F103 微控制器内部集成了多个可编程定时器，可以分为基本定时器（TIM6 和 TIM7）、通用定时器（TIM2～TIM5）和高级定时器（TIM1、TIM8）3 种类型。从功能上看，基本定时器的功能是通用定时器的子集，而通用定时器的功能又是高级定时器的一个子集，各类定时器功能描述见表 9-1。

表 9-1 STM32F103 定时器功能查询表

| 主要特点 | 基本定时器 | 通用定时器 | 高级定时器 |
|---|---|---|---|
| 内部时钟 CK_INT 来源 | APB1 分频器 | APB1 分频器 | APB2 分频器 |
| 内部预分频器的位数(分频范围) | 16 位(1～65536) | 16 位(1～65536) | 16 位(1～65536) |
| 内部计数器的位数(计数范围) | 16 位(1～65536) | 16 位(1～65536) | 16 位(1～65536) |
| 更新中断和 DMA | √ | √ | √ |
| 计数方向 | ↑ | ↑、↓、↑↓ | ↑、↓、↑↓ |
| 外部事件计数 | × | √ | √ |
| 定时器触发或级联 | × | √ | √ |
| 4 个独立捕获/比较通道 | × | √ | √ |
| 单脉冲输出方式 | × | √ | √ |
| 正交编码器输入 | × | √ | √ |
| 霍尔传感器输入 | × | √ | √ |
| 刹车信号输入 | × | × | √ |
| 带死区的 PWM 互补输出 | × | × | √ |

## 9.2 基本定时器

### 9.2.1 基本定时器简介

STM32F103 基本定时器 TIM6 和 TIM7 各包含一个 16 位自动装载计数器，由各自的可编程预分频器驱动。它们可以作为通用定时器提供时间基准，特别是可以为数模转换器(DAC)提供时钟。实际上，它们在芯片内部直接连接到 DAC 并通过触发输出直接驱动 DAC。这 2 个定时器是互相独立的，不共享任何资源。

### 9.2.2 基本定时器的主要特性

TIM6 和 TIM7 定时器的主要功能包括：

(1) 16 位自动重装载累加计数器。

(2) 16 位可编程(可实时修改)预分频器，用于对输入的时钟按系数为 1～65536 之间的任意数值分频。

(3) 触发 DAC 的同步电路。

(4) 在更新事件(计数器溢出)时产生中断/DMA 请求。

基本定时器内部结构如图 9-1 所示。

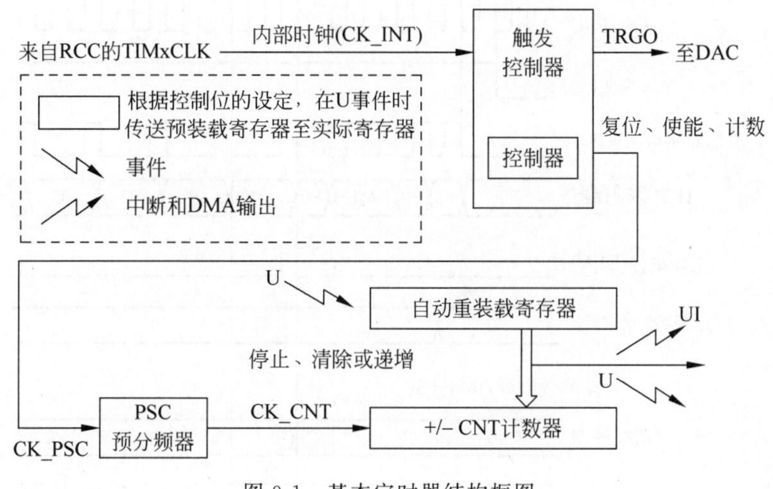


图 9-1　基本定时器结构框图

## 9.2.3　基本定时器的功能

### 1. 时基单元

这个可编程定时器的主要部分是一个带有自动重装载的 16 位累加计数器，计数器的时钟通过一个预分频器得到。软件可以读写计数器、自动重装载寄存器和预分频寄存器，即使计数器运行时也可以操作。

时基单元包含：

(1) 计数器寄存器(TIMx_CNT)。

(2) 预分频寄存器(TIMx_PSC)。

(3) 自动重装载寄存器(TIMx_ARR)。

### 2. 时钟源

从 STM32F103 基本定时器内部结构图可以看出，基本定时器 TIM6 和 TIM7 只有一个时钟源，即内部时钟 CK_INT。对于 STM32F103 所有的定时器，内部时钟 CK_INT 都来自 RCC 的 TIMxCLK，但对于不同的定时器，TIMxCLK 的来源不同。基本定时器 TIM6 和 TIM7 的 TIMxCLK 来源于 APB1 预分频器的输出，系统默认情况下，APB1 的时钟频率为 72MHz。

### 3. 预分频器

预分频可以以系数介于 1～65536 之间的任意数值对计数器时钟分频。它是通过一个 16 位寄存器(TIMx_PSC)的计数实现分频。因为 TIMx_PSC 控制寄存器具有缓冲作用，可以在运行过程中改变它的数值，新的预分频数值将在下一个更新事件时起作用。

图 9-2 是在运行过程中改变预分频系数的例子，预分频系数从 1 变到 2。

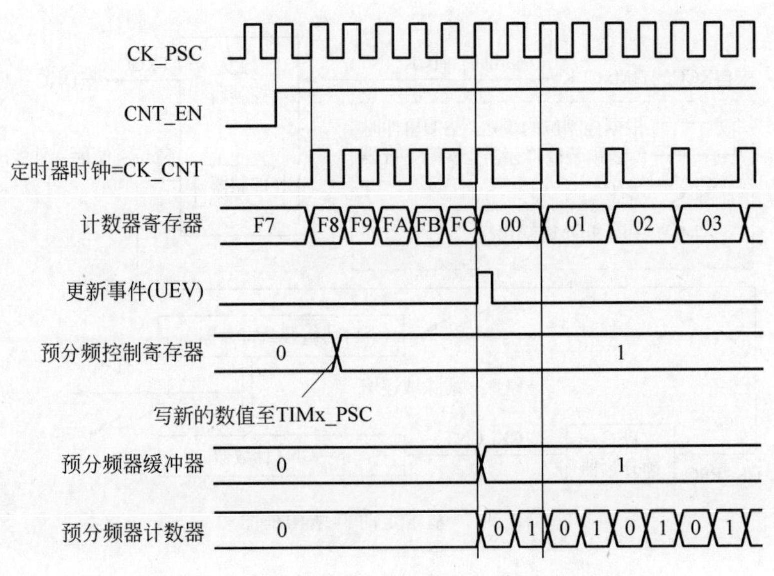


图 9-2 预分频系数从 1 变到 2 的计数器时序图

**4. 计数模式**

STM32F103 基本定时器只有向上计数工作模式，其工作过程如图 9-3 所示，其中↑表示产生溢出事件。

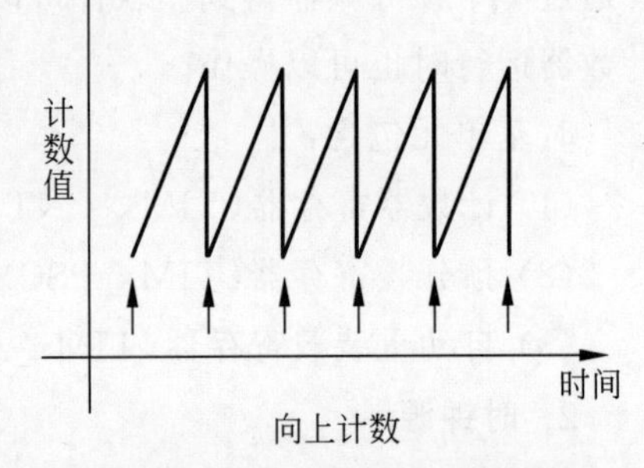


图 9-3 向上计数工作模式

基本定时器工作时，脉冲计数器 TIMx_CNT 从 0 累加计数到自动重装载数值(TIMx_ARR 寄存器)，然后重新从 0 开始计数并产生一个计数器溢出事件。由此可见，如果使用基本定时器进行延时，延时时间可以由以下公式计算：

延时时间＝(TIMx_ARR＋1)×(TIMx_PSC＋1)/TIMxCLK

当发生一次更新事件时，所有寄存器会被更新并设置更新标志：传送预装载值(TIMx_PSC 寄存器的内容)至预分频器的缓冲区，自动重装载影子寄存器被更新为预装载值(TIMx_ARR)。

以下是一些在 TIMx_ARR＝0x36 时不同时钟频率下计数器工作的图示例子。图 9-4 内部时钟分频系数为 1，图 9-5 内部时钟分频系数为 2。

## 9.2.4 基本定时器寄存器

现将 STM32F103 基本定时器相关寄存器名称介绍如下，可以用半字(16 位)或字(32 位)的方式操作这些外设寄存器，由于我们是采用库函数方式编程，故不作进一步的探讨。

(1) TIM6 和 TIM7 控制寄存器 1(TIMx_CR1)。

(2) TIM6 和 TIM7 控制寄存器 2(TIMx_CR2)。

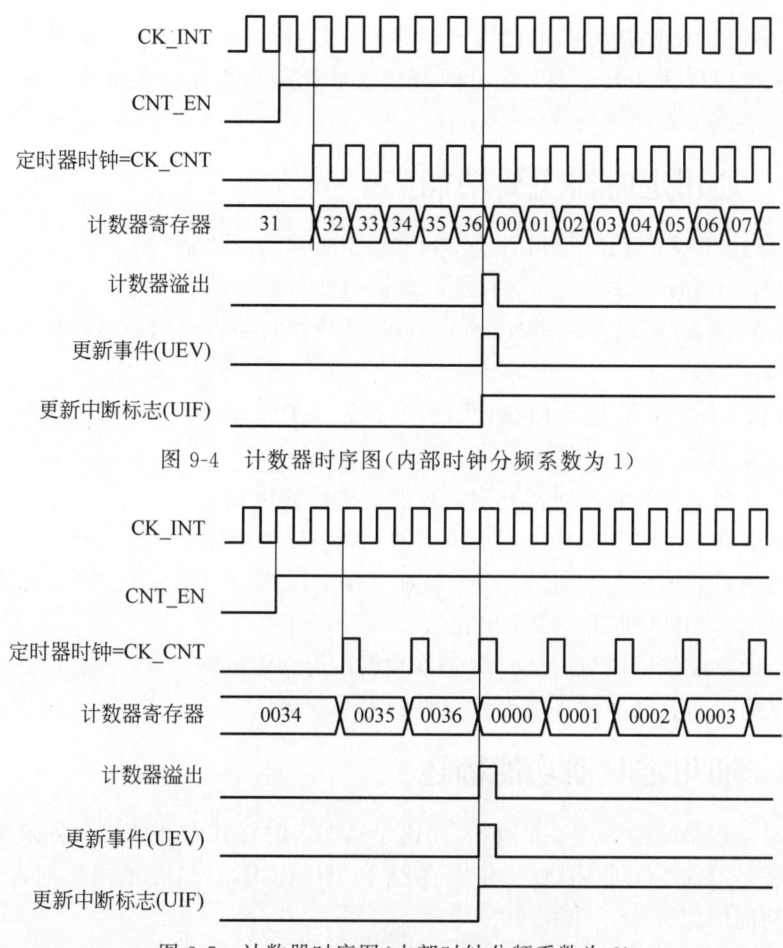


图 9-4　计数器时序图(内部时钟分频系数为 1)

图 9-5　计数器时序图(内部时钟分频系数为 2)

(3) TIM6 和 TIM7 DMA/中断使能寄存器(TIMx_DIER)。
(4) TIM6 和 TIM7 状态寄存器(TIMx_SR)。
(5) TIM6 和 TIM7 事件产生寄存器(TIMx_EGR)。
(6) TIM6 和 TIM7 计数器(TIMx_CNT)。
(7) TIM6 和 TIM7 预分频器(TIMx_PSC)。
(8) TIM6 和 TIM7 自动重装载寄存器(TIMx_ARR)。

PWM 输出原理

# 9.3　通用定时器

## 9.3.1　通用定时器简介

通用定时器(TIM2、TIM3、TIM4 和 TIM5)是一个通过可编程预分频器驱动的 16 位自动装载计数器构成。它适用于多种场合,包括测量输入信号的脉冲长度(输入捕获)或者产生输出波形(输出比较和 PWM)。使用定时器预分频器和 RCC 时钟控制器预分频器,脉冲长度和波形周期可以在几微秒到几毫秒间调整。每个定时器都是完全独立的,没有互相共享任何资源。它们可以同步操作。

## 9.3.2 通用定时器主要功能

通用 TIMx (TIM2、TIM3、TIM4 和 TIM5)定时器功能包括:

(1) 16 位向上、向下、向上/向下自动装载计数器。

(2) 16 位可编程(可以实时修改)预分频器,计数器时钟频率的分频系数为 1～65536 之间的任意数值。

(3) 4 个独立通道:①输入捕获,②输出比较,③PWM 生成(边缘或中间对齐模式),④单脉冲模式输出。

(4) 使用外部信号控制定时器和定时器互连的同步电路。

(5) 如下事件发生时产生中断/DMA:①更新:计数器向上溢出/向下溢出,计数器初始化(通过软件或者内部/外部触发)。②触发事件(计数器启动、停止、初始化或者由内部/外部触发计数)。③输入捕获。④输出比较。

(6) 支持针对定位的增量(正交)编码器和霍尔传感器电路。

(7) 触发输入作为外部时钟或者按周期的电流管理。

## 9.3.3 通用定时器功能描述

通用定时器内部结构如图 9-6 所示,相比于基本定时器其内部结构要复杂得多,其中最显著的地方就是增加了 4 个捕获/比较寄存器 TIMx_CCR,这也是通用定时器之所以拥有那么多强大功能的原因。

### 1. 时基单元

可编程通用定时器的主要部分是一个 16 位计数器和与其相关的自动装载寄存器。这个计数器可以向上计数、向下计数或者向上向下双向计数。此计数器时钟由预分频器分频得到。计数器、自动装载寄存器和预分频器寄存器可以由软件读写,在计数器运行时仍可以读写。时基单元包含:计数器寄存器(TIMx_CNT)、预分频器寄存器(TIMx_PSC)和自动装载寄存器(TIMx_ARR)。

预分频器可以将计数器的时钟频率按 1～65536 之间的任意值分频。它是基于一个(在 TIMx_PSC 寄存器中的)16 位寄存器控制的 16 位计数器。这个控制寄存器带有缓冲器,它能够在工作时被改变。新的预分频器参数在下一次更新事件到来时被采用。

### 2. 计数模式

1) 向上计数模式

向上计数模式工作过程同基本定时器向上计数模式,工作过程如图 9-3 所示。在向上计数模式中,计数器在时钟 CK_CNT 的驱动下从 0 计数到自动重装载寄存器 TIMx_ARR 的预设值,然后重新从 0 开始计数,并产生一个计数器溢出事件,可触发中断或 DMA 请求。

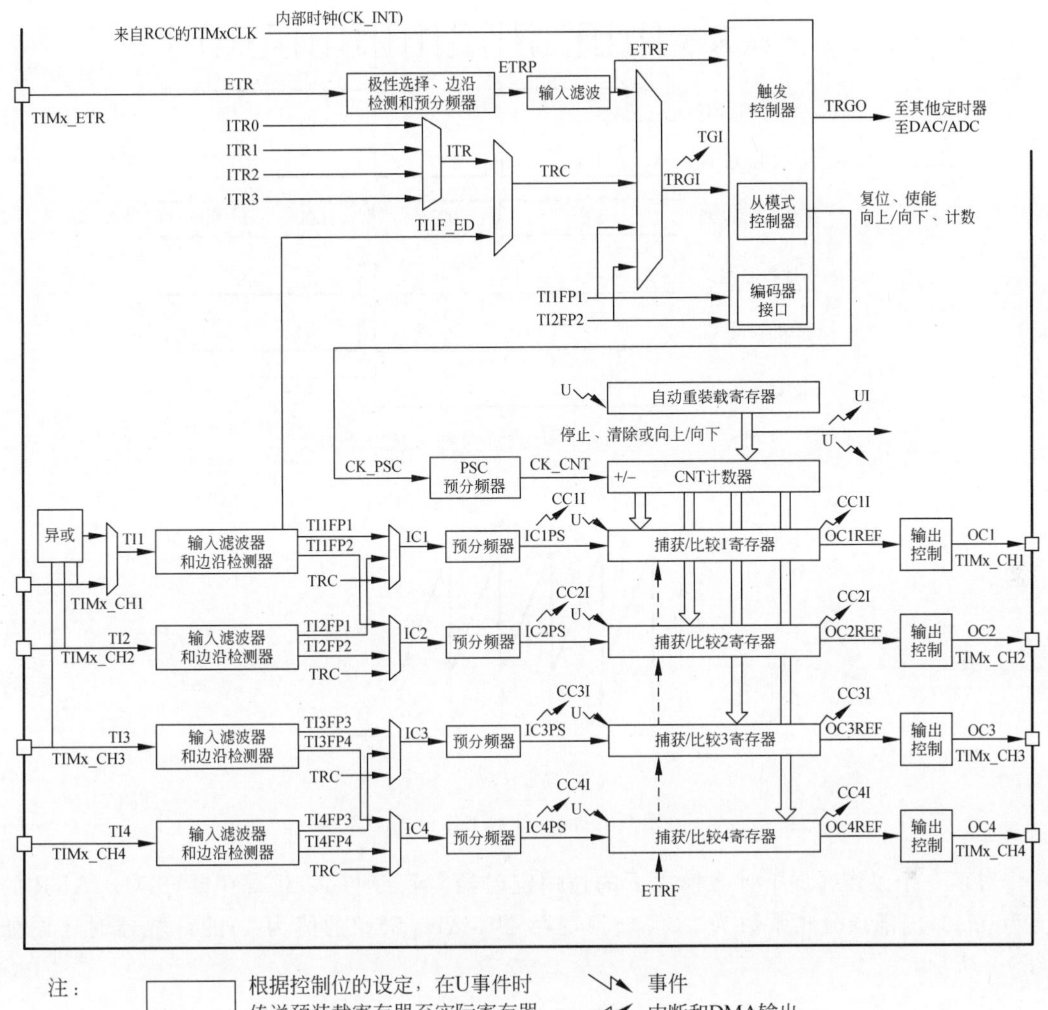


图 9-6 通用定时器内部结构框图

当发生一个更新事件时，所有的寄存器都被更新，硬件同时设置更新标志位。

对于一个工作在向上计数模式下的通用定时器，当自动重装载寄存器 TIMx_ARR 的值为 0x36，内部预分频系数为 4（预分频寄存器 TIMx_PSC 的值为 3）的计数器时序图如图 9-7 所示。

2）向下计数模式

通用定时器向下计数模式工作过程如图 9-8 所示。在向下计数模式中，计数器在时钟 CK_CNT 的驱动下从自动重装载寄存器 TIMx_ARR 的预设值开始向下计数到 0，然后从自动重装载寄存器 TIMx_ARR 的预设值重新开始计数，并产生一个计数器溢出事件，可触发中断或 DMA 请求。当发生一个更新事件时，所有的寄存器都被更新，硬件同时设置更新标志位。

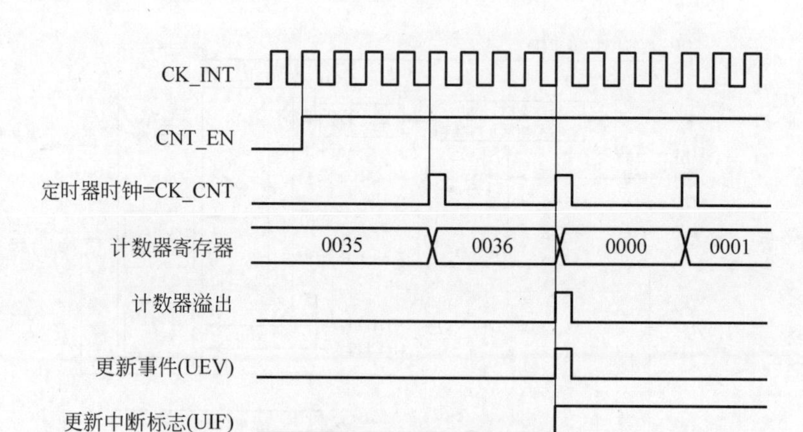


图 9-7　计数器时序图(内部时钟分频因子为 4)

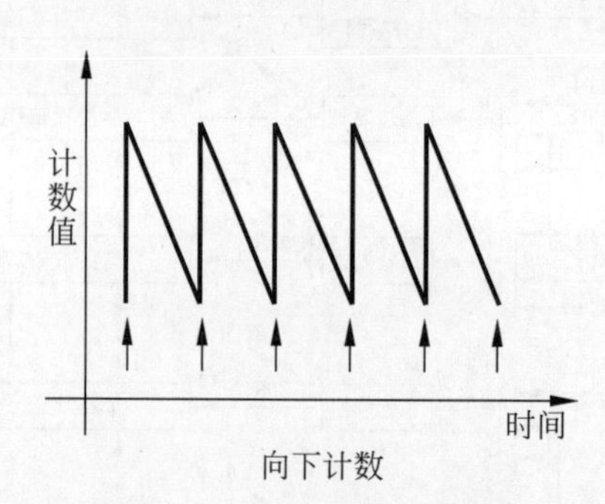


图 9-8　向下计数工作模式

对于一个工作在向下计数模式下的通用定时器,当自动重装载寄存器 TIMx_ARR 的值为 0x36,内部预分频系数为 2(预分频寄存器 TIMx_PSC 的值为 1)的计数器时序图如图 9-9 所示。

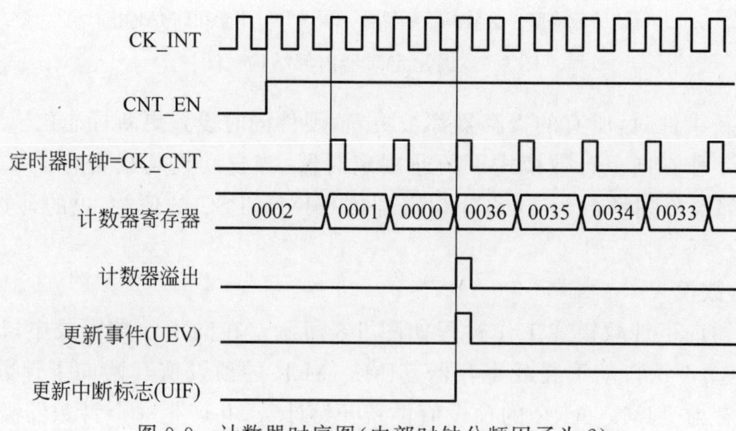


图 9-9　计数器时序图(内部时钟分频因子为 2)

3）向上/向下计数模式

向上/向下计数模式又称为中央对齐模式或双向计数模式，其工作过程如图 9-10 所示，计数器从 0 开始计数到自动加载的值（TIMx_ARR 寄存器）−1，产生一个计数器溢出事件，然后向下计数到 1 并且产生一个计数器下溢事件；然后再从 0 开始重新计数。在这个模式，不能写入 TIMx_CR1 中的 DIR 方向位。它由硬件更新并指示当前的计数方向。可以在每次计数上溢和每次计数下溢时产生更新事件，触发中断或 DMA 请求。

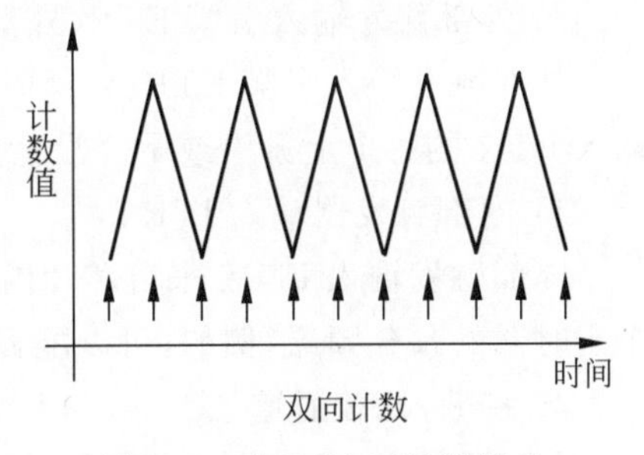


图 9-10 向上/向下计数模式

对于一个工作在向上/向下计数模式下的通用定时器，当自动重装载寄存器 TIMx_ARR 的值为 0x06，内部预分频系数为 1（预分频寄存器 TIMx_PSC 的值为 0）的计数器时序图如图 9-11 所示。

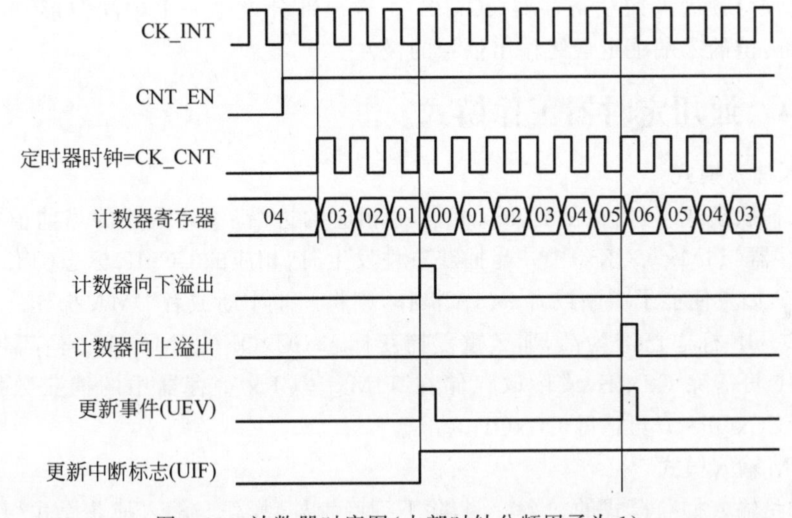


图 9-11 计数器时序图（内部时钟分频因子为 1）

**3. 时钟选择**

相比于基本定时器单一的内部时钟源，STM32F103 通用定时器的 16 位计数器的时钟源有多种选择，可由以下时钟源提供。

1）内部时钟（CK_INT）

内部时钟 CK_INT 来自 RCC 的 TIMxCLK，根据 STM32F103 时钟树，通用定时器 TIM2～TIM5 内部时钟 CK_INT 的来源 TIM_CLK，与基本定时器相同，都是来自 APB1 预分频器的输出，通常情况下，其时钟频率是 72MHz。

2）外部输入捕获引脚 TIx（外部时钟模式 1）

外部输入捕获引脚 TIx（外部时钟模式 1）来自外部输入捕获引脚上的边沿信号。计数器可以在选定的输入端(引脚 1：TI1FP1 或 TI1F_ED,引脚 2：TI2FP2)的每个上升沿或下降沿计数。

3）外部触发输入引脚 ETR(外部时钟模式 2)

外部触发输入引脚 ETR(外部时钟模式 2)来自外部引脚 ETR。计数器能在外部触发输入 ETR 的每个上升沿或下降沿计数。

4）内部触发器输入 ITRx

内部触发输入 ITRx 来自芯片内部其他定时器的触发输入,使用一个定时器作为另一个定时器的预分频器,例如,可以配置 TIM1 作为 TIM2 的预分频器。

**4. 捕获/比较通道**

每一个捕获/比较通道都是围绕一个捕获/比较寄存器(包含影子寄存器),包括捕获的输入部分(数字滤波、多路复用和预分频器)和输出部分(比较器和输出控制)。输入部分对相应的 TIx 输入信号采样,并产生一个滤波后的信号 TIxF。然后,一个带极性选择的边缘检测器产生一个信号(TIxFPx),它可以作为从模式控制器的输入触发或者作为捕获控制。该信号通过预分频进入捕获寄存器(ICxPS)。输出部分产生一个中间波形 OCxRef(高有效)作为基准,链的末端决定最终输出信号的极性。

### 9.3.4 通用定时器工作模式

**1. 输入捕获模式**

在输入捕获模式下,当检测到 ICx 信号上相应的边沿后,计数器的当前值被锁存到捕获/比较寄存器(TIMx_CCRx)中。当捕获事件发生时,相应的 CCxIF 标志(TIMx_SR 寄存器)被置为 1,如果使能了中断或者 DMA 操作,则将产生中断或者 DMA 操作。如果捕获事件发生时 CCxIF 标志已经为高,那么重复捕获标志 CCxOF(TIMx_SR 寄存器)被置为 1。写 CCxIF=0 可清除 CCxIF,或读取存储在 TIMx_CCRx 寄存器中的捕获数据也可清除 CCxIF。写 CCxOF=0 可清除 CCxOF。

**2. PWM 输入模式**

该模式是输入捕获模式的一个特例,除下列区别外,操作与输入捕获模式相同：

(1) 2 个 ICx 信号被映射至同一个 TIx 输入。

(2) 这 2 个 ICx 信号为边沿有效,但是极性相反。

(3) 其中一个 TIxFP 信号被作为触发输入信号,而从模式控制器被配置成复位模式。

例如,需要测量输入到 TI1 上的 PWM 信号的长度(TIMx_CCR1 寄存器)和占空比(TIMx_CCR2 寄存器),具体步骤如下(取决于 CK_INT 的频率和预分频器的值)。

(1) 选择 TIMx_CCR1 的有效输入：置 TIMx_CCMR1 寄存器的 CC1S=01(选择 TI1)。

(2) 选择 TI1FP1 的有效极性(用来捕获数据到 TIMx_CCR1 中和清除计数器)：置 CC1P=0(上升沿有效)。

(3) 选择 TIMx_CCR2 的有效输入：置 TIMx_CCMR1 寄存器的 CC2S=10(选择

TI1)。

(4) 选择 TI1FP2 的有效极性(捕获数据到 TIMx_CCR2)：置 CC2P=1(下降沿有效)。

(5) 选择有效的触发输入信号：置 TIMx_SMCR 寄存器中的 TS=101(选择 TI1FP1)。

(6) 配置从模式控制器为复位模式：置 TIMx_SMCR 中的 SMS=100。

(7) 使能捕获：置 TIMx_CCER 寄存器中 CC1E=1 且 CC2E=1。

图 9-12PWM 输入模式时序图。由于只有 TI1FP1 和 TI2FP2 连到了从模式控制器，所以 PWM 输入模式只能使用 TIMx_CH1/TIMx_CH2 信号。

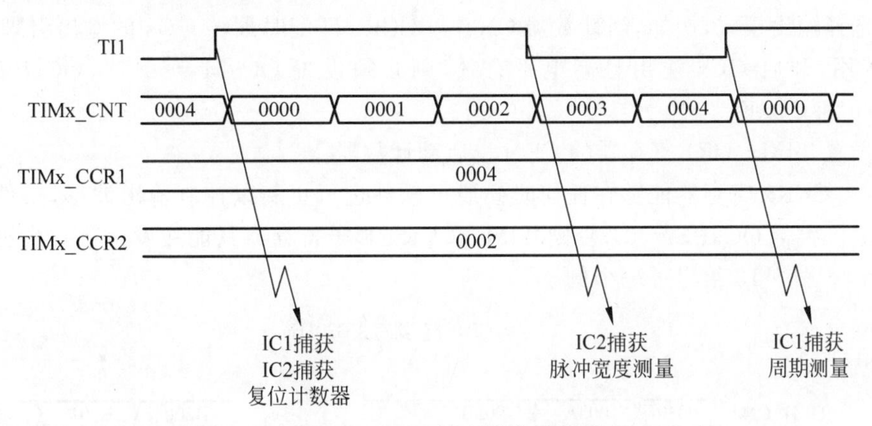


图 9-12 PWM 输入模式时序图

### 3. 强置输出模式

在输出模式(TIMx_CCMRx 寄存器中 CCxS=00)下，输出比较信号(OCxREF 和相应的 OCx)能够直接由软件强置为有效或无效状态，而不依赖于输出比较寄存器和计数器间的比较结果。置 TIMx_CCMRx 寄存器中相应的 OCxM=101，即可强置输出比较信号(OCxREF/OCx)为有效状态。这样 OCxREF 被强置为高电平(OCxREF 始终为高电平有效)，同时 OCx 得到 CCxP 极性位相反的值。

例如，CCxP=0(OCx 高电平有效)，则 OCx 被强置为高电平。置 TIMx_CCMRx 寄存器中的 OCxM=100，可强置 OCxREF 信号为低。该模式下，在 TIMx_CCRx 影子寄存器和计数器之间的比较仍然在进行，相应的标志也会被修改。因此仍然会产生相应的中断和 DMA 请求。

### 4. 输出比较模式

此项功能是用来控制一个输出波形，或者指示一段给定的的时间已经到时。

当计数器与捕获/比较寄存器的内容相同时，输出比较功能做如下操作：

(1) 将输出比较模式(TIMx_CCMRx 寄存器中的 OCxM 位)和输出极性(TIMx_CCER 寄存器中的 CCxP 位)定义的值输出到对应的引脚上。在比较匹配时，输出引脚可以保持它的电平(OCxM=000)、被设置成有效电平(OCxM=001)、被设置成无效电平(OCxM=010)或进行翻转(OCxM=011)。

(2) 设置中断状态寄存器中的标志位(TIMx_SR 寄存器中的 CCxIF 位)。

(3) 若设置了相应的中断屏蔽(TIMx_DIER 寄存器中的 CCxIE 位),则产生一个中断。

(4) 若设置了相应的使能位(TIMx_DIER 寄存器中的 CCxDE 位，TIMx_CR2 寄存器中的 CCDS 位选择 DMA 请求功能),则产生一个 DMA 请求。

输出比较模式的配置步骤：

① 选择计数器时钟(内部,外部,预分频器)。

② 将相应的数据写入 TIMx_ARR 和 TIMx_CCRx 寄存器中。

③ 如果要产生一个中断请求和/或一个 DMA 请求,设置 CCxIE 位和/或 CCxDE 位。

④ 选择输出模式,例如,当计数器 CNT 与 CCRx 匹配时翻转 OCx 的输出引脚，CCRx 预装载未用,开启 OCx 输出且高电平有效,则必须设置 OCxM='011'、OCxPE='0'、CCxP='0'和 CCxE='1'。

⑤ 设置 TIMx_CR1 寄存器的 CEN 位启动计数器。

TIMx_CCRx 寄存器能够在任何时候通过软件进行更新以控制输出波形,条件是未使用预装载寄存器(OCxPE='0',否则 TIMx_CCRx 影子寄存器只能在发生下一次更新事件时被更新)。图 9-13 给出了一个例子。

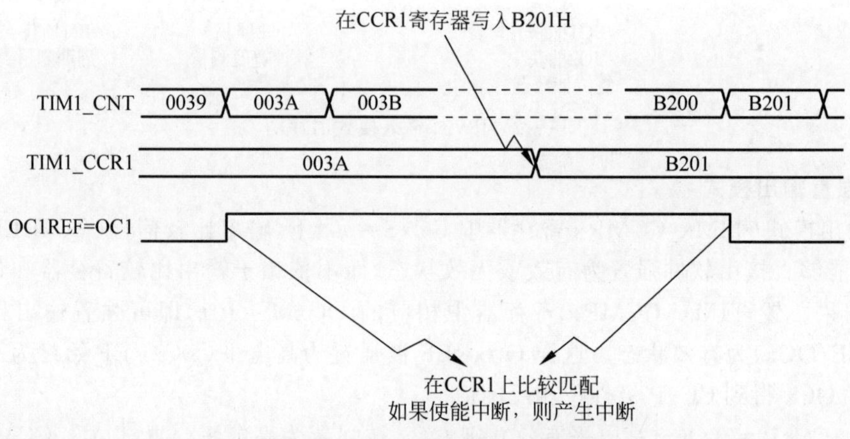


图 9-13　输出比较模式时序图

### 5. PWM 模式

PWM 输出模式是一种特殊的输出模式,在电力、电子和电机控制领域得到广泛应用。

1) PWM 简介

PWM 是 Pulse Width Modulation 的缩写,中文意思就是脉冲宽度调制,简称脉宽调制。它是利用微处理器的数字输出来对模拟电路进行控制的一种非常有效的技术,其控制简单、灵活和动态响应好等优点而成为电力、电子技术最广泛应用的控制方式,其应用领域包括测量、通信、功率控制与变换,电动机控制、伺服控制、调光、开关电源,甚至某些音频放大器,因此研究基于 PWM 技术的正负脉宽数控调制信号发生器具有十分重要的现实意义。

PWM 是一种对模拟信号电平进行数字编码的方法。通过高分辨率计数器的使用,方波的占空比被调制用来对一个具体模拟信号的电平进行编码。PWM 信号仍然是数字的,因为在给定的任何时刻,满幅值的直流供电要么完全有(ON),要么完全无(OFF)。电压或电流源是以一种通(ON)或断(OFF)的重复脉冲序列被加到模拟负载上去的。通的时候即是直流供电被加到负载上的时候,断的时候即是供电被断开的时候。只要带宽足够,任何模拟值都可以使用PWM进行编码。

2) PWM实现

目前,在运动控制系统或电动机控制系统中实现PWM的方法主要有传统的数字电路、微控制器普通I/O模拟和微控制器的PWM直接输出等。

① 传统的数字电路方式:用传统的数字电路实现PWM(如555定时器),电路设计较复杂,体积大,抗干扰能力差,系统的研发周期较长。

② 微控制器普通I/O模拟方式:对于微控制器中无PWM输出功能情况(如51单片机),可以通过CPU操控普通I/O口来实现PWM输出。但这样实现PWM将消耗大量的时间,大大降低CPU的效率,而且得到的PWM的信号精度不太高。

③ 微控制器的PWM直接输出方式:对于具有PWM输出功能的微控制器,在进行简单的配置后即可在微控制器的指定引脚上输出PWM脉冲。这也是目前使用最多的PWM实现方式。

STM32F103就是这样一款具有PWM输出功能的微控制器,除了基本定时器TIM6和TIM7。其他的定时器都可以用来产生PWM输出。其中高级定时器TIM1和TIM8可以同时产生多达7路的PWM输出。而通用定时器也能同时产生多达4路的PWM输出,STM32最多可以同时产生30路PWM输出。

3) PWM输出模式的工作过程

STM32F103微控制器脉冲宽度调制模式可以产生一个由TIMx_ARR寄存器确定频率、由TIMx_CCRx寄存器确定占空比的信号,其产生原理如图9-14所示。

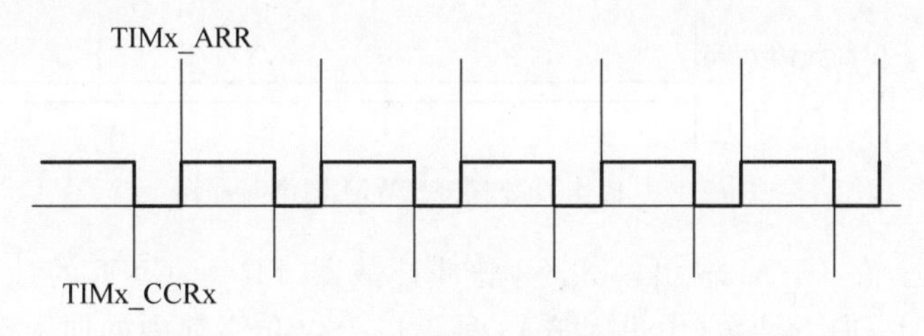


图9-14　STM32F103微控制器PWM产生原理

通用定时器PWM输出模式的工作过程如下:

① 若配置脉冲计数器TIMx_CNT为向上计数模式,自动重装载寄存器TIMx_ARR的预设为N,则脉冲计数器TIMx_CNT的当前计数值X在时钟CK_CNT(通常由TIMxCLK经TIMx_PSC分频而得)的驱动下从0开始不断累加计数。

② 在脉冲计数器TIMx_CNT随着时钟CK_CNT触发进行累加计数的同时,脉冲计数器TIMx_CNT的当前计数值X与捕获/比较寄存器TIMx_CCR的预设值A进行比较;如果X<A,输出高电平(或低电平);如果X≥A,输出低电平(或高电平)。

③ 当脉冲计数器 TIMx_CNT 的计数值 X 大于自动重装载寄存器 TIMx_ARR 的预设值 N 时，脉冲计数器 TIMx_CNT 的计数值清零并重新开始计数。如此循环往复，得到的 PWM 的输出信号周期为(N+1)×TCK_CNT，其中，N 为自动重装载寄存器 TIMx_ARR 的预设值，TCK_CNT 为时钟 CK_CNT 的周期。PWM 输出信号脉冲宽度为 A×TCK_CNT，其中，A 为捕获/比较寄存器 TIMx_CCR 的预设值，TCK_CNT 为时钟 CK_CNT 的周期。PWM 输出信号的占空比为 A/(N+1)。

下面举例具体说明，当通用定时器被设置为向上计数，自动重装载寄存器 TIMx_ARR 的预设值为 8，4 个捕获/比较寄存器 TIMx_CCRx 分别设为 0、4、8 和大于 8 时，通过用定时器的 4 个 PWM 通道的输出时序 OCxREF 和触发中断时序 CCxIF，如图 9-15 所示。例如，在 TIMx_CCR=4 情况下，当 TIMx_CNT<4 时，OCxREF 输出高电平；当 TIMx_CNT≥4 时，OCxREF 输出低电平，并在比较结果改变时触发 CCxIF 中断标志。此 PWM 的占空比为 4/(8+1)。

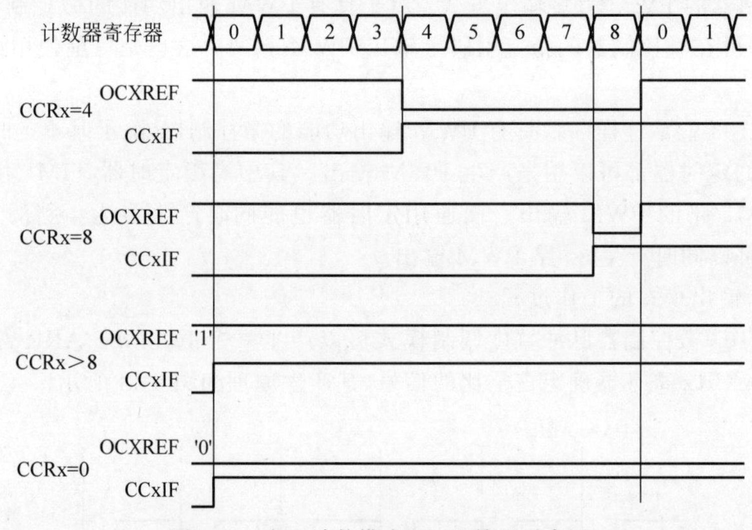


图 9-15 向上计数模式 PWM 输出时序图

需要注意的是，在 PWM 输出模式下，脉冲计数器 TIMx_CNT 的计数模式有向上计数、向下计数和向上/向下计数(中央对齐)3 种。以上仅介绍其中的向上计数方式，但是读者在掌握了通用定时器向上计数模式的 PWM 输出原理后，由此及彼，通用定时器的其他两种计数模式的 PWM 输出也就容易推出了。

### 9.3.5 通用定时器寄存器

现将 STM32F103 通用定时器相关寄存器名称介绍如下，可以用半字(16 位)或字(32 位)的方式操作这些外设寄存器，由于我们是采用库函数方式编程，故不做进一步的探讨。

① 控制寄存器 1(TIMx_CR1)。

② 控制寄存器 2(TIMx_CR2)。

③ 从模式控制寄存器(TIMx_SMCR)。

④ DMA/中断使能寄存器(TIMx_DIER)。

⑤ 状态寄存器(TIMx_SR)。

⑥ 事件产生寄存器(TIMx_EGR)。

⑦ 捕获/比较模式寄存器 1(TIMx_CCMR1)。

⑧ 捕获/比较模式寄存器 2(TIMx_CCMR2)。

⑨ 捕获/比较使能寄存器(TIMx_CCER)。

⑩ 计数器(TIMx_CNT)。

⑪ 预分频器(TIMx_PSC)。

⑫ 自动重装载寄存器(TIMx_ARR)。

⑬ 捕获/比较寄存器 1(TIMx_CCR1)。

⑭ 捕获/比较寄存器 2(TIMx_CCR2)。

⑮ 捕获/比较寄存器 3(TIMx_CCR3)。

⑯ 捕获/比较寄存器 4(TIMx_CCR4)。

⑰ DMA 控制寄存器(TIMx_DCR)。

⑱ 连续模式的 DMA 地址(TIMx_DMAR)。

## 9.4 高级定时器

### 9.4.1 高级定时器简介

高级控制定时器(TIM1 和 TIM8)由一个 16 位的自动装载计数器组成,它由一个可编程的预分频器驱动,适合多种用途,包含测量输入信号的脉冲宽度(输入捕获),或者产生输出波形(输出比较、PWM、嵌入死区时间的互补 PWM 等)。使用定时器预分频器和 RCC 时钟控制预分频器,可以实现脉冲宽度和波形周期从几微秒到几毫秒的调节。高级控制定时器(TIM1 和 TIM8)和通用定时器(TIMx)是完全独立的,它们不共享任何资源,可以同步操作。

### 9.4.2 高级定时器特性

TIM1 和 TIM8 定时器的功能包括:

① 16 位向上、向下、向上/下自动装载计数器。

② 16 位可编程(可以实时修改)预分频器,计数器时钟频率的分频系数为 1～65536 之间的任意数值。

③ 多达 4 个独立通道:输入捕获、输出比较、PWM 生成(边缘或中间对齐模式)、单脉冲模式输出。

④ 死区时间可编程的互补输出。

⑤ 使用外部信号控制定时器和定时器互联的同步电路。

⑥ 允许在指定数目的计数器周期之后更新定时器寄存器的重复计数器。

⑦ 刹车输入信号可以将定时器输出信号置于复位状态或者一个已知状态。

⑧ 如下事件发生时产生中断/DMA：

- 更新：计数器向上溢出/向下溢出，计数器初始化。
- 触发事件(计数器启动、停止、初始化或者由内部/外部触发计数)。
- 输入捕获。
- 输出比较。
- 刹车信号输入。

⑨ 支持针对定位的增量(正交)编码器和霍尔传感器电路。

⑩ 触发输入作为外部时钟或者按周期的电流管理。

### 9.4.3 高级定时器结构

STM32F103 高级定时器的内部结构要比通用定时器复杂一些，但其核心仍然与基本定时器、通用定时器相同，是一个由可编程的预分频器驱动的具有自动重装载功能的 16 位计数器。与通用定时器相比，STM32F103 高级定时器主要多了 BRK 和 DTG 两个结构，因而具有了死区时间的控制功能。

因为高级定时器的特殊功能，在普通应用中一般较少使用，所以不作为本书讨论的重点，如需详细了解可以查阅 STM32 中文参考手册。

## 9.5 定时器相关库函数

STM32F10x 的定时器库函数存放在 STM32F10x 标准外设库的 STM32F10x_tim.h 和 STM32F10x_tim.c 文件中。其中，头文件 STM32F10x_tim.h 用来存放定时器相关结构体和宏定义以及定时器库函数声明，源代码文件 STM32F10x_tim.c 用来存放定时器库函数定义。

### 9.5.1 函数 TIM_DeInit

表 9-2 描述了函数 TIM_DeInit。

**表 9-2 函数 TIM_DeInit**

| | |
|---|---|
| 函数名 | TIM_DeInit |
| 函数原型 | void TIM_DeInit(TIM_TypeDef * TIMx) |
| 功能描述 | 将外设 TIMx 寄存器重设为缺省值 |
| 输入参数 | TIMx：x 可以是 1～8，用来选择 TIM 外设 |
| 输出参数 | 无 |
| 返回值 | 无 |
| 先决条件 | 无 |
| 被调用函数 | RCC_APB1PeriphClockCmd() |

例如：

```
/* Resets the TIM2 */
TIM_DeInit(TIM2);
```

### 9.5.2 函数 TIM_TimeBaseInit

表 9-3 描述了函数 TIM_TimeBaseInit。

**表 9-3　函数 TIM_TimeBaseInit**

| | |
|---|---|
| 函数名 | TIM_TimeBaseInit |
| 函数原型 | void TIM_TimeBaseInit(TIM_TypeDef * TIMx, TIM_TimeBaseInitTypeDef * TIM_TimeBaseInitStruct) |
| 功能描述 | 根据 TIM_TimeBaseInitStruct 中指定的参数初始化 TIMx 的时间基数单位 |
| 输入参数 1 | TIMx：x 可以是 1～8，用来选择 TIM 外设 |
| 输入参数 2 | TIMTimeBase_InitStruct：指向结构 TIM_TimeBaseInitTypeDef 的指针，包含了 TIMx 时间基数单位的配置信息 |
| 输出参数 | 无 |
| 返回值 | 无 |
| 先决条件 | 无 |
| 被调用函数 | 无 |

**TIM_TimeBaseInitTypeDef structure**

TIM_TimeBaseInitTypeDef 定义于文件"stm32f10x_tim.h"：

```
typedef struct
{
  uint16_t TIM_Prescaler;
  uint16_t TIM_CounterMode;
  uint16_t TIM_Period;
  uint16_t TIM_ClockDivision;
  uint8_t TIM_RepetitionCounter;                    //仅高级定时器 TIM1 和 TIM8 有效
} TIM_TimeBaseInitTypeDef;
```

**TIM_Period**

TIM_Period 设置了在下一个更新事件装入活动的自动重装载寄存器周期的值。它的取值必须在 0x0000 和 0xFFFF 之间。

**TIM_Prescaler**

TIM_Prescaler 设置了用来作为 TIMx 时钟频率除数的预分频值。它的取值必须在 0x0000 和 0xFFFF 之间。

**TIM_ClockDivision**

TIM_ClockDivision 设置了时钟分割。该参数取值见表 9-4。

表 9-4 TIM_ClockDivision 值

| TIM_ClockDivision | 描 述 |
| --- | --- |
| TIM_CKD_DIV1 | TDTS = Tck_tim |
| TIM_CKD_DIV2 | TDTS = 2Tck_tim |
| TIM_CKD_DIV4 | TDTS = 4Tck_tim |

**TIM_CounterMode**

TIM_CounterMode 选择了计数器模式。该参数取值见表 9-5。

表 9-5 TIM_CounterMode 值

| TIM_CounterMode | 描 述 |
| --- | --- |
| TIM_CounterMode_Up | TIM 向上计数模式 |
| TIM_CounterMode_Down | TIM 向下计数模式 |
| TIM_CounterMode_CenterAligned1 | TIM 中央对齐模式 1 计数模式 |
| TIM_CounterMode_CenterAligned2 | TIM 中央对齐模式 2 计数模式 |
| TIM_CounterMode_CenterAligned3 | TIM 中央对齐模式 3 计数模式 |

例如：

```
TIM_TimeBaseInitTypeDef TIM_TimeBaseStructure;
TIM_TimeBaseStructure.TIM_Period = 0xFFFF;
TIM_TimeBaseStructure.TIM_Prescaler = 0xF;
TIM_TimeBaseStructure.TIM_ClockDivision = 0x0;
TIM_TimeBaseStructure.TIM_CounterMode = TIM_CounterMode_Up;
TIM_TimeBaseInit(TIM2, &TIM_TimeBaseStructure);
```

## 9.5.3 函数 TIM_OC1Init

表 9-6 描述了函数 TIM_OC1Init。

表 9-6 函数 TIM_OC1Init

| | |
| --- | --- |
| 函数名 | TIM_OC1Init |
| 函数原型 | void TIM_OC1Init(TIM_TypeDef * TIMx, TIM_OCInitTypeDef * TIM_OCInitStruct) |
| 功能描述 | 根据 TIM_OCInitStruct 中指定的参数初始化 TIMx 通道 1 |
| 输入参数 1 | TIMx：x 可以是 1、2、3、4、5 或 8，用于选择 TIM 外设 |
| 输入参数 2 | TIM_OCInitStruct：指向结构 TIM_OCInitTypeDef 的指针，包含了 TIMx 时间基数单位的配置信息 |
| 输出参数 | 无 |
| 返回值 | 无 |
| 先决条件 | 无 |
| 被调用函数 | 无 |

**TIM_OCInitTypeDef structure**

TIM_OCInitTypeDef 定义于文件"stm32f10x_tim.h"：

```
typedef struct
{
u16 TIM_OCMode;
u16 TIM_OutputState;
u16 TIM_OutputNState;                //仅高级定时器有效
u16 TIM_Pulse;
u16 TIM_OCPolarity;
u16 TIM_OCNPolarity;                 //仅高级定时器有效
u16 TIM_OCIdleState;                 //仅高级定时器有效
u16 TIM_OCNIdleState;                //仅高级定时器有效
} TIM_OCInitTypeDef
```

**TIM_OCMode**

TIM_OCMode 选择定时器模式。该参数取值见表 9-7。

表 9-7　TIM_OCMode 定义

| TIM_OCMode | 描　述 |
|---|---|
| TIM_OCMode_TIMing | TIM 输出比较时间模式 |
| TIM_OCMode_Active | TIM 输出比较主动模式 |
| TIM_OCMode_Inactive | TIM 输出比较非主动模式 |
| TIM_OCMode_Toggle | TIM 输出比较触发模式 |
| TIM_OCMode_PWM1 | TIM 脉冲宽度调制模式 1 |
| TIM_OCMode_PWM2 | TIM 脉冲宽度调制模式 2 |

**TIM_OutputState**

TIM_OutputState 选择输出比较状态。该参数取值见表 9-8。

表 9-8　TIM_OutputState 值

| TIM_OutputState | 描　述 |
|---|---|
| TIM_OutputState_Disable | 失能输出比较状态 |
| TIM_OutputState_Enable | 使能输出比较状态 |

**TIM_OutputNState**

TIM_OutputNState 选择互补输出比较状态。该参数取值见表 9-9。

表 9-9　TIM_OutputNState 值

| TIM_OutputNState | 描　述 |
|---|---|
| TIM_OutputState_Disable | 失能输出比较 N 状态 |
| TIM_OutputState_Enable | 使能输出比较 N 状态 |

**TIM_Pulse**

TIM_Pulse 设置了待装入捕获比较寄存器的脉冲值。它的取值必须在 0x0000 和 0xFFFF 之间。

**TIM_OCPolarity**

TIM_OCPolarity 输出极性。该参数取值见表 9-10。

**表 9-10 TIM_OCPolarity 值**

| TIM_OCPolarity | 描　述 |
|---|---|
| TIM_OCPolarity_High | TIM 输出比较极性高 |
| TIM_OCPolarity_Low | TIM 输出比较极性低 |

**TIM_OCNPolarity**

TIM_OCNPolarity 互补输出极性。该参数取值见表 9-11。

**表 9-11 TIM_OCNPolarity 值**

| TIM_OCNPolarity | 描　述 |
|---|---|
| TIM_OCNPolarity_High | TIM 输出比较 N 极性高 |
| TIM_OCNPolarity_Low | TIM 输出比较 N 极性低 |

**TIM_OCIdleState**

TIM_OCIdleState 选择空闲状态下的非工作状态。该参数取值见表 9-12。

**表 9-12 TIM_OCIdleState 值**

| TIM_OCIdleState | 描　述 |
|---|---|
| TIM_OCIdleState_Set | 当 MOE=0 设置 TIM 输出比较空闲状态 |
| TIM_OCIdleState_Reset | 当 MOE=0 重置 TIM 输出比较空闲状态 |

**TIM_OCNIdleState**

TIM_OCNIdleState 选择空闲状态下的非工作状态。该参数取值见表 9-13。

**表 9-13 TIM_OCNIdleState 值**

| TIM_OCNIdleState | 描　述 |
|---|---|
| TIM_OCNIdleState_Set | 当 MOE=0 设置 TIM 输出比较 N 空闲状态 |
| TIM_OCNIdleState_Reset | 当 MOE=0 重置 TIM 输出比较 N 空闲状态 |

例如：

```
/* Configures the TIM1 Channel1 in PWM Mode */
TIM_OCInitTypeDef TIM_OCInitStructure;
TIM_OCInitStructure.TIM_OCMode = TIM_OCMode_PWM1;
```

```
TIM_OCInitStructure.TIM_OutputState = TIM_OutputState_Enable;
TIM_OCInitStructure.TIM_OutputNState = TIM_OutputNState_Enable;
TIM_OCInitStructure.TIM_Pulse = 0x7FF;
TIM_OCInitStructure.TIM_OCPolarity = TIM_OCPolarity_Low;
TIM_OCInitStructure.TIM_OCNPolarity = TIM_OCNPolarity_Low;
TIM_OCInitStructure.TIM_OCIdleState = TIM_OCIdleState_Set;
TIM_OCInitStructure.TIM_OCNIdleState = TIM_OCIdleState_Reset;
TIM_OC1Init(TIM1, &TIM_OCInitStructure);
```

### 9.5.4 函数 TIM_OC2Init

表 9-14 描述了函数 TIM_OC2Init。

**表 9-14　函数 TIM_OC2Init**

| | |
|---|---|
| 函数名 | TIM_OC2Init |
| 函数原型 | void TIM_OC2Init(TIM_TypeDef * TIMx, TIM_OCInitTypeDef * TIM_OCInitStruct) |
| 功能描述 | 根据 TIM_OCInitStruct 中指定的参数初始化 TIMx 通道 2 |
| 输入参数 1 | TIMx：x 可以是 1、2、3、4、5 或 8，用于选择 TIM 外设 |
| 输入参数 2 | TIM_OCInitStruct：指向结构 TIM_OCInitTypeDef 的指针，包含了 TIMx 时间基数单位的配置信息 |
| 输出参数 | 无 |
| 返回值 | 无 |
| 先决条件 | 无 |
| 被调用函数 | 无 |

### 9.5.5 函数 TIM_OC3Init

表 9-15 描述了函数 TIM_OC3Init。

**表 9-15　函数 TIM_OC3Init**

| | |
|---|---|
| 函数名 | TIM_OC3Init |
| 函数原型 | void TIM_OC3Init(TIM_TypeDef * TIMx, TIM_OCInitTypeDef * TIM_OCInitStruct) |
| 功能描述 | 根据 TIM_OCInitStruct 中指定的参数初始化 TIMx 通道 3 |
| 输入参数 1 | TIMx：x 可以是 1、2、3、4、5 或 8，用于选择 TIM 外设 |
| 输入参数 2 | TIM_OCInitStruct：指向结构 TIM_OCInitTypeDef 的指针，包含了 TIMx 时间基数单位的配置信息 |
| 输出参数 | 无 |
| 返回值 | 无 |
| 先决条件 | 无 |
| 被调用函数 | 无 |

### 9.5.6 函数 TIM_OC4Init

表 9-16 述了函数 TIM_OC4Init。

表 9-16 数 TIM_OC4Init

| | |
|---|---|
| 函数名 | TIM_OC4Init |
| 函数原型 | void TIM_OC4Init(TIM_TypeDef * TIMx, TIM_OCInitTypeDef * TIM_OCInitStruct) |
| 功能描述 | 根据 TIM_OCInitStruct 中指定的参数初始化 TIMx 通道 4 |
| 输入参数 1 | TIMx：x 可以是 1、2、3、4、5 或 8，用于选择 TIM 外设 |
| 输入参数 2 | TIM_OCInitStruct：指向结构 TIM_OCInitTypeDef 的指针，包含了 TIMx 时间基数单位的配置信息 |
| 输出参数 | 无 |
| 返回值 | 无 |
| 先决条件 | 无 |
| 被调用函数 | 无 |

### 9.5.7 函数 TIM_Cmd

表 9-17 了函数 TIM_Cmd。

表 9-17 TIM_Cmd

| | |
|---|---|
| 函数名 | TIM_Cmd |
| 函数原型 | void TIM_Cmd(TIM_TypeDef * TIMx, FunctionalState NewState) |
| 功能描述 | 使能或者失能 TIMx 外设 |
| 输入参数 1 | TIMx：x 可以是 1～8，用于选择 TIM 外设 |
| 输入参数 2 | NewState：外设 TIMx 的新状态<br>这个参数可以取：ENABLE 或者 DISABLE |
| 输出参数 | 无 |
| 返回值 | 无 |
| 先决条件 | 无 |
| 被调用函数 | 无 |

例如：

```
/* Enables the TIM2 counter */
TIM_Cmd(TIM2, ENABLE);
```

### 9.5.8 函数 TIM _ITConfig

表 9-18 描述了函数 TIM_ITConfig。

表 9-18　函数 TIM_ITConfig

| | |
|---|---|
| 函数名 | TIM_ITConfig |
| 函数原型 | void TIM_ITConfig(TIM_TypeDef * TIMx, u16 TIM_IT, FunctionalState NewState) |
| 功能描述 | 使能或者失能指定的 TIM 中断 |
| 输入参数 1 | TIMx：x 可以是 1～8,用来选择 TIM 外设 |
| 输入参数 2 | TIM_IT：待使能或者失能的 TIM 中断源<br>参阅 Section：TIM_IT 查阅更多该参数允许取值范围 |
| 输入参数 3 | NewState：TIMx 中断的新状态<br>这个参数可以取：ENABLE 或者 DISABLE |
| 输出参数 | 无 |
| 返回值 | 无 |
| 先决条件 | 无 |
| 被调用函数 | 无 |

**TIM_IT**

输入参数 TIM_IT 使能或者失能 TIM 的中断。可以取表 9-19 中的一个或者多个取值的组合作为该参数的值。

表 9-19　TIM_IT 值

| TIM_IT | 描　述 |
|---|---|
| TIM_IT_Update | TIM 中断源 |
| TIM_IT_CC1 | TIM 捕获/比较 1 中断源 |
| TIM_IT_CC2 | TIM 捕获/比较 2 中断源 |
| TIM_IT_CC3 | TIM 捕获/比较 3 中断源 |
| TIM_IT_CC4 | TIM 捕获/比较 4 中断源 |
| TIM_IT_Trigger | TIM 触发中断源 |

例如：

```
/* Enables the TIM2 Capture Compare channel 1 Interrupt source */
TIM_ITConfig(TIM2, TIM_IT_CC1, ENABLE );
```

## 9.5.9　函数 TIM_OC1PreloadConfig

表 9-20 描述了函数 TIM_OC1PreloadConfig。

表 9-20　函数 TIM_OC1PreloadConfig

| | |
|---|---|
| 函数名 | TIM_OC1PreloadConfig |
| 函数原型 | void TIM_OC1PreloadConfig(TIM_TypeDef * TIMx, u16 TIM_OCPreload) |
| 功能描述 | 使能或者失能 TIMx 在 CCR1 上的预装载寄存器 |
| 输入参数 1 | TIMx：x 可以是 1、2、3、4、5 或 8,用于选择 TIM 外设 |

续表

| | |
|---|---|
| 输入参数 2 | TIM_OCPreload：输出比较预装载状态<br>参阅 Section：TIM_OCPreload，查阅更多该参数允许取值范围 |
| 输出参数 | 无 |
| 返回值 | 无 |
| 先决条件 | 无 |
| 被调用函数 | 无 |

**TIM_OCPreload**

输出比较预装载状态可以使能或者失能见表 9-21。

**表 9-21 TIM_OCPreload 值**

| TIM_OCPreload | 描　述 |
|---|---|
| TIM_OCPreload_Enable | TIMx 在 CCR1 上的预装载寄存器使能 |
| TIM_OCPreload_Disable | TIMx 在 CCR1 上的预装载寄存器失能 |

例如：

```
/* Enables the TIM2 Preload on CC1 Register */
TIM_OC1PreloadConfig(TIM2, TIM_OCPreload_Enable);
```

### 9.5.10 函数 TIM_OC2PreloadConfig

表 9-22 描述了函数 TIM_OC2PreloadConfig。

**表 9-22 函数 TIM_OC2PreloadConfig**

| | |
|---|---|
| 函数名 | TIM_OC2PreloadConfig |
| 函数原型 | void TIM_OC2PreloadConfig(TIM_TypeDef * TIMx，u16 TIM_OCPreload) |
| 功能描述 | 使能或者失能 TIMx 在 CCR2 上的预装载寄存器 |
| 输入参数 1 | TIMx：x 可以是 1、2、3、4、5 或 8，用于选择 TIM 外设 |
| 输入参数 2 | TIM_OCPreload：输出比较预装载状态 |
| 输出参数 | 无 |
| 返回值 | 无 |
| 先决条件 | 无 |
| 被调用函数 | 无 |

例如：

```
/* Enables the TIM2 Preload on CC2 Register */
TIM_OC2PreloadConfig(TIM2, TIM_OCPreload_Enable);
```

## 9.5.11 函数 TIM_OC3PreloadConfig

表 9-23 描述了函数 TIM_OC3PreloadConfig。

表 9-23 函数 TIM_OC3PreloadConfig

| 函数名 | TIM_OC3PreloadConfig |
|---|---|
| 函数原型 | void TIM_OC3PreloadConfig(TIM_TypeDef * TIMx, u16 TIM_OCPreload) |
| 功能描述 | 使能或者失能 TIMx 在 CCR3 上的预装载寄存器 |
| 输入参数 1 | TIMx: x 可以是 1、2、3、4、5 或 8,用于选择 TIM 外设 |
| 输入参数 2 | TIM_OCPreload: 输出比较预装载状态 |
| 输出参数 | 无 |
| 返回值 | 无 |
| 先决条件 | 无 |
| 被调用函数 | 无 |

例如:

```
/* Enables the TIM2 Preload on CC3 Register */
TIM_OC3PreloadConfig(TIM2, TIM_OCPreload_Enable);
```

## 9.5.12 函数 TIM_OC4PreloadConfig

表 9-24 描述了函数 TIM_OC4PreloadConfig。

表 9-24 函数 TIM_OC4PreloadConfig

| 函数名 | TIM_OC4PreloadConfig |
|---|---|
| 函数原型 | void TIM_OC4PreloadConfig(TIM_TypeDef * TIMx, u16 TIM_OCPreload) |
| 功能描述 | 使能或者失能 TIMx 在 CCR4 上的预装载寄存器 |
| 输入参数 1 | TIMx: x 可以是 1、2、3、4、5 或 8,用于选择 TIM 外设 |
| 输入参数 2 | TIM_OCPreload: 输出比较预装载状态 |
| 输出参数 | 无 |
| 返回值 | 无 |
| 先决条件 | 无 |
| 被调用函数 | 无 |

例如:

```
/* Enables the TIM2 Preload on CC4 Register */
TIM_OC4PreloadConfig(TIM2, TIM_OCPreload_Enable);
```

## 9.5.13 函数 TIM_GetFlagStatus

表 9-25 描述了函数 TIM_ GetFlagStatus。

**表 9-25 函数 TIM_ GetFlagStatus**

| | |
|---|---|
| 函数名 | TIM_ GetFlagStatus |
| 函数原型 | FlagStatus TIM_GetFlagStatus(TIM_TypeDef * TIMx, u16 TIM_FLAG) |
| 功能描述 | 检查指定的 TIM 标志位设置与否 |
| 输入参数 1 | TIMx：x 可以是 1～8,用来选择 TIM 外设 |
| 输入参数 2 | TIM_FLAG：待检查的 TIM 标志位<br>参阅 Section：TIM_FLAG,查阅更多该参数允许取值范围 |
| 输出参数 | 无 |
| 返回值 | TIM_FLAG 的新状态(SET 或者 RESET) |
| 先决条件 | 无 |
| 被调用函数 | 无 |

**TIM_FLAG**

表 9-26 给出了所有可以被函数 TIM_ GetFlagStatus 检查的标志位列表。

**表 9-26 TIM_FLAG 值**

| TIM_FLAG | 描 述 |
|---|---|
| TIM_FLAG_Update | TIM 更新标志位 |
| TIM_FLAG_CC1 | TIM 捕获/比较 1 标志位 |
| TIM_FLAG_CC2 | TIM 捕获/比较 2 标志位 |
| TIM_FLAG_CC3 | TIM 捕获/比较 3 标志位 |
| TIM_FLAG_CC4 | TIM 捕获/比较 4 标志位 |
| TIM_FLAG_Trigger | TIM 触发标志位 |
| TIM_FLAG_CC1OF | TIM 捕获/比较 1 溢出标志位 |
| TIM_FLAG_CC2OF | TIM 捕获/比较 2 溢出标志位 |
| TIM_FLAG_CC3OF | TIM 捕获/比较 3 溢出标志位 |
| TIM_FLAG_CC4OF | TIM 捕获/比较 4 溢出标志位 |

例如：

```
/* Check if the TIM2 Capture Compare 1 flag is set or reset */
if(TIM_GetFlagStatus(TIM2, TIM_FLAG_CC1) == SET)
{
}
```

## 9.5.14 函数 TIM_ClearFlag

表 9-27 描述了函数 TIM_ ClearFlag。

表 9-27 函数 TIM_ ClearFlag

| | |
|---|---|
| 函数名 | TIM_ ClearFlag |
| 函数原型 | void TIM_ClearFlag(TIM_TypeDef * TIMx, uint16_t TIM_FLAG) |
| 功能描述 | 清除 TIMx 的待处理标志位 |
| 输入参数 1 | TIMx: x 可以是 1~8,用来选择 TIM 外设 |
| 输入参数 2 | TIM_FLAG: 待清除的 TIM 标志位 |
| 输出参数 | 无 |
| 返回值 | 无 |
| 先决条件 | 无 |
| 被调用函数 | 无 |

例如:

```
/* Clear the TIM2 Capture Compare 1 flag */
TIM_ClearFlag(TIM2, TIM_FLAG_CC1);
```

### 9.5.15 函数 TIM_GetITStatus

表 9-28 描述了函数 TIM_ GetITStatus。

表 9-28 函数 TIM_ GetITStatus

| | |
|---|---|
| 函数名 | TIM_ GetITStatus |
| 函数原型 | ITStatus TIM_GetITStatus(TIM_TypeDef * TIMx, u16 TIM_IT) |
| 功能描述 | 检查指定的 TIM 中断发生与否 |
| 输入参数 1 | TIMx: x 可以是 1~8,用来选择 TIM 外设 |
| 输入参数 2 | TIM_IT: 待检查的 TIM 中断源 |
| 输出参数 | 无 |
| 返回值 | TIM_IT 的新状态 |
| 先决条件 | 无 |
| 被调用函数 | 无 |

例如:

```
/* Check if the TIM2 Capture Compare 1 interrupt has occured or not */
if(TIM_GetITStatus(TIM2, TIM_IT_CC1) == SET)
{
}
```

### 9.5.16 函数 TIM_ClearITPendingBit

表 9-29 描述了函数 TIM_ ClearITPendingBit。

表 9-29 函数 TIM_ClearITPendingBit

| | |
|---|---|
| 函数名 | TIM_ ClearITPendingBit |
| 函数原型 | void TIM_ClearITPendingBit(TIM_TypeDef * TIMx, u16 TIM_IT) |
| 功能描述 | 清除 TIMx 的中断待处理位 |
| 输入参数 1 | TIMx: x 可以是 1～8,用来选择 TIM 外设 |
| 输入参数 2 | TIM_IT: 待检查的 TIM 中断待处理位 |
| 输出参数 | 无 |
| 返回值 | 无 |
| 先决条件 | 无 |
| 被调用函数 | 无 |

例如：

```
/* Clear the TIM2 Capture Compare 1 interrupt pending bit */
TIM_ClearITPendingBit(TIM2, TIM_IT_CC1);
```

### 9.5.17 函数 TIM_SetCompare1

表 9-30 描述了函数 TIM_SetCompare1。

表 9-30 函数 TIM_SetCompare1

| | |
|---|---|
| 函数名 | TIM_SetCompare1 |
| 函数原型 | void TIM_SetCompare1(TIM_TypeDef * TIMx, u16 Compare1) |
| 功能描述 | 设置 TIMx 捕获比较 1 寄存器值 |
| 输入参数 1 | TIMx: x 可以是 1、2、3、4、5 或 8,用于选择 TIM 外设 |
| 输入参数 2 | Compare1: 捕获比较 1 寄存器新值 |
| 输出参数 | 无 |
| 返回值 | 无 |
| 先决条件 | 无 |
| 被调用函数 | 无 |

例如：

```
/* Sets the TIM2 new Output Compare 1 value */
u16 TIMCompare1 = 0x7FFF;
TIM_SetCompare1(TIM2, TIMCompare1);
```

### 9.5.18 函数 TIM_SetCompare2

表 9-31 描述了函数 TIM_SetCompare2。

表 9-31 函数 TIM_SetCompare2

| | |
|---|---|
| 函数名 | TIM_SetCompare2 |
| 函数原型 | void TIM_SetCompare2(TIM_TypeDef * TIMx, u16 Compare2) |
| 功能描述 | 设置 TIMx 捕获比较 2 寄存器值 |
| 输入参数 1 | TIMx: x 可以是 1、2、3、4、5 或 8,用于选择 TIM 外设 |
| 输入参数 2 | Compare2: 捕获比较 2 寄存器新值 |
| 输出参数 | 无 |
| 返回值 | 无 |
| 先决条件 | 无 |
| 被调用函数 | 无 |

## 9.5.19 函数 TIM_SetCompare3

表 9-32 描述了函数 TIM_SetCompare3。

表 9-32 函数 TIM_SetCompare3

| | |
|---|---|
| 函数名 | TIM_SetCompare3 |
| 函数原型 | void TIM_SetCompare3(TIM_TypeDef * TIMx, u16 Compare3) |
| 功能描述 | 设置 TIMx 捕获比较 3 寄存器值 |
| 输入参数 1 | TIMx: x 可以是 1、2、3、4、5 或 8,用于选择 TIM 外设 |
| 输入参数 2 | Compare3: 捕获比较 3 寄存器新值 |
| 输出参数 | 无 |
| 返回值 | 无 |
| 先决条件 | 无 |
| 被调用函数 | 无 |

## 9.5.20 函数 TIM_SetCompare4

表 9-33 描述了函数 TIM_SetCompare4。

表 9-33 函数 TIM_SetCompare4

| | |
|---|---|
| 函数名 | TIM_SetCompare4 |
| 函数原型 | void TIM_SetCompare4(TIM_TypeDef * TIMx, u16 Compare4) |
| 功能描述 | 设置 TIMx 捕获比较 4 寄存器值 |
| 输入参数 1 | TIMx: x 可以是 1、2、3、4、5 或 8,用于选择 TIM 外设 |
| 输入参数 2 | Compare4: 捕获比较 4 寄存器新值 |
| 输出参数 | 无 |
| 返回值 | 无 |
| 先决条件 | 无 |
| 被调用函数 | 无 |

## 9.6 项目实例

PWM 呼吸灯项目

本章将介绍两个项目，一个是定时器基本应用项目实例：数字电子钟，另一个是 PWM 输出基本应用：PWM 呼吸灯。

### 9.6.1 定时器项目

本项目是在前两章项目基础上的扩展，在第 7 章中我们完成了数码管动态显示时间的实验，在第 8 章中我们完成了利用外部中断调节时间实验，在本项目中我们将利用定时器让时间走起来，实现数字电子钟的功能。

**1. 项目分析**

本项目的核心功能是实现精确的 1 秒定时，要完成这一功能，首先必须选择一个定时器，由于本项目只需要单一定时功能，可以采用向上计数模式，中断服务程序调整时间方式，根据上述各节的分析可知，采用 STM32F103 的基本定时器即可完成相应功能，所以本例选择 TIM6 作为项目定时器。

定时器初始化主要步骤包括：

（1）打开定时器所挂接的时钟。

（2）然后利用 TIM_TimeBaseInit 函数对定时器进行初始化。此时需要指定自动重载值寄存器周期值和预分频寄存器的预分频系数，此处需要注意的是，自动重载寄存器的值是自动重载周期值－1，预分频寄存器值是预分频系数值－1。

（3）启动定时器。

（4）清除中断标志位。

（5）配置定时器中断。

（6）设置中断优先级。

完成定时器初始化并启动定时器之后就可以实现 1 秒定时，要实现时间调整，我们还需要编定定时器中断服务程序，中断服务程序还是在 stm32f10x_it.c 文件中编写，且中断函数的名称必须与系统预定义的名称保持一致，即 TIM6_IRQHandler。在中断服务程序中要执行秒加 1 指令，并根据秒的数值实现分钟和小时的进位。

**2. 项目实施**

第一步：复制第 8 章创建工程模板文件夹到桌面，并将文件夹改名为 7 Timer，将原工程模板编译一下，直到没有错误和警告为止。

第二步：为工程模板的 ST_Driver 项目组添加定时器源文件 stm32f10x_tim.c，文件位于..\Libraries\STM32F10x_StdPeriph_Driver\src 目录下。

第三步：新建两个文件，将其改名为 timer.c 和 timer.h 并保存到工程模板下的 APP 文件夹中。并将 timer.c 文件添加到 APP 项目组下。

第四步：在 timer.c 文件中输入如下源程序，在程序中首先包含 timer.h 头文件，然后创建 TIM6Init()定时器初始化程序，其中包括定时器初始化、中断设置、启动定时器和开中断等操作。

特别说明，STM32F103 基本定时器和通用定时器 TIM2～TIM7 是挂接在 APB1 总线上的，且 APB1 总线最大工作频率为 36MHz，但是两者并不是直接相连的，中间还要经过一个倍频器，倍频系数在系统初始化时设置为 2，故 TIM2～TIM7 定时器的工作频率也为 72MHz。

```
/****************************************************************
                  Source file of timer.c
****************************************************************/
#include "timer.h"
void TIM6Init()
{
    TIM_TimeBaseInitTypeDef TIM_TimeBaseStructure;
    NVIC_InitTypeDef NVIC_InitStructure;
    //打开 TIM6 的 APB1 时钟
    RCC_APB1PeriphClockCmd(RCC_APB1Periph_TIM6 , ENABLE);
    //设置自动重装载寄存器周期的值 寄存器的值为周期值-1
    TIM_TimeBaseStructure.TIM_Period = 36000-1;
    //设置预分频系数 预分频寄存器的值为分频系数-1
    TIM_TimeBaseStructure.TIM_Prescaler = 2000-1;
    //设置时钟分割:TDTS = Tck_tim
    TIM_TimeBaseStructure.TIM_ClockDivision = 0;
    //TIM 向上计数模式
    TIM_TimeBaseStructure.TIM_CounterMode = TIM_CounterMode_Up;
    //初始化 TIM6 定时器
    TIM_TimeBaseInit(TIM6, &TIM_TimeBaseStructure);
    //清除 TIMx 的中断待处理位:TIMx 中断源
    TIM_ClearFlag(TIM6,TIM_FLAG_Update);
    /* 设置中断参数,并打开中断 */
    TIM_ITConfig(TIM6,TIM_IT_Update,ENABLE);
    //使能或者失能 TIMx 外设
    TIM_Cmd(TIM6,ENABLE);
    /* 设置 NVIC 参数 设优先级 开中断 */
    NVIC_InitStructure.NVIC_IRQChannel = TIM6_IRQn;                    //指定中断通道
    NVIC_InitStructure.NVIC_IRQChannelPreemptionPriority = 0;          //配置抢占式优先级
    NVIC_InitStructure.NVIC_IRQChannelSubPriority = 0;                 //配置响应式优先级
    NVIC_InitStructure.NVIC_IRQChannelCmd = ENABLE;                    //中断使能
    NVIC_Init(&NVIC_InitStructure);
}
```

第五步：在 timer.h 文件中输入如下源程序，其中条件编译格式不变，只要更改一下预定义变量名称即可，需要将我们刚定义的函数声明加到头文件当中。

```
/****************************************************************
                  Source file of timer.h
****************************************************************/
#ifndef _TIMER_H
```

```
#define _TIMER_H
#include "stm32f10x.h"
void TIM6Init(void);
#endif
```

第六步：在 public.h 文件的中间部分添加#include "timer.h"语句，即包含 timer.h 头文件，任何时候程序中需要使用某一源文件中函数，必须先包含其头文件，否则编译是不能通过的。public.h 文件的源代码如下。

```
/*****************************************************************
                    Source file of public.h
*****************************************************************/
#ifndef _public_H
    #define _public_H
    #include "stm32f10x.h"
    #include "LED.h"
    #include "beepkey.h"
    #include "dsgshow.h"
    #include "EXTI.H"
    #include "timer.h"
#endif
```

第七步：在 main.c 文件中输入如下源程序，在 main 函数中，首先对时间变量赋初值，然后分别对数码管引脚、外部中断进行以及定时器初始化，最后应用无限循环结构显示时间，并等待中断发生。

```
/*****************************************************************
                    Source file of main.c
*****************************************************************/
#include "public.h"
u8 hour,minute,second;              //define three extern variable
int main()
{
    hour = 9;minute = 30;second = 25;
    DsgShowInit();
    EXTIInti();
    TIM6Init();
    while(1)
    {
        DsgShowTime();
    }
}
```

第八步：在 Keil-MDK 软件操作界面打开 User 项目组下面的 stm32f10x_it.c 文件，并在 stm32f10x_it.c 文件的最下面编写 4 个中断服务程序，其中 3 个是第 8 章的外部中断服务程序，在最下面添加一个定时器中断服务程序，主要功能是实现时间调整。

```
/****************************************************************
                Source file of stm32f10x_it.c
****************************************************************/
#include "stm32f10x_it.h"
#include "systick.h"
extern u8 hour,minute,second;
void EXTI0_IRQHandler(void)
{
    if(EXTI_GetITStatus(EXTI_Line0) == SET)
    {
        EXTI_ClearFlag(EXTI_Line0);
        delay_ms(10);
        if(GPIO_ReadInputDataBit(GPIOE,GPIO_Pin_0) == Bit_RESET)
        {
            delay_ms(10);
            if(++hour == 24) hour = 0;
        }
    }
}
void EXTI1_IRQHandler(void)
{
    if(EXTI_GetITStatus(EXTI_Line1) == SET)
    {

        EXTI_ClearFlag(EXTI_Line1);
        delay_ms(10);
        if(GPIO_ReadInputDataBit(GPIOE,GPIO_Pin_1) == Bit_RESET)
        {
            delay_ms(10);
            if(++minute == 60) minute = 0;
        }
    }
}
void EXTI2_IRQHandler(void)
{
    if(EXTI_GetITStatus(EXTI_Line2) == SET)
    {
        EXTI_ClearFlag(EXTI_Line2);
        delay_ms(10);
        if(GPIO_ReadInputDataBit(GPIOE,GPIO_Pin_2) == Bit_RESET)
        {
            delay_ms(10);
```

```
            if(++second == 60) second = 0;
        }
    }
}
void TIM6_IRQHandler(void)
{
    TIM_ClearFlag(TIM6,TIM_IT_Update);
    if(++second == 60)
    {
        second = 0;
        if(++minute == 60)
        {
            minute = 0;
            if(++hour == 24) hour = 0;
        }
    }
}
```

第九步：编译工程，如没有错误，则会在 output 文件夹中生成“工程模板.hex”文件，如有错误则修改源程序直至没有错误为止。

第十步：将生成的目标文件通过 ISP 软件下载到开发板微控制器的 Flash 存储器当中，复位运行，检查实验效果。

## 9.6.2 PWM 项目

在上一个项目中，我们利用基本定时器 TIM6 实现了数字电子钟设计，STM32 定时器的应用十分丰富，其中一个重要的应用就 PWM 输出。本项目将利用 TIM3 的通道 1 和通道 2，把两个通道完全重映射到 PC6 和 PC7 引脚，产生两路 PWM 方波来控制开发板 L7 和 L8 指示灯的亮度。通过修改 PWM 波的占空比，就可以控制 L7 和 L8 灯由亮到暗，再由暗到亮，实现 PWM 呼吸灯效果。

**1. 项目分析**

要实现上述项目功能，需要如下项目配置步骤。

(1) 开启 TIM3 时钟以及复用功能时钟，配置 PC6 和 PC7 为复用输出。

要使用 TIM3，我们必须先开启 TIM3 的时钟。这里我们还要配置 PC6 和 PC7 为复用输出，这是因为 TIM3_CH1 和 TIM3_CH2 通道将重映射到 PC6 和 PC7 上，此时，PC6 和 PC7 属于复用功能输出。库函数使能 TIM3 时钟的方法是：

```
RCC_APB1PeriphClockCmd(RCC_APB1Periph_TIM3, ENABLE);
RCC_APB2PeriphClockCmd(RCC_APB2Periph_AFIO, ENABLE);
```

设置 PC6 和 PC7 为复用功能输出的方法是：

```
GPIO_InitStructure.GPIO_Mode = GPIO_Mode_AF_PP;          //复用推挽输出
```

(2) 设置 TIM3_CH1 和 TIM3_CH2 重映射到 PC6 和 PC7 上。

因为 TIM3_CH1 默认是接在 PA6 上的，而 TIM3_CH2 默认是接在 PA7 上的，所以我们需要设置 TIM3_REMAP 为完全重映射(通过 AFIO_MAPR 配置)，让 TIM3_CH1 重映射到 PC6 上面以及 TIM3_CH2 重映射到 PC7 上面。在库函数里面设置重映射的函数是：

```
void GPIO_PinRemapConfig(uint32_t GPIO_Remap, FunctionalState NewState);
```

STM32 重映射只能重映射到特定的端口。第一个入口参数可以理解为设置重映射的类型，比如 TIM3 完全重映射入口参数为 GPIO_FullRemap_TIM3。所以 TIM3 完全重映射的库函数实现方法是：

```
GPIO_PinRemapConfig(GPIO_FullRemap_TIM3,ENABLE);
```

(3) 初始化 TIM3，设置 TIM3 的 ARR 和 PSC。

在开启了 TIM3 的时钟之后，我们要设置 ARR 和 PSC 两个寄存器的值来控制输出 PWM 的周期。当 PWM 频率太慢(低于 50Hz)的时候，就会明显感觉到闪烁了。因此，PWM 频率在这里不宜设置的太小。这是通过 TIM_TimeBaseInit 函数实现的，在上一项目基本定时器应用我们已经有讲解，这里就不详细讲解，调用的格式为：

```
//TIM3 定时器初始化
TIM_TimeBaseInitStructure.TIM_Period = 900 - 1;
//不分频,PWM 频率 = 72000kHz/900 = 80kHz                //设置自动重装载寄存器周期的值
TIM_TimeBaseInitStructure.TIM_Prescaler = 1 - 1;
//设置用来作为 TIMx 时钟频率预分频值,此处分频系数为 1,即不分频
TIM_TimeBaseInitStructure.TIM_ClockDivision = 0;         //设置时钟分割:TDTS = Tck_tim
TIM_TimeBaseInitStructure.TIM_CounterMode = TIM_CounterMode_Up;  //TIM 向上计数模式
TIM_TimeBaseInit(TIM3, & TIM_TimeBaseInitStructure);
```

(4) 设置 TIM3_CH1 和 TIM3_CH2 的 PWM 模式，使能 TIM3 的 CH1 和 CH2 输出。

接下来，我们要设置 TIM3_CH1 和 TIM3_CH2 为 PWM 模式(默认是冻结的)，因为我们的 LED 是低电平亮，而我们希望当 CCR1 和 CCR2 的值小的时候，LED 就暗，CCR1 和 CCR2 值大的时候，LED 就亮，所以我们要通过配置 TIM3_CCMRx 的相关位来控制 TIM3_CHx 的模式。在库函数中，PWM 通道设置是通过函数 TIM_OC1Init()～TIM_OC4Init()来设置的，不同的通道的设置函数不一样，这里我们使用的是通道 1 和通道 2，所以使用的函数是 TIM_OC1Init()和 TIM_OC2Init()。

```
void TIM_OC1Init(TIM_TypeDef * TIMx, TIM_OCInitTypeDef * TIM_OCInitStruct);
void TIM_OC2Init(TIM_TypeDef * TIMx, TIM_OCInitTypeDef * TIM_OCInitStruct);
```

这里我们介绍一下 TIM_OCInitStruc 结构体的几个重要成员。

参数 TIM_OCMode 设置模式是 PWM 和输出比较，这里我们是 PWM 模式。

参数 TIM_OutputState 用来设置比较输出使能，也就是使能 PWM 输出到端口。

参数 TIM_OCPolarity 用来设置极性是高还是低。

要实现项目控制要求，需要如下代码初始化 TIM3。

```
TIM_OCInitStructure.TIM_OCMode = TIM_OCMode_PWM1;
TIM_OCInitStructure.TIM_OutputState = TIM_OutputState_Enable;
TIM_OCInitStructure.TIM_OCPolarity = TIM_OCPolarity_Low;
TIM_OC1Init(TIM3,&TIM_OCInitStructure);
TIM_OC2Init(TIM3,&TIM_OCInitStructure);
```

(5) 使能 TIM3。

在完成以上设置之后，我们需要使能 TIM3。使能 TIM3 的方法前面已经讲解过：

```
TIM_Cmd(TIM3, ENABLE);          //使能 TIM3
```

(6) 修改 TIM3_CCR1 和 TIM3_CCR2 来控制占空比。

最后，在经过以上设置之后，PWM 其实已经开始输出了，只是其占空比和频率都是固定的，而我们通过修改 TIM3_CCR1 和 TIM3_CCR2 则可以控制 CH1 和 CH2 的输出占空比。继而控制 L7 和 L8 的亮度。

在库函数中，修改 TIM3_CCR1 和 TIM3_CCR2 占空比的函数是：

```
void TIM_SetCompare1(TIM_TypeDef * TIMx, uint16_t Compare1);
void TIM_SetCompare2(TIM_TypeDef * TIMx, uint16_t Compare2);
```

通过以上 6 个步骤，我们就可以控制 TIM3 的 CH1 和 CH2 通道输出占空比可变的 PWM 波了。

**2. 项目实施**

第一步：复制第 8 章创建工程模板文件夹到桌面，并将文件夹改名为“8 PWM”，将原工程模板编译一下，直到没有错误和警告为止。

第二步：新建两个文件，将其改名为 PWM.C 和 PWM.H 并保存到工程模板下的 APP 文件夹中。并将 PWM.C 文件添加到 APP 项目组下。

第三步：在 PWM.C 文件中输入如下源程序，在程序中首先包含 PWM.H 头文件，然后创建 TIM3_PWMInit()初始化程序，其中包括打开外设时钟，GPIO 初始化，定时器初始化，PWM 初始化，引脚重映射，使能预装值寄存器，启动定时器等程序。

```
/*************************************************************************
                    Source file of PWM.C
*************************************************************************/
```

```
#include "PWM.H"
void TIM3_PWMInit()
{
    GPIO_InitTypeDef GPIO_InitStructure; //声明一个结构体变量,用来初始化 GPIO
    TIM_TimeBaseInitTypeDef TIM_TimeBaseInitStructure; //声明一个结构体变量,用来初始化定时器
    TIM_OCInitTypeDef TIM_OCInitStructure;  //根据 TIM_OCInitStruct 中指定的参数初始化外设 TIMx
    /* 开启时钟 */
    RCC_APB2PeriphClockCmd(RCC_APB2Periph_GPIOC,ENABLE);
    RCC_APB1PeriphClockCmd(RCC_APB1Periph_TIM3,ENABLE);
    RCC_APB2PeriphClockCmd(RCC_APB2Periph_AFIO,ENABLE);
    /*  配置 GPIO 的模式和 I/O 口 */
    GPIO_InitStructure.GPIO_Pin = GPIO_Pin_6|GPIO_Pin_7;
    GPIO_InitStructure.GPIO_Speed = GPIO_Speed_50MHz;
    GPIO_InitStructure.GPIO_Mode = GPIO_Mode_AF_PP;        //复用推挽输出
    GPIO_Init(GPIOC,&GPIO_InitStructure);
    //TIM3 定时器初始化
    TIM_TimeBaseInitStructure.TIM_Period = 900 - 1;
    //不分频,PWM 频率 = 72000kHz/900 = 80kHz                //设置自动重装载寄存器周期的值
    TIM_TimeBaseInitStructure.TIM_Prescaler = 1 - 1;
    //设置用来作为 TIMx 时钟频率预分频值,此处分频系数为 1, 即不分频
    TIM_TimeBaseInitStructure.TIM_ClockDivision = 0;    //设置时钟分割:TDTS = Tck_tim
    TIM_TimeBaseInitStructure.TIM_CounterMode = TIM_CounterMode_Up;  //TIM 向上计数模式
    TIM_TimeBaseInit(TIM3, & TIM_TimeBaseInitStructure);
    GPIO_PinRemapConfig(GPIO_FullRemap_TIM3,ENABLE);     //改变指定引脚的映射 //PC7
    //PWM 初始化                        //根据 TIM_OCInitStruct 中指定的参数初始化外设 TIMx
    TIM_OCInitStructure.TIM_OCMode = TIM_OCMode_PWM1;
    TIM_OCInitStructure.TIM_OutputState = TIM_OutputState_Enable;  //PWM 输出使能
    TIM_OCInitStructure.TIM_OCPolarity = TIM_OCPolarity_Low;
    TIM_OC1Init(TIM3,&TIM_OCInitStructure);
    TIM_OC2Init(TIM3,&TIM_OCInitStructure);
    //注意此处初始化时 TIM_OC2Init 而不是 TIM_OCInit,否则会出错.因为固件库的版本不一样
    TIM_OC1PreloadConfig(TIM3, TIM_OCPreload_Enable);    //使能或者失能 TIMx 在 CCR1 上的
                                                         //预装载寄存器
    TIM_OC2PreloadConfig(TIM3, TIM_OCPreload_Enable);    //使能或者失能 TIMx 在 CCR2 上的
                                                         //预装载寄存器
    TIM_Cmd(TIM3,ENABLE);                                //使能或者失能 TIMx 外设
}
```

第四步：在 PWM.H 文件中输入如下源程序，其中条件编译格式不变，只要更改一下预定义变量名称即可，需要将刚定义函数的声明加到头文件当中。

```
/*************************************************************
                    Source file of PWM.H
*************************************************************/
#ifndef _PWM_H
```

```
#define _PWM_H
#include "stm32f10x.h"
void TIM3_PWMInit(void);
#endif
```

第五步：在 public.h 文件的中间部分添加#include "PWM.H"语句，即包含 PWM.H 头文件。public.h 文件的源代码如下。

```
/*************************************************************
                  Source file of public.h
*************************************************************/
#ifndef _public_H
    #define _public_H
    #include "stm32f10x.h"
    #include "LED.h"
    #include "beepkey.h"
    #include "dsgshow.h"
    #include "EXTI.H"
    #include "timer.h"
    #include "PWM.H"
#endif
```

第六步：在 main.c 文件中输入如下源程序，在 main 函数中，首先定义两个变量，一个是方向变量 dir，另一个是占空比变量 Duty，在无限程序中先让占空比增加，当增加到 300 时，再让占空比减少，并将占空比数值实时更新到 TIM3 的捕获比较寄存器 1 和 2 当中，以实现 L7 和 L8 的 PWM 呼吸灯效果。

```
/*************************************************************
                  Source file of main.c
*************************************************************/
#include "public.h"
u8 hour,minute,second;
int main()
{
    u8 dir = 1;                          //方向
    u32 Duty = 0;                        //占空比
    TIM3_PWMInit();                      //PWM 初始化
    while(1)
    {
        delay_ms(10);
        if(dir == 1)
        {
```

```
            Duty++;
            if(Duty > 300) dir = 0;
        }
        else
        {
            Duty--;
            if(Duty == 0)   dir = 1;
        }
        TIM_SetCompare1(TIM3, Duty);        //设置 TIMx 捕获比较 1 寄存器值
        TIM_SetCompare2(TIM3, Duty);        //设置 TIMx 捕获比较 2 寄存器值
    }
}
```

第七步：编译工程，如没有错误，则会在 output 文件夹中生成“工程模板.hex”文件，如有错误则修改源程序直至没有错误为止。

第八步：将生成的目标文件通过 ISP 软件下载到开发板微控制器的 Flash 存储器当中，复位运行，检查实验效果。

# 本章小结

本章首先讲解了 STM32F103 定时器种类、数量和主要特征，使读者对 STM32F103 定时器有一个总体认识。随后分别讲解了 STM32F103 的基本定时器、通用定时器和高级定时器，在其中还重点学习了定时器的一个重要应用，即 PWM 方波输出。紧接着介绍了 STM32F103 定时器相关库函数。最后本章给出两个项目实例，一个是基于定时器定时功能的数字电子钟的实现，另一个是基于定时器 PWM 输出功能的 LED 呼吸灯的实现。

# 思考与扩展

1. 软件延时和可编程定时器延时的特点是什么？分别应用于什么场合？
2. 嵌入式系统中，定时器的主要功能有哪些？
3. STM32F103 微控制器定时器的类型有哪几种？不同类型的定时器有什么区别？
4. STM32F103 微控制器通用定时器的常用工作模式有哪些？
5. 什么是 PWM？PWM 的实现方式有哪几种？
6. 定时器初始化时，如何确定预分频寄存器 TIMx_PSC 和自动重装值寄存器的 TIMx_ARR 的值？
7. 在 PWM 输出模式中，如何确定 PWM 波的频率？如何确定 PWM 波的占空比？如何确定 PWM 波输出的极性？
8. STM32F103 微控制器通用定时器有哪几种计数方式？何时可以产生更新事件？

9. 利用定时器实现开发板 LED 灯秒闪烁功能，要求亮灭各 500ms。

10. 利用定时器产生精确的 1s 的定时，秒数值从 0 开始向上累加，并将数值显示于六位数码管。

11. 编写程序，使开发板微控制器的 PC7 引脚输出频率为 1kHz，占空比为 50% 的 PWM 方波。

12. 定时器如何对外部脉冲进行计数？编写程序对按键次数进行统计，并显示于数码管上。

# 第 10 章

# 串行通信接口 USART

**本章要点**

- 数据通信基本概念
- USART 工作原理
- USART 相关库函数
- PC 串口通信软件设计
- MCU 串口通信软件设计
- PC 与 MCU 串口通信调试

在嵌入式系统中，微控制器经常需要与外围设备（如触控屏、传感器等）或其他微控制器交换数据，一般采用并行或串行的方式实现数据交换。

USART
基本原理

## 10.1 数据通信基本概念

### 10.1.1 并行通信与串行通信

如图 10-1(a)所示，并行通信是指使用多条数据线传输数据。并行通信时，各个位同时在不同的数据线上传送，数据可以以字或字节为单位并行传输，就像具有多车道（数据线）的街道可以同时让多辆车（位）通行。显然，并行通信的优点是传输速度快，一般用于传输大量、紧急的数据。例如，在嵌入式系统中，微控制器与 LCD 之间的数据交换通常采用并行通信方式。同样，并行通信的缺点也很明显，它需要占用更多的 I/O 口，传输距离较短，且易受外界信号干扰。

如图 10-1(b)所示，串行通信是指使用一条数据线将数据一位一位地依次传输，每一位数据占据一个固定的时间长度，就像只有一条车道（数据线）的街道一次只能允许一辆车（位）通行。它的优点是只需要几根线（如数据线、时钟线或地线等）便可实现系统与系统间或系统与部件间的数据交换，且传输距离较长，因此被广泛应用于嵌入式系统中。其缺点是由于只使用一根数据线，数据传输速度较慢。

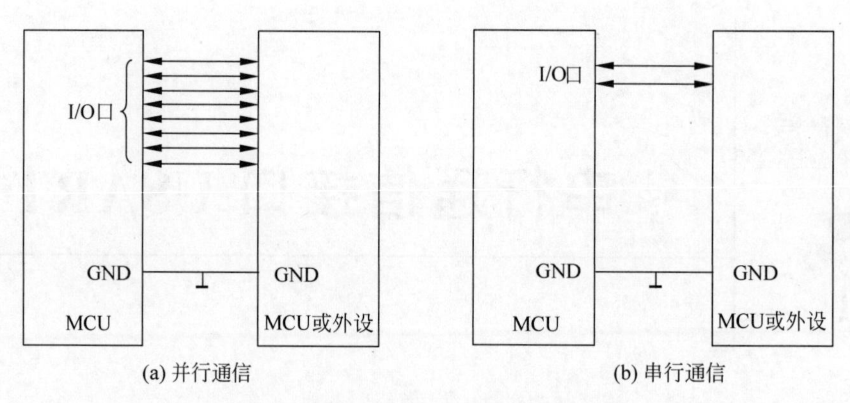


图 10-1　并行通信和串行通信连接示意图

## 10.1.2　异步通信与同步通信

串行通信按同步方式分为异步通信和同步通信。异步通信依靠起始位、停止位保持通信同步；同步通信依靠同步字符保持通信同步。异步通信和同步通信的数据传送格式如图 10-2 和图 10-3 所示。

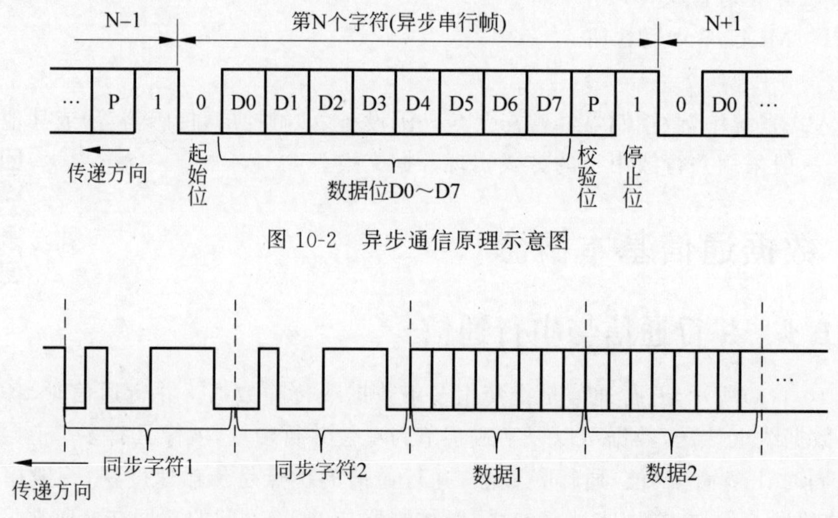


图 10-2　异步通信原理示意图

图 10-3　同步通信原理示意图

### 1. 异步通信

异步通信数据传送按帧传输，一帧数据包含起始位、数据位、校验位和停止位。最常见的帧格式为 1 个起始位、8 个数据位、1 个校验位和 1 个停止位组成，帧与帧之间可以有空闲位。起始位约定为 0，停止位和空闲位约定为 1。

异步通信对硬件要求较低，实现起来比较简单、灵活，适用于数据的随机发送/接收，但因每个字节都要建立一次同步，即每个字符都要额外附加两位，所以工作速度较低，在单片机系统中主要采用异步通信方式。

**2. 同步通信**

同步通信是由 1～2 个同步字符和多字节数据位组成,同步字符作为起始位以触发同步时钟开始发送或接收数据;多字节数据之间不允许有空隙,每位占用的时间相等;空闲位需发送同步字符。

同步通信传送的多字节数据由于中间没有空隙,因而传输速度较快,但要求有准确的时钟来实现收发双方的严格同步,对硬件要求较高,适用于成批数据传送。

## 10.1.3　串行通信的制式

串行通信按照数据传送方向可分为三种制式:

**1. 单工制式(Simplex)**

单工制式是指甲乙双方通信时只能单向传送数据。系统组成以后,发送方和接收方固定。这种通信制式很少应用,但在某些串行 I/O 设备中使用了这种制式,如早期的打印机和计算机之间,数据传输只需要一个方向,即从计算机至打印机,如图 10-4(a)所示。

**2. 半双工制式(Half Duplex)**

半双工制式是指通信双方都具有发送器和接收器,既可发送也可接收,但不能同时接收和发送,发送时不能接收,接收时不能发送,如图 10-4(b)所示。

**3. 全双工制式(Full Duplex)**

全双工制式是指通信双方均设有发送器和接收器,并且信道划分为发送信道和接收信道,因此全双工制式可实现甲方(乙方)同时发送和接收数据,发送时能接收,接收时也能发送,如图 10-4(c)所示。

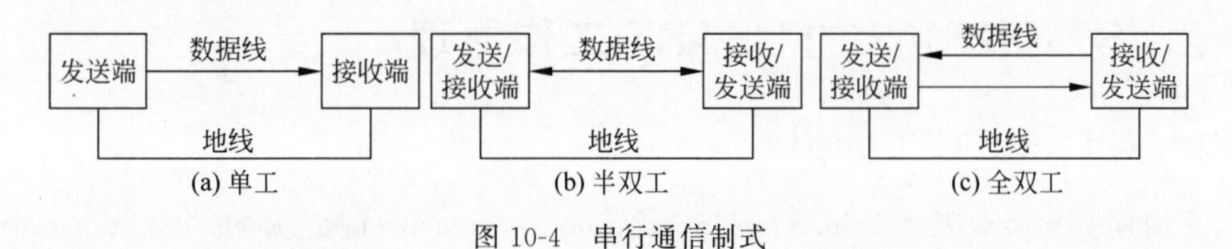


图 10-4　串行通信制式

## 10.1.4　串行通信的校验

在串行通信中,往往要考虑在通信过程中对数据差错进行校验,因为差错校验是保证准确无误通信的关键。常用差错校验方法有奇偶校验(STM32 单片机可采用此法)、累加和校验及循环冗余码校验等。

**1. 奇偶校验**

在发送数据时,数据位尾随的 1 的位数为奇偶校验位(1 或 0),当设置为奇校验时,数据中 1 的个数与校验位 1 的个数之和应为奇数;当设置为偶校验时,数据中 1 的个数与校验位中的 1 的个数之和应为偶数。接收时,接收方应具有与发送方一致的差错检验设置,当接收1帧字符时，对1的个数进行校验，若二者不一致，则说明数据传送过程中出现了差错。奇偶校验的特点是按字符校验，数据传输速度将受到影响，一般只用于异步串行通信中。

**2. 累加和校验**

累加和校验是指发送方将所发送的数据块求和，并将“校验和”附加到数据块末尾。接收方接收数据时也对数据块求和，将所得结果与发送方的“校验和”进行比较，相符则无差错，否则即出现了差错。“校验和”的加运算可用逻辑加，也可用算术加。累加和校验的缺点是无法校验出字节为序（或1、0位序不同）的错误。

**3. 循环冗余码校验**

循环冗余码校验（Cyclic Redundancy Check，CRC）的基本原理是将一个数据块看成一个位数很长的二进制数，然后用一个特定的数去除它，将余数作校验码附在数据块后一起发送。接收端收到该数据块和校验码后，进行同样的运算来校验传送是否出错。目前CRC已广泛用于数据存储和数据通信中，并在国际上形成规范，已有不少现成的CRC软件算法。

还有诸如汉明码校验等，不再一一说明，有兴趣的读者可以参考有关书籍。

### 10.1.5 串行通信的波特率

波特率是串行通信中一个重要概念，是指传输数据的速率。波特率（bit per second）的定义是每秒传输数据的位数，即：

1波特=1位/秒（1b/s）

波特率的倒数即为每位传输所需的时间。由以上串行通信原理可知，互相通信的甲乙双方必须具有相同的波特率，否则无法成功地完成串行数据通信。

## 10.2 STM32F103的USART工作原理

### 10.2.1 USART介绍

通用同步异步收发器（Universal Synchronous/Asynchronous Receiver/Transmitter，USART）提供了一种灵活的方法与使用工业标准NRZ异步串行数据格式的外部设备之间进行全双工数据交换。USART利用分数波特率发生器提供宽范围的波特率选择。它支持同步单向通信和半双工单线通信，也支持LIN（局部互联网）、智能卡协议和IrDA（红外数据组织）SIR ENDEC规范，以及调制解调器（CTS/RTS）操作。它还允许多处理器通信。使用多缓冲器配置的DMA方式，可以实现高速数据通信。

STM32F103微控制器的小容量产品有2个USART，中等容量产品有3个USART，大容量产品有3个USART+2个UART（Universal Asynchronous Receiver/Transmitter）。

### 10.2.2 USART主要特性

(1) 全双工的，异步通信。

(2) NRZ标准格式。

(3) 分数波特率发生器系统。

发送和接收共用的可编程波特率,最高达4.5Mb/s。

(4) 可编程数据字长度(8位或9位)。

(5) 可配置的停止位——支持1或2个停止位。

(6) LIN主发送同步断开符的能力以及LIN从检测断开符的能力。

当USART硬件配置成LIN时,生成13位断开符;检测10/11位断开符。

(7) 发送方为同步传输提供时钟。

(8) IRDA SIR编码器解码器。

在正常模式下支持3/16位的持续时间。

(9) 智能卡模拟功能。

智能卡接口支持ISO 7816-3标准里定义的异步智能卡协议;智能卡用到0.5和1.5个停止位。

(10) 单线半双工通信。

(11) 可配置的使用DMA的多缓冲器通信。

在SRAM里利用集中式DMA缓冲接收/发送字节。

(12) 单独的发送器和接收器使能位。

(13) 检测标志。

接收缓冲器满;发送缓冲器空;传输结束标志。

(14) 校验控制。

发送校验位;对接收数据进行校验。

(15) 四个错误检测标志。

溢出错误;噪声错误;帧错误;校验错误。

(16) 10个带标志的中断源。

CTS改变;LIN断开符检测;发送数据寄存器空;发送完成;接收数据寄存器满;检测到总线为空闲;溢出错误;帧错误;噪声错误;校验错误。

(17) 多处理器通信。

如果地址不匹配,则进入静默模式。

(18) 从静默模式中唤醒。

通过空闲总线检测或地址标志检测。

(19) 两种唤醒接收器的方式。

地址位(MSB,第9位),总线空闲。

### 10.2.3 USART功能概述

STM32F103微控制器USART接口通过三个引脚与其他设备连接在一起,其内部结构如图10-5所示。

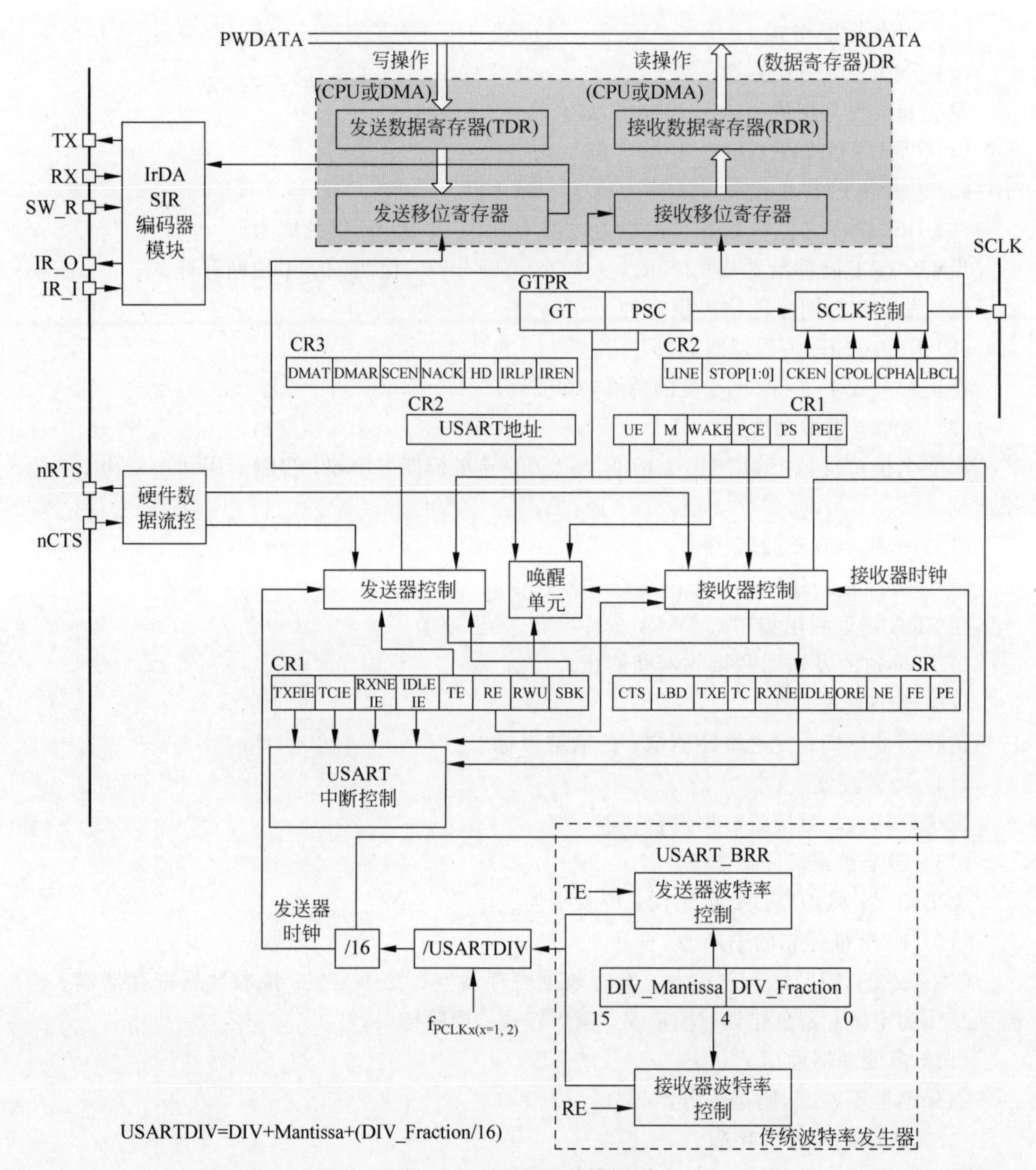


图 10-5 USART 结构框图

任何 USART 双向通信至少需要两个脚：接收数据输入(RX)和发送数据输出(TX)。

RX：接收数据串行输入。通过过采样技术来区别数据和噪声，从而恢复数据。

TX：发送数据串行输出。当发送器被禁止时，输出引脚恢复到它的 I/O 端口配置。当发送器被激活，并且不发送数据时，TX 引脚处于高电平。在单线和智能卡模式里，此 I/O 口被同时用于数据的发送和接收。

(1) 总线在发送或接收前应处于空闲状态。

(2) 一个起始位。

(3) 一个数据字(8 或 9 位),最低有效位在前。

(4) 0.5,1.5,2 个的停止位,由此表明数据帧的结束。

(5) 使用分数波特率发生器—— 12 位整数和 4 位小数的表示方法。

(6) 一个状态寄存器(USART_SR)。

(7) 数据寄存器(USART_DR)。

(8) 一个波特率寄存器(USART_BRR),12 位的整数和 4 位小数。

(9) 一个智能卡模式下的保护时间寄存器(USART_GTPR)。

在同步模式中需要以下引脚:

CK:发送器时钟输出。此引脚输出用于同步传输的时钟。这可以用来控制带有移位寄存器的外部设备(如 LCD 驱动器)。时钟相位和极性都是软件可编程的。在智能卡模式里,CK 可以为智能卡提供时钟。

在 IrDA 模式里需要下列引脚:

(1) IrDA_RDI:IrDA 模式下的数据输入。

(2) IrDA_TDO:IrDA 模式下的数据输出。

下列引脚在硬件流控模式中需要:

(1) nCTS:清除发送,若是高电平,在当前数据传输结束时阻断下一次的数据发送。

(2) nRTS:发送请求,若是低电平,表明 USART 准备好接收数据。

## 10.2.4 USART 通信时序

字长可以通过编程 USART_CR1 寄存器中的 M 位,选择 8 或 9 位,如图 10-6 所示。在起始位期间,TX 脚处于低电平,在停止位期间处于高电平。空闲符号被视为完全由'1'组成的一个完整的数据帧,后面跟着包含了数据的下一帧的开始位。断开符号被视为在一个帧周期内全部收到 0。在断开帧结束时,发送器再插入 1 或 2 个停止位(1)来应答起始位。发送和接收由一共用的波特率发生器驱动,当发送器和接收器的使能位分别置位时,分别为其产生时钟。

## 10.2.5 USART 中断

STM32F103 系列微控制器的 USART 主要有以下各种中断事件:

(1) 发送期间的中断事件包括发送完成(TC)、清除发送(CTS)、发送数据寄存器空(TXE)。

(2) 接收期间:空闲总线检测(IDLE)、溢出错误(ORE)、接收数据寄存器非空(RXNE)、校验错误(PE)、LIN 断开检测(LBD)、噪声错误(NE,仅在多缓冲器通信)和帧错误(FE,仅在多缓冲器通信)。

如果设置了对应的使能控制位,这些事件就可以产生各自的中断,如表 10-1 所示。

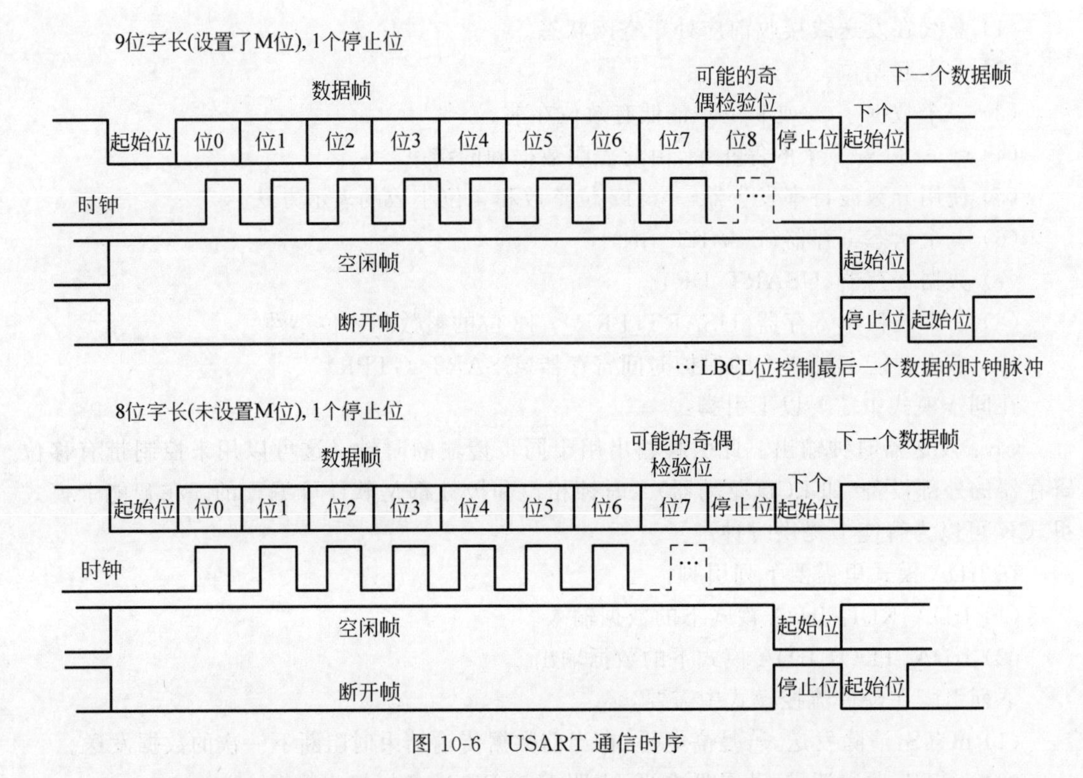


图 10-6 USART 通信时序

**表 10-1 STM32F103 系列微控制器 USART 的中断事件及其使能标志位**

| 中断事件 | 事件标志 | 使能位 |
|---|---|---|
| 发送数据寄存器空 | TXE | TXEIE |
| CTS 标志 | CTS | CTSIE |
| 发送完成 | TC | TCIE |
| 接收数据就绪可读 | RXNE | RXNEIE |
| 检测到数据溢出 | ORE | RXNEIE |
| 检测到空闲线路 | IDLE | IDLEIE |
| 奇偶检验错 | PE | PEIE |
| 断开标志 | LBD | LBDIE |
| 噪声标志、溢出错误和帧错误 | NE 或 ORT 或 FE | EIE |

STM32F103 系列微控制器 USART 以上各种不同的中断事件都被连接到同一个中断向量,如图 10-7 所示。

### 10.2.6 USART 相关寄存器

现将 STM32F103 的 USART 相关寄存器名称介绍如下,可以用半字(16 位)或字(32 位)的方式操作这些外设寄存器,由于我们是采用库函数方式编程,故不做进一步的探讨。

(1) 状态寄存器(USART_SR)。

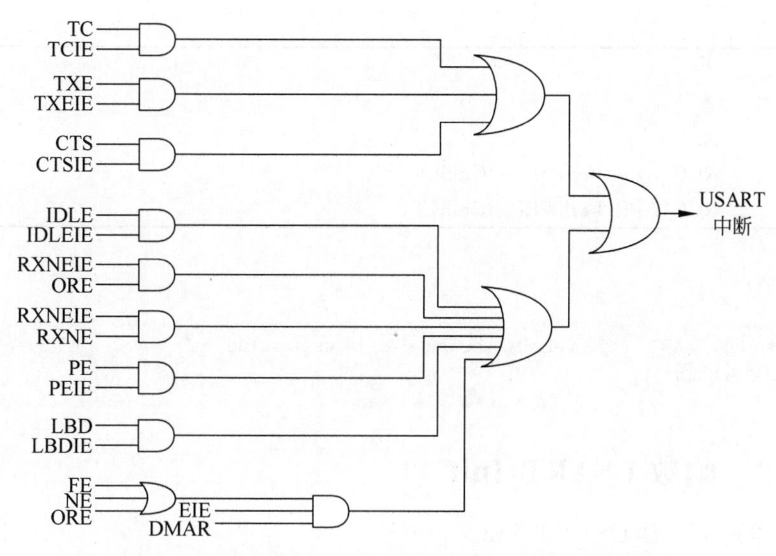


图 10-7　STM32F103 系列微控制器 USART 中断映射

(2) 数据寄存器(USART_DR)。

(3) 波特比率寄存器(USART_BRR)。

(4) 控制寄存器 1(USART_CR1)。

(5) 控制寄存器 2(USART_CR2)。

(6) 控制寄存器 3(USART_CR3)。

(7) 保护时间和预分频寄存器(USART_GTPR)。

## 10.3　USART 相关库函数

STM32F10x 的 USART 库函数存放在 STM32F10x 标准外设库的 stm32f10x_usart.h、stm32f10x_usart.c 等文件中。其中,头文件 stm32f10x_usart.h 用来存放 USART 相关结构体和宏定义以及 USART 库函数的声明,源代码文件 stm32f10x_usart.c 用来存放 USART 库函数定义。

### 10.3.1　函数 USART_DeInit

表 10-2 描述了函数 USART_DeInit。

**表 10-2　函数 USART_DeInit**

| 函数名 | USART_DeInit |
|---|---|
| 函数原型 | void USART_DeInit(USART_TypeDef * USARTx) |
| 功能描述 | 将外设 USARTx 寄存器重设为缺省值 |
| 输入参数 | USARTx: x 可以是 1, 2 或者 3,用来选择 USART 外设 |

续表

| | |
|---|---|
| 输出参数 | 无 |
| 返回值 | 无 |
| 先决条件 | 无 |
| 被调用函数 | RCC_APB2PeriphResetCmd()<br>RCC_APB1PeriphResetCmd() |

例如：

```
/* Resets the USART1 registers to their default reset value */
USART_DeInit(USART1);
```

### 10.3.2 函数 USART_Init

表 10-3 描述了函数 USART_Init。

**表 10-3 函数 USART_Init**

| | |
|---|---|
| 函数名 | USART_Init |
| 函数原型 | void USART_Init(USART_TypeDef * USARTx, USART_InitTypeDef * USART_InitStruct) |
| 功能描述 | 根据 USART_InitStruct 中指定的参数初始化外设 USARTx 寄存器 |
| 输入参数 1 | USARTx：x 可以是 1，2 或者 3，用来选择 USART 外设 |
| 输入参数 2 | USART_InitStruct：指向结构 USART_InitTypeDef 的指针，包含了外设 USART 的配置信息 |
| 输出参数 | 无 |
| 返回值 | 无 |
| 先决条件 | 无 |
| 被调用函数 | 无 |

**USART_InitTypeDef structure**

USART_InitTypeDef 定义于文件 stm32f10x_usart.h：

```
typedef struct
{
  uint32_t USART_BaudRate;
  uint16_t USART_WordLength;
  uint16_t USART_StopBits;
  uint16_t USART_Parity;
  uint16_t USART_Mode;
  uint16_t USART_HardwareFlowControl;
} USART_InitTypeDef
```

**USART_BaudRate**

该成员设置了 USART 传输的波特率，波特率可以由以下公式计算：

```
IntegerDivider = ((APBClock) / (16 * (USART_InitStruct->USART_BaudRate)))
FractionalDivider = ((IntegerDivider - ((u32) IntegerDivider)) * 16) + 0.5
```

**USART_WordLength**

USART_WordLength 提示了在一个帧中传输或者接收到的数据位数。表 10-4 给出了该参数可取的值。

**表 10-4 USART_WordLength 定义**

| USART_WordLength | 描 述 |
| --- | --- |
| USART_WordLength_8b | 8 位数据 |
| USART_WordLength_9b | 9 位数据 |

**USART_StopBits**

USART_StopBits 定义了发送的停止位数目。表 10-5 给出了该参数可取的值。

**表 10-5 USART_StopBits 定义**

| USART_StopBits | 描 述 |
| --- | --- |
| USART_StopBits_1 | 在帧结尾传输 1 个停止位 |
| USART_StopBits_0_5 | 在帧结尾传输 0.5 个停止位 |
| USART_StopBits_2 | 在帧结尾传输 2 个停止位 |
| USART_StopBits_1_5 | 在帧结尾传输 1.5 个停止位 |

**USART_Parity**

USART_Parity 定义了奇偶模式。表 10-6 给出了该参数可取的值。

**表 10-6 USART_Parity 定义**

| USART_Parity | 描 述 |
| --- | --- |
| USART_Parity_No | 奇偶失能 |
| USART_Parity_Even | 偶模式 |
| USART_Parity_Odd | 奇模式 |

**注意**：奇偶校验一旦使能，在发送数据的 MSB 位插入经计算的奇偶位（字长 9 位时的第 9 位，字长 8 位时的第 8 位）。

**USART_Mode**

USART_Mode 指定了使能或者失能发送和接收模式。表 10-7 给出了该参数可取的值。

表 10-7 USART_Mode 定义

| USART_Mode | 描　述 |
| --- | --- |
| USART_Mode_Tx | 发送使能 |
| USART_Mode_Rx | 接收使能 |

**USART_HardwareFlowControl**

USART_HardwareFlowControl 指定了硬件流控制模式使能还是失能。表 10-8 给出了该参数可取的值。

表 10-8 USART_HardwareFlowControl 定义

| USART_HardwareFlowControl | 描　述 |
| --- | --- |
| USART_HardwareFlowControl_None | 硬件流控制失能 |
| USART_HardwareFlowControl_RTS | 发送请求 RTS 使能 |
| USART_HardwareFlowControl_CTS | 清除发送 CTS 使能 |
| USART_HardwareFlowControl_RTS_CTS | RTS 和 CTS 使能 |

例如：

```
/* The following example illustrates how to configure the USART1 */
USART_InitTypeDef USART_InitStructure;
USART_InitStructure.USART_BaudRate = 9600;
USART_InitStructure.USART_WordLength = USART_WordLength_8b;
USART_InitStructure.USART_StopBits = USART_StopBits_1;
USART_InitStructure.USART_Parity = USART_Parity_Odd;
USART_InitStructure.USART_Mode = USART_Mode_Tx | USART_Mode_Rx;
USART_InitStructure.USART_HardwareFlowControl =
USART_HardwareFlowControl_RTS_CTS;
USART_Init(USART1, &USART_InitStructure);
```

## 10.3.3 函数 USART_Cmd

表 10-9 描述了函数 USART_ Cmd。

表 10-9 函数 USART_Cmd

| 函数名 | USART_ Cmd |
| --- | --- |
| 函数原型 | void USART_Cmd(USART_TypeDef * USARTx, FunctionalState NewState) |
| 功能描述 | 使能或者失能 USART 外设 |
| 输入参数 1 | USARTx：x 可以是 1，2 或者 3，用来选择 USART 外设 |
| 输入参数 2 | NewState：外设 USARTx 的新状态<br>这个参数可以取：ENABLE 或者 DISABLE |
| 输出参数 | 无 |
| 返回值 | 无 |
| 先决条件 | 无 |
| 被调用函数 | 无 |

例如：

```
/* Enable the USART1 */
USART_Cmd(USART1, ENABLE);
```

### 10.3.4 函数 USART_SendData

表 10-10 描述了函数 USART_SendData。

表 10-10 函数 USART_SendData

| 函数名 | USART_ SendData |
|---|---|
| 函数原型 | void USART_SendData(USART_TypeDef * USARTx, uint16_t Data); |
| 功能描述 | 通过外设 USARTx 发送单个数据 |
| 输入参数 1 | USARTx：x 可以是 1，2 或者 3,用来选择 USART 外设 |
| 输入参数 2 | Data:待发送的数据 |
| 输出参数 | 无 |
| 返回值 | 无 |
| 先决条件 | 无 |
| 被调用函数 | 无 |

例如：

```
/* Send one HalfWord on USART3 */
USART_SendData(USART3, 0x26);
```

### 10.3.5 函数 USART_ReceiveData

表 10-11 描述了函数 USART_ ReceiveData。

表 10-11 函数 USART_ReceiveData

| 函数名 | USART_ ReceiveData |
|---|---|
| 函数原型 | u16 USART_ReceiveData(USART_TypeDef * USARTx) |
| 功能描述 | 返回 USARTx 最近接收到的数据 |
| 输入参数 | USARTx：x 可以是 1，2 或者 3,用来选择 USART 外设 |
| 输出参数 | 无 |
| 返回值 | 接收到的字 |
| 先决条件 | 无 |
| 被调用函数 | 无 |

例如：

```
/* Receive one halfword on USART2 */
u16 RxData;
RxData = USART_ReceiveData(USART2);
```

### 10.3.6 函数 USART_GetFlagStatus

表 10-12 描述了函数 USART_ GetFlagStatus。

表 10-12 函数 USART_ GetFlagStatus

| | |
|---|---|
| 函数名 | USART_ GetFlagStatus |
| 函数原型 | FlagStatus USART_GetFlagStatus(USART_TypeDef * USARTx, uint16_t USART_FLAG) |
| 功能描述 | 检查指定的 USART 标志位设置与否 |
| 输入参数 1 | USARTx：x 可以是 1，2 或者 3，用来选择 USART 外设 |
| 输入参数 2 | USART_FLAG：待检查的 USART 标志位<br>参阅 Section：USART_FLAG，查阅更多该参数允许取值范围 |
| 输出参数 | 无 |
| 返回值 | USART_FLAG 的新状态(SET 或者 RESET) |
| 先决条件 | 无 |
| 被调用函数 | 无 |

**USART_FLAG**

表 10-13 给出了所有可以被函数 USART_ GetFlagStatus 检查的标志位列表。

表 10-13 USART_FLAG 值

| USART_FLAG | 描 述 |
|---|---|
| USART_FLAG_CTS | CTS 标志位 |
| USART_FLAG_LBD | LIN 中断检测标志位 |
| USART_FLAG_TXE | 发送数据寄存器空标志位 |
| USART_FLAG_TC | 发送完成标志位 |
| USART_FLAG_RXNE | 接收数据寄存器非空标志位 |
| USART_FLAG_IDLE | 空闲总线标志位 |
| USART_FLAG_ORE | 溢出错误标志位 |
| USART_FLAG_NE | 噪声错误标志位 |
| USART_FLAG_FE | 帧错误标志位 |
| USART_FLAG_PE | 奇偶错误标志位 |

例如：

```
/* Check if the transmit data register is full or not */
FlagStatus Status;
Status = USART_GetFlagStatus(USART1, USART_FLAG_TXE);
```

### 10.3.7 函数 USART_ClearFlag

表 10-14 描述了函数 USART_ ClearFlag。

表 10-14　函数 USART_ ClearFlag

| | |
|---|---|
| 函数名 | USART_ ClearFlag |
| 函数原型 | void USART_ClearFlag(USART_TypeDef * USARTx, uint16_t USART_FLAG) |
| 功能描述 | 清除 USARTx 的待处理标志位 |
| 输入参数 1 | USARTx：x 可以是 1，2 或者 3，用来选择 USART 外设 |
| 输入参数 2 | USART_FLAG：待清除的 USART 标志位 |
| 输出参数 | 无 |
| 返回值 | 无 |
| 先决条件 | 无 |
| 被调用函数 | 无 |

例如：

```
/* Clear Overrun error flag */
USART_ClearFlag(USART1,USART_FLAG_OR);
```

### 10.3.8　函数 USART_ITConfig

表 10-15 描述了函数 USART_ITConfig。

表 10-15　函数 USART_ITConfig

| | |
|---|---|
| 函数名 | USART_ITConfig |
| 函数原型 | void USART_ITConfig(USART_TypeDef * USARTx, uint16_t USART_IT, FunctionalState NewState) |
| 功能描述 | 使能或者失能指定的 USART 中断 |
| 输入参数 1 | USARTx：x 可以是 1，2 或者 3，用来选择 USART 外设 |
| 输入参数 2 | USART_IT：待使能或者失能的 USART 中断源<br>参阅 Section：USART_IT，查阅更多该参数允许取值范围 |
| 输入参数 3 | NewState：USARTx 中断的新状态<br>这个参数可以取：ENABLE 或者 DISABLE |
| 输出参数 | 无 |
| 返回值 | 无 |
| 先决条件 | 无 |
| 被调用函数 | 无 |

**USART_IT**

输入参数 USART_IT 使能或者失能 USART 的中断。可以取下表的一个或者多个取值的组合作为该参数的值。

表 10-16 USART_IT 值

| USART_IT | 描　述 |
|---|---|
| USART_IT_PE | 奇偶错误中断 |
| USART_IT_TXE | 发送中断 |
| USART_IT_TC | 传输完成中断 |
| USART_IT_RXNE | 接收中断 |
| USART_IT_IDLE | 空闲总线中断 |
| USART_IT_LBD | LIN 中断检测中断 |
| USART_IT_CTS | CTS 中断 |
| USART_IT_ERR | 错误中断 |

例如：

```
/* Enables the USART1 transmit interrupt */
USART_ITConfig(USART1, USART_IT_Transmit ENABLE);
```

### 10.3.9 函数 USART_GetITStatus

表 10-17 描述了函数 USART_ GetITStatus。

表 10-17 函数 USART_ GetITStatus

| | |
|---|---|
| 函数名 | USART_ GetITStatus |
| 函数原型 | ITStatus USART_GetITStatus(USART_TypeDef * USARTx, uint16_t USART_IT) |
| 功能描述 | 检查指定的 USART 中断发生与否 |
| 输入参数 1 | USARTx：x 可以是 1，2 或者 3,用来选择 USART 外设 |
| 输入参数 2 | USART_IT：待检查的 USART 中断源 |
| 输出参数 | 无 |
| 返回值 | USART_IT 的新状态 |
| 先决条件 | 无 |
| 被调用函数 | 无 |

**USART_IT**

表 10-18 给出了所有可以被函数 USART_ GetITStatus 检查的中断标志位列表。

表 10-18 USART_IT 值

| USART_IT | 描　述 |
|---|---|
| USART_IT_PE | 奇偶错误中断 |
| USART_IT_TXE | 发送中断 |
| USART_IT_TC | 发送完成中断 |
| USART_IT_RXNE | 接收中断 |
| USART_IT_IDLE | 空闲总线中断 |

续表

| USART_IT | 描　述 |
|---|---|
| USART_IT_LBD | LIN 中断探测中断 |
| USART_IT_CTS | CTS 中断 |
| USART_IT_ORE | 溢出错误中断 |
| USART_IT_NE | 噪声错误中断 |
| USART_IT_FE | 帧错误中断 |

例如：

```
/* Get the USART1 Overrun Error interrupt status */
ITStatus ErrorITStatus;
ErrorITStatus = USART_GetITStatus(USART1, USART_IT_ORE);
```

### 10.3.10　函数 USART_ClearITPendingBit

表 10-19 描述了函数 USART_ ClearITPendingBit。

表 10-19　函数 USART_ ClearITPendingBit

| | |
|---|---|
| 函数名 | USART_ ClearITPendingBit |
| 函数原型 | USART_ClearITPendingBit(USART_TypeDef * USARTx, uint16_t USART_IT) |
| 功能描述 | 清除 USARTx 的中断待处理位 |
| 输入参数 1 | USARTx：x 可以是 1，2 或者 3，用来选择 USART 外设 |
| 输入参数 2 | USART_IT：待检查的 USART 中断源<br>参阅 Section：USART_IT，查阅更多该参数允许取值范围 |
| 输出参数 | 无 |
| 返回值 | 无 |
| 先决条件 | 无 |
| 被调用函数 | 无 |

例如：

```
/* Clear the Overrun Error interrupt pending bit */
USART_ClearITPendingBit(USART1,USART_IT_OverrunError);
```

### 10.3.11　函数 USART_DMACmd

表 10-20 描述了函数 USART_ DMACmd。

表 10-20　函数 USART_ DMACmd

| | |
|---|---|
| 函数名 | USART_ DMACmd |
| 函数原型 | void USART _ DMACmd ( USART _ TypeDef * USARTx, uint16 _ t USART _ DMAReq, FunctionalState NewState) |
| 功能描述 | 使能或者失能指定 USART 的 DMA 请求 |
| 输入参数 1 | USARTx: x 可以是 1, 2 或者 3,用来选择 USART 外设 |
| 输入参数 2 | USART_DMAreq: 指定 DMA 请求<br>参阅 Section: USART_DMAreq,查阅更多该参数允许取值范围 |
| 输入参数 3 | NewState: USARTx DMA 请求源的新状态<br>这个参数可以取: ENABLE 或者 DISABLE |
| 输出参数 | 无 |
| 返回值 | 无 |
| 先决条件 | 无 |
| 被调用函数 | 无 |

**USART_DMAreq**

USART_DMAreq 选择待使能或者失能的 DMA 请求。表 10-21 给出了该参数可取的值。

表 10-21　USART_LastBit 值

| USART_DMAreq | 描　述 |
|---|---|
| USART_DMAReq_Tx | 发送 DMA 请求 |
| USART_DMAReq_Rx | 接收 DMA 请求 |

例如:

```
/* Enable the DMA transfer on Rx and Tx action for USART2 */
USART_DMACmd(USART2, USART_DMAReq_Rx | USART_DMAReq_Tx, ENABLE);
```

# 10.4　项目实例

单片机与 PC 通信

## 10.4.1　项目分析

通过本项目的学习,将使大家掌握如何应用 STM32 微控器的 USART 来发送和接收数据。本项目将实现如下功能: STM32 微控制器通过串口和上位机建立通信连接,上位机获取本机时间,并通过串口发送给 STM32 微控制器,微控制器在收到上位机发送过来的一组数据后,提取出小时、分钟和秒的数值,显示于数码管上,并将收到数据个数发送至上位机。本项目包括两部分程序:一是单片机串口收发程序,二是上位机串口收发程序,本项目讨论的重点是单片机串口控制程序的设计,上位机程序设计只是简单介绍。

**1. 串口的操作步骤**

串口作为单片机的重要的外部接口，同时也是软件开发的重要调试手段，对于单片机学习来说非常重要，那么STM32的串口操作步骤是怎么样的呢？具体步骤如下：

(1) 打开GPIO的时钟使能和USART的时钟使能。

(2) 设置串口的I/O口模式(一般输入是浮空输入，输出是复用推挽输出)。

(3) 初始化USART(包括设置波特率、数据长度、停止位、校验位等)。

(4) 如果使用中断接收的话，那么还要设置NVIC并打开中断使能(即设置它的中断优先级)。

**2. 串口的具体配置方法**

1) 打开时钟

需要打开的时钟有两个：GPIO口的时钟和USART的时钟。

```
RCC_APB2PeriphClockCmd(RCC_APB2Periph_GPIOA, ENABLE);
RCC_APB2PeriphClockCmd(RCC_APB2Periph_USART1, ENABLE);
```

两个函数分别打开了GPIOA和USART1的时钟(USART1使用的是PA9、PA10)。

2) 初始化GPIO口

要使用STM32F103的USART1必须要将其TX(PA9)初始化为复用推挽输出，将其RX(PA10)初始化为浮空输入。

```
GPIO_InitStructure.GPIO_Pin = GPIO_Pin_9;                    //TX //串口输出 PA9
GPIO_InitStructure.GPIO_Speed = GPIO_Speed_50MHz;
GPIO_InitStructure.GPIO_Mode = GPIO_Mode_AF_PP;              //复用推挽输出
GPIO_Init(GPIOA,&GPIO_InitStructure);                        /* 初始化 TX */
GPIO_InitStructure.GPIO_Pin = GPIO_Pin_10;                   //RX //串口输入 PA10
GPIO_InitStructure.GPIO_Mode = GPIO_Mode_IN_FLOATING;        //浮空输入
GPIO_Init(GPIOA,&GPIO_InitStructure);                        /* 初始化 RX */
```

3) 初始化串口

USART_Init()函数用于配置USART的设置，它拥有两个输入参数：

第一个参数是用来设置要选择的串口，我们要使用的是USART1，所以设置为：USART1。

第二个参数是传递一个结构体的指针，每一个成员定义请参考上一节，这里我们采用的“96 N 8 1”，无硬件流控制格式。

```
USART_InitStructure.USART_BaudRate = 9600;                   //波特率设置为 9600 //波特率
USART_InitStructure.USART_WordLength = USART_WordLength_8b;  //数据长 8 位
USART_InitStructure.USART_StopBits = USART_StopBits_1;       //1 位停止位
USART_InitStructure.USART_Parity = USART_Parity_No;          //无校验
```

```
USART_InitStructure.USART_HardwareFlowControl = USART_HardwareFlowControl_None;  //失能硬件流
USART_InitStructure.USART_Mode = USART_Mode_Rx|USART_Mode_Tx;        //开启发送和接收模式
USART_Init(USART1,&USART_InitStructure);                             /* 初始化 USART1 */
```

4）串口使能

USART_Cmd()串口使能函数，它有两个输入参数。第一个参数是用来设置要设置的USART，我们要打开的是USART1，所以设置为USART1。第二个参数是用来选择设置的状态，所以设置为：ENABLE。设置的代码为：

```
/* Enable USART1 */
USART_Cmd(USART1, ENABLE)
```

5）设置中断优先级和开中断

NVIC_Init(&NVIC_InitStructure)函数用来设置中断的优先级和打开中断。这个要输入一个结构体指针。一般情况下，串口接收数据是使用中断来完成的。为了与已有项目进行融合，串口接收中断抢占式优先级设为0，响应优先级设为0。

```
NVIC_InitStructure.NVIC_IRQChannel = USART1_IRQn;                 //打开 USART1 的全局中断
NVIC_InitStructure.NVIC_IRQChannelPreemptionPriority = 0;         //抢占优先级为 0
NVIC_InitStructure.NVIC_IRQChannelSubPriority = 0;                //响应优先级为 0
NVIC_InitStructure.NVIC_IRQChannelCmd = ENABLE;                   //使能
NVIC_Init(&NVIC_InitStructure);
```

6）串口发送数据

USART_SendData()函数是用来发送数据的，它有两个参数：第一个参数是用来选择使用的USART，我们要使用USART1，所以选择USART1；第二个参数是用来传递要发送的数据的，一般为一个8位数据。注意：这个发送函数结束之后一定要接一个检测状态函数，用来检测数据是否发送完成，如果不检测的话，传送会产生错误。

7）检测串口状态

USART_GetFlagStatus( )函数是用来检测状态的函数，它有两个参数：第一个参数是用来选择要检测的USART，要检测USART1，所以选择USART1；第二个参数是用来设置要检测的状态的，要检测USART是否发送完成，所以设置为：USART_FLAG_TC。这个函数还有一个返回值，如果发送完成，那么它返回SET(SET也就是非零)，如果没有发送完成，那么它返回RESET(即0)。

8）串口中断配置函数

USART_ITConfig()是用来打开USART中断的函数，它有三个参数：第一个参数是选择要打开的USART，这里要使用USART1，所以选择USART1；第二个参数用来选择要打开USART中断的哪个中断，这里要打开接收中断，所以选择USART_IT_RXNE；最后一个参数用来设置中断的状态，这里要打开中断，所以选择ENABLE。设置如下：

```
USART_ITConfig(USART1, USART_IT_RXNE ,ENABLE);
```

9）USART 的中断函数

前面学习 NVIC 的时候说过，在库函数中，每个中断的中断函数名称都已经定义好了，一般放在启动文件中（startup_stm32f10x_hd. s）。而要使用 USART1 的中断函数叫做：void USART1_IRQHandler (void)；需要注意的是，因为中断函数只有一个，但是中断标志却有多种，所以在中断函数中，最好确认检测一下相应的中断标志位，看看产生的中断是否是想要的中断。

10）获取中断标志状态

USART_GetITStatus()函数是获取中断标志状态函数，它有两个参数：第一个参数是用来选择要读取的串口，这里要读取 USART1，所以这个参数设置为 USART1；第二个参数是选择要读取的中断标志位，这里要读取的是接收中断的标志位，所以这个参数设置为 USART_IT_RXNE。它还有一个返回值，如果中断标志设置了，那么它返回 SET(SET 也就是非零)，如果中断标志没有设置，那么它返回 RESET(即 0)。所以读取的函数应该写为：

```
USART_GetITStatus(USART1, USART_IT_RXNE)
```

11）读取串口数据

USART_ReceiveData()函数用来读取 USART 接收到的数据。它有一个参数。这个参数是用来选择要读取的 USART，要读取 USATT1，所以设置为 USART1。这个函数返回一个 16 位的数据。当然如果是 8 位传送的，那么它就返回一个 8 位的数据。

### 10.4.2　项目实施

#### 1. 微控制器程序设计

具体步骤如下：

第一步：复制第 9 章创建工程模板文件夹到桌面，并将文件夹重命名为 9 USART，将原工程模板编译一下，直到没有错误和警告为止。

第二步：为工程模板的 ST_Driver 项目组添加串口通信 USART 需要用的源文件 stm32f10x_usart. c，该文件位于..\Libraries\STM32F10x_StdPeriph_Driver\src 目录下。

第三步：新建两个文件，将其改名为 USART. C 和 USART. H 并保存到工程模板下的 APP 文件夹中。并将 USART. C 文件添加到 APP 项目组下。

第四步：在 USART. C 文件中输入如下源程序，在程序中首先包含 USART. H 头文件，然后创建 Usart1_Init()串口初始化程序，其中包括打开端口时钟、GPIO 初始化、USART 初始化、中断初始化等内容。

```
/****************************************************************
                   Source file of USART.C
****************************************************************/
#include "USART.H"
/****************************************************************
* Function Name   : Usart1_Init
* Description     : Usart1 Initialization
* Input           : None
* Output          : None
* Return          : None
****************************************************************/
void Usart1_Init()
{
    GPIO_InitTypeDef GPIO_InitStructure;
    USART_InitTypeDef  USART_InitStructure;
    NVIC_InitTypeDef NVIC_InitStructure;                        //中断结构体定义
    /*  打开端口时钟  */
    RCC_APB2PeriphClockCmd(RCC_APB2Periph_GPIOA,ENABLE);
    RCC_APB2PeriphClockCmd(RCC_APB2Periph_USART1,ENABLE);
    RCC_APB2PeriphClockCmd(RCC_APB2Periph_AFIO,ENABLE);
    /*  配置 GPIO 的模式和 I/O 口 */
    GPIO_InitStructure.GPIO_Pin = GPIO_Pin_9;                   //TX //串口输出 PA9
    GPIO_InitStructure.GPIO_Speed = GPIO_Speed_50MHz;
    GPIO_InitStructure.GPIO_Mode = GPIO_Mode_AF_PP;             //复用推挽输出
    GPIO_Init(GPIOA,&GPIO_InitStructure);                       /* 初始化串口输入 I/O */
    GPIO_InitStructure.GPIO_Pin = GPIO_Pin_10;                  //RX//串口输入 PA10
    GPIO_InitStructure.GPIO_Mode = GPIO_Mode_IN_FLOATING;       //模拟输入
    GPIO_Init(GPIOA,&GPIO_InitStructure);                       /* 初始化 GPIO */
    /*  USART 串口初始化  */
    USART_InitStructure.USART_BaudRate = 9600;                  //波特率设置为 9600 波特率
    USART_InitStructure.USART_WordLength = USART_WordLength_8b; //数据长 8 位
    USART_InitStructure.USART_StopBits = USART_StopBits_1;      //1 位停止位
    USART_InitStructure.USART_Parity = USART_Parity_No;         //无校验
    USART_InitStructure.USART_HardwareFlowControl = USART_HardwareFlowControl_None;//失能硬件流
    USART_InitStructure.USART_Mode = USART_Mode_Rx|USART_Mode_Tx;  //开启发送和接收模式
    USART_Init(USART1,&USART_InitStructure);                       /* 初始化 USART1 */
    USART_Cmd(USART1, ENABLE);                                     /* 使能 USART1 */
    USART_ITConfig(USART1, USART_IT_RXNE, ENABLE); //使能或者失能指定的 USART 中断 接收中断
    USART_ClearFlag(USART1,USART_FLAG_TC);      //清除 USARTx 的待处理标志位
    /* 设置 NVIC 参数 */
    NVIC_PriorityGroupConfig(NVIC_PriorityGroup_1);
    NVIC_InitStructure.NVIC_IRQChannel = USART1_IRQn;           //打开 USART1 的全局中断
    NVIC_InitStructure.NVIC_IRQChannelPreemptionPriority = 0; //抢占优先级为 0
    NVIC_InitStructure.NVIC_IRQChannelSubPriority = 0;          //响应优先级为 0
    NVIC_InitStructure.NVIC_IRQChannelCmd = ENABLE;             //使能
    NVIC_Init(&NVIC_InitStructure);
}
```

第五步：在 USART.H 文件中输入如下源程序，其中条件编译格式不变，只要更改一下预定义变量名称即可，需要将刚定义函数的声明加到头文件当中。

```
/******************************************************************
                    Source file of USART.H
******************************************************************/
#ifndef _USART_H
#define _USART_H
#include "stm32f10x.h"
void Usart1_Init(void);
#endif
```

第六步：在 public.h 文件的中间部分添加 #include "USART.H"语句，即包含 USART.H 头文件，任何时候程序中需要使用某一源文件中函数，必须先包含其头文件，否则编译是不能通过的。public.h 文件的源代码如下。

```
/******************************************************************
                    Source file of public.h
******************************************************************/
#ifndef _public_H
    #define _public_H
    #include "stm32f10x.h"
    #include "LED.h"
    #include "beepkey.h"
    #include "dsgshow.h"
    #include "EXTI.H"
    #include "timer.h"
    #include "PWM.H"
    #include "USART.H"
#endif
```

第七步：在 main.c 文件中输入如下源程序，在 main 函数中，首先对时间变量赋初值，然后分别对数码管引脚、外部中断、定时器和串口进行初始化，最后应用无限循环结构显示时间，并等待中断发生。

```
/******************************************************************
                    Source file of main.c
******************************************************************/
#include "public.h"
//define three extern variable
u8 hour,minute,second;
/******************************************************************
* Function Name  : main
```

```
* Description      : Main program.
* Input            : None
* Output           : None
****************************************************************/
int main()
{
    hour = 9; minute = 30;second = 25;
    DsgShowInit();              //数码管引脚初始化
    EXTIInti();                 //外部中断初始化
    TIM6Init();                 //定时器初始化
    Usart1_Init();              //串口初始化
    while(1)
    {
        DsgShowTime();          //动态扫描显示时间
    }
}
```

第八步：在 Keil-MDK 软件操作界面中打开 User 项目组下面的 stm32f10x_it. c 文件，并在 stm32f10x_it. c 文件的最下面编写 USART 接收数据中断服务程序。根据上位机数据发送格式，在中断服务程序中，收到的第一个数据确认为小时数值，第二个数据确认为分钟数值，第三个数据确认为秒数值，并将收到的数据个数发送到上位机。

```
/****************************************************************
                Source file of stm32f10x_it.c
****************************************************************/
/* Includes ------------------------------------------------------*/
#include "stm32f10x_it.h"
#include "systick.h"
extern u8 hour,minute,second;
/****************************************************************
* Function Name  : TIM6_IRQHandler
* Description    : TIM6 Interrupts 1 times in 1 second
* Input          : None
* Output         : None
****************************************************************/
void TIM6_IRQHandler(void)
{
    TIM_ClearFlag(TIM6,TIM_IT_Update);
    if(++second == 60)
    {
        second = 0;
        if(++minute == 60)
        {
            minute = 0;
```

```
            if(++hour == 24) hour = 0;
        }
    }
}

/****************************************************************
* Function Name  : USART1_IRQHandler
* Description    : USART Interrupts Get Time Value
* Input          : None
* Output         : None
****************************************************************/
//串口 1 中断服务程序,静态变量 K 自加调节设置的小时、分钟或秒
void USART1_IRQHandler(void)                    //串口 1 中断函数
{
    static unsigned char k = 0;
    USART_ClearFlag(USART1,USART_FLAG_TC);
    k++;
    if(k % 3 == 1) hour = USART_ReceiveData(USART1);
    else if(k % 3 == 2) minute = USART_ReceiveData(USART1);
    else second = USART_ReceiveData(USART1);
    USART_SendData(USART1,k);                   //通过外设 USARTx 发送单个数据
    while(USART_GetFlagStatus(USART1,USART_FLAG_TXE) == Bit_RESET);
}
```

第九步：编译工程，如没有错误，则会在 output 文件夹中生成"工程模板. hex"文件，如有错误则修改源程序直至没有错误为止。

第十步：将生成的目标文件通过 ISP 软件下载到开发板微控制器的 Flash 存储器当中，复位运行，检查实验效果。

**2. 上位机程序设计**

因为是串口通信程序设计，所以除了编写微控制器端程序之外，还需要编写上位机控制程序，上位机程序是在个人计算机上编写程序，其开发方法和使用平台形式各异，作者采用 VB6.0 进行串口程序设计，其他开发平台也是类似的。

首先在 VB6.0 软件中新建一个窗体，并添加相应控件，创建完成界面如图 10-8 所示。

因为串口通信只是该工程的部分功能，所以有些控件在本项目中并没有使用，与本项目有关的控件主要有窗体：Form1，文本框数组 Text1(0)～ Text1(4)，状态指示图标 shpCOM，组合列表框 cboPort，串口状态标签 cmdOpenCom，当前时间标签 Label13，退出按钮 Command2，发送时间按钮 Command3，定时器 Timer1，串口通信控件 MSComm1 等。

上位机通信程序主要包括窗体载入、发送时间、串口接收、定时器中断程序等。

1) 窗体载入程序

窗体载入程序主要是寻找可用串口，并对有效串口进行初始化。寻找有效串口的方法是试图打开一个串口，若成功则有效，否则寻找下一个串口。串口初始化包括设置通信格

单片机与PC通信

数据采集 远程控制 串行通信

通道1: 继电器 1 可用串口 Combo1

通道2: 继电器 2 串行状态

通道3: 继电器 3 当前时间:

通道4: 继电器 4 当前时间

通道5: 继电器 5

保存 退出 发送时间

图 10-8 串口通信窗体创建

式、数据位数、事件产生方法等。特别注意的是需要将串口控件 DTREnable 和 RTSEnable 两个属性值设为 False,否则系统会强制复位。

2) 定时器中断程序

定时器设置为每秒中断一次,每次中断将系统当前时间更新到时间显示标签上。

3) 发送时间程序

串口通信以二进制格式进行时,发送数据必须以数组形式,所以串口发送时间,首先需要将时间的时、分、秒数值分别送数组的三个元素当中,然后调用串口发送方法发送即可。

4) 串口接收程序

串口接收程序首先判断事件类型,如果是一个串口接收事件,则接收一个数据数组,然后将数据数组转换成字符串,并显示在相应的文本框中。

项目工程参考源程序如下:

```
Dim Chanel As Byte
Dim HourNum As Byte
Dim MinuteNum As Byte
Dim SecondNum As Byte
Private Declare Sub Sleep Lib "kernel32.DLL" (ByVal dwMilliseconds As Long)
```

```
Private Sub Command2_Click()
    End
End Sub

Private Sub Command3_Click()
    Dim UsartData(1 To 3) As Byte
    If MSComm1.PortOpen = False Then MSComm1.PortOpen = True
    HourNum = Val(Hour(Now))
    MinuteNum = Val(Minute(Now))
    SecondNum = Val(Second(Now))
    UsartData(1) = HourNum
    UsartData(2) = MinuteNum
    UsartData(3) = SecondNum
    MSComm1.Output = UsartData
    'MSComm1.PortOpen = False
End Sub

Private Sub Form_Load()
    '此处代码为寻找有效的串口,并自动打开
    j = 0
    For i = 1 To 16 Step 1
    If MSComm1.PortOpen = True Then                '先关闭串口
    MSComm1.PortOpen = False
    End If
    MSComm1.CommPort = i
    On Error Resume Next
    '说明当一个运行时错误发生时,控件转到紧接着发生错误的语句之后的语句,并在此继续运行.
访问对象时要使用这种形式而不使用 On Error GoTo
    MSComm1.PortOpen = True
    If Err.Number <> 8002 Then
'无效的串口号.这样可以检测到虚拟串口,如果用 Err.Number = 0,检测不到虚拟串口
    If j = 0 Then
    j = i
    End If
    cboPort.AddItem "COM" & i                      '生成串口选择列表
    End If
    MSComm1.PortOpen = False
    Next i
    If j >= 1 Then
    cboPort.Text = "COM" & j                       '自动打开可用的最小串口号
    MSComm1.CommPort = j
    MSComm1.PortOpen = True
    cmdOpenCom.Caption = "串口已打开"
    shpCOM.FillColor = vbGreen
    If Err.Number = 8005 Then                      '串口已打开,vbExclamation '
```

```
        MSComm1.PortOpen = False
        cboPort.Text = ""
        cmdOpenCom.Caption = "串口已关闭"
        shpCOM.FillColor = vbRed
        End If
        End If
        MSComm1.Settings = "9600,n,8,1"
        MSComm1.InputMode = comInputModeBinary
        '此处也比较重要,如果数据长度设置得不对,可能会导致下面的数组越界
        MSComm1.InputLen = 3
        MSComm1.SThreshold = 1
        '每收到多少个字符产生一个事件
        '此处数值应该设置小于等于实际每次缓冲区收到的数据个数
        MSComm1.RThreshold = 1
        '此处非常重要,必须要设置为无效,才不会让系统强制复位
        MSComm1.DTREnable = False
        MSComm1.RTSEnable = False
    End Sub

    Private Sub MSComm1_OnComm()
    'Dim InData As VariantTypeConstants
    Dim a() As Byte
    Select Case MSComm1.CommEvent
        Case comEvReceive
        '需要重新申明数组
        ReDim a(5) As Byte
        a = MSComm1.Input
        '从此处执行效果来看,缓冲区的三个数据应该是一起到来的
        Text1(Chanel).Text = Str(a(0)) + Str(a(1)) + Str(a(2))
        Chanel = (Chanel + 1) Mod 5
        MSComm1.RThreshold = 1
    End Select
    MSComm1.InBufferCount = 0
    End Sub

    Private Sub Timer1_Timer()
        'Label12.Caption = Date
        Label13.Caption = Time
    End Sub
```

**3. 串口通信调试**

VB6.0开发的程序可以通过“文件/单片机与PC通信.exe”菜单,生成可执行文件“单片机与PC通信.exe”,具体的文件名和工程名有关,并且可以修改,生成的可执行文件可以独立运行。

打开开发板电源,下载串口通信程序,并复位运行。在PC上双击运行“单片机与PC通

信.exe”程序,并单击“发送时间”按钮,时间数值就会发送到单片机,并显示于数码管上,单片机同时将收到数据的个数回传至 PC,并显示于软件窗体的文本框当中,其操作界面如图 10-9 所示。

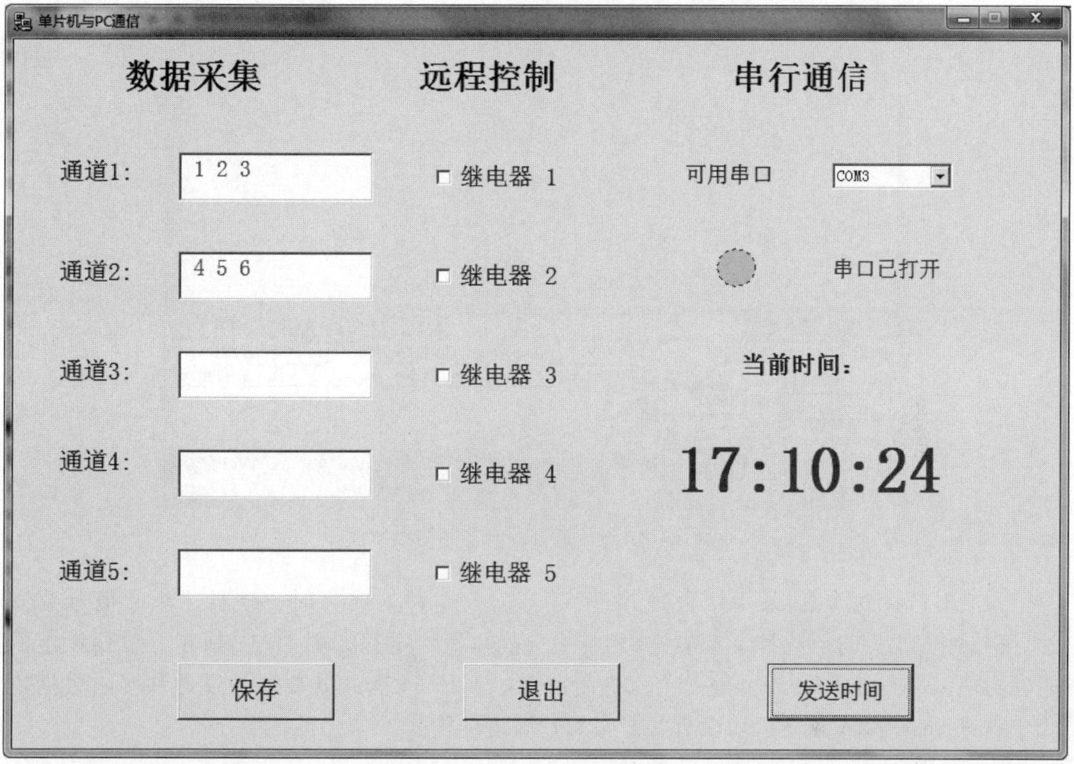

图 10-9　串口通信测试图

在前期项目的基础上,加上本章的串口通信程序,就可以实现 PC 和单片机时间同步,其本质上是提供了一种精确、快捷的时间设定方法,而且本例中使用的 USART1 是微控制器下载程序通信接口,没有增加任何硬件成本。

**4. 串口助手调试**

对于很多同学来说,可能没有掌握一门可视化编程语言,解决这一问题较好的方法是使用串口调试助手,需要说明的是,各种版本串口调试助手略有差别,但大同小异,可以举一反三。

具体调试步骤如下:

(1) 打开开发板电源,运行微控制器程序。

(2) 运行串口调试助手,并打开串口通信设置对话框,设置结果如图 10-10 所示。

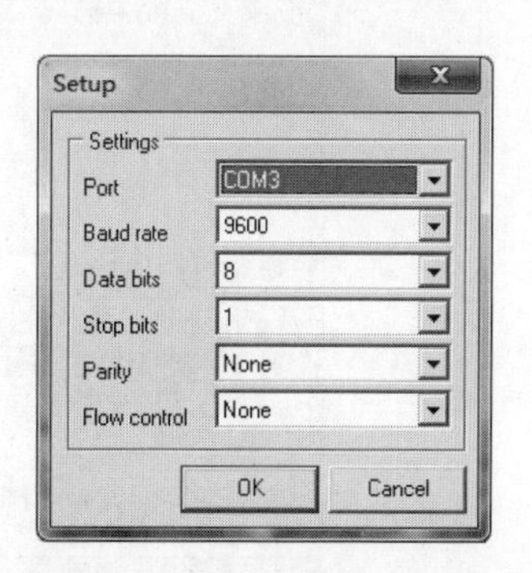


图 10-10　串口通信格式设置

（3）串口调试选项设置，设置结果如图 10-11 所示，其中重要选项如框线所示。

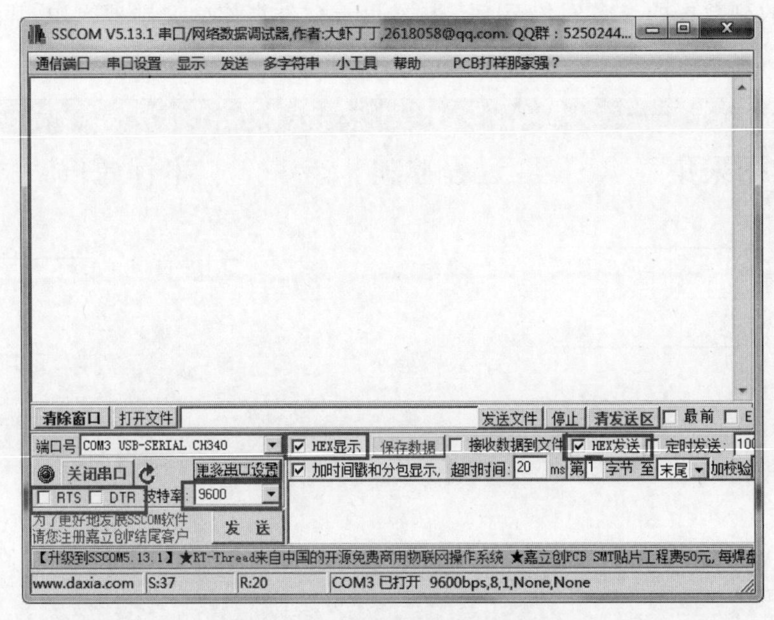


图 10-11　串口调试选项设置

（4）串口收发通信，采用两种方式进行实验，第一种方式为时、分、秒三个数值分开发送，第二种方式为时、分、秒一起发送（用空格分隔），操作过程如图 10-12 所示。设要设定的时间为“10：18：30”，则需要发送十六进制数据“0A 12 1E”，此处要注意发送和接收数据均为十六进制，且输入和显示均没有“0x”或“H”等附加格式。

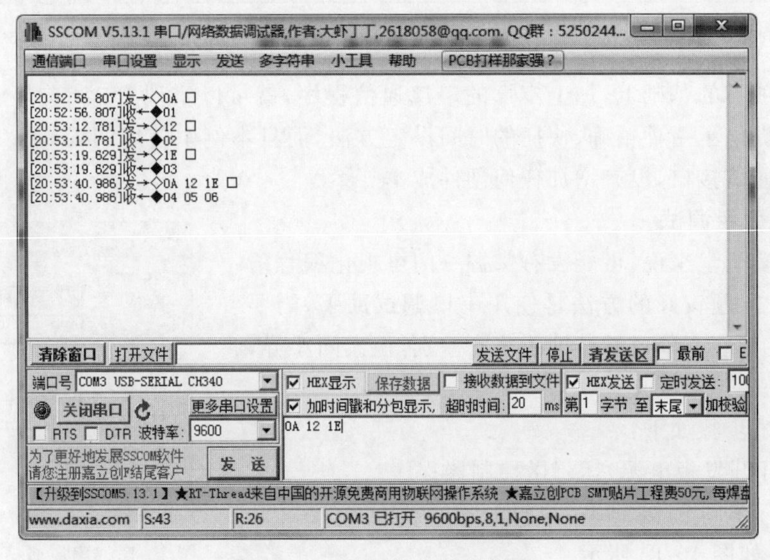


图 10-12　串口收发数据界面

串口调试助手在没有显示屏的单片机应用系统中有着十分广泛的应用，可以利用函数重定向功能，调用 printf()函数，将开发板获取数据，通过串口输出到 PC，为程序调试和串口通信提供了极大方便。

## 本章小结

本章首先介绍了数据通信基本概念，其中包括并行通信、串行通信、同步通信、异步通信、波特率和通信制式等内容。其次介绍了 STM32F103 的 USART 工作原理，其中包括 STM32F103 微控制器 USART 的配置情况、内部结构、通信时序等内容。随后又介绍了 STM32F103 串口 USART 常用库函数，包括函数定义、参数说明和使用范例等内容。最后给出一个综合性的应用实例，项目设计包括微控制器端程序设计，其主要内容为串口初始化，串口中断服务程序的设计。上位机是利用 VB6.0 开发串口通信程序，可以实现 PC 通过串口发送和接收数据。项目在上位机与单片机之间建立双向串行通信链接，上位机获取本机时间数值，将其发送给单片机，单片机接收并提取时间数值，送数码管显示，并回传接收到的数据个数。通过上述内容的学习和应用，读者基本可以掌握 STM32F103 串行接口 USART 的原理和使用方法。

## 思考与扩展

1. 什么叫串行通信和并行通信？各有什么特点？
2. 什么叫异步通信和同步通信？各有什么特点？
3. 什么叫波特率？串行通信对波特率有什么基本要求？
4. 串行通信按数据传送方向来划分共有几种制式？
5. 试述串行通信常用的差错校验方法。
6. USART 数据帧由哪些部分组成？
7. 简述 STM32F103 微控制器 USART 的主要特点。
8. 概述 STM32F103 微控制器的 USART 的内部结构。
9. 简述 STM32F103 微控制器 USART 串口初始化一般包含哪些步骤。
10. STM32F103 微控制器的 USART 有哪些中断事件？可以产生哪些 DMA 请求？
11. 已知异步通信接口的帧格式由 1 个起始位，8 个数据位，无奇偶校验位和 1 位停止位组成。当该接口每分钟传送 3600 个字符时，试计算其波特率。
12. 设计一个项目，使单片机能够通过串口接收到上位机发送过来的数据，对其加 1 再回传至上位机。

第 11 章

# SPI 与 OLED 显示屏

**本章要点**

- SPI 通信原理与互连方式
- STM32F103 的 SPI 工作原理
- OLED 显示屏简介及连接方式
- STM32F103 微控制器 SPI 相关库函数
- OLED12864 显示屏字符、汉字、图形显示项目实施

串行外设接口(Serial Peripheral Interface,SPI)是由美国摩托罗拉公司提出的一种高速全双工串行同步通信接口,首先出现在 M68HC 系列处理器中,由于其简单方便,成本低廉,传输速度快,因此被其他半导体厂商广泛使用,从而成为事实上的标准。

与第 10 章讲述的 USART 相比,SPI 的数据传输速度要快得多,因此它被广泛地应用于微控制器与 ADC、LCD 等设备的通信,尤其是高速通信的场合。微控制器还可以通过 SPI 组成一个小型同步网络进行高速数据交换,完成较复杂的工作。

## 11.1 SPI 通信原理

SPI 接口与 OLED 显示屏

作为全双工同步串行通信接口,SPI 采用主/从模式(master/slave),支持一个或多个从设备,能够实现主设备和从设备之间的高速数据通信。SPI 具有硬件简单、成本低廉、易于使用、传输数据速度快等优点,使用于成本敏感或者高速通信的场合。但同时,SPI 也存在无法检查纠错、不具备寻址能力和接收方没有应答信号等缺点,不适合复杂或者可靠性要求较高的场合。

### 11.1.1 SPI 介绍

SPI 是同步全双工串行通信接口。由于同步,SPI 有一条公共的时钟线; 由于全双工,SPI 至少有两条数据线来实现数据的双向同时传输; 由于串行,SPI 收发数据只能一位一位地在各自的数据线上传输，因此最多只有两条数据线：一条发送数据线和一条接收数据线。

由此可见，SPI在物理层体现为4条信号线，分别是SCK、MOSI、MISO和SS。

(1) SCK(Serial Clock)，即时钟线，由主设备产生。不同的设备支持的时钟频率不同。但每个时钟周期可以传输一位数据，经过8个时钟周期，一个完整的字节数据就传输完成了。

(2) MOSI(Master Output Slave Input)，即主设备数据输出/从设备数据输入线。这条信号线上的方向是从主设备到从设备，即主设备从这条信号线发送数据，从设备从这条信号线上接收数据。有的半导体厂商(如Microchip公司)，站在从设备的角度，将其命名为SDI。

(3) MISO(Master Input Slave Output)，即主设备数据输入/从设备数据输出线。这条信号线上的方向是由从设备到主设备，即从设备从这条信号线发送数据，主设备从这条信号线上接收数据。有的半导体厂商(如Microchip公司)，站在从设备的角度，将其命名为SDO。

(4) SS(Slave Select)，有时候也叫CS(Chip Select)，SPI从设备选择信号线，当有多个SPI从设备与SPI主设备相连(即"一主多从")时，SS用来选择激活指定的从设备，由SPI主设备(通常是微控制器)驱动，低电平有效。当只有一个SPI从设备与SPI主设备相连(即"一主一从")时，SS并不是必需的。因此，SPI也被称为三线同步通信接口。

除了SCK、MOSI、MISO和SS这4条信号线外，SPI接口还包含一个串行移位寄存器，如图11-1所示。

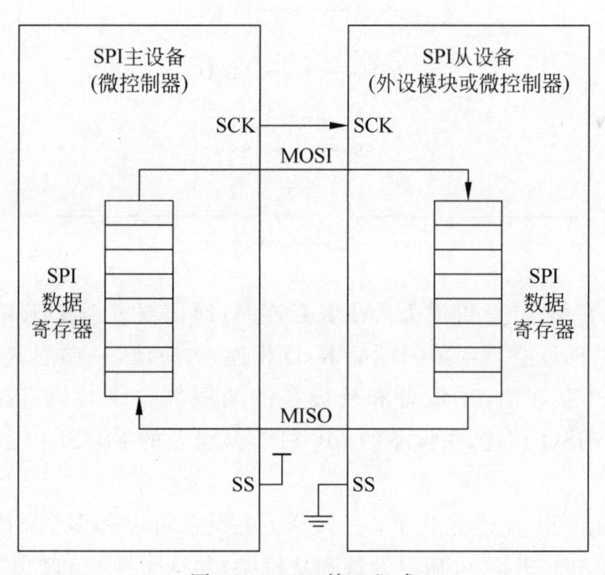


图11-1　SPI接口组成

SPI主设备向它的SPI串行移位数据寄存器写入一个字节发起一次传输，该寄存器通过数据线MOSI一位一位地将字节传送给SPI从设备；与此同时，SPI从设备也将自己的SPI串行移位数据寄存器中的内容通过数据线MISO返回给主设备。这样，SPI主设备和

SPI从设备的两个数据寄存器中的内容相互交换。需要注意的是,对从设备的写操作和读操作是同步完成的。

如果只进行SPI从设备写操作(即SPI主设备向SPI从设备发送一个字节数据),只需忽略收到字节即可。反之,如果要进行SPI从设备读操作(即SPI主设备要读取SPI从设备发送的一个字节数据),则SPI主设备发送一个空字节触发从设备的数据传输。

### 11.1.2 SPI互连

SPI互连主要有"一主一从"和"一主多从"两种互连方式。

1. "一主一从"

在"一主一从"的SPI互连方式下,只有一个SPI主设备和一个SPI从设备进行通信。这种情况下,只需要分别将主设备的SCK、MOSI、MISO和从设备的SCK、MOSI、MISO直接相连,并将主设备的SS置为高电平,从设备的SS接地(置为低电平,片选有效,选中该从设备)即可,如图11-2所示。

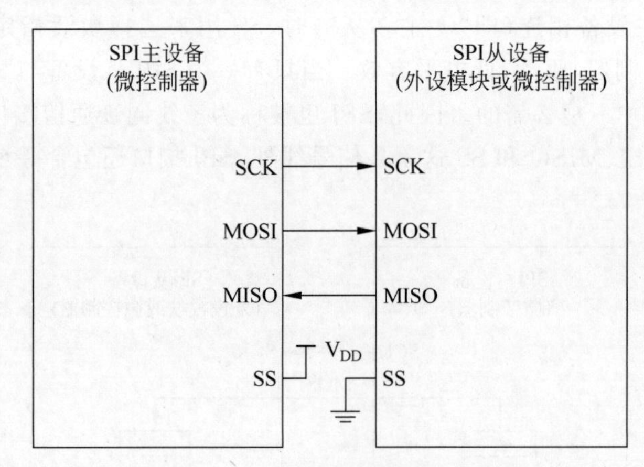


图11-2 "一主一从"的SPI互连

值得注意的是,在第10章讲述USART互连时,通信双方USART的两条数据线必须交叉连接,即一端的TxD必须与另一端的RxD相连,对应地,一端的RxD必须与另一端的TxD相连。而当SPI互连时,主设备和从设备的两根数据线必须直接相连,即主设备的MISO与从设备的MISO相连,主设备的MOSI与从设备的MOSI相连。

2. "一主多从"

在"一主多从"的SPI互连方式下,一个SPI主设备可以和多个SPI从设备相互通信。这种情况下,所有的SPI设备(包括主设备和从设备)共享时钟线和数据线,即SCK、MOSI、MISO这3条线,并在主设备端使用多个GPIO引脚来选择不同的SPI从设备,如图11-3所示。显然,在多个从设备的SPI互连方式下,片选信号SS必须对每个从设备分别进行选通,增加了连接的难度和连线的数量,失去了串行通信的优势。

需要特别注意的是,在多个从设备的SPI的系统中,由于时钟线和数据线为所有的SPI

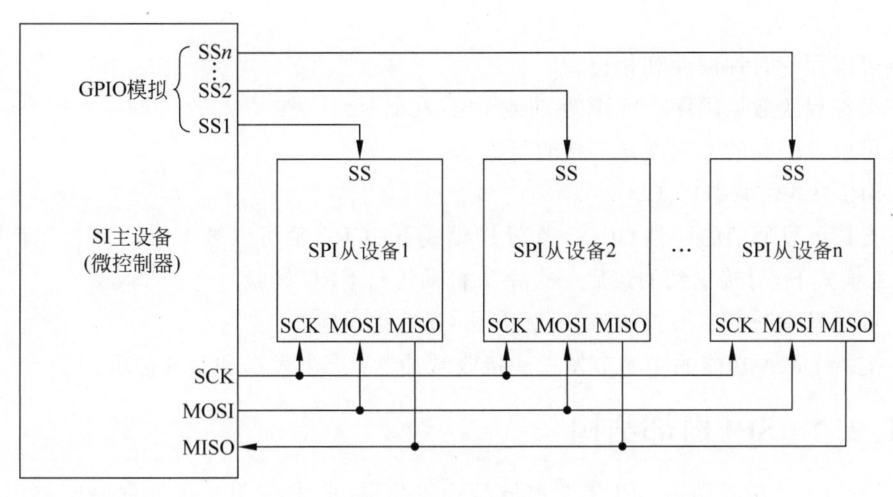


图 11-3 "一主多从"的 SPI 互连

设备共享，因此，在同一时刻只能有一个从设备参与通信。而且，当主设备与其中一个从设备进行通信时，其他从设备的时钟和数据线都应保持高阻态，以避免影响当前数据的传输。

## 11.2 STM32F103 的 SPI 工作原理

串行外设接口(SPI)允许芯片与外部设备以半/全双工、同步、串行方式通信。此接口可以被配置成主模式，并为外部从设备提供通信时钟(SCK)，接口还能以"多主"的配置方式工作。它可用于多种用途，包括使用一条双向数据线的双线单工同步传输，还可使用 CRC 校验的可靠通信。

### 11.2.1 SPI 主要特征

STM32F103 微控制器的小容量产品有 1 个 SPI 接口，中等容量产品有 2 个 SPI，大容量产品则有 3 个 SPI。

STM32F103 微控制器 SPI 主要具有以下特征：

① 3 线全双工同步传输。

② 带或不带第三根双向数据线的双线单工同步传输。

③ 8 或 16 位传输帧格式选择。

④ 主或从操作。

⑤ 支持多主模式。

⑥ 8 个主模式波特率预分频系数(最大为 $f_{PCLK/2}$)。

⑦ 从模式频率(最大为 $f_{PCLK/2}$)。

⑧ 主模式和从模式的快速通信。

⑨ 主模式和从模式下均可以由软件或硬件进行 NSS 管理：主/从操作模式的动态

改变。

⑩ 可编程的时钟极性和相位。

⑪ 可编程的数据顺序，MSB在前或LSB在前。

⑫ 可触发中断的专用发送和接收标志。

⑬ SPI总线忙状态标志。

⑭ 支持可靠通信的硬件CRC。在发送模式下，CRC值可以被作为最后一个字节发送；在全双工模式下，对接收到的最后一个字节自动进行CRC校验。

⑮ 可触发中断的主模式故障、过载以及CRC错误标志。

⑯ 支持DMA功能的1字节发送和接收缓冲器：产生发送和接受请求。

## 11.2.2 SPI内部结构

STM32F103微控制器SPI主要由波特率发生器、收发控制和数据存储转移三部分组成，内部结构如图11-4所示。波特率发生器用来产生SPI的SCK时钟信号，收发控制主要由控制寄存器组成，数据存储转移(图11-4的左上部分)主要由移位寄存器、接收缓冲区和发送缓冲区等构成。

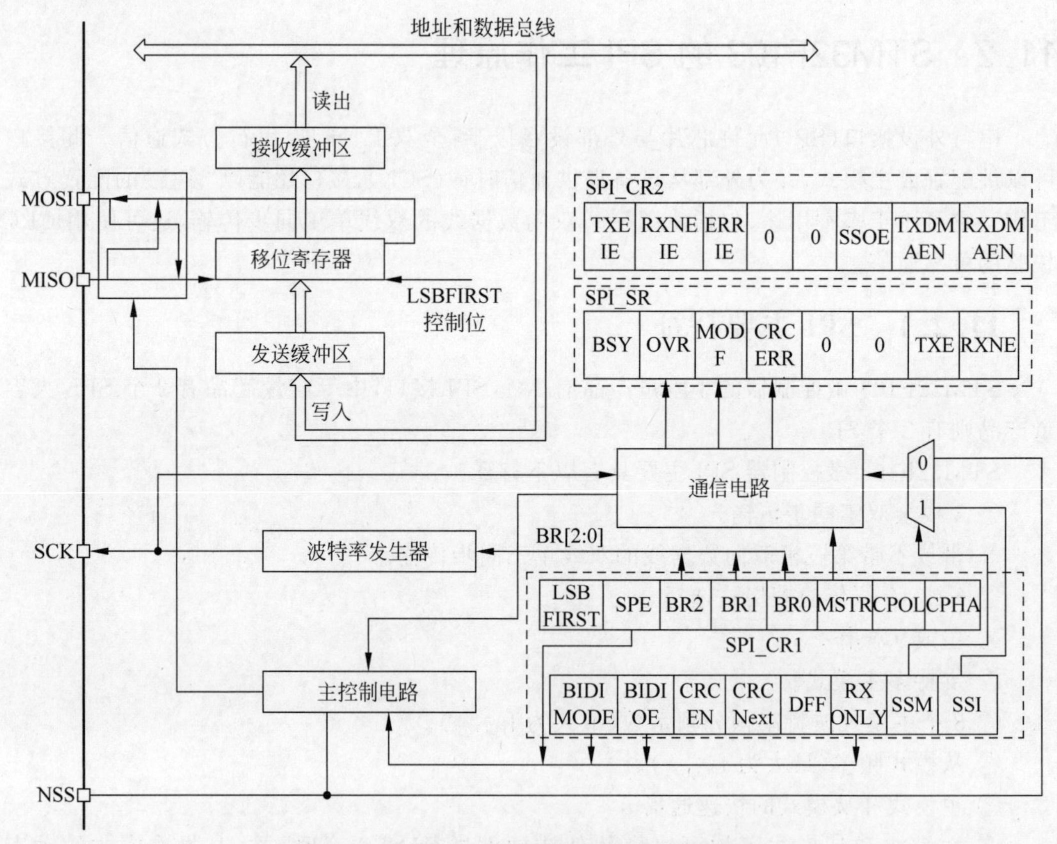


图11-4 STM32F103微控制器SPI内部结构图

通常 SPI 通过 4 个引脚与外部器件相连：

① MISO：主设备输入/从设备输出引脚。该引脚在从模式下发送数据，在主模式下接收数据。

② MOSI：主设备输出/从设备输入引脚。该引脚在主模式下发送数据，在从模式下接收数据。

③ SCK：串口时钟，作为主设备的输出，从设备的输入。

④ NSS：从设备选择。这是一个可选的引脚，用来选择主/从设备。它的功能是用来作为"片选引脚"，让主设备可以单独地与特定从设备通信，避免数据线上的冲突。

## 11.2.3 时钟信号的相位和极性

SPI_CR 寄存器的 CPOL 和 CPHA 位，能够组合成四种可能的时序关系。CPOL(时钟极性)位控制在没有数据传输时时钟的空闲状态电平，此位对主模式和从模式下的设备都有效。如果 CPOL 被清 0，SCK 引脚在空闲状态保持低电平；如果 CPOL 被置 1，SCK 引脚在空闲状态保持高电平。

如图 11-5 所示，如果 CPHA(时钟相位)位被清 0，数据在 SCK 时钟的奇数(第 1、3、5 个…)跳变沿(CPOL 位为 0 时就是上升沿，CPOL 位为 1 时就是下降沿)进行数据位的存取，数据在 SCK 时钟偶数(第 2、4、6 个…)跳变沿(CPOL 位为 0 时就是下降沿，CPOL 位为 1 时就是上升沿)准备就绪。

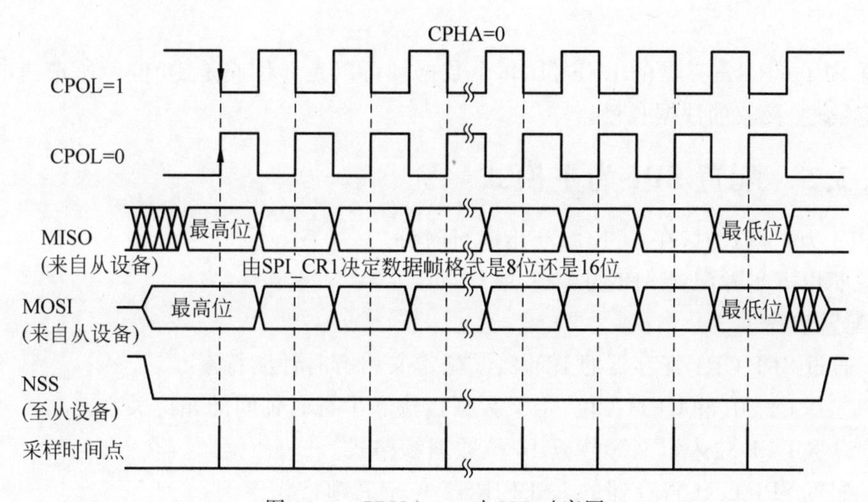


图 11-5 CPHA=0 时 SPI 时序图

如图 11-6 所示，如果 CPHA(时钟相位)位被置 1，数据在 SCK 时钟的偶数(第 2、4、6 个…)跳变沿(CPOL 位为 0 时就是下降沿，CPOL 位为 1 时就是上升沿)进行数据位的存取，数据在 SCK 时钟奇数(第 1、3、5 个…)跳变沿(CPOL 位为 0 时就是上升沿，CPOL 位为 1 时就是下降沿)准备就绪。

CPOL 时钟极性和 CPHA 时钟相位的组合选择数据捕捉的时钟边沿。图 11-5 和

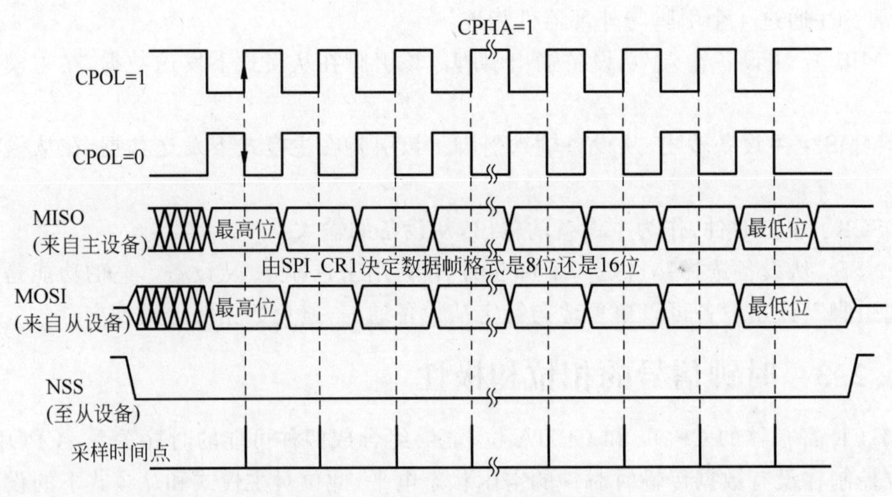


图 11-6 CPHA=1 时 SPI 时序图

图 11-6 显示了 SPI 传输的 4 种 CPHA 和 CPOL 位组合。此图可以解释为主设备和从设备的 SCK、MISO、MOSI 引脚直接连接的主或从时序图。

## 11.2.4 数据帧格式

根据 SPI_CR1 寄存器中的 LSBFIRST 位，输出数据位时可以 MSB 在先也可以 LSB 在先。

根据 SPI_CR1 寄存器的 DFF 位，每个数据帧可以是 8 位或是 16 位。所选择的数据帧格式决定发送/接收的数据长度。

## 11.2.5 配置 SPI 为主模式

在 SPI 为主模式时，在 SCK 脚产生串行时钟。

请按照以下步骤配置 SPI 为主模式。

**1. 配置步骤**

(1) 通过 SPI_CR1 寄存器的 BR[2:0]位定义串行时钟波特率。

(2) 选择 CPOL 和 CPHA 位，定义数据传输和串行时钟间的相位关系。

(3) 设置 DFF 位来定义 8 位或 16 位数据帧格式。

(4) 配置 SPI_CR1 寄存器的 LSBFIRST 位定义帧格式。

(5) 如果需要 NSS 引脚工作在输入模式，硬件模式下，在整个数据帧传输期间应把 NSS 脚连接到高电平；在软件模式下，需设置 SPI_CR1 寄存器的 SSM 位和 SSI 位。如果 NSS 引脚工作在输出模式，则只需设置 SSOE 位。

(6) 必须设置 MSTR 位和 SPE 位(只当 NSS 脚被连到高电平，这些位才能保持置位)。

在这个配置中，MOSI 引脚是数据输出，而 MISO 引脚是数据输入。

**2. 数据发送过程**

当写入数据至发送缓冲器时,发送过程开始。

在发送第一个数据位时,数据字被并行地(通过内部总线)传入移位寄存器,而后串行地移出到 MOSI 脚上;"MSB 在先"还是"LSB 在先",取决于 SPI_CR1 寄存器中的 LSBFIRST 位的设置。数据从发送缓冲器传输到移位寄存器时 TXE 标志将被置位,如果设置了 SPI_CR1 寄存器中的 TXEIE 位,将产生中断。

**3. 数据接收过程**

对于接收器来说,当数据传输完成时:

(1) 传送移位寄存器里的数据到接收缓冲器,并且 RXNE 标志被置位。

(2) 如果设置了 SPI_CR2 寄存器中的 RXNEIE 位,则产生中断。

在最后采样时钟沿, RXNE 位被设置,在移位寄存器中接收到的数据字被传送到接收缓冲器。读 SPI_DR 寄存器时, SPI 设备返回接收缓冲器中的数据。读 SPI_DR 寄存器将清除 RXNE 位。

一旦传输开始,如果下一个将发送的数据被放进了发送缓冲器,就可以维持一个连续的传输流。在试图写发送缓冲器之前,需确认 TXE 标志,应该为 1。

## 11.2.6 配置 SPI 为从模式

在从模式下, SCK 引脚用于接收从主设备来的串行时钟。

请按照以下步骤配置 SPI 为从模式:

**1. 配置步骤**

(1) 设置 DFF 位以定义数据帧格式为 8 位或 16 位。

(2) 选择 CPOL 和 CPHA 位来定义数据传输和串行时钟之间的相位关系。为保证正确的数据传输,从设备和主设备的 CPOL 和 CPHA 位必须配置成相同的方式。

(3) 帧格式(SPI_CR1 寄存器中的 LSBFIRST 位定义的"MSB 在前"还是"LSB 在前")必须与主设备相同。

(4) 硬件模式下(参考从选择(NSS)引脚管理部分),在完整的数据帧(8 位或 16 位)传输过程中,NSS 引脚必须为低电平。在 NSS 软件模式下,设置 SPI_CR1 寄存器中的 SSM 位并清除 SSI 位。

(5) 清除 MSTR 位、设置 SPE 位(SPI_CR1 寄存器),使相应引脚工作于 SPI 模式下。

在这个配置中, MOSI 引脚是数据输入, MISO 引脚是数据输出。

**2. 数据发送过程**

在写操作中,数据字被并行地写入发送缓冲器。

当从设备收到时钟信号,并且在 MOSI 引脚上出现第一个数据位时,发送过程开始,第一个位被发送出去,余下的位(对于 8 位数据帧格式,还有 7 位;对于 16 位数据帧格式,还有 15 位)被装进移位寄存器。当发送缓冲器中的数据传输到移位寄存器时, SPI_SP 寄存器的 TXE 标志被设置,如果设置了 SPI_CR2 寄存器的 TXEIE 位,将会产生中断。

**3. 数据接收过程**

对于接收器,当数据接收完成时,则:

(1) 移位寄存器中的数据传送到接收缓冲器,SPI_SR 寄存器中的 RXNE 标志被设置。

(2) 如果设置了 SPI_CR2 寄存器中的 RXNEIE 位,则产生中断。

在最后一个采样时钟边沿后,RXNE 位被置为 1,移位寄存器中接收到的数据字节被传送到接收缓冲器。当读 SPI_DR 寄存器时,SPI 设备返回这个接收缓冲器的数值。读 SPI_DR 寄存器时,RXNE 位被清除。

## 11.3 OLED 显示屏

OLED(Organic Light-Emitting Diode,有机发光二极管)又称为有机电激发光显示、有机发光半导体。OLED 显示屏具有自发光、广视角、几乎无穷高的对比度、较低耗电、极高反应速度等优点。但是,作为高端显示屏,价格上也会比液晶电视贵。

### 11.3.1 OLED 简介

OLED 技术最早于 1950 年和 1960 年由法国人和美国人研究,随后索尼、三星和 LG 等公司于 21 世纪开始量产,与薄膜晶体管液晶显示器为不同类型的产品,前者具有自发光性、广视角、高对比、低耗电、高反应速率、全彩化及制程简单等优点,但相对的在大面板价格、技术选择性、寿命、分辨率、色彩还原方面便无法与后者匹敌,有机发光二极管显示器可分单色、多彩及全彩等,而其中以全彩制作技术最为困难,有机发光二极管显示器依驱动方式的不同又可分为被动式(Passive Matrix,PMOLED)与主动式(Active Matrix,AMOLED)。

OLED 的基本结构是由一薄而透明且具半导体特性的铟锡氧化物(ITO)组成,与电力之正极相连,再加上另一个金属阴极,包成如三明治的结构。整个结构层包括:空穴传输层(HTL)、发光层(EL)与电子传输层(ETL)。当电力供应至适当电压时,正极空穴与阴极电荷就会在发光层中结合,产生光亮,依其配方不同产生红、绿和蓝(RGB)三基色,构成基本色彩。OLED 的特性是自发光,不像 TFT LCD 需要背光,因此可视度和亮度均高,其次是电压需求低且省电,效率高,加上反应快、重量轻、厚度薄、构造简单、成本低等,被视为 21 世纪最具前途的产品之一。

### 11.3.2 开发板 OLED 显示屏

开发板使用的是中景园电子的 0.96 英寸 OLED 显示屏,该屏有以下特点:

(1) 0.96 英寸 OLED 有黄蓝、白、蓝三种颜色可选;其中黄蓝是屏上 1/4 部分为黄光,下 3/4 部分为蓝;白光则为纯白,也就是黑底白字;蓝色则为纯蓝,也就是黑底蓝字。

(2) 分辨率为 128×64。

(3) 多种接口方式。OLED 裸屏接口方式包括 6800、8080 两种并行接口方式、3 线或 4 线的串行 SPI 接口方式、IIC 接口方式(只需要 2 条线就可以控制 OLED)。这五种接口是通过屏上的 BS0～BS2 来配置的。

(4) 开发了两种接口的 Demo 板，接口分别为 6 针的 SPI/IIC 兼容模块，四针的 IIC 模块。两种模块使用方便，希望读者根据实际需求来选择不同的模块。

### 11.3.3 OLED 显示屏接口

OLED 显示屏与 STM32F103 微控制器可以采用 6 针 SPI/IIC 接口，也可以采用 4 针 IIC 接口，开发板采用的是 6 针 SPI 接口，其各引脚定义如下：

(1) GND：电源地。

(2) $V_{CC}$：电源正(3～5.5V)。

(3) SCL：OLED 的 SCL 引脚，在 SPI 通信中为时钟引脚。

(4) SDA：OLED 的 SDA 引脚，在 SPI 通信中为数据引脚。

(5) RES：OLED 的 RES# 引脚，用来复位(低电平复位)。

(6) DC：OLED 的 D/C#E 引脚，数据和命令控制引脚。

OLED 显示屏采用 6 针 SPI 接口，其与 STM32F103 微控制器的接口仍然有两种可选：一种是微控制器的硬件 SPI 方式，如图 11-7 所示；另一种微控制器普通 I/O 引脚模拟 SPI 方式，如图 11-8 所示。

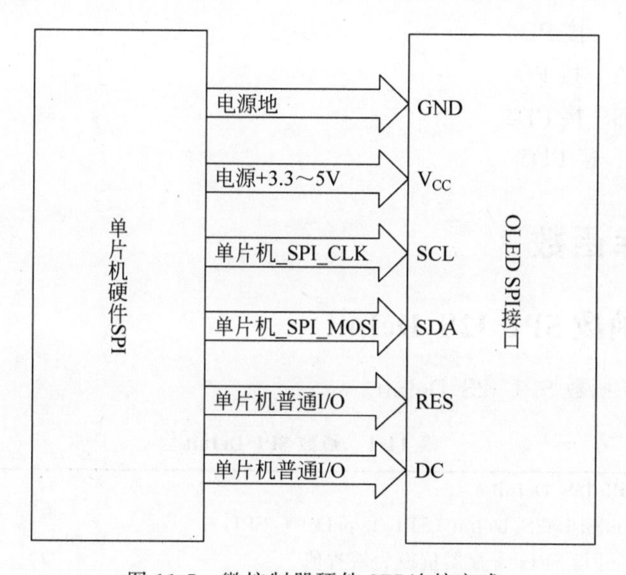


图 11-7　微控制器硬件 SPI 连接方式

微控制器硬件 SPI 方式虽然直接使用微控制器硬件资源，具有编程方便、运行可靠等特点，但是引脚被固定，这给电路板设计或外部连线带来了极大的不便，相对来说使用微控制器 I/O 口模拟 SPI 通用性更强，不受引脚位置限制，且控制方法十分成熟，所以开发板 OLED 显示屏与微控制器采用模拟 SPI 方式连接。具体连接方式如下：

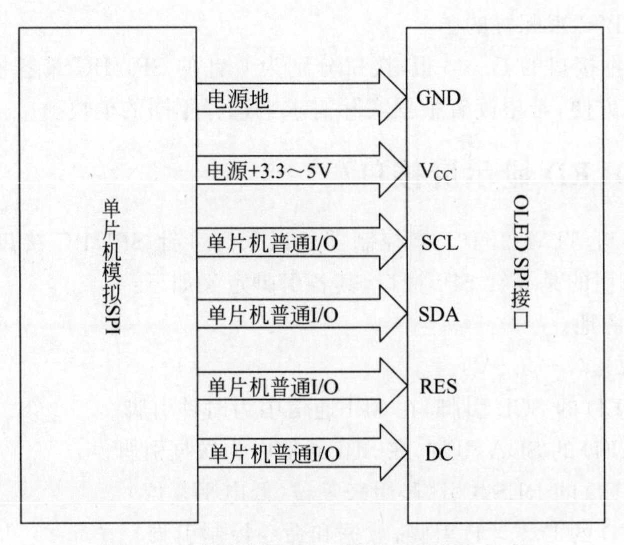


图 11-8　微控制器 I/O 模拟 SPI 连接方式

1 号引脚：GND　电源地

2 号引脚：$V_{CC}$　接 5V 电源

3 号引脚：SCL　接 PD6

4 号引脚：SDA　接 PD7

5 号引脚：RES　接 PD4

6 号引脚：DC　接 PD5

# 11.4　SPI 库函数

## 11.4.1　函数 SPI_I2S_DeInit

表 11-1 描述了函数 SPI_I2S_DeInit。

表 11-1　函数 SPI_DeInit

| | |
|---|---|
| 函数名 | SPI_I2S_DeInit |
| 函数原型 | voidSPI_I2S_DeInit (SPI_TypeDef * SPIx) |
| 功能描述 | 将外设 SPIx 寄存器重设为缺省值 |
| 输入参数 | SPIx：x 可以是 1 或者 2，用来选择 SPI 外设 |
| 输出参数 | 无 |
| 返回值 | 无 |
| 先决条件 | 无 |
| 被调用函数 | 对 SPI1，RCC_APB2PeriphClockCmd()<br>对 SPI2，RCC_APB1PeriphClockCmd() |

## 11.4.2　函数 SPI_Init

表 11-2 描述了函数 SPI_Init。

表 11-2　函数 SPI_Init

| 函数名 | SPI_Init |
|---|---|
| 函数原型 | void SPI_Init(SPI_TypeDef * SPIx, SPI_InitTypeDef * SPI_InitStruct) |
| 功能描述 | 根据 SPI_InitStruct 中指定的参数初始化外设 SPIx 寄存器 |
| 输入参数 1 | SPIx：x 可以是 1 或者 2,用来选择 SPI 外设 |
| 输入参数 2 | SPI_InitStruct：指向结构 SPI_InitTypeDef 的指针,包含了外设 SPI 的配置信息 |
| 输出参数 | 无 |
| 返回值 | 无 |
| 先决条件 | 无 |
| 被调用函数 | 无 |

## 11.4.3　函数 SPI_Cmd

表 11-3 描述了函数 SPI_ Cmd。

表 11-3　函数 SPI_ Cmd

| 函数名 | SPI_ Cmd |
|---|---|
| 函数原型 | void SPI_Cmd(SPI_TypeDef * SPIx, FunctionalState NewState) |
| 功能描述 | 使能或者失能 SPI 外设 |
| 输入参数 1 | SPIx：x 可以是 1 或者 2,用来选择 SPI 外设 |
| 输入参数 2 | NewState:外设 SPIx 的新状态<br>这个参数可以取 ENABLE 或者 DISABLE |
| 输出参数 | 无 |
| 返回值 | 无 |
| 先决条件 | 无 |
| 被调用函数 | 无 |

## 11.4.4　函数 SPI_I2S_SendData

表 11-4 描述了函数 SPI_I2S_SendData。

表 11-4　函数 SPI_ SendData

| 函数名 | SPI_I2S_SendData |
|---|---|
| 函数原型 | void SPI_I2S_SendData(SPI_TypeDef * SPIx, u16 Data) |
| 功能描述 | 通过外设 SPIx 发送一个数据 |
| 输入参数 1 | SPIx：x 可以是 1 或者 2,用来选择 SPI 外设 |
| 输入参数 2 | Data：待发送的数据 |

续表

| | |
|---|---|
| 输出参数 | 无 |
| 返回值 | 无 |
| 先决条件 | 无 |
| 被调用函数 | 无 |

### 11.4.5 函数 SPI_I2S_ReceiveData

表 11-5 描述了函数 SPI_I2S_ReceiveData。

**表 11-5 函数 SPI_I2S_ReceiveData**

| | |
|---|---|
| 函数名 | SPI_I2S_ReceiveData |
| 函数原型 | u16 SPI_I2S_ReceiveData(SPI_TypeDef * SPIx) |
| 功能描述 | 返回通过 SPIx 最近接收的数据 |
| 输入参数 | SPIx: x 可以是 1 或者 2,用来选择 SPI 外设 |
| 输出参数 | 无 |
| 返回值 | 接收到的字 |
| 先决条件 | 无 |
| 被调用函数 | 无 |

### 11.4.6 函数 SPI_I2S_ITConfig

表 11-6 描述了函数 SPI_I2S_ITConfig。

**表 11-6 函数 SPI_I2S_ITConfig**

| | |
|---|---|
| 函数名 | SPI_I2S_ITConfig |
| 函数原型 | void SPI_I2S_ITConfig(SPI_TypeDef * SPIx, uint8_t SPI_I2S_IT, FunctionalState NewState) |
| 功能描述 | 使能或者失能指定的 SPI/I2S 中断 |
| 输入参数 1 | SPIx: x 可以是 1 或者 2,用来选择 SPI 外设 |
| 输入参数 2 | SPI_I2S_IT: 待使能或者失能的 SPI/I2S 中断源 |
| 输入参数 3 | NewState: SPIx/I2S 中断的新状态<br>这个参数可以取 ENABLE 或者 DISABLE |
| 输出参数 | 无 |
| 返回值 | 无 |
| 先决条件 | 无 |
| 被调用函数 | 无 |

### 11.4.7 函数 SPI_I2S_GetITStatus

表 11-7 描述了函数 SPI_I2S_GetITStatus。

表 11-7 函数 SPI_I2S_GetITStatus

| 函数名 | SPI_I2S_GetITStatus |
|---|---|
| 函数原型 | ITStatus SPI_I2S_GetITStatus(SPI_TypeDef * SPIx, uint8_t SPI_I2S_IT) |
| 功能描述 | 检查指定的 SPI_I2S 中断发生与否 |
| 输入参数 1 | SPIx: x 可以是 1 或者 2,用来选择 SPI 外设 |
| 输入参数 2 | SPI_I2S_IT: 待检查的 SPI_I2S 中断源 |
| 输出参数 | 无 |
| 返回值 | SPI_IT 的新状态 |
| 先决条件 | 无 |
| 被调用函数 | 无 |

### 11.4.8 函数 SPI_I2S_ClearFlag

表 11-8 描述了函数 SPI_I2S_ClearFlag。

表 11-8 函数 SPI_I2S_ClearFlag

| 函数名 | SPI_I2S_ClearFlag |
|---|---|
| 函数原型 | void SPI_I2S_ClearFlag(SPI_TypeDef * SPIx, uint16_t SPI_I2S_FLAG) |
| 功能描述 | 清除 SPI/I2S 的待处理标志位 |
| 输入参数 1 | SPIx: x 可以是 1 或者 2,用来选择 SPI 外设 |
| 输入参数 2 | SPI_I2S_FLAG: 待清除的 SPI/I2S 标志位<br>参阅 Section: SPI_FLAG,查阅更多该参数允许取值范围<br>注意: 标志位 BSY, TXE 和 RXNE 由硬件重置 |
| 输出参数 | 无 |
| 返回值 | 无 |
| 先决条件 | 无 |
| 被调用函数 | 无 |

## 11.5 项目实例

### 11.5.1 项目分析

本项目要实现的目标是在 OLED12864 显示屏上显示普通汉字(16×16)、大号汉字(32×32)以及 ASCII 字符。要实现这一目标,必须先将所有可显示的 ASCII 字符和要显示的中文汉字的字库存放到一个字库文件当中。然后逐级编写微控制器与 OLED 显示屏通信程序,分别涉及向显示屏发送一位数据,发送一个字节数据,在显示屏显示一个字符,显示一个字符串,显示一个汉字,最终将所有显示程序封装成一个个独立的函数,供其他模块调用。显示屏不仅可以完成字符显示,还可显示图片,甚至动画,但是本项目并未涉及图像显示内容，有兴趣的同学可以自行学习相关内容。

### 11.5.2 项目实施

项目实施具体步骤如下：

第一步：复制第10章创建工程模板文件夹到桌面，并将文件夹改名为“10 OLED”，将原工程模板编译一下，直到没有错误和警告为止。

第二步：新建三个文件，将其改名为OLED.C、OLED.H和OLEDFont.H并保存到工程模板下的APP文件夹中，并将OLED.C文件添加到APP项目组下。

第三步：将ASCII字符、普通汉字和大号汉字字库数据存放到OLEDFont.H头文件当中。其中ASCII字符字库是由显示屏厂家提供，所有可显示字符全部存放到字库文件当中，每个字符为8×16点阵形式。

普通汉字为16×16点阵形式，需要将要显示的汉字用取字模软件“PCtoLCD2002.exe”提取字模，存放成C51格式，提取字模时参数选项设置如图11-9所示。

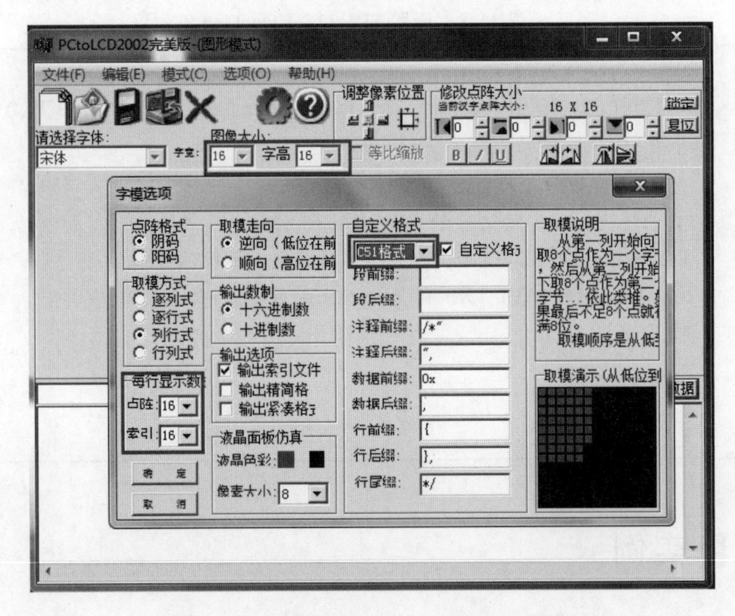


图 11-9 普通汉字(16×16)取字模选项

大号汉字为32×32点阵形式，需要将要显示的汉字用取字模软件“PCtoLCD2002.exe”提取字模，存放成C51格式，提取字模时参数选项设置如图11-10所示。

OLEDFont.H字库文件内容如下，因为字库数据很大，汉字字库只贴出了1～2个字，ASCII字库内容没有贴出来，读者可以从教材配套素材中下载，或是其他网络途径也可下载。

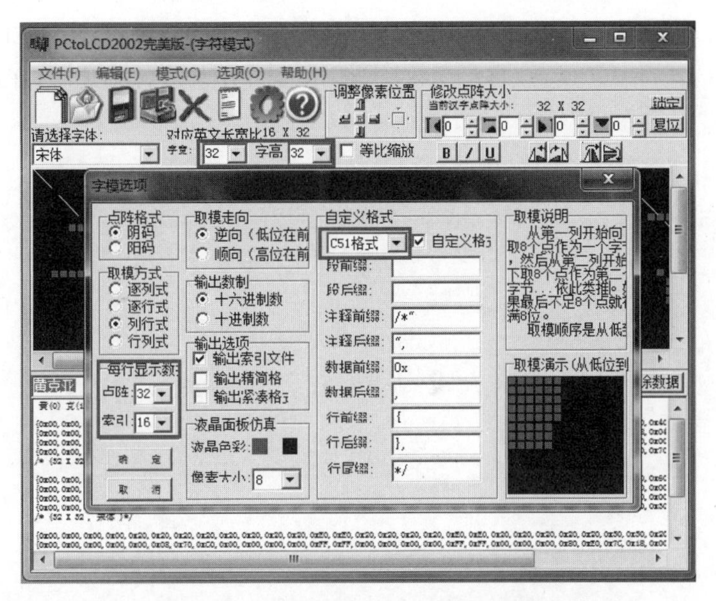


图 11-10　大号汉字(32×32)取字模选项

```
/*****************************************************************
                    Source file of OLEDFont.H
*****************************************************************/
#ifndef __OLEDFONT_H
#define __OLEDFONT_H
//32x32 中文字库
char Hzk32[][128] = {
/*"黄", 0, (32 X 32 , 宋体 )*/
{0x00,0x00,0x00,0x00,0x40,0x40,0x40,0x40,0x40,0x40,0x40,0xFC,0x48,0x40,0x40,0x40,0x40,
0x40,0x40,0xFC,0xFC,0x48,0x40,0x40,0x40,0x60,0x60,0x40,0x00,0x00,0x00,0x00},{0x00,0x00,
0x08,0x08,0x08,0x08,0x08,0xC8,0xC8,0x48,0x48,0x47,0x48,0x48,0x48,0xF8,0xF8,0x48,0x48,
0x47,0x47,0x48,0x48,0xC8,0xE8,0x48,0x08,0x04,0x06,0x04,0x00,0x00},{0x00,0x00,0x00,0x00,
0x00,0x00,0x00,0xFF,0xFF,0x88,0x88,0x88,0x88,0x88,0x88,0xFF,0xFF,0x88,0x88,0x88,0x88,
0x88,0x88,0xFF,0xFF,0x00,0x00,0x00,0x00,0x00,0x00,0x00},{0x00,0x00,0x00,0x40,0x40,0x20,
0x30,0x11,0x19,0x0C,0x0E,0x07,0x02,0x00,0x00,0x00,0x00,0x00,0x00,0x02,0x02,0x04,0x04,
0x0D,0x19,0x38,0x70,0x70,0x00,0x00,0x00,0x00}
};
//16x16 中文字库
char Hzk[][32] = {
{0x04, 0x44, 0x44, 0x44, 0x5F, 0x44, 0xF4, 0x44, 0x44, 0x44, 0x5F, 0xC4, 0x04, 0x04, 0x04, 0x00},
{0x00,0x10,0x8E,0x40,0x20,0x18,0x07,0x00,0x40,0x80,0x40,0x3F,0x00,0x01,0x0E,0x00},/*"
苏",0*/
{0x00, 0xE0, 0x00, 0xFF, 0x00, 0x20, 0xC0, 0x00, 0xFE, 0x00, 0x20, 0xC0, 0x00, 0xFF, 0x00, 0x00},
{0x81,0x40,0x30,0x0F,0x00,0x00,0x00,0x00,0x3F,0x00,0x00,0x00,0x00,0xFF,0x00,0x00}/*
州",1*/
};
#endif
```

第四步：在 OLED.C 文件中输入如下源程序，在程序中首先包含 OLED.H 头文件，然后创建若干个 OLED 显示函数，每个函数功能在源程序中均有详细注释，在此就不再赘述，其源程序如下：

```
*****************************************************************
                    Source file of OLED.C
***************************************************************** /
#include "OLED.h"
//向 SSD1106 写入一个字节.
//dat:要写入的数据/命令
//cmd:数据/命令标志 0,表示命令;1,表示数据;
void OLED_WR_Byte(u8 dat,u8 cmd)
{
    u8 i;
    if(cmd)  OLED_DC_Set();
    else   OLED_DC_Clr();
        for(i=0;i<8;i++)
    {
        OLED_SCLK_Clr();
        if(dat&0x80)   OLED_SDIN_Set();
        else    OLED_SDIN_Clr();
        OLED_SCLK_Set();
        dat<<=1;
    }
    OLED_DC_Set();
}
//设置显示位置
void OLED_Set_Pos(unsigned char x, unsigned char y)
{
    OLED_WR_Byte(0xb0+y,OLED_CMD);
    OLED_WR_Byte(((x&0xf0)>>4)|0x10,OLED_CMD);
    OLED_WR_Byte((x&0x0f)|0x01,OLED_CMD);
}
//开启 OLED 显示
void OLED_Display_On(void)
{
    OLED_WR_Byte(0X8D,OLED_CMD);          //SET DCDC 命令
    OLED_WR_Byte(0X14,OLED_CMD);          //DCDC ON
    OLED_WR_Byte(0XAF,OLED_CMD);          //DISPLAY ON
}
//关闭 OLED 显示
void OLED_Display_Off(void)
{
    OLED_WR_Byte(0X8D,OLED_CMD);          //SET DCDC 命令
    OLED_WR_Byte(0X10,OLED_CMD);          //DCDC OFF
    OLED_WR_Byte(0XAE,OLED_CMD);          //DISPLAY OFF
```

```
}
//清屏函数,清完屏,整个屏幕是黑色的!和没点亮一样!!!
void OLED_Clear(void)
{
    u8 i,n;
    for(i = 0;i < 8;i++)
    {
        OLED_WR_Byte (0xb0 + i,OLED_CMD);                    //设置页地址(0～7)
        OLED_WR_Byte (0x00,OLED_CMD);                        //设置显示位置—列低地址
        OLED_WR_Byte (0x10,OLED_CMD);                        //设置显示位置—列高地址
        for(n = 0;n < 128;n++)OLED_WR_Byte(0,OLED_DATA);
    } //更新显示
}
//在指定位置显示一个字符,包括部分字符
//x:0～127
//y:0～7 每格数据代表 8 行
//mode:0,反白显示;1,正常显示
//size:选择字体 16/12
void OLED_ShowChar(u8 x,u8 y,u8 chr)
{
    unsigned char c = 0,i = 0;
        c = chr - ' ';                                       //得到偏移后的值
        if(x > Max_Column - 1){x = 0;y = y + 2;}
        if(SIZE == 16)
            {
            OLED_Set_Pos(x,y);
            for(i = 0;i < 8;i++)
            OLED_WR_Byte(F8X16[c * 16 + i],OLED_DATA);
            OLED_Set_Pos(x,y + 1);
            for(i = 0;i < 8;i++)
            OLED_WR_Byte(F8X16[c * 16 + i + 8],OLED_DATA);
            }
}
//显示一个字符号串
void OLED_ShowString(u8 x,u8 y,u8 * chr)
{
    unsigned char j = 0;
    while (chr[j]!= '\0')
    {       OLED_ShowChar(x,y,chr[j]);
            x += 8;
        if(x > 120){x = 0;y += 2;}
            j++;
    }
}
//显示汉字
```

```
void OLED_ShowCHinese(u8 x,u8 y,u8 no)
{
    u8 t,adder = 0;
    OLED_Set_Pos(x,y);
    for(t = 0;t < 16;t++)
        {
                OLED_WR_Byte(Hzk[2 * no][t],OLED_DATA);
                adder += 1;
      }
        OLED_Set_Pos(x,y + 1);
    for(t = 0;t < 16;t++)
            {
                OLED_WR_Byte(Hzk[2 * no + 1][t],OLED_DATA);
                adder += 1;
      }
}
//显示 32X32 点阵汉字
void OLED_Show_CHinese32X32(u8 x,u8 y,u8 no)
{
  u8 t;
  OLED_Set_Pos(x,y);
    for(t = 0;t < 32;t++)
   {
    OLED_WR_Byte(Hzk32[4 * no][t],OLED_DATA);
     }
   OLED_Set_Pos(x,y + 1);
    for(t = 0;t < 32;t++)
   {
    OLED_WR_Byte(Hzk32[4 * no + 1][t],OLED_DATA);
       }

    OLED_Set_Pos(x,y + 2);
    for(t = 0;t < 32;t++)     {
    OLED_WR_Byte(Hzk32[4 * no + 2][t],OLED_DATA);
     }
   OLED_Set_Pos(x,y + 3);
    for(t = 0;t < 32;t++)
   {
    OLED_WR_Byte(Hzk32[4 * no + 3][t],OLED_DATA);

      }
}
//初始化 SSD1306
void OLED_Init(void)
{
    GPIO_InitTypeDef  GPIO_InitStructure;
```

```
    RCC_APB2PeriphClockCmd(RCC_APB2Periph_GPIOD, ENABLE);      //使能 PD 端口时钟
    GPIO_InitStructure.GPIO_Pin = GPIO_Pin_4|GPIO_Pin_5|GPIO_Pin_6|GPIO_Pin_7;
                                                               //PD4～PD7 推挽输出
    GPIO_InitStructure.GPIO_Mode = GPIO_Mode_Out_PP;           //推挽输出
    GPIO_InitStructure.GPIO_Speed = GPIO_Speed_50MHz;          //速度 50MHz
    GPIO_Init(GPIOD, &GPIO_InitStructure);                     //初始化 GPIOD3,6
    GPIO_SetBits(GPIOD,GPIO_Pin_4|GPIO_Pin_5|GPIO_Pin_6|GPIO_Pin_7|GPIO_Pin_3|GPIO_Pin_8);
                                                               //PD3,PD6 输出高
    OLED_RST_Set();
    delay_ms(100);
    OLED_RST_Clr();
    delay_ms(100);
    OLED_RST_Set();
    OLED_WR_Byte(0xAE,OLED_CMD);  //--turn off oled panel
    OLED_WR_Byte(0x00,OLED_CMD);  //---set low column address
    OLED_WR_Byte(0x10,OLED_CMD);  //---set high column address
    OLED_WR_Byte(0x40,OLED_CMD);
            //--set start line address  Set Mapping RAM Display Start Line (0x00～0x3F)
    OLED_WR_Byte(0x81,OLED_CMD);  //--set contrast control register
    OLED_WR_Byte(0xCF,OLED_CMD);  // Set SEG Output Current Brightness
    OLED_WR_Byte(0xA1,OLED_CMD);  //--Set SEG/Column Mapping     0xa0 左右反置 0xa1 正常
    OLED_WR_Byte(0xC8,OLED_CMD);  //Set COM/Row Scan Direction   0xc0 上下反置 0xc8 正常
    OLED_WR_Byte(0xA6,OLED_CMD);  //--set normal display
    OLED_WR_Byte(0xA8,OLED_CMD);  //--set multiplex ratio(1 to 64)
    OLED_WR_Byte(0x3f,OLED_CMD);  //--1/64 duty
    OLED_WR_Byte(0xD3,OLED_CMD);  //-set display offset Shift Mapping RAM Counter (0x00～0x3F)
    OLED_WR_Byte(0x00,OLED_CMD);  //-not offset
    OLED_WR_Byte(0xd5,OLED_CMD);  //--set display clock divide ratio/oscillator frequency
    OLED_WR_Byte(0x80,OLED_CMD);  //--set divide ratio, Set Clock as 100 Frames/Sec
    OLED_WR_Byte(0xD9,OLED_CMD);  //--set pre-charge period
    OLED_WR_Byte(0xF1,OLED_CMD);  //Set Pre-Charge as 15 Clocks & Discharge as 1 Clock
    OLED_WR_Byte(0xDA,OLED_CMD);  //--set com pins hardware configuration
    OLED_WR_Byte(0x12,OLED_CMD);
    OLED_WR_Byte(0xDB,OLED_CMD);  //--set vcomh
    OLED_WR_Byte(0x40,OLED_CMD);  //Set VCOM Deselect Level
    OLED_WR_Byte(0x20,OLED_CMD);  //-Set Page Addressing Mode (0x00/0x01/0x02)
    OLED_WR_Byte(0x02,OLED_CMD);
    OLED_WR_Byte(0x8D,OLED_CMD);  //--set Charge Pump enable/disable
    OLED_WR_Byte(0x14,OLED_CMD);  //--set(0x10) disable
    OLED_WR_Byte(0xA4,OLED_CMD);  // Disable Entire Display On (0xa4/0xa5)
    OLED_WR_Byte(0xA6,OLED_CMD);  // Disable Inverse Display On (0xa6/a7)
    OLED_WR_Byte(0xAF,OLED_CMD);  //--turn on oled panel
    OLED_WR_Byte(0xAF,OLED_CMD);  /*display ON*/
    OLED_Clear();
    OLED_Set_Pos(0,0);
}
```

第五步：在OLED.H文件中输入如下源程序，其中条件编译格式不变，只要更改一下预定义变量名称即可，需要将刚定义函数的声明加到头文件当中。

```
/***************************************************************
                    Source file of OLED.H
***************************************************************/
#ifndef _OLED_H
#define _OLED_H
#include "stm32f10x.h"
#include "stdlib.h"
#include "OLEDFont.h"
#include "systick.h"
#define SIZE 16
#define XLevelL      0x00
#define XLevelH      0x10
#define Max_Column   128
#define Max_Row      64
#define Brightness   0xFF
#define X_WIDTH      128
#define Y_WIDTH      64
//-----------------OLED端口定义----------------
#define OLED_RST_Clr() GPIO_ResetBits(GPIOD,GPIO_Pin_4)             //RES
#define OLED_RST_Set() GPIO_SetBits(GPIOD,GPIO_Pin_4)
#define OLED_DC_Clr() GPIO_ResetBits(GPIOD,GPIO_Pin_5)              //DC
#define OLED_DC_Set() GPIO_SetBits(GPIOD,GPIO_Pin_5)
//使用4线串行接口时使用
#define OLED_SCLK_Clr() GPIO_ResetBits(GPIOD,GPIO_Pin_6)            //CLK
#define OLED_SCLK_Set() GPIO_SetBits(GPIOD,GPIO_Pin_6)

#define OLED_SDIN_Clr() GPIO_ResetBits(GPIOD,GPIO_Pin_7)            //DIN
#define OLED_SDIN_Set() GPIO_SetBits(GPIOD,GPIO_Pin_7)
#define OLED_CMD  0                                                 //写命令
#define OLED_DATA 1                                                 //写数据
//OLED控制用函数
void OLED_WR_Byte(u8 dat,u8 cmd);
void OLED_Display_On(void);
void OLED_Display_Off(void);
void OLED_Init(void);
void OLED_Clear(void);
void OLED_ShowChar(u8 x,u8 y,u8 chr);
void OLED_ShowString(u8 x,u8 y, u8 *p);
void OLED_Set_Pos(unsigned char x, unsigned char y);
void OLED_ShowCHinese(u8 x,u8 y,u8 no);
void OLED_Show_CHinese32X32(u8 x,u8 y,u8 no);
#endif
```

第六步：在 public. h 文件的中间部分添加#include "OLED. H"语句，即包含 OLED. H 头文件，任何时候程序中需要使用某一源文件中函数，必须先包含其头文件，否则编译是不能通过的。public. h 文件的源代码如下。

```
/*************************************************************
                    Source file of public.h
*************************************************************/
#ifndef _public_H
    #define _public_H
    #include "stm32f10x.h"
    #include "LED.h"
    #include "beepkey.h".
    #include "dsgshow.h"
    #include "EXTI.H"
    #include "timer.h"
    #include "PWM.H"
    #include "USART.H"
    #include "OLED.H"
#endif
```

第七步：在 main. c 文件中输入如下源程序，主要工作包括显示屏初始化、显示屏清屏、调用显示函数，分别完成普通汉字、大号汉字和 ASCII 字符的显示。

```
/*************************************************************
                    Source file of main.c
*************************************************************/
#include "public.h"
/*************************************************************
* Function Name  : main
* Description    : Main program.
* Input          : None
* Output         : None
*************************************************************/
int main()
{
        u8 Email[] = "22102600@qq.com";
        OLED_Init();                            //初始化 OLED
        OLED_Clear()  ;
        OLED_ShowCHinese(20,0,0);               //苏
        OLED_ShowCHinese(44,0,1);               //州
        OLED_ShowCHinese(68,0,2);               //大
        OLED_ShowCHinese(92,0,3);               //学
        OLED_Show_CHinese32X32(8,2,0);          //黄
        OLED_Show_CHinese32X32(48,2,1);         //克
        OLED_Show_CHinese32X32(88,2,2);         //亚
        OLED_ShowString(4,6,Email);
}
```

第八步：编译工程，如没有错误，则会在 output 文件夹中生成“工程模板.hex”文件，如有错误则修改源程序直至没有错误为止。

第九步：将生成的目标文件通过 ISP 软件下载到开发板微控制器的 Flash 存储器当中，复位运行，其 OLED 显示屏显示信息如图 11-11 所示，由此可见达到了预期效果。

图 11-11　OLED 显示屏显示效果图

由上述项目实例分析可知，若要显示任何 ASCII 字符，直接调用字符显示函数并修改一下调用参数即可。若要显示其他中文字符，无论是普通字体还是大号字体，都必须首先更新中文字库，再重新编写中文显示函数即可。

## 本章小结

本章的主要内容为 SPI 接口和 OLED 显示屏两部分内容。本章首先介绍了 SPI 通信基本原理，其中包括 SPI 接口和 SPI 互连方式及 STM32F103 微控制器的 SPI 接口的具体特征、结构、时序以及数据帧格式等内容。随后对 OLED 显示原理、显示屏具体参数，以及微控制器与显示屏的接口进行了详细介绍，并给出了 OLED12864 显示屏与 STM32F103 微控制器的 SPI 连接电路。虽然本章没有使用 STM32 的硬件 SPI 接口，但为了教材的通用性，本章还简单地列出 SPI 库函数。最后书中给出了一个具体项目实例，就是完成 STM32 微控制器与 OLED 显示屏的 SPI 连接，并编写多个显示函数，包括 ASCII 字符显示、字符串显示、数据显示、普通汉字显示、大号汉字显示，这些函数是 SPI 通信具体应用，也是操作 OLED 显示屏的通用函数，为后续项目的扩展提供了很大方便。

## 思考与扩展

1. 通常，SPI 接口由哪几根线组成？它们分别有什么作用？
2. SPI 接口的连接方式有几种？分别画出其连接示意图。
3. SPI 的数据格式有哪几种？传输顺序可分为哪几种？
4. 在 SPI 时序控制中，CPOL 和 CPHA 的不同取值对时序有什么影响？
5. 简述 STM32F103 微控制器 SPI 主要特点。
6. 什么是 OLED？OLED 显示屏的主要特点是什么？
7. SM32F103 微控制器与 OLED 显示屏的 SPI 连接方式有哪两种？
8. OLED12864 显示屏共划分多少行？每行有多少个点？整个屏幕共有多少个像素点？
9. 如何进行普通汉字(16×16)显示？取字模时应如何进行字模选项设置？
10. 如何进行大号汉字(32×32)显示？取字模时应如何进行字模选项设置？

# 第12章 模拟数字转换器

**本章要点**

- ➢ ADC 原理、参数及类型
- ➢ STM32F103 的 ADC 工作原理
- ➢ STM32F103 的 ADC 相关库函数
- ➢ 4 通道模拟信号采集与显示项目实施

模拟数字转换器(Analog-to-Digital Converter，ADC)，也称模数转换器，顾名思义，是将一种连续变化的模拟信号转换为离散的数字信号的电子器件。ADC 在嵌入式系统中得到广泛的应用，它是以数字处理为中心的嵌入式系统与现实模拟世界沟通的桥梁。有了 ADC，微控制器如同多了一双观察模拟世界的眼睛，增加了模拟输入功能。

## 12.1 ADC 概述

ADC 初始化

在嵌入式应用系统中，常需要将检测到的连续变化的模拟量，如电压、温度、压力、流量、速度等转换成数字信号，才能输入到微控制器中进行处理。然后再将处理结果的数字量转换成模拟量输出，实现对被控对象的控制。

### 12.1.1 ADC 基本原理

ADC 进行模数转换一般包含三个关键步骤：采样、量化、编码。下面以一正弦模拟信号(其波形如图 12-1 所示)为例讲解 ADC 转换过程。

**1. 采样**

采样是在间隔为 $T$、$2T$、$3T$…时刻抽取被测模拟信号幅值，如图 12-2 所示。相邻两个采样时间的间隔 $T$ 也被称为采样周期。

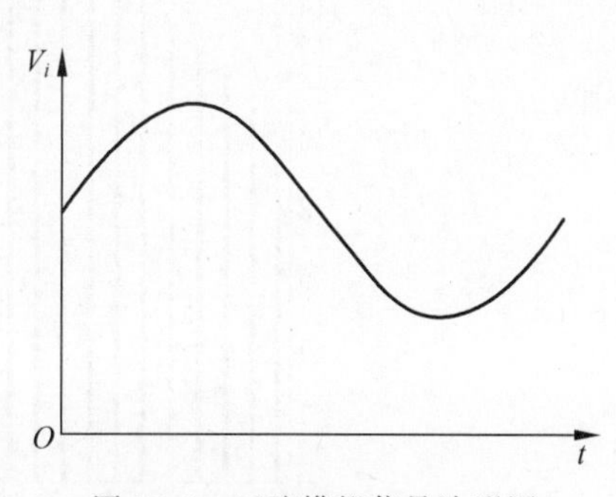


图 12-1 正弦模拟信号波形图

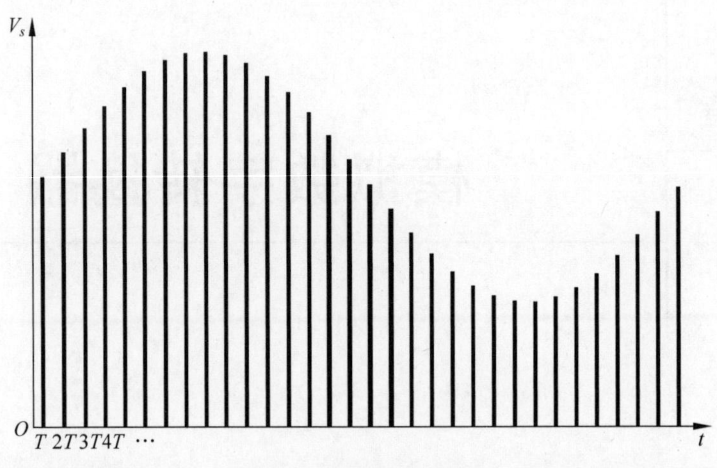


图 12-2　模拟信号采样

为了能准确无误地用采样信号 $V_s$ 表示模拟信号 $V_i$，采样信号必须有足够高的频率，即采样周期 $T$ 足够小。同时，随着 ADC 采样频率的提高，留给每次转换进行量化和编码的时间会相应地缩短，这就要求相关电路必须具备更快的工作速度。因此，不能无限制地提高采样频率。

**2. 量化**

对模拟信号进行采样后，得到一个时间上离散的脉冲信号序列，但每个脉冲的幅度仍然是连续的。然而，CPU 所能处理的数字信号不仅在时间上是离散的，而且数值大小的变化也是不连续的，因此，必须把采样后每个脉冲的幅度进行离散化处理，得到被 CPU 处理的离散数值，这个过程就称为量化。

为了实现离散化处理，用指定的最小单位将纵轴划分为若干个（通常是 $2^n$ 个）区间，然后确定每个采样脉冲的幅度落在哪个区间内，即把每个时刻的采样电压表示为指定的最小单位的整数倍，如图 12-3 所示。这个指定的最小单位就叫作量化单位，用 Δ 表示。

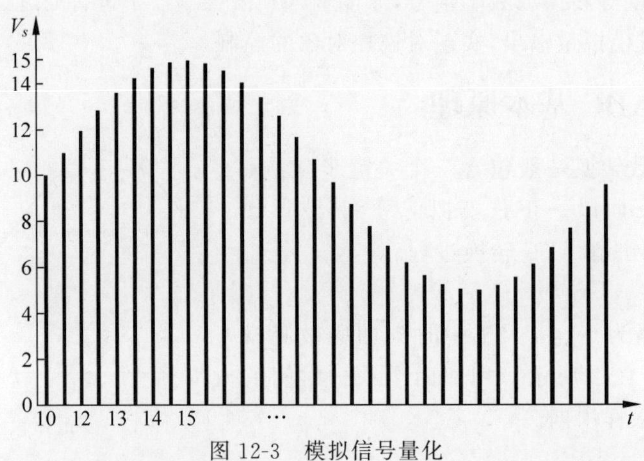


图 12-3　模拟信号量化

显然，如果在纵轴上划分的区间越多，量化单位就越小，所表示的电压值也越准确。为了便于使用二进制编码量化后的离散数值，通常将纵轴划分为 $2^n$ 个区间，于是，量化后的离散数值可用 $n$ 位二进制数表示，故也被称为 $n$ 位量化。常用的量化有 8 位量化、12 位量化和 16 位量化等。

既然每个时刻的采样电压是连续的，那么它就不一定能被 Δ 整除，因此量化过程不可避免地会产生误差，这种误差称为量化误差。显然，在纵轴上划分的区间越多，即量化级数或量化位数越多，量化单位就越小，相应地，量化误差也越小。

**3. 编码**

把量化的结果二进制表示出来称为编码。而且，一个 $n$ 位量化的结果值恰好用一个 $n$ 位二进制数表示。这个 $n$ 位二进制数就是 ADC 转换完成后的输出结果。

## 12.1.2　ADC 性能参数

ADC 的主要性能参数有量程、分辨率、精度、转换时间等，这些也是选择 ADC 的重要参考指标。

**1. 量程**

量程(Full Scale Range，FSR)是指 ADC 所能转换的模拟输入电压的范围，分为单极性和双极性两种类型。例如，单极性的量程为 0～＋3.3V、0～＋5V 等；双极性的量程为 －5V～＋5V、－12V～＋12V 等。

**2. 分辨率**

分辨率(resolution)是指 ADC 所能分辨的最小模拟输入量，反映 ADC 对输入信号微小变化的响应能力。若小于最小变化量的输入模拟电压的任何变化，将不会引起 ADC 输出数字值的变化。

由此可见，分辨率是 ADC 数字输出一个最小量时输入模拟信号对应的变化量，通常用 ADC 数字输出的最低有效位(Least Significant Bit，LSB)所对应的模拟输入电压值来表示。分辨率由 ADC 的量化位数 $n$ 决定，一个 $n$ 位 ADC 的分辨率等于 ADC 的满量程与 2 的 $n$ 次方的比值。

毫无疑问，分辨率是进行 ADC 选择时重要的参考指标之一。但要注意的是，选择 ADC 时，并非分辨率越高越好。在无须高分辨率的场合，如果选用了高分辨率的 ADC，所采样到的大多是噪声。反之，如果选用分辨率太低的 ADC，则会无法采样到所需的信号。

**3. 精度**

精度(accuracy)是指对于 ADC 的数字输出(二进制代码)，其实际需要的模拟输入值与理论上要求的模拟输入值之差。

需要注意的是，精度和分辨率是两个不同的概念，不要把两者混淆。通俗地说，“精度”是用来描述物理量的准确程度的，而“分辨率”是用来描述刻度大小的。做一个简单的比喻，一把量程为 10cm 的尺子，上面有 100 个刻度，最小能读出 1mm 的有效值，那么就说这把尺子的分辨率是 1mm 或者量程的 1%；而它实际的精度就不得而知了(不一定是 1mm)。而对于一个 ADC 来说，即使它的分辨率很高，也有可能由于温度漂移、线性度等原因，导致其精度不高。影响 ADC 精度的因素除了前面讲过的量化误差以外，还有非线性误差、零点漂移误差和增益误差等。ADC 实际输出与理论上的输出之差是这些误差共同相加的结果。

4. 转换时间

转换时间(conversion time)是 ADC 完成一次 AD 转换所需要的时间，是指从启动 ADC 开始到获得相应数据所需要的总时间。ADC 的转换时间等于 ADC 采样时间加上 ADC 量化和编码时间。通常，对于一个 ADC 来说，它的量化和编码时间是固定的，而采样时间可根据被测信号的不同而灵活设置，但必须符合采样定律中的规定。

### 12.1.3 ADC 主要类型

ADC 的种类很多，按转换原理可分为逐次逼近式、双积分式和 V/F 变化式，按信号传输形式可分为并行 AD 和串行 AD。

1. 逐次逼近式

逐次逼近式属于直接式 ADC，其原理可理解为将输入模拟量逐次与 $U_{REF}/2$、$U_{REF}/4$、$U_{REF}/8$、…、$U_{REF}/2^{N-1}$ 作比较，模拟量大于比较值取 1(并减去比较值)，否则取 0。逐次逼近式 AD 转换器转换精度高，速度较快，价格适中，是目前种类最多、应用最广的 AD 转换器，典型的 8 位逐次逼近式 AD 芯片有 ADC0809。

2. 双积分式

双积分式是一种间接式 ADC，其原理是将输入模拟量和基准量通过积分器积分，转换为时间，再对时间计数，计数值即为数字量。优点是转换精度高，缺点是转换时间较长，一般要 40～50ms，使用于转换速度不快的场合。典型芯片有 MC14433 和 ICL7109。

3. V/F 变换式

V/F 变换式也是一种间接式 ADC，其原理是将模拟量转换为频率信号，再对频率信号计数，转换为数字量。其特点是转换精度高，抗干扰性强，便于长距离传送，廉价，但转换速度偏低。

## 12.2 STM32F103 的 ADC 工作原理

STM32F103 微控制器内部集成 1～3 个 12 位逐次逼近型模拟数字转换器。它有多达 18 个通道，可测量 16 个外部和 2 个内部信号源。各通道的 AD 转换可以单次、连续、扫描或间断模式执行。ADC 的结果可以左对齐或右对齐方式存储在 16 位数据寄存器中。

### 12.2.1 主要特征

STM32F103 的 ADC 的主要特征如下：

(1) 12 位分辨率。

(2) 转换结束、注入转换结束和发生模拟看门狗事件时产生中断。

(3) 单次和连续转换模式。

(4) 从通道 0 到通道 $n$ 的自动扫描模式。

(5) 自校准。

(6) 带内嵌数据一致性的数据对齐。

(7) 采样间隔可以按通道分别编程。

(8) 规则转换和注入转换均有外部触发选项。

(9) 间断模式。

(10) 双重模式(带 2 个或以上 ADC 的器件)。

(11) ADC 转换时间：时钟为 56MHz 时，ADC 最短转换时间为 1μs。

(12) ADC 供电要求：2.4～3.6V。

(13) ADC 输入范围：$V_{REF-} \leqslant V_{IN} \leqslant V_{REF+}$。

(14) 规则通道转换期间有 DMA 请求产生。

## 12.2.2　内部结构

STM32F103 的 ADC 内部结构如图 12-4 所示，其核心为模拟至数字转换器，它由软件或硬件触发，在 ADC 时钟 ADCLK 的驱动下对规则通道或注入通道中的模拟信号进行采样、量化和编码。

ADC 的 12 位转换结果可以以左对齐或右对齐的方式存放在 16 位数据寄存器当中。根据转换通道不同，数据寄存器可以分为规则通道数据寄存器和注入通道数据寄存器。由于 STM32F103 微控制器 ADC 只有 1 个规则通道数据寄存器，因此如果需要对多个规则通道的模拟信号进行转换时，经常使用 DMA 方式将转换结果自动传输到内存变量中。

STM32F103 的 ADC 部分引脚说明如表 12-1 所示，其中 $V_{DDA}$ 和 $V_{SSA}$ 应该分别连接到 $V_{DD}$ 和 $V_{SS}$。

## 12.2.3　通道及分组

STM32F103 微控制器最多有 18 个模拟输入通道，可测量 16 个外部模拟信号和 2 个内部信号源，其 ADC 通道分配关系如表 12-2 所示。

STM32F103 微控制器的 ADC 根据优先级把所有通道分为两个组：规则通道组和注入通道组。在任意多个通道上以任意顺序进行的一系列转换构成成组转换。例如，可以按如下顺序完成转换：通道 9、通道 5、通道 2、通道 7、通道 3、通道 8。

**1. 规则通道组**

划分到规则通道组(group of regular channel)中的通道称为规则通道。一般情况下，如果仅是一般模拟输入信号的转换，那么将该模拟输入信号的通道设置为规则通道即可。

规则通道组最多可以有 16 个规则通道，当每个规则通道转换完成后，将转换结果保存到同一个规则通道数据寄存器，同时产生 ADC 转换结束事件，可以产生对应的中断和 DMA 请求。

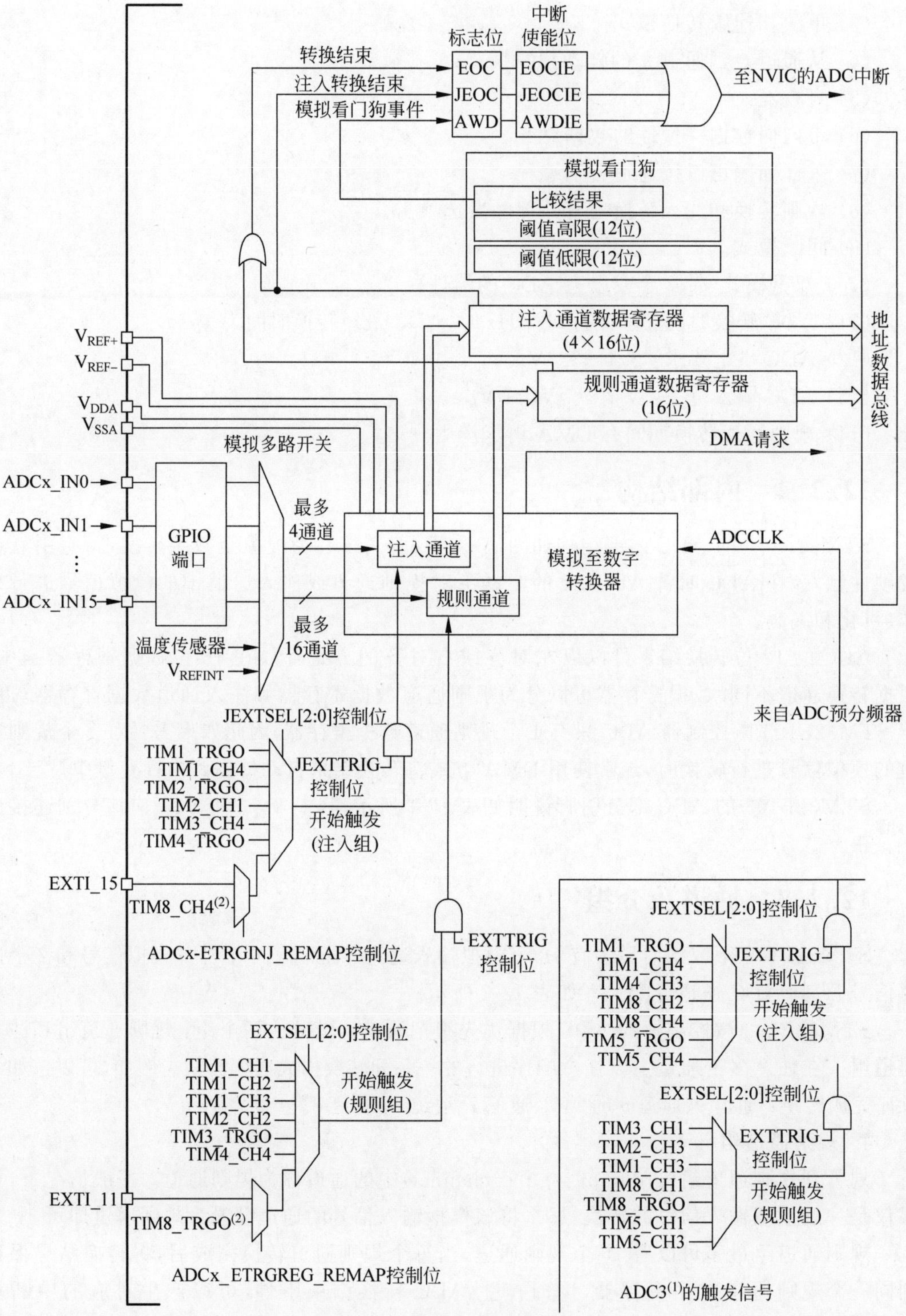

中断
标志位 使能位
转换结束
注入转换结束
模拟看门狗事件
EOC EOCIE
JEOC JEOCIE
AWD AWDIE
至NVIC的ADC中断
模拟看门狗
比较结果
阈值高限(12位)
阈值低限(12位)
注入通道数据寄存器
(4×16位)
规则通道数据寄存器
(16位)
地址/数据总线
$V_{REF+}$
$V_{REF-}$
$V_{DDA}$
$V_{SSA}$
DMA请求
模拟多路开关
ADCx_IN0
ADCx_IN1
⋮
ADCx_IN15
GPIO
端口
最多
4通道
注入通道
最多
16通道
规则通道
模拟至数字
转换器
ADCCLK
温度传感器
$V_{REFINT}$
来自ADC预分频器
JEXTSEL[2:0]控制位
TIM1_TRGO
TIM1_CH4
TIM2_TRGO
TIM2_CH1
TIM3_CH4
TIM4_TRGO
JEXTTRIG
控制位
开始触发
(注入组)
EXTI_15
TIM8_CH4[2]
ADCx-ETRGINJ_REMAP控制位
EXTTRIG
控制位
EXTSEL[2:0]控制位
TIM1_CH1
TIM1_CH2
TIM1_CH3
TIM2_CH2
TIM3_TRGO
TIM4_CH4
开始触发
(规则组)
EXTI_11
TIM8_TRGO[2]
ADCx_ETRGREG_REMAP控制位
JEXTSEL[2:0]控制位
TIM1_TRGO
TIM1_CH4
TIM4_CH3
TIM8_CH2
TIM8_CH4
TIM5_TRGO
TIM5_CH4
JEXTTRIG
控制位
开始触发
(注入组)
EXTSEL[2:0]控制位
TIM3_CH1
TIM2_CH3
TIM1_CH3
TIM8_CH1
TIM8_TRGO
TIM5_CH1
TIM5_CH3
EXTTRIG
控制位
开始触发
(规则组)
ADC3[1]的触发信号

图 12-4 ADC 内部结构图

表 12-1 模拟数字转换器引脚说明

| 名称 | 信号类型 | 注解 |
| --- | --- | --- |
| $V_{REF+}$ | 输入，模拟参考正极 | $2.4V \leqslant V_{REF+} \leqslant V_{DDA}$ |
| $V_{DDA}$ | 输入，模拟电源 | $2.4V \leqslant V_{DDA} \leqslant V_{DD}(3.6V)$ |
| $V_{REF-}$ | 输入，模拟参考负极 | $V_{REF-} = V_{SSA}$ |
| $V_{SSA}$ | 输入，模拟电源地 | 等效于 $V_{SS}$ 的模拟电源地 |
| ADCx_IN[15:0] | 模拟输入信号 | 16 个模拟输入通道 |

表 12-2 模拟数字转换器通道分配表

| 通道 | ADC1 | ADC2 | ADC3 |
| --- | --- | --- | --- |
| 通道 0 | PA0 | PA0 | PA0 |
| 通道 1 | PA1 | PA1 | PA1 |
| 通道 2 | PA2 | PA2 | PA2 |
| 通道 3 | PA3 | PA3 | PA3 |
| 通道 4 | PA4 | PA4 | PF6 |
| 通道 5 | PA5 | PA5 | PF7 |
| 通道 6 | PA6 | PA6 | PF8 |
| 通道 7 | PA7 | PA7 | PF9 |
| 通道 8 | PB0 | PB0 | PF10 |
| 通道 9 | PB1 | PB1 | |
| 通道 10 | PC0 | PC0 | PC0 |
| 通道 11 | PC1 | PC1 | PC1 |
| 通道 12 | PC2 | PC2 | PC2 |
| 通道 13 | PC3 | PC3 | PC3 |
| 通道 14 | PC4 | PC4 | |
| 通道 15 | PC5 | PC5 | |
| 通道 16 | 温度传感器 | | |
| 通道 17 | 内部参考电压 | | |

### 2. 注入通道组

划分到注入通道组(group of injected channel)中的通道称为注入通道。如果需要转换的模拟输入信号的优先级较其他的模拟输入信号要高，那么可以将该模拟输入信号的通道归入注入通道组中。

注入通道组最多可以有 4 个注入通道，对应地，也有 4 个注入通道数据寄存器来保存注入通道的转换结果。当每个注入通道转换完成后，产生 ADC 注入转换结束事件，可以产生对应的中断，但不具备 DMA 传输能力。

### 3. 通道组划分

规则通道相当于正常运行的程序，而注入通道就相当于中断。当主程序正常执行的时候,中断是可以打断其执行的。同这个类似,注入通道的转换可以打断规则通道的转换,在注入通道被转换完成之后,规则通道才得以继续转换。

通过这个形象的例子可以说明:假如在家里的院子内放了5个温度探头,室内放了2个温度探头;需要时刻监视室外温度,偶尔想看看室内的温度,可以使用规则通道组循环扫描室外的5个探头并显示AD转换结果,通过一个按钮启动注入转换组(2个室内探头)并暂时显示室内温度,当放开这个按钮后,系统又会回到规则通道组继续检测室外温度。从系统设计上,测量并显示室内温度的过程中断了测量并显示室外温度的过程,但程序设计上可以在初始化阶段分别设置好不同的转换组,系统运行中不必再变更循环转换的配置,从而达到两个任务互不干扰和快速切换的效果。可以设想一下,如果没有规则通道组和注入通道组的划分,当按下按钮后,需要重新配置AD循环扫描的通道,然后在释放按钮后需再次配置AD循环扫描的通道。

上面的例子因为速度较慢,不能完全体现这样区分(规则通道组和注入通道组)的好处,但在工业应用领域中有很多检测和监视探头需要较快地处理,这样对AD转换的分组将简化事件处理的程序并提高事件处理的速度。

## 12.2.4 时序图

时序图如图12-5所示,ADC在开始精确转换前需要一个稳定时间。在开始ADC转换和14个时钟周期后,EOC标志被设置,16位ADC数据寄存器包含转换的结果。

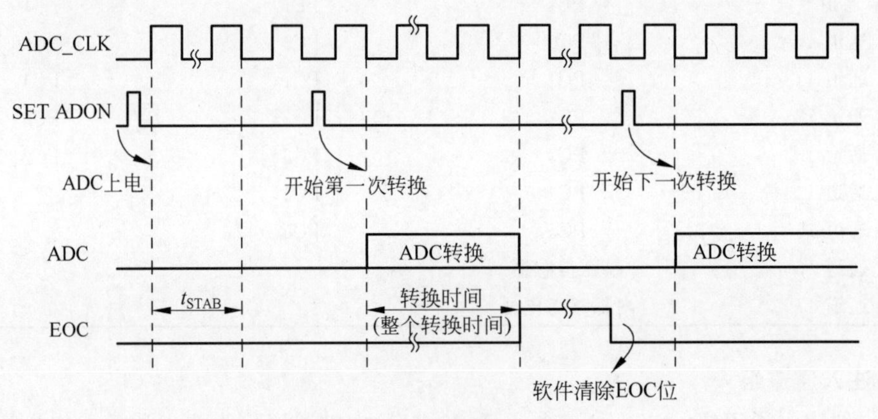


图12-5 ADC转换时序图

## 12.2.5 数据对齐

ADC_CR2寄存器中的ALIGN位选择转换后数据储存的对齐方式。数据可以左对齐或右对齐,如图12-6和图12-7所示。注入通道组通道转换的数据值已经减去了在ADC_JOFRx寄存器中定义的偏移量,因此结果可以是一个负值。SEXT位是扩展的符号值。对于规则组通道,不需减去偏移值,因此只有12个位有效。

注入通道组

| SEXT | SEXT | SEXT | SEXT | D11 | D10 | D9 | D8 | D7 | D6 | D5 | D4 | D3 | D2 | D1 | D0 |
|---|---|---|---|---|---|---|---|---|---|---|---|---|---|---|---|

规则通道组

| 0 | 0 | 0 | 0 | D11 | D10 | D9 | D8 | D7 | D6 | D5 | D4 | D3 | D2 | D1 | D0 |
|---|---|---|---|---|---|---|---|---|---|---|---|---|---|---|---|

图 12-6　转换结果数据右对齐

注入通道组

| SEXT | D11 | D10 | D9 | D8 | D7 | D6 | D5 | D4 | D3 | D2 | D1 | D0 | 0 | 0 | 0 |
|---|---|---|---|---|---|---|---|---|---|---|---|---|---|---|---|

规则通道组

| D11 | D10 | D9 | D8 | D7 | D6 | D5 | D4 | D3 | D2 | D1 | D0 | 0 | 0 | 0 | 0 |
|---|---|---|---|---|---|---|---|---|---|---|---|---|---|---|---|

图 12-7　转换结果数据左对齐

### 12.2.6　校准

ADC 有一个内置自校准模式。校准可大幅减小因内部电容器组的变化而造成的准确度误差。在校准期间，在每个电容器上都会计算出一个误差修正码(数字值)，这个码用于消除在随后的转换中每个电容器上产生的误差。

通过设置 ADC_CR2 寄存器的 CAL 位启动校准。一旦校准结束，CAL 位被硬件复位，可以开始正常转换。建议在上电时执行一次 ADC 校准。校准阶段结束后，校准码储存在 ADC_DR 中。

### 12.2.7　转换时间

STM32F103 微控制器 ADC 转换时间 $T_{CONV}$ = 采样时间 + 量化编码时间，其中量化编码时间固定为 12.5 个 ADC 时钟周期。采样周期数目可以通过 ADC_SMPR1 和 ADC_SMPR2 寄存器中的 SMP[2:0]位更改。每个通道可以分别用不同的时间采样，可以是 1.5、7.5、13.5、28.5、41.5、56.5、71.5 或 239.5 个 ADC 时钟周期。采样时间的具体取值根据实际被测信号而定，必须符合采样定理要求。

例如：

当 ADCCLK=14MHz，采样时间为 1.5 周期

$$T_{CONV}=1.5+12.5=14\text{ 周期}=1\mu s$$

### 12.2.8　转换模式

ADC 转换模式用于指定 ADC 以什么方式组织通道转换，主要有单次转换模式、连续转

换模式，扫描模式和间断模式等。

### 1. 单次转换模式

单次转换模式下，ADC 只执行一次转换。该模式既可通过设置 ADC_CR2 寄存器的 ADON 位(只适用于规则通道)启动也可通过外部触发启动(适用于规则通道或注入通道)，这时 CONT 位为 0。一旦选择通道的转换完成：

① 如果一个规则通道被转换：转换数据被储存在 16 位 ADC_DR 寄存器中，EOC(转换结束)标志被设置，如果设置了 EOCIE，则产生中断。

② 如果一个注入通道被转换：转换数据被储存在 16 位 ADC_JDRx(x=1～4)寄存器中，JEOC(注入转换结束)标志被设置，如果设置了 JEOCIE 位，则产生中断。

然后 ADC 停止。

### 2. 连续转换模式

在连续转换模式中，当前面 ADC 转换一结束马上就启动另一次转换。此模式可通过外部触发启动或通过设置 ADC_CR2 寄存器上的 ADON 位启动，此时 CONT 位是 1。

每个转换后：

① 如果一个规则通道被转换：转换数据储存在 16 位的 ADC_DR 寄存器中，EOC(转换结束)标志被设置，如果设置了 EOCIE，则产生中断。

② 如果一个注入通道被转换：转换数据储存在 16 位的 ADC_JDRx 寄存器中，JEOC(注入转换结束)标志被设置，如果设置了 JEOCIE 位，则产生中断。

### 3. 扫描模式

此模式用来扫描一组模拟通道。扫描模式可通过设置 ADC_CR1 寄存器的 SCAN 位来选择。一旦这个位被设置，ADC 扫描所有被 ADC_SQRx 寄存器(对规则通道)或 ADC_JSQR(对注入通道)选中的通道。在每个组的每个通道上执行单次转换。在每个转换结束时，同一组的下一个通道被自动转换。如果设置了 CONT 位，转换不会在选择组的最后一个通道上停止，而是再次从选择组的第一个通道继续转换。如果设置了 DMA 位，在每次 EOC 后，DMA 控制器把规则组通道的转换数据传输到 SRAM 中。而注入通道转换的数据总是存储在 ADC_JDRx 寄存器中。

### 4. 间断模式

(1) 规则通道组

此模式通过设置 ADC_CR1 寄存器上的 DISCEN 位激活。它可以用来执行一个短序列的 $n$ 次转换($n \leqslant 8$)，此转换是 ADC_SQRx 寄存器所选择的转换序列的一部分。数值 $n$ 由 ADC_CR1 寄存器的 DISCNUM[2:0]位给出。

一个外部触发信号可以启动 ADC_SQRx 寄存器中描述的下一轮 $n$ 次转换，直到此序列所有的转换完成为止。总的序列长度由 ADC_SQR1 寄存器的 L[3:0]定义。

举例：

$n=3$，被转换的通道＝0、1、2、3、6、7、9、10

第一次触发：转换的序列为0、1、2

第二次触发：转换的序列为3、6、7

第三次触发：转换的序列为9、10，并产生EOC事件

第四次触发：转换的序列0、1、2

---

**注意**：① 当以间断模式转换一个规则组时，转换序列结束后不自动从头开始。

② 当所有子组被转换完成，下一次触发启动第一个子组的转换。在上面的例子中，第四次触发重新转换第一子组的通道0、1和2。

---

（2）注入通道组

此模式通过设置ADC_CR1寄存器的JDISCEN位激活。在一个外部触发事件后，该模式按通道顺序逐个转换ADC_JSQR寄存器中选择的序列。

一个外部触发信号可以启动ADC_JSQR寄存器选择的下一个通道序列的转换，直到序列中所有的转换完成为止。总的序列长度由ADC_JSQR寄存器的JL[1:0]位定义。

例子：

$n=1$，被转换的通道＝1、2、3

第一次触发：通道1被转换

第二次触发：通道2被转换

第三次触发：通道3被转换，并且产生EOC和JEOC事件

第四次触发：通道1被转换

---

**注意**：① 当完成所有注入通道转换，下个触发启动第1个注入通道的转换。在上述例子中，第四个触发重新转换第1个注入通道1。

② 不能同时使用自动注入和间断模式。

③ 必须避免同时为规则组和注入组设置间断模式。间断模式只能作用于一组转换。

---

### 12.2.9　外部触发转换

转换可以由外部事件触发(例如，定时器捕获，EXTI线)。如果设置了EXTTRIG控制位，则外部事件就能够触发转换。EXTSEL[2:0]和JEXTSEL2:0]控制位允许应用程序选择8个可能的事件中的某一个，可以触发规则和注入组的采样。表12-3列出了最常用的ADC1和ADC2规则通道的8个外部触发事件，其余外部触发事件信息，读者可自行查阅STM32中文参考手册。

---

**注意**：当外部触发信号被选为ADC规则或注入转换时，只有它的上升沿可以启动转换。

---

**表 12-3 ADC1 和 ADC2 用于规则通道的外部触发**

| 触发源 | 类型 | EXTSEL[2:0] |
|---|---|---|
| TIM1_CC1 事件 | 来自片上定时器的内部信号 | 000 |
| TIM1_CC2 事件 | | 001 |
| TIM1_CC3 事件 | | 010 |
| TIM2_CC2 事件 | | 011 |
| TIM3_TRGO 事件 | | 100 |
| TIM4_CC4 事件 | | 101 |
| EXTI 线 11/TIM8_TRGO | 外部引脚/来自片上定时器的内部信号 | 110 |
| SWSTART | 软件控制位 | 111 |

### 12.2.10 中断和 DMA 请求

1. 中断

规则通道组和注入通道组转换结束时能产生中断，当模拟看门狗状态位被设置时也能产生中断。它们都有独立的中断使能位。ADC1 和 ADC2 的中断映射在同一个中断向量上，而 ADC3 的中断有自己的中断向量。表 12-4 给出了 STM32F103 微控制器 ADC 的中断事件的标志位和控制位。

**表 12-4 STM32F103 微控制器 ADC 中断事件**

| 中断事件 | 事件标志 | 使能控制位 |
|---|---|---|
| 规则通道组转换结束 | EOC | EOCIE |
| 注入通道组转换结束 | JEOC | JEOCIE |
| 设置了模拟看门狗状态位 | AWD | AWDIE |

2. DMA

因为规则通道转换的值储存在一个仅有的数据寄存器中，所以当转换多个规则通道时需要使用 DMA，这可以避免丢失已经存储在 ADC_DR 寄存器中的数据。只有在规则通道的转换结束时才产生 DMA 请求，并将转换的数据从 ADC_DR 寄存器传输到用户指定的目的地址。而 4 个注入通道有 4 个数据寄存器，用来存储每个注入通道的转换结果，因此注入通道无需 DMA。只有 ADC1 和 ADC3 拥有 DMA 功能。由 ADC2 转化的数据可以通过双 ADC 模式，利用 ADC1 的 DMA 功能传输。

## 12.3 ADC 相关库函数

### 12.3.1 函数 ADC_DeInit

表 12-5 描述了函数 ADC_DeInit。

表 12-5 函数 ADC_DeInit

| 函数名 | ADC_DeInit |
| --- | --- |
| 函数原型 | void ADC_DeInit(ADC_TypeDef * ADCx) |
| 功能描述 | 将外设 ADCx 的全部寄存器重设为缺省值 |
| 输入参数 1 | ADCx：x 可以是 1、2 或 3，用来选择 ADC 外设 |
| 输出参数 2 | 无 |
| 返回值 | 无 |
| 先决条件 | 无 |
| 被调用函数 | RCC_APB2PeriphClockCmd() |

例如：

```
/* Resets ADC2 */
ADC_DeInit(ADC2);
```

### 12.3.2 函数 ADC_Init

表 12-6 描述了函数 ADC_Init。

表 12-6 函数 ADC_Init

| 函数名 | ADC_Init |
| --- | --- |
| 函数原型 | void ADC_Init(ADC_TypeDef * ADCx, ADC_InitTypeDef * ADC_InitStruct) |
| 功能描述 | 根据 ADC_InitStruct 中指定的参数初始化外设 ADCx 的寄存器 |
| 输入参数 1 | ADCx：x 可以是 1、2 或 3，用来选择 ADC 外设 |
| 输入参数 2 | ADC_InitStruct：指向结构 ADC_InitTypeDef 的指针，包含了指定外设 ADC 的配置信息 |
| 输出参数 | 无 |
| 返回值 | 无 |
| 先决条件 | 无 |
| 被调用函数 | 无 |

**ADC_InitTypeDef structure**

ADC_InitTypeDef 定义于文件 stm32f10x_adc.h：

```
typedef struct
{
u32 ADC_Mode;
FunctionalState ADC_ScanConvMode;
FunctionalState ADC_ContinuousConvMode;
u32 ADC_ExternalTrigConv;
u32 ADC_DataAlign;
u8 ADC_NbrOfChannel;
} ADC_InitTypeDef
```

**ADC_Mode**

ADC_Mode 设置 ADC 工作在独立或者双 ADC 模式。参阅表 12-7 获得这个参数的所有成员。

表 12-7 函数 ADC_Mode 定义

| ADC_Mode | 描 述 |
|---|---|
| ADC_Mode_Independent | ADC1 和 ADC2 工作在独立模式 |
| ADC_Mode_RegInjecSimult | ADC1 和 ADC2 工作在同步规则和同步注入模式 |
| ADC_Mode_RegSimult_AlterTrig | ADC1 和 ADC2 工作在同步规则模式和交替触发模式 |
| ADC_Mode_InjecSimult_FastInterl | ADC1 和 ADC2 工作在同步规则模式和快速交替模式 |
| ADC_Mode_InjecSimult_SlowInterl | ADC1 和 ADC2 工作在同步注入模式和慢速交替模式 |
| ADC_Mode_InjecSimult | ADC1 和 ADC2 工作在同步注入模式 |
| ADC_Mode_RegSimult | ADC1 和 ADC2 工作在同步规则模式 |
| ADC_Mode_FastInterl | ADC1 和 ADC2 工作在快速交替模式 |
| ADC_Mode_SlowInterl | ADC1 和 ADC2 工作在慢速交替模式 |
| ADC_Mode_AlterTrig | ADC1 和 ADC2 工作在交替触发模式 |

**ADC_ScanConvMode**

ADC_ScanConvMode 规定了模数转换工作在扫描模式(多通道)还是单次(单通道)模式。可以设置这个参数为 ENABLE 或者 DISABLE。

**ADC_ContinuousConvMode**

ADC_ContinuousConvMode 规定了模数转换工作在连续还是单次模式。可以设置这个参数为 ENABLE 或者 DISABLE。

**ADC_ExternalTrigConv**

ADC_ExternalTrigConv 定义了使用外部触发来启动规则通道的模数转换,这个参数可以取的值见表 12-8。

表 12-8 ADC_ExternalTrigConv 定义表

| ADC_ExternalTrigConv | 描 述 |
|---|---|
| ADC_ExternalTrigConv_T1_CC1 | 选择定时器 1 的捕获比较 1 作为转换外部触发 |
| ADC_ExternalTrigConv_T1_CC2 | 选择定时器 1 的捕获比较 2 作为转换外部触发 |
| ADC_ExternalTrigConv_T1_CC3 | 选择定时器 1 的捕获比较 3 作为转换外部触发 |
| ADC_ExternalTrigConv_T2_CC2 | 选择定时器 2 的捕获比较 2 作为转换外部触发 |
| ADC_ExternalTrigConv_T3_TRGO | 选择定时器 3 的 TRGO 作为转换外部触发 |
| ADC_ExternalTrigConv_T4_CC4 | 选择定时器 4 的捕获比较 4 作为转换外部触发 |
| ADC_ExternalTrigConv_Ext_IT11 | 选择外部中断线 11 事件作为转换外部触发 |
| ADC_ExternalTrigConv_None | 转换由软件而不是外部触发启动 |

**ADC_DataAlign**

ADC_DataAlign 规定了 ADC 数据向左边对齐还是向右边对齐。这个参数可以取的值见表 12-9。

表 12-9　ADC_DataAlign 定义表

| ADC_DataAlign | 描　述 |
| --- | --- |
| ADC_DataAlign_Right | ADC 数据右对齐 |
| ADC_DataAlign_Left | ADC 数据左对齐 |

**ADC_NbrOfChannel**

ADC_NbreOfChannel 规定了顺序进行规则转换的 ADC 通道的数目。这个数目的取值范围是 1～16。

例如：

```
/* Initialize the ADC1 according to the ADC_InitStructure members */
ADC_InitTypeDef ADC_InitStructure;
ADC_InitStructure.ADC_Mode = ADC_Mode_Independent;
ADC_InitStructure.ADC_ScanConvMode = ENABLE;
ADC_InitStructure.ADC_ContinuousConvMode = DISABLE;
ADC_InitStructure.ADC_ExternalTrigConv =
ADC_ExternalTrigConv_Ext_IT11;
ADC_InitStructure.ADC_DataAlign = ADC_DataAlign_Right;
ADC_InitStructure.ADC_NbrOfChannel = 16;
ADC_Init(ADC1, &ADC_InitStructure);
```

**注意**：为了能够正确地配置每一个 ADC 通道，用户在调用 ADC_Init()之后，必须调用 ADC_ChannelConfig()配置每个所使用通道的转换次序和采样时间。

### 12.3.3　函数 ADC_RegularChannelConfig

表 12-10 描述了函数 ADC_RegularChannelConfig。

表 12-10　函数 ADC_RegularChannelConfig

| 函数名 | ADC_RegularChannelConfig |
| --- | --- |
| 函数原型 | void ADC_RegularChannelConfig(ADC_TypeDef * ADCx, u8 ADC_Channel, u8 Rank, u8 ADC_SampleTime) |
| 功能描述 | 设置指定 ADC 的规则组通道，设置它们的转化顺序和采样时间 |
| 输入参数 1 | ADCx：x 可以是 1、2 或 3，用来选择 ADC 外设 |
| 输入参数 2 | ADC_Channel：被设置的 ADC 通道 |
| 输入参数 3 | Rank：规则组采样顺序。取值范围 1～16 |
| 输入参数 4 | ADC_SampleTime：指定 ADC 通道的采样时间值，参阅章节 ADC_SampleTime，查阅更多该参数允许取值范围 |
| 输出参数 | 无 |
| 返回值 | 无 |
| 先决条件 | 无 |
| 被调用函数 | 无 |

**ADC_Channel**

参数 ADC_Channel 指定了通过调用函数 ADC_RegularChannelConfig 来设置的 ADC 通道。表 12-11 列举了 ADC_Channel 可取的值。

表 12-11　ADC_Channel 值

| ADC_Channel | 描　述 | ADC_Channel | 描　述 |
|---|---|---|---|
| ADC_Channel_0 | 选择 ADC 通道 0 | ADC_Channel_9 | 选择 ADC 通道 9 |
| ADC_Channel_1 | 选择 ADC 通道 1 | ADC_Channel_10 | 选择 ADC 通道 10 |
| ADC_Channel_2 | 选择 ADC 通道 2 | ADC_Channel_11 | 选择 ADC 通道 11 |
| ADC_Channel_3 | 选择 ADC 通道 3 | ADC_Channel_12 | 选择 ADC 通道 12 |
| ADC_Channel_4 | 选择 ADC 通道 4 | ADC_Channel_13 | 选择 ADC 通道 13 |
| ADC_Channel_5 | 选择 ADC 通道 5 | ADC_Channel_14 | 选择 ADC 通道 14 |
| ADC_Channel_6 | 选择 ADC 通道 6 | ADC_Channel_15 | 选择 ADC 通道 15 |
| ADC_Channel_7 | 选择 ADC 通道 7 | ADC_Channel_16 | 选择 ADC 通道 16 |
| ADC_Channel_8 | 选择 ADC 通道 8 | ADC_Channel_17 | 选择 ADC 通道 17 |

**ADC_SampleTime**

ADC_SampleTime 设定了选中通道的 ADC 采样时间。表 12-12 列举了 ADC_SampleTime 可取的值。

表 12-12　ADC_SampleTime 值

| ADC_SampleTime | 描　述 |
|---|---|
| ADC_SampleTime_1Cycles5 | 采样时间为 1.5 周期 |
| ADC_SampleTime_7Cycles5 | 采样时间为 7.5 周期 |
| ADC_SampleTime_13Cycles5 | 采样时间为 13.5 周期 |
| ADC_SampleTime_28Cycles5 | 采样时间为 28.5 周期 |
| ADC_SampleTime_41Cycles5 | 采样时间为 41.5 周期 |
| ADC_SampleTime_55Cycles5 | 采样时间为 55.5 周期 |
| ADC_SampleTime_71Cycles5 | 采样时间为 71.5 周期 |
| ADC_SampleTime_239Cycles5 | 采样时间为 239.5 周期 |

例如：

```
/* Configures ADC1 Channel2 as: first converted channel with an 7.5cycles sample time */
ADC_RegularChannelConfig(ADC1, ADC_Channel_2, 1, ADC_SampleTime_7Cycles5);
/* Configures ADC1 Channel8 as: second converted channel with an 1.5 cycles sample time */
ADC_RegularChannelConfig(ADC1, ADC_Channel_8, 2, ADC_SampleTime_1Cycles5);
```

## 12.3.4　函数 ADC_InjectedChannleConfig

表 12-13 描述了函数 ADC_InjectedChannleConfig。

表 12-13　函数 ADC_InjectedChannleConfig

| 函数名 | ADC_InjectedChannleConfig |
| --- | --- |
| 函数原型 | void ADC_InjectedChannelConfig(ADC_TypeDef * ADCx, u8 ADC_Channel, u8 Rank, u8 ADC_SampleTime) |
| 功能描述 | 设置指定 ADC 的注入通道,设置它们的转化顺序和采样时间 |
| 输入参数 1 | ADCx: x 可以是 1、2 或 3,用来选择 ADC 外设 |
| 输入参数 2 | ADC_Channel: 被设置的 ADC 通道 |
| 输入参数 3 | Rank: 规则组采样顺序,取值范围为 1～4 |
| 输入参数 4 | ADC_SampleTime: 指定 ADC 通道的采样时间值,参阅章节 ADC_SampleTime,查阅更多该参数允许取值范围 |
| 输出参数 | 无 |
| 返回值 | 无 |
| 先决条件 | 之前必须调用函数 ADC_InjectedSequencerLengthConfig 来确定注入转换通道的数目。特别是在通道数目小于 4 的情况下,来正确配置每个注入通道的转化顺序 |
| 被调用函数 | 无 |

**ADC_Channel**

参数 ADC_Channel 指定了需设置的 ADC 通道。

**ADC_SampleTime**

ADC_SampleTime 设定了选中通道的 ADC 采样时间。

例如:

```
/* Configures ADC1 Channel12 as: second converted channel with an 28.5 cycles sample time */
ADC_InjectedChannelConfig(ADC1, ADC_Channel_12, 2, ADC_SampleTime_28Cycles5);
```

## 12.3.5　函数 ADC_Cmd

表 12-14 描述了函数 ADC_Cmd。

表 12-14　函数 ADC_Cmd

| 函数名 | ADC_Cmd |
| --- | --- |
| 函数原型 | void ADC_Cmd(ADC_TypeDef * ADCx, FunctionalState NewState) |
| 功能描述 | 使能或者失能指定的 ADC |
| 输入参数 1 | ADCx: x 可以是 1、2 或 3,用来选择 ADC 外设 |
| 输入参数 2 | NewState: 外设 ADCx 的新状态,这个参数可以取 ENABLE 或者 DISABLE |
| 输出参数 | 无 |
| 返回值 | 无 |
| 先决条件 | 无 |
| 被调用函数 | 无 |

例如：

```
/* Enable ADC1 */
ADC_Cmd(ADC1, ENABLE);
```

**注意**：函数 ADC_Cmd 只能在其他 ADC 设置函数之后被调用。

### 12.3.6 函数 ADC_ResetCalibration

表 12-15 描述了函数 ADC_ResetCalibration。

**表 12-15 函数 ADC_ResetCalibration**

| | |
|---|---|
| 函数名 | ADC_ResetCalibration |
| 函数原型 | void ADC_ResetCalibration(ADC_TypeDef * ADCx) |
| 功能描述 | 重置指定的 ADC 的校准寄存器 |
| 输入参数 | ADCx：x 可以是 1、2 或 3，用来选择 ADC 外设 |
| 输出参数 | 无 |
| 返回值 | 无 |
| 先决条件 | 无 |
| 被调用函数 | 无 |

例如：

```
/* Reset the ADC1 Calibration registers */
ADC_ResetCalibration(ADC1);
```

### 12.3.7 函数 ADC_GetResetCalibrationStatus

表 12-16 描述了函数 ADC_ GetResetCalibrationStatus。

**表 12-16 函数 ADC_ GetResetCalibrationStatus**

| | |
|---|---|
| 函数名 | ADC_ GetResetCalibrationStatus |
| 函数原型 | FlagStatus ADC_GetResetCalibrationStatus(ADC_TypeDef * ADCx) |
| 功能描述 | 获取 ADC 重置校准寄存器的状态 |
| 输入参数 | ADCx：x 可以是 1、2 或 3，用来选择 ADC 外设 |
| 输出参数 | 无 |
| 返回值 | ADC 重置校准寄存器的新状态(SET 或者 RESET) |
| 先决条件 | 无 |
| 被调用函数 | 无 |

例如：

```
/* Get the ADC2 reset calibration registers status */
FlagStatus Status;
Status = ADC_GetResetCalibrationStatus(ADC2);
```

### 12.3.8 函数 ADC_StartCalibration

表 12-17 描述了函数 ADC_StartCalibration。

表 12-17 函数 ADC_StartCalibration

| 函数名 | ADC_StartCalibration |
| --- | --- |
| 函数原型 | void ADC_StartCalibration(ADC_TypeDef * ADCx) |
| 功能描述 | 开始指定 ADC 的校准状态 |
| 输入参数 | ADCx：x 可以是 1、2 或 3，用来选择 ADC 外设 |
| 输出参数 | 无 |
| 返回值 | 无 |
| 先决条件 | 无 |
| 被调用函数 | 无 |

例如：

```
/* Start the ADC2 Calibration */
ADC_StartCalibration(ADC2);
```

### 12.3.9 函数 ADC_GetCalibrationStatus

表 12-18 描述了函数 ADC_GetCalibrationStatus。

表 12-18 函数 ADC_GetCalibrationStatus

| 函数名 | ADC_GetCalibrationStatus |
| --- | --- |
| 函数原型 | FlagStatus ADC_GetCalibrationStatus(ADC_TypeDef * ADCx) |
| 功能描述 | 获取指定 ADC 的校准程序 |
| 输入参数 | ADCx：x 可以是 1、2 或 3，用来选择 ADC 外设 |
| 输出参数 | 无 |
| 返回值 | ADC 校准的新状态(SET 或者 RESET) |
| 先决条件 | 无 |
| 被调用函数 | 无 |

例如：

```
/* Get the ADC2 calibration status */
FlagStatus Status;
Status = ADC_GetCalibrationStatus(ADC2);
```

### 12.3.10 函数 ADC_SoftwareStartConvCmd

表 12-19 描述了函数 ADC_SoftwareStartConvCmd。

**表 12-19 函数 ADC_SoftwareStartConvCmd**

| | |
|---|---|
| 函数名 | ADC_SoftwareStartConvCmd |
| 函数原型 | void ADC _ SoftwareStartConvCmd ( ADC _ TypeDef * ADCx, FunctionalState NewState) |
| 功能描述 | 使能或者失能指定的 ADC 的软件转换启动功能 |
| 输入参数 1 | ADCx：x 可以是 1、2 或 3，用来选择 ADC 外设 |
| 输入参数 2 | NewState：指定 ADC 的软件转换启动新状态，这个参数可以取 ENABLE 或者 DISABLE |
| 输出参数 | 无 |
| 返回值 | 无 |
| 先决条件 | 无 |
| 被调用函数 | 无 |

例如：

```
/* Start by software the ADC1 Conversion */
ADC_SoftwareStartConvCmd(ADC1, ENABLE);
```

### 12.3.11 函数 ADC_GetConversionValue

表 12-20 描述了函数 ADC_GetConversionValue。

**表 12-20 函数 ADC_GetConversionValue**

| | |
|---|---|
| 函数名 | ADC_GetConversionValue |
| 函数原型 | u16 ADC_GetConversionValue(ADC_TypeDef * ADCx) |
| 功能描述 | 返回最近一次 ADCx 规则组的转换结果 |
| 输入参数 | ADCx：x 可以是 1、2 或 3，用来选择 ADC 外设 |
| 输出参数 | 无 |
| 返回值 | 转换结果 |
| 先决条件 | 无 |
| 被调用函数 | 无 |

例如：

```
/* Returns the ADC1 Master data value of the last converted channel */
u16 DataValue;
DataValue = ADC_GetConversionValue(ADC1);
```

### 12.3.12　函数 ADC_GetFlagStatus

表 12-21 描述了函数 ADC_GetFlagStatus。

表 12-21　函数 ADC_GetFlagStatus

| | |
|---|---|
| 函数名 | ADC_GetFlagStatus |
| 函数原型 | FlagStatus ADC_GetFlagStatus(ADC_TypeDef * ADCx, u8 ADC_FLAG) |
| 功能描述 | 检查制定 ADC 标志位置 1 与否 |
| 输入参数 1 | ADCx：x 可以是 1、2 或 3，用来选择 ADC 外设 |
| 输入参数 2 | ADC_FLAG：指定需检查的标志位，参阅章节 ADC_FLAG，查阅更多该参数允许取值范围 |
| 输出参数 | 无 |
| 返回值 | 无 |
| 先决条件 | 无 |
| 被调用函数 | 无 |

**ADC_FLAG**

表 12-22 给出了 ADC_FLAG 的值。

表 12-22　ADC_FLAG 的值

| ADC_AnalogWatchdog | 描　述 |
|---|---|
| ADC_FLAG_AWD | 模拟看门狗标志位 |
| ADC_FLAG_EOC | 转换结束标志位 |
| ADC_FLAG_JEOC | 注入组转换结束标志位 |
| ADC_FLAG_JSTRT | 注入组转换开始标志位 |
| ADC_FLAG_STRT | 规则组转换开始标志位 |

例如：

```
/* Test if the ADC1 EOC flag is set or not */
FlagStatus Status;
Status = ADC_GetFlagStatus(ADC1, ADC_FLAG_EOC);
```

### 12.3.13　函数 ADC_DMACmd

表 12-23 描述了函数 ADC_DMACmd。

表 12-23　函数 ADC_DMACmd

| | |
|---|---|
| 函数名 | ADC_DMACmd |
| 函数原型 | ADC_DMACmd(ADC_TypeDef * ADCx, FunctionalState NewState) |
| 功能描述 | 使能或者失能指定的 ADC 的 DMA 请求 |

续表

| | |
|---|---|
| 输入参数 1 | ADCx：x 可以是 1、2 或 3，用来选择 ADC 外设 |
| 输入参数 2 | NewState：ADC DMA 传输的新状态，这个参数可以取 ENABLE 或者 DISABLE |
| 输出参数 | 无 |
| 返回值 | 无 |
| 先决条件 | 无 |
| 被调用函数 | 无 |

例如：

```
/* Enable ADC2 DMA transfer */
ADC_DMACmd(ADC2, ENABLE);
```

ADC 转换

## 12.4 项目实例

### 12.4.1 项目分析

如图 12-8 所示，实验板提供 4 路模拟信号输入电路，分别连接至微控制器的 PA0～PA3 引脚，查表 12-2 可知该 4 路模拟输入信号在微控制器内部分别连接至 ADC1、ADC2 和 ADC3 的通道 0～通道 3。在本实验项目中选用 ADC1 完成 4 路模拟信号的数字转换任务，并将转换结果分通道显示于六位数码管上。

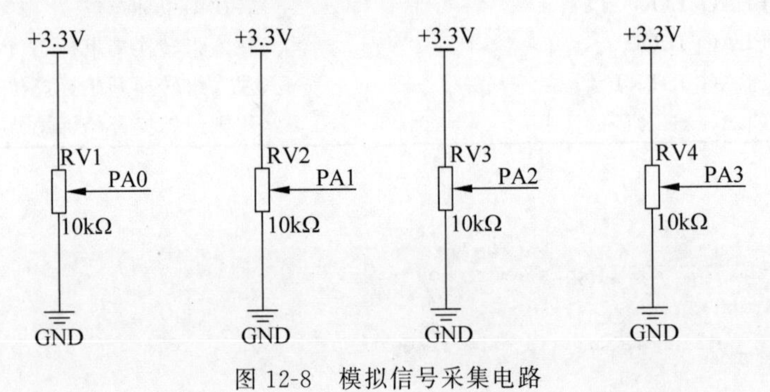


图 12-8　模拟信号采集电路

要完成上述功能需要的配置和初始化工作主要有如下几个方面：

**1. 开启时钟及分频**

需要打开 ADC1 时钟、GPIOA 时钟和 AFIO 时钟，并对系统时钟 6 分频，作为 ADC 时钟。

```
RCC_APB2PeriphClockCmd(RCC_APB2Periph_GPIOA|RCC_APB2Periph_AFIO , ENABLE);
RCC_APB2PeriphClockCmd(RCC_APB2Periph_ADC1 , ENABLE);
RCC_ADCCLKConfig(RCC_PCLK2_Div6);
```

### 2. 设置 GPIO 口的模式

在作为 ADC 输入的时候，GPIO 口应该配置为模拟输入(即 GPIO_Mode_AIN)。

### 3. 接着进行 ADC 模式的初始化

ADC 的初始化可以调用库函数的 ADC_Init()。它有两个输入参数：一是选择要设置的 ADC,使用 ADC1,所以设置为 ADC1；二是传递一个结构体的指针,它的成员有：

- ADC_Mode：表示 ADC 的模式,使用独立模式(ADC_Mode_Independent)。
- ADC_ScanConvMode：表示 ADC 是否使用扫描模式,所谓扫描模式就是在多通道时,不用手动切换通道。这里不使用该模式,所以设置为 DISABLE。
- ADC_ContinuousConvMode：表示 ADC 是否使用连续模式,也就是一直转换。这里是单次转换,所以设置为 DISABLE。
- ADC_ExternalTrigConv：表示触发方式,ADC 可以使用多种定时器类型触发,还可以使用外部中断触发,这里是软件触发,所以设置为 ADC_ExternalTrigConv_None。
- ADC_DataAlign：表示存储数据的对齐方式(上面提到过数据保存的对齐)。这里使用右对齐,所以设置为 ADC_DataAlign_Right。
- ADC_NbrOfChannel：表示顺序进行规则转换的通道数,一次只转换一个通道,所以可以把这个设置为 1。

### 4. 开启 ADC 使能

```
ADC_Cmd(ADC1, ENABLE);                              //打开 ADC 使能
```

### 5. 复位 ADC 校准,然后检测复位 ADC 校准是否完成

```
ADC_ResetCalibration(ADC1);                         //重置指定的 ADC 的校准寄存器
while(ADC_GetResetCalibrationStatus(ADC1));         //获取 ADC 重置校准寄存器的状态
```

### 6. 开启 ADC 校准,然后等待 ADC 校准开启成功

```
ADC_StartCalibration(ADC1);                         //开始指定 ADC 的校准状态
while(ADC_GetCalibrationStatus(ADC1));              //获取指定 ADC 的校准程序
```

### 7. 设置采样周期和选择通道

可以用 ADC_RegularChannelConfig()函数,它有 4 个参数：参数 1 用于选择 ADC,此处选择 ADC1,参数 2 用于设置采样通道,共采集 4 个通道,通道号为 0～3,每次选择 1 个通道,程序切换。参数 3 为所选通道采样顺序,参数 4 用于设置采样周期。

```
ADC_RegularChannelConfig(ADC1, ADC_Channel_0, 1, ADC_SampleTime_55Cycles5 );
```

**8. 开始转换**

因使用的是软件触发功能，所以要软件开启转换。

```
ADC_SoftwareStartConvCmd(ADC1, ENABLE);
```

**9. 等待转换完成，并读取转换结果**

```
while(!ADC_GetFlagStatus(ADC1, ADC_FLAG_EOC ));           //等待转换结束
```

读取转换结果可以使用 ADC_GetConversionValue()函数，它返回最后一次规则转换结果。它有一个参数，用来选择读取哪个 ADC 的转换结果，设置为 ADC1。

## 12.4.2 项目实施

第一步：复制第 11 章创建工程模板文件夹到桌面，并将文件夹改名为 11 ADC，将原工程模板编译一下，直到没有错误和警告为止。

第二步：为工程模板的 ST_Driver 项目组添加 STM32 标准外设 ADC 库函数源文件 stm32f10x_adc.c，该文件位于..\Libraries\STM32F10x_StdPeriph_Driver\src 目录下。

第三步：新建两个文件，将其改名为 ADC.C 和 ADC.H 并保存到工程模板下的 APP 文件夹中，并将 ADC.C 文件添加到 APP 项目组下。

第四步：在 ADC.C 文件中输入如下源程序，在程序中首先包含 ADC.H 头文件，然后创建 adc1_init()初始化函数，函数用于完成对 ADC1 的初始化工作。

```
/*************************************************************
                    Source file of ADC.C
*************************************************************/
#include "ADC.H"
void adc1_init()
{
    GPIO_InitTypeDef GPIO_InitStructure;
    ADC_InitTypeDef ADC_InitStructure;
    RCC_APB2PeriphClockCmd(RCC_APB2Periph_GPIOA|RCC_APB2Periph_AFIO , ENABLE);
    RCC_APB2PeriphClockCmd(RCC_APB2Periph_ADC1 , ENABLE);
    RCC_ADCCLKConfig(RCC_PCLK2_Div6);
    GPIO_InitStructure.GPIO_Pin = GPIO_Pin_0| GPIO_Pin_1| GPIO_Pin_2| GPIO_Pin_3;
    GPIO_InitStructure.GPIO_Speed = GPIO_Speed_50MHz;
    GPIO_InitStructure.GPIO_Mode = GPIO_Mode_AIN;
    GPIO_Init(GPIOA, &GPIO_InitStructure);
    ADC_InitStructure.ADC_Mode = ADC_Mode_Independent;
    ADC_InitStructure.ADC_ScanConvMode = DISABLE;
    ADC_InitStructure.ADC_ContinuousConvMode = DISABLE;
    ADC_InitStructure.ADC_ExternalTrigConv = ADC_ExternalTrigConv_None;
```

```
    ADC_InitStructure.ADC_DataAlign = ADC_DataAlign_Right;
    ADC_InitStructure.ADC_NbrOfChannel = 1;
    ADC_Init(ADC1, &ADC_InitStructure);
    ADC_RegularChannelConfig(ADC1, ADC_Channel_0, 1, ADC_SampleTime_55Cycles5 );
    ADC_Cmd(ADC1,ENABLE);
    ADC_ResetCalibration(ADC1);
    while(ADC_GetResetCalibrationStatus(ADC1));
    ADC_StartCalibration(ADC1);
    while(ADC_GetCalibrationStatus(ADC1));
    ADC_SoftwareStartConvCmd(ADC1, ENABLE);
}
```

第五步：在 ADC.H 文件中输入如下源程序，其中条件编译格式不变，只要更改一下预定义变量名称即可，需要将刚定义函数的声明加到头文件当中。

```
/****************************************************************
                    Source file of ADC.H
****************************************************************/
#ifndef _ADC_H
#define _ADC_H
#include "stm32f10x.h"
void adc1_init(void);
#endif
```

第六步：在 public.h 文件的中间部分添加#include "ADC.H"语句，即包含 ADC.H 头文件，任何时候程序中需要使用某一源文件中函数，必须先包含其头文件，否则编译是不能通过的。public.h 文件的源代码如下。

```
/****************************************************************
                    Source file of public.h
****************************************************************/
#ifndef _public_H
    #define _public_H
    #include "stm32f10x.h"
    #include "LED.h"
    #include "beepkey.h"
    #include "dsgshow.h"
    #include "EXTI.H"
    #include "timer.h"
    #include "PWM.H"
    #include "USART.H"
    #include "OLED.H"
    #include "ADC.H"
#endif
```

第七步：在 main.c 文件中输入如下源程序，在 main 函数中首先选择一个通道，对其进行 20 次采样，然后进行中值滤波，调用显示函数进行动态显示，全部通道采集完成之后再重新开始采集，如此循环。

```
/*************************************************************
                    Source file of main.c
*************************************************************/
#include "public.h"
u8 hour,minute,second;
u8 smgduan[11] = {0xc0,0xf9,0xa4,0xb0,0x99,0x92,0x82,0xf8,0x80,0x90};
u16 smgwei[6] = {0x7fff,0xbfff,0xdfff,0xefff,0xf7ff,0xfbff};
//显示 AD 转换后的数值
void ShowADval(u8 cnum, u32 ADVal)
{
    u16 i,j;
    for(i = 0;i < 6000;i++)
    {
        GPIO_Write(GPIOE,smgwei[0]);
        GPIO_Write(GPIOG,smgduan[cnum + 1]);           //显示通道号
        for(j = 0;j < 400;j++);
        GPIO_Write(GPIOE,smgwei[1]);
        GPIO_Write(GPIOG,0xbf);                        //显示"-"
        for(j = 0;j < 400;j++);
        GPIO_Write(GPIOE,smgwei[2]);
        GPIO_Write(GPIOG,smgduan[ADVal/1000]);
        for(j = 0;j < 400;j++);
        GPIO_Write(GPIOE,smgwei[3]);
        GPIO_Write(GPIOG,smgduan[ADVal/100 % 10]);
        for(j = 0;j < 400;j++);
        GPIO_Write(GPIOE,smgwei[4]);
        GPIO_Write(GPIOG,smgduan[ADVal % 100/10]);
        for(j = 0;j < 400;j++);
        GPIO_Write(GPIOE,smgwei[5]);
        GPIO_Write(GPIOG,smgduan[ADVal % 10]);
        for(j = 0;j < 400;j++);
    }
    GPIO_Write(GPIOG,0xff);                            //关所有数码管
}
//main Function
int main()
{
        u8 i;
        u8 cnum;                                       //通道号,0 表示通道 0
        u32 ADVal;                                     //AD 转换结果
```

```
        DsgShowInit();                          //数码显示初始化
        adc1_init();                            //AD 转换初始化
        while(1)
        {
            ADVal = 0;
            for(cnum = 0;cnum < 4;cnum++)
            {
                ADVal = 0;
                ADC_RegularChannelConfig(ADC1, cnum, 1,ADC_SampleTime_55Cycles5 );
                for(i = 0;i < 20;i++)
                    {
                        ADC_SoftwareStartConvCmd(ADC1, ENABLE);
                        while(!ADC_GetFlagStatus(ADC1,ADC_FLAG_EOC));
                        ADVal = ADVal + ADC_GetConversionValue(ADC1);
                    }
                ADVal = ADVal/20;
                ShowADval(cnum, ADVal);        //AD 转换结果显示
            }
        }

    }
```

第八步：编译工程，如没有错误，则会在 output 文件夹中生成“工程模板.hex”文件，如有错误，则修改源程序直至没有错误为止。

第九步：将生成的目标文件通过 ISP 软件下载到开发板微控制器的 Flash 存储器当中，复位运行，检查实验效果。

## 本章小结

本章首先对 ADC 的基本概念进行讲解，包括 ADC 定义、工作原理、转换过程和 ADC 分类等内容，让读者对 ADC 有一个基本的认识。随后详细讲解了 STM32F103 微控制器的 ADC 具体配置情况，包括主要特征、内部结构、通道分组、时序、校准、工作模式等内容。紧接着对 STM32F103 微控制器的 ADC 相关库函数做了简单介绍。最后给出一个四通道模拟输入信号 AD 转换的项目实例，为读者 ADC 应用提供参考实例。

## 思考与扩展

1. ADC 进行模数转换分为哪几步？
2. 什么是 ADC？哪些场合需要用到 ADC？
3. ADC 的性能参数有哪些？分别代表什么意义？
4. ADC 的主要类型有哪些？它们各有什么特点？

5. STM32F103 微控制器的 ADC 的触发转换方式有哪些？

6. STM32F103 微控制器的 ADC 常用的转换模式有哪几种？

7. STM32F103 微控制器的 ADC 模拟输入信号的 $V_{IN}$ 的范围是多少？

8. 什么是规则通道组？什么是注入通道组？对于模拟输入信号应如何进行分组？

9. STM32F103ZET6 微控制器有几个 ADC？其数据位数是多少？ADC 类型是什么？

10. STM32F103 微控制器的 ADC 能工常工作，其供电电源有何要求，参考电源有何要求？

11. STM32F103 微控制器的 ADC 转换时间由哪几部分组成，其最短转换时间是多少？

12. STM32F103 微控制器的 ADC 共有多少路通道？可分为几组？每组最多可容纳多少路通道？

# 第 13 章

# 直接存储器访问

**本章要点**

- 直接存储器访问的基本概念
- STM32F103 的 DMA 工作原理
- STM32F103 的 DMA 相关库函数
- ADC 采集、DMA 传输、USART 显示项目实施

直接存储器访问(Direct Memory Access,DMA)是计算机系统中用于快速、大量数据交换的重要技术。不需要 CPU 干预,数据可以通过 DMA 快速地移动,这就节省了 CPU 的资源来做其他操作。

DMA 原理
及 pritnf 输出

## 13.1 DMA 的基本概念

### 13.1.1 DMA 由来

一个完整的微控制器就像一台集成在一块芯片上的计算机系统(微控制器又称为单片机,即单片微型计算机),通常包括 CPU、存储器和外部设备等部件。这些相互独立的各个部件在 CPU 的协调和交互下协同工作。作为微控制器的大脑,CPU 的相当一部分工作被数据传输占据了。

为提高 CPU 的工作效率和外设数据传输速率,一般希望 CPU 能从简单频繁的"数据搬运"工作中摆脱出来,去处理那些更重要(运算控制)、更紧急(实时响应)的事情,而把"数据搬运"交给专门的部件去完成,就像第 9 章中讲述的,CPU 把"计数"操作交给定时器完成一样,于是 DMA 和 DMA 控制器就应运而生了。

### 13.1.2 DMA 定义

DMA (Direct Memory Access,直接存储器访问)是一种完全由硬件执行数据交换的工作方式。它由 DMA 控制器控制而不是 CPU 控制在存储器和存储器、存储器和外设之间的批量数据传输，其工作方式如图 13-1 所示。

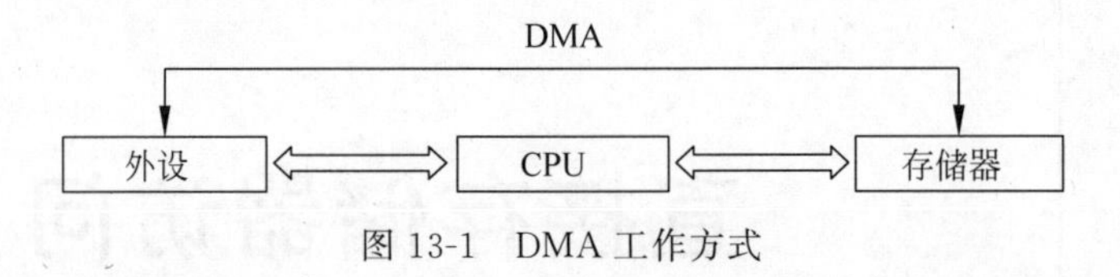


图 13-1 DMA 工作方式

一般来说，一个 DMA 有若干条通道，每条通道连接多个外设。这些连接在同一条 DMA 通道上的多个外设可以分时复用这条 DMA 通道。但同一时刻，一条 DMA 通道上只能有一个外设进行 DMA 数据传输。一般来说，使用 DMA 进行数据传输有四大要素：传输源、传输目标、传输单位数量和触发信号。

### 13.1.3 DMA 传输过程

具体地说，一个完整的 DMA 数据传输过程如下：

(1) DMA 请求：CPU 对 DMA 控制器初始化，并向外设发出操作命令，外设提出 DMA 请求。

(2) DMA 响应：DMA 控制器对 DMA 请求判别优先级及屏蔽，向总线裁决逻辑提出总线请求。当 CPU 执行完当前总线周期即可释放总线控制权。此时，总线裁决逻辑输出总线应答，表示 DMA 已经响应，通过 DMA 控制器通知外设开始 DMA 传输。

(3) DMA 传输：DMA 控制器获得总线控制权后，CPU 即刻挂起或只执行内部操作，由 DMA 控制器输出读写命令，直接控制存储器与外设进行 DMA 传输。

(4) DMA 结束：当完成规定的成批数据传送后，DMA 控制器即释放总线控制权，并向外设发出结束信号。

由此可见，DMA 传输方式不需要 CPU 直接控制传输，也没有中断处理方式那样保留现场和恢复现场的过程，通过硬件为存储器和存储器、存储器和外设之间开辟一条直接传送数据的通路，使 CPU 的效率大为提高。

### 13.1.4 DMA 优点

DMA 控制方式具有以下优点。

首先，从 CPU 使用率角度，DMA 控制数据传输的整个过程，即不通过 CPU，也不需要 CPU 干预，都在 DMA 控制器的控制下完成。因此，CPU 除了在数据传输开始前配置，在数据传输结束后处理外，在整个数据传输过程中可以进行其他工作。DMA 降低了 CPU 的负担，释放了 CPU 的资源，使得 CPU 的使用效率大大提高。

其次，从数据传输效率角度，当 CPU 负责存储器和外设之间的数据传输时，通常先将数据从源地址存储到某个中间变量(该变量可能位于 CPU 的寄存器中，也可能位于内存中)，再将数据从中间变量转送到目标地址上，当使用 DMA 控制器代替 CPU 负责数据传输时，不再需要通过中间变量，而直接将源地址上的数据送到目标地址。这样，显著地提高了数据传输的效率,能满足高速 I/O 设备的要求。

最后,从用户软件开发角度,由于在 DMA 数据传输过程中,没有保存现场、恢复现场之类的工作。而且存储器地址修改、传送单位个数的计数等也不是由软件而是由硬件直接实现的,因此,用户软件开发的代码量得以减少,程序变得更加简洁,编程效率得以提高。

由此可见,DMA 传输方式不仅减轻了 CPU 的负担,而且提高了数据传输的效率,还减少了用户开发的代码量。

## 13.2　STM32F103 的 DMA 工作原理

STM32F103 微控制器有两个 DMA 控制器,共有 12 个通道(DMA1 有 7 个通道,DMA2 有 5 个通道),每个通道专门用来管理来自于一个或多个外设对存储器访问的请求。还有一个仲裁器来协调各个 DMA 请求的优先权。

### 13.2.1　STM32F103 的 DMA 主要特性

(1) 12 个独立的可配置的通道(请求):DMA1 有 7 个通道,DMA2 有 5 个通道。

(2) 每个通道都直接连接专用的硬件 DMA 请求,每个通道都同样支持软件触发。这些功能通过软件来配置。

(3) 在同一个 DMA 模块上,多个请求间的优先权可以通过软件编程设置(共有四级:很高、高、中等和低),优先权设置相等时由硬件决定(请求 0 优先于请求 1,以此类推)。

(4) 独立数据源和目标数据区的传输宽度(字节、半字、全字),模拟打包和拆包的过程。源和目标地址必须按数据传输宽度对齐。

(5) 支持循环的缓冲器管理。

(6) 每个通道都有 3 个事件标志(DMA 半传输、DMA 传输完成和 DMA 传输出错),这 3 个事件标志逻辑或成为一个单独的中断请求。

(7) 支持存储器和存储器、外设和存储器、存储器和外设之间的传输。

(8) 闪存、SRAM、外设的 SRAM、APB1、APB2 和 AHB 外设均可作为访问的源和目标。

(9) 可编程的数据传输数目:最大为 65535。

### 13.2.2　STM32F103 的 DMA 内部结构

STM32F103 微控制器 DMA 的功能框图如图 13-2 所示。

由上述 DMA 功能框图可知,DMA 控制器和 Cortex-M3 核心共享系统数据总线,执行直接存储器数据传输。当 CPU 和 DMA 同时访问相同的目标(RAM 或外设)时,DMA 请求会暂停 CPU 访问系统总线达若干个周期,总线仲裁器执行循环调度,以保证 CPU 至少可以得到一半的系统总线(存储器或外设)带宽。

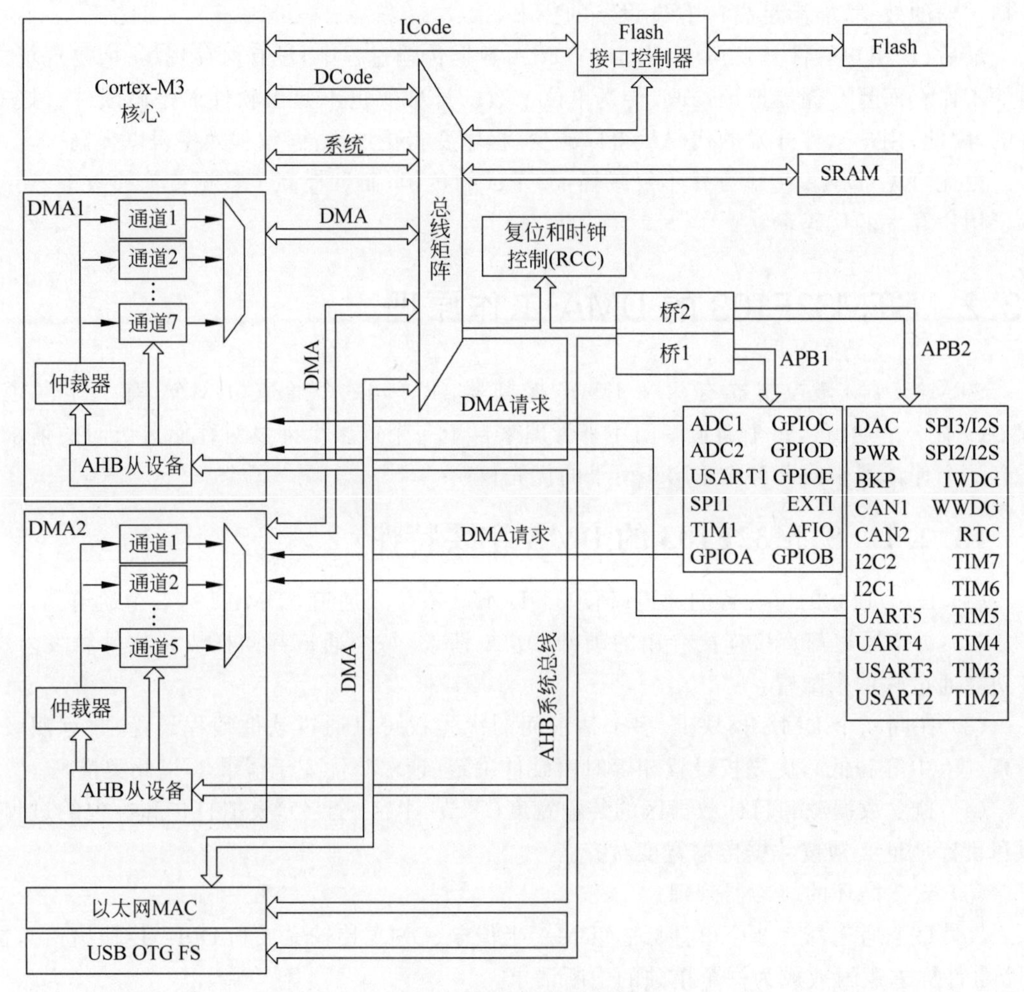

图 13-2　DMA 功能框图

## 13.2.3　STM32F103 的 DMA 通道

STM32F103 微控制器有两个以上 DMA，每个 DMA 有不同数量的触发通道，分别对应于不同的外设对存储器的访问请求。

### 1. DMA1 通道

STM32F103 的 DMA1 有 7 个触发通道，可以分别从外设（TIMx[x=1、2、3、4]、ADC1、SPI1、SPI/I2S2、I2Cx[x=1、2]和 USARTx[x=1、2、3]）产生 7 个访问请求，通过逻辑或输入到 DMA1 控制器，这意味着同时只能有一个请求有效。外设的 DMA 请求，可以通过设置相应外设寄存器中的控制位，被独立地开启或关闭。DMA1 的通道映射关系如表 13-1 所示。

表 13-1 STM32F103 的 DMA1 通道映射表

| 外设 | 通道 1 | 通道 2 | 通道 3 | 通道 4 | 通道 5 | 通道 6 | 通道 7 |
|---|---|---|---|---|---|---|---|
| ADC1 | ADC1 | | | | | | |
| SPI/I2S | | SPI1_RX | SPI1_TX | SPI/I2S2_RX | SPI/I2S2_TX | | |
| USART | | USART3_TX | USART3_RX | USART1_TX | USART1_RX | USART2_RX | USART2_TX |
| I2C | | | | I2C2_TX | I2C2_RX | I2C1_TX | I2C1_RX |
| TIM1 | | TIM1_CH1 | TIM1_CH2 | TIM1_TX4<br>TIM1_TRIG<br>TIM1_COM | TIM1_UP | TIM1_CH3 | |
| TIM2 | TIM2_CH3 | TIM2_UP | | | TIM2_CH1 | | TIM2_CH2<br>TIM2_CH4 |
| TIM3 | | TIM3_CH3 | TIM3_CH4<br>TIM3_UP | | | TIM3_CH1<br>TIM3_TRIG | |
| TIM4 | TIM4_CH4 | | | TIM4_CH2 | TIM4_CH3 | | TIM4_UP |

2. DMA2 通道

DMA2 控制器及相关请求仅存在于大容量 STM32F103 和互连型的 STM32F105、STM32F107 系列产品中。它有 5 个触发通道，可以分别从外设(TIMx[5、6、7、8]、ADC3、SPI/I2S3、UART4、DAC 通道 1、2 和 SDIO)产生 5 个请求，经逻辑或输入到 DMA2 控制器，这意味着同时只能有一个请求有效。参见图 13-2 的 DMA2 请求映像。外设的 DMA 请求，可以通过设置相应外设寄存器中的 DMA 控制位，被独立地开启或关闭。DMA2 的通道映射关系如表 13-2 所示。

表 13-2 STM32F103 的 DMA2 通道映射表

| 外 设 | 通道 1 | 通道 2 | 通道 3 | 通道 4 | 通道 5 |
|---|---|---|---|---|---|
| ADC3 | | | | | ADC3 |
| SPI/I2S3 | SPI/I2S3_RX | SPI/I2S3_TX | | | |
| UART4 | | | UART4_RX | | UART4_TX |
| SDIO(1) | | | | SDIO | |
| TIM5 | TIM5_CH4<br>TIM5_TRIG | TIM5_CH3<br>TIM5_UP | | TIM5_CH2 | TIM5_CH1 |
| TIM6/<br>DAC 通道 1 | | | TIM6_UP/<br>DAC 通道 1 | | |
| TIM7/<br>DAC 通道 2 | | | | TIM7_UP/<br>DAC 通道 2 | |
| TIM8(1) | TIM8_CH3<br>TIM8_UP | TIM8_CH4<br>TIM8_TRIG<br>TIM8_COM | TIM8_CH1 | | TIM8_CH2 |

### 13.2.4 STM32F103的DMA优先级

DMA仲裁器根据通道请求的优先级来启动外设/存储器的访问。

优先权管理分2个阶段。

**1. 软件优先级**

每个通道的优先权可以在DMA_CCRx寄存器中设置，有4个等级：最高优先级、高优先级、中等优先级和低优先级。

**2. 硬件优先级**

如果2个请求有相同的软件优先级，则较低编号的通道比较高编号的通道有较高的优先权。举个例子，通道2优先于通道4。

### 13.2.5 STM32F103的DMA传输模式

STM32F103微控制器的DMA的传输模式可以分为普通模式和循环模式。

**1. 普通模式**

普通模式是指在DMA传输结束时，DMA通道被自动关闭，进一步的DMA请求将不被响应。

**2. 循环模式**

循环模式用于处理一个环形的缓冲区，每轮传输结束时数据传输的配置会自动地更新为初始状态，DMA传输会连续不断地进行。

### 13.2.6 STM32F103的DMA中断

每个DMA通道都可以在DMA传输过半、传输完成和传输错误时产生中断。为应用的灵活性考虑，通过设置寄存器的不同位来打开这些中断。DMA中断事件的标志位和控制位如表13-3所示。

表13-3 DMA中断请求

| 中断事件 | 事件标志位 | 使能控制位 |
|---|---|---|
| 传输过半 | HTIF | HTIE |
| 传输完成 | TCIF | TCIE |
| 传输错误 | TEIF | TEIE |

## 13.3 DMA相关库函数

### 13.3.1 函数DMA_DeInit

表13-4描述了函数DMA_DeInit。

表 13-4　函数 DMA_DeInit

| 函数名 | DMA_DeInit |
|---|---|
| 函数原型 | voidDMA_DeInit(DMA_Channel_TypeDef * DMAy_Channelx) |
| 功能描述 | DMAy_Channelx 寄存器重设为缺省值 |
| 输入参数 | DMAy_Channelx：DMAy 的通道 x，其中 y 可以是 1 或 2，对于 DMA1，x 可以是 1～7，对于 DMA2，x 可以是 1～5 |
| 输出参数 | 无 |
| 返回值 | 无 |

例如：

```
/* Deinitialize the DMA1 Channe22 */
DMA_DeInit(DMA1_Channel2);
```

## 13.3.2　函数 DMA_Init

表 13-5 描述了函数 DMA_Init。

表 13-5　函数 DMA_Init

| 函数名 | DMA_Init |
|---|---|
| 函数原型 | voidDMA_Init(DMA_Channel_TypeDef * DMAy_Channelx，DMA_InitTypeDef * DMA_InitStruct) |
| 功能描述 | 根据 DMA_InitStruct 中指定的参数初始化 DMAy 的通道 x 寄存器 |
| 输入参数 1 | DMAy_Channelx：DMAy 的通道 x，其中 y 可以是 1 或 2，对于 DMA1，x 可以是 1～7，对于 DMA2，x 可以是 1～5 |
| 输入参数 2 | DMA_InitStruct：指向结构 DMA_InitTypeDef 的指针，包含了 DMAy 通道 x 的配置信息 |
| 输出参数 | 无 |
| 返回值 | 无 |

**DMA_InitTypeDef structure**

DMA_InitTypeDef 定义于文件“stm32f10x_dma.h”：

```
typedef struct
{
u32 DMA_PeripheralBaseAddr;
u32 DMA_MemoryBaseAddr;
u32 DMA_DIR;
u32 DMA_BufferSize;
u32 DMA_PeripheralInc;
u32 DMA_MemoryInc;
u32 DMA_PeripheralDataSize;
u32 DMA_MemoryDataSize;
u32 DMA_Mode;
```

```
u32 DMA_Priority;
u32 DMA_M2M;
} DMA_InitTypeDef;
```

**DMA_PeripheralBaseAddr**

该参数用来定义 DMA 外设基地址。

**DMA_MemoryBaseAddr**

该参数用来定义 DMA 内存基地址。

**DMA_DIR**

DMA_DIR 规定了外设是作为数据传输的目的地还是来源。表 13-6 给出了该参数的取值范围。

**表 13-6 DMA_DIR 值**

| DMA_DIR | 描　述 |
|---|---|
| DMA_DIR_PeripheralDST | 外设作为数据传输的目的地 |
| DMA_DIR_PeripheralSRC | 外设作为数据传输的来源 |

**DMA_BufferSize**

DMA_BufferSize 用来定义指定 DMA 通道的 DMA 缓存的大小,单位为数据单位。根据传输方向,数据单位等于结构中参数 DMA_PeripheralDataSize 或者参数 DMA_MemoryDataSize 的值。

**DMA_PeripheralInc**

DMA_PeripheralInc 用来设定外设地址寄存器递增与否。表 13-7 给出了该参数的取值范围。

**表 13-7 DMA_PeripheralInc 值**

| DMA_PeripheralInc | 描　述 |
|---|---|
| DMA_PeripheralInc_Enable | 外设地址寄存器递增 |
| DMA_PeripheralInc_Disable | 外设地址寄存器不变 |

**DMA_MemoryInc**

DMA_MemoryInc 用来设定内存地址寄存器递增与否。表 13-8 给出了该参数的取值范围。

**表 13-8 DMA_MemoryInc 值**

| DMA_MemoryInc | 描　述 |
|---|---|
| DMA_PeripheralInc_Enable | 内存地址寄存器递增 |
| DMA_PeripheralInc_Disable | 内存地址寄存器不变 |

**DMA_PeripheralDataSize**

DMA_PeripheralDataSize 设定了外设数据宽度。表 13-9 给出了该参数的取值范围。

**表 13-9 DMA_PeripheralDataSize 值**

| DMA_PeripheralDataSize | 描 述 |
|---|---|
| DMA_PeripheralDataSize_Byte | 数据宽度为 8 位 |
| DMA_PeripheralDataSize_HalfWord | 数据宽度为 16 位 |
| DMA_PeripheralDataSize_Word | 数据宽度为 32 位 |

**DMA_MemoryDataSize**

DMA_MemoryDataSize 设定了外设数据宽度。表 13-10 给出了该参数的取值范围。

**表 13-10 DMA_MemoryDataSize 值**

| DMA_MemoryDataSize | 描 述 |
|---|---|
| DMA_MemoryDataSize_Byte | 数据宽度为 8 位 |
| DMA_MemoryDataSize_HalfWord | 数据宽度为 16 位 |
| DMA_MemoryDataSize_Word | 数据宽度为 32 位 |

**DMA_Mode**

DMA_Mode 设置了 CAN 的工作模式。表 13-11 给出了该参数可取的值。

**表 13-11 DMA_Mode 值**

| DMA_Mode | 描 述 |
|---|---|
| DMA_Mode_Circular | 工作在循环缓存模式 |
| DMA_Mode_Normal | 工作在正常缓存模式 |

**注意**：当指定 DMA 通道数据传输配置为内存到内存时，不能使用循环缓存模式(见 Section DMA_M2M)。

**DMA_Priority**

DMA_Priority 设定 DMA 通道 x 的软件优先级。表 13-12 给出了该参数可取的值。

**表 13-12 DMA_Priority 值**

| DMA_Mode | 描 述 |
|---|---|
| DMA_Priority_VeryHigh | DMA 通道 x 拥有非常高优先级 |
| DMA_Priority_High | DMA 通道 x 拥有高优先级 |
| DMA_Priority_Medium | DMA 通道 x 拥有中优先级 |
| DMA_Priority_Low | DMA 通道 x 拥有低优先级 |

**DMA_M2M**

DMA_M2M 使能 DMA 通道的内存到内存传输。表 13-13 给出了该参数可取的值。

表 13-13 DMA_M2M 值

| DMA_M2M | 描 述 |
|---|---|
| DMA_M2M_Enable | DMA 通道 x 设置为内存到内存传输 |
| DMA_M2M_Disable | DMA 通道 x 没有设置为内存到内存传输 |

例如：

```
/* Initialize the DMA1 Channel1 according to the DMA_InitStructuremembers */
DMA_InitTypeDef DMA_InitStructure;
DMA_InitStructure.DMA_PeripheralBaseAddr = 0x40005400;
DMA_InitStructure.DMA_MemoryBaseAddr = 0x20000100;
DMA_InitStructure.DMA_DIR = DMA_DIR_PeripheralSRC;
DMA_InitStructure.DMA_BufferSize = 256;
DMA_InitStructure.DMA_PeripheralInc = DMA_PeripheralInc_Disable;
DMA_InitStructure.DMA_MemoryInc = DMA_MemoryInc_Enable;
DMA_InitStructure.DMA_PeripheralDataSize = DMA_PeripheralDataSize_HalfWord;
DMA_InitStructure.DMA_MemoryDataSize = DMA_MemoryDataSize_HalfWord;
DMA_InitStructure.DMA_Mode = DMA_Mode_Normal;
DMA_InitStructure.DMA_Priority = DMA_Priority_Medium;
DMA_InitStructure.DMA_M2M = DMA_M2M_Disable;
DMA_Init(DMA1_Channel1, &DMA_InitStructure);
```

## 13.3.3 函数 DMA_GetCurrDataCounte

表 13-14 描述了函数 DMA_GetCurrDataCounte。

表 13-14 函数 DMA_GetCurrDataCounte

| | |
|---|---|
| 函数名 | DMA_GetCurrDataCounte |
| 函数原型 | u16DMA_GetCurrDataCounter(DMA_Channel_TypeDef * DMAy_Channelx) |
| 功能描述 | 返回当前 DMAy 通道 x 剩余的待传输数据数目 |
| 输入参数 | DMAy_Channelx：选择 DMAy 通道 x |
| 输出参数 | 无 |
| 返回值 | 当前 DMA 通道 x 剩余的待传输数据数目 |

例如：

```
/* Get the number of remaining data units in the current DMA1 Channel2 transfer */
u16 CurrDataCount;
CurrDataCount = DMA_GetCurrDataCounter(DMA1_Channel2);
```

## 13.3.4 函数 DMA_Cmd

表 13-15 描述了函数 DMA_Cmd。

表 13-15　函数 DMA_Cmd

| | |
|---|---|
| 函数名 | DMA_Cmd |
| 函数原型 | voidDMA_Cmd(DMA_Channel_TypeDef * DMAy_Channelx, FunctionalState NewState) |
| 功能描述 | 使能或者失能指定的通道 x |
| 输入参数 1 | DMAy_Channelx：选择 DMAy 通道 x |
| 输入参数 2 | NewState：DMA 通道 x 的新状态<br>这个参数可以取 ENABLE 或者 DISABLE |
| 输出参数 | 无 |
| 返回值 | 无 |

例如：

```
/* Enable DMA1 Channel7 */
DMA_Cmd(DMA1_Channel7, ENABLE);
```

### 13.3.5　函数 DMA_GetFlagStatus

表 13-16 描述了函数 DMA_GetFlagStatus。

表 13-16　函数 DMA_GetFlagStatus

| | |
|---|---|
| 函数名 | DMA_GetFlagStatus |
| 函数原型 | FlagStatus DMA_GetFlagStatus(uint32_t DMAy_FLAG) |
| 功能描述 | 检查指定的 DMAy 通道 x 标志位设置与否 |
| 输入参数 | DMAy_FLAG：待检查的 DMAy 通道 x 标志位，参阅 Section：DMA_FLAG，查阅更多该参数允许取值范围 |
| 输出参数 | 无 |
| 返回值 | DMA_FLAG 的新状态(SET 或者 RESET) |

**DMAy_FLAG**

参数 DMA_FLAG 定义了待检察的标志位类型。表 13-17 可查阅更多 DMA_FLAG 取值描述。

表 13-17　DMA_FLAG 值

| DMA_FLAG | 描　述 |
|---|---|
| DMA1_FLAG_GL1 | DMA1 通道 1 全局标志位 |
| DMA1_FLAG_TC1 | DMA1 通道 1 传输完成标志位 |
| DMA1_FLAG_HT1 | DMA1 通道 1 传输过半标志位 |
| DMA1_FLAG_TE1 | DMA1 通道 1 传输错误标志位 |
| DMA1_FLAG_GL2 | DMA1 通道 2 全局标志位 |
| DMA1_FLAG_TC2 | DMA1 通道 2 传输完成标志位 |
| DMA1_FLAG_HT2 | DMA1 通道 2 传输过半标志位 |
| DMA1_FLAG_TE2 | DMA1 通道 2 传输错误标志位 |
| …… | …… |

例如：

```
/* Test if the DMA1 Channel6 half transfer interrupt flag is set or not */
FlagStatus Status;
Status = DMA_GetFlagStatus(DMA1_FLAG_HT6);
```

### 13.3.6 函数 DMA_ClearFlag

表 13-18 描述了函数 DMA_ClearFlag。

**表 13-18 函数 DMA_ClearFlag**

| | |
|---|---|
| 函数名 | DMA_ClearFlag |
| 函数原型 | voidDMA_ClearFlag(u32 DMAy_FLAG) |
| 功能描述 | 清除 DMAy 通道 x 待处理标志位 |
| 输入参数 | DMAy_FLAG：待清除的 DMA 标志位，使用操作符"\|"可以同时选中多个 DMA 标志位 |
| 输出参数 | 无 |
| 返回值 | 无 |

例如：

```
/* Clear the DMA1 Channel3 transfer error interrupt pending bit */
DMA_ClearFlag(DMA1_FLAG_TE3);
```

### 13.3.7 函数 DMA_ITConfig

表 13-19 描述了函数 DMA_ITConfig。

**表 13-19 函数 DMA_ITConfig**

| | |
|---|---|
| 函数名 | DMA_ITConfig |
| 函数原型 | voidDMA_ITConfig(DMA_Channel_TypeDef * DMAy_Channelx, u32 DMA_IT, FunctionalState NewState) |
| 功能描述 | 使能或者失能指定的 DMAy 通道 x 中断 |
| 输入参数 1 | DMAy_Channelx：选择 DMAy 通道 x |
| 输入参数 2 | DMA_IT：待使能或者失能的 DMA 中断源，使用操作符"\|"可以同时选中多个 DMA 中断源 |
| 输入参数 3 | NewState：DMA 通道 x 中断的新状态，这个参数可以取 ENABLE 或者 DISABLE |

**DMA_IT**

输入参数 DMA_IT 使能或者失能 DMAy 通道 x 的中断。可以取表 13-20 中的一个或者多个取值的组合作为该参数的值。

表 13-20　DMA_IT 值

| DMA_IT | 描　　述 |
| --- | --- |
| DMA_IT_TC | 传输完成中断屏蔽 |
| DMA_IT_HT | 传输过半中断屏蔽 |
| DMA_IT_TE | 传输错误中断屏蔽 |

例如：

```
/* Enable DMA1 Channel5 complete transfer interrupt */
DMA_ITConfig(DMA1_Channel5, DMA_IT_TC, ENABLE);
```

### 13.3.8　函数 DMA_GetITStatus

表 13-21 描述了函数 DMA_GetITStatus。

表 13-21　函数 DMA_GetITStatus

| 函数名 | DMA_GetITStatus |
| --- | --- |
| 函数原型 | ITStatus DMA_GetITStatus(uint32_t DMAy_IT) |
| 功能描述 | 检查指定的 DMAy 通道 x 中断发生与否 |
| 输入参数 | DMAy_IT：待检查的 DMAy 的通道 x 中断源 |
| 输出参数 | 无 |
| 返回值 | DMA_IT 的新状态(SET 或者 RESET) |

**DMAy_IT**

参数 DMA_IT 定义了待检察的 DMA 中断。见表 13-22 可查阅更多该输入参数取值描述。

表 13-22　DMAy_IT 值

| DMAy_IT | 描　　述 | DMAy_IT | 描　　述 |
| --- | --- | --- | --- |
| DMA1_IT_GL1 | 通道 1 全局中断 | DMA1_IT_TC2 | 通道 2 传输完成中断 |
| DMA1_IT_TC1 | 通道 1 传输完成中断 | DMA1_IT_HT2 | 通道 2 传输过半中断 |
| DMA1_IT_HT1 | 通道 1 传输过半中断 | DMA1_IT_TE2 | 通道 2 传输错误中断 |
| DMA1_IT_TE1 | 通道 1 传输错误中断 | …… | …… |
| DMA1_IT_GL2 | 通道 2 全局中断 | | |

## 13.4　项目实例

ADC 转换的 DMA 传输

### 13.4.1　项目分析

本项目需要实现的功能为在 4 个输入通道采集模拟电压信号，送 ADC1

进行模数转换，将转换结果利用 DMA1 控制器传送到内存数组当中，并进行中值滤波，将滤波后的结果通过 USART1 串口发送至 PC，PC 利用串口调试助手接收并显示 AD 转换结果。所以本项目是"ADC+DMA+USART"，项目综合性较强。

其中，ADC 部分内容同第 12 章，没有大的改变，只要打开 ADC1 的 DMA 功能即可，在此不作过多介绍。

USART 部分内容也基本同第 10 章，但是为了工程通用性，需要重新新建 printf.c 和 printf.h 两个文件，并重写 C 语言当中的 printf 函数。

DMA 传输是本章新讲授的内容，要使用 DMA 控制器需要打开 DMA 时钟，对 DMA 进行初始化，并启动 DMA 控制器。

### 13.4.2 项目实施

项目实施具体步骤如下：

第一步：复制第 12 章创建工程模板文件夹到桌面，并将文件夹改名为 12 ADC+DMA+Printf，将原工程模板编译一下，直到没有错误和警告为止。

第二步：为工程模板的 ST_Driver 项目组添加 DMA 库函数源文件 stm32f10x_dma.c，该文件位于..\Libraries\STM32F10x_StdPeriph_Driver\src 目录下。

第三步：由于本项目需要将 AD 转换结果打印到 PC 的串口，由于大家都十分熟悉 C 语言中的 printf 函数，所以这里将标准 C 语言的 printf 重写一下，利用微控制器的串口将数据发送至 PC，数据发送方法和在标准 C 语言中使用 printf 函数向显示屏打印信息一样。具体方法如下：

(1) 新建两个文件，将其改名为 printf.c 和 printf.h 并保存到工程模板下的 APP 文件夹中，并将 printf.c 文件添加到 APP 项目组下。

(2) 在 printf.c 文件中输入如下源程序，在程序中首先包含 printf.h 头文件，然后重写 fputc 函数，并对串口 USART1 进行初始化，初始化代码和第 10 章是一样的。

```
/*****************************************************************
                  Source file of printf.c
*****************************************************************/
#include "printf.h"
int fputc(int ch,FILE *p)                    //函数默认在使用 printf 函数时自动调用
{
    USART_SendData(USART1,(u8)ch);
    while(USART_GetFlagStatus(USART1,USART_FLAG_TXE) == RESET);
    return ch;
}
void printf_init()                           //串口初始化
{
    GPIO_InitTypeDef GPIO_InitStructure;
    USART_InitTypeDef  USART_InitStructure;
```

```
    /*  打开端口时钟  */
    RCC_APB2PeriphClockCmd(RCC_APB2Periph_GPIOA,ENABLE);
    RCC_APB2PeriphClockCmd(RCC_APB2Periph_USART1,ENABLE);
    RCC_APB2PeriphClockCmd(RCC_APB2Periph_AFIO,ENABLE);
    /*  配置 GPIO 的模式和 I/O 口 */
    GPIO_InitStructure.GPIO_Pin = GPIO_Pin_9;//TX                    //串口输出 PA9
    GPIO_InitStructure.GPIO_Speed = GPIO_Speed_50MHz;
    GPIO_InitStructure.GPIO_Mode = GPIO_Mode_AF_PP;                  //复用推挽输出
    GPIO_Init(GPIOA,&GPIO_InitStructure);                            /* 初始化串口输入 I/O */
    GPIO_InitStructure.GPIO_Pin = GPIO_Pin_10;//RX                   //串口输入 PA10
    GPIO_InitStructure.GPIO_Mode = GPIO_Mode_IN_FLOATING;            //模拟输入
    GPIO_Init(GPIOA,&GPIO_InitStructure);                            /* 初始化 GPIO */
    /*  USART 串口初始化  */
    USART_InitStructure.USART_BaudRate = 9600;                       //波特率设置为 9600 波特率
    USART_InitStructure.USART_WordLength = USART_WordLength_8b;      //数据长 8 位
    USART_InitStructure.USART_StopBits = USART_StopBits_1;           //1 位停止位
    USART_InitStructure.USART_Parity = USART_Parity_No;              //无校验
    USART_InitStructure.USART_HardwareFlowControl = USART_HardwareFlowControl_None;
                                                                     //失能硬件流
    USART_InitStructure.USART_Mode = USART_Mode_Rx|USART_Mode_Tx;    //开启发送和接收模式
    USART_Init(USART1,&USART_InitStructure);                         /* 初始化 USART1 */
    USART_Cmd(USART1, ENABLE);                                       /* 使能 USART1 */
    USART_ITConfig(USART1, USART_IT_RXNE, ENABLE);   //使能或者失能指定的 USART 中断,接收中断
    USART_ClearFlag(USART1,USART_FLAG_TC);           //清除 USARTx 的待处理标志位
}
```

(3) 在 printf. h 文件中输入如下源程序,其中条件编译格式不变,只要更改一下预定义变量名称即可,需要将刚定义函数的声明加到头文件中。

```
/*****************************************************************
                    Source file of prinf.h
*****************************************************************/
#ifndef _printf_H
#define _printf_H
#include "stm32f10x.h"
#include "stdio.h"
int fputc(int ch,FILE *p) ;
void printf_init(void);
#endif
```

(4) 在 public. h 文件的中间部分添加 #include "printf. h"语句,即包含 printf. h 头文件。

(5) 打开工程属性 Options for Target 'Target 1'对话框,在 Target 选项中选中 Use Micro LIB 复选框,此步非常重要,否则编译不能通过,其操作界面如图 13-3 所示。

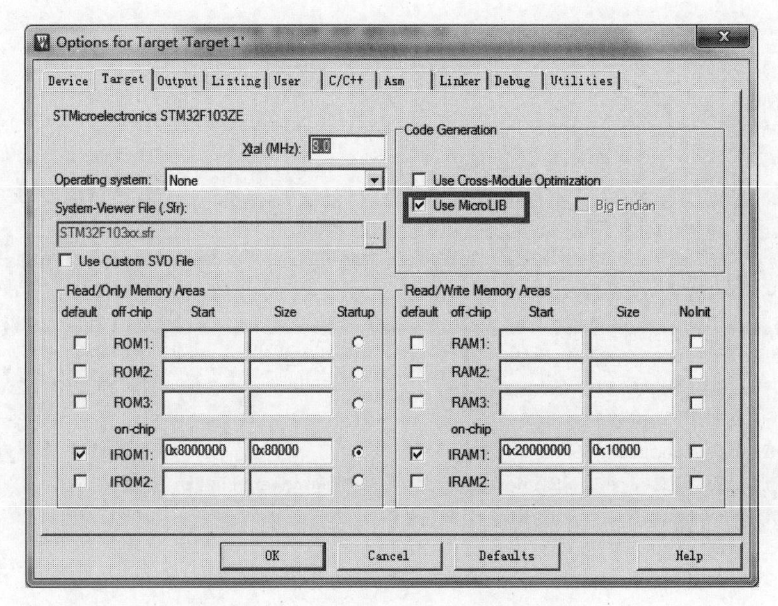


图 13-3 选择 Use Micro LIB 操作界面

(6) 此时已经可以像标准 C 语言一样,使用 printf 函数向串口输出数据。读者可以在 main 函数中,使用语句 printf("Hello World! \n"),输出一个字符串,并在串口调试助手中查看输出结果,串口调试助手使用方法同第 10 章。以后如果需要向串口输出信息,只要先包含文件 printf. h,再调用 printf 函数即可,十分方便。

第四步:新建两个文件,将其改名为 DMA-ADC. C 和 DMA-ADC. H 并保存到工程模板下的 APP 文件夹中,并将 DMA-ADC. C 文件添加到 APP 项目组下。

第五步:在 DMA-ADC. C 文件中输入如下源程序,在程序中首先包含 DMA-ADC. H 头文件,分别创建 3 个函数 ADC_Use_DMA_Init()、DMA_For_ADC_Init()和 filter()函数。其中 ADC_Use_DMA_Init()函数用于对 ADC 初始化,DMA_For_ADC_Init()函数用于对 DMA 控制器进行初始化,filter()函数用于对 ADC 转换结果进行中值滤波,各函数的重要语句在程序中均对其进行注释说明。

```
/*****************************************************************
                 Source file of DMA - ADC.C
*****************************************************************/
#include "DMA - ADC.H"
extern u16 AD_Value[20][4];                    //AD 转换结果为 4 个通道,每个通道 20 次
extern u16 After_filter[4];                    //滤波后的数值 共 4 个通道
//使用 DMA 传输的 ADC 初始化程序
void ADC_Use_DMA_Init()
{
    GPIO_InitTypeDef GPIO_InitStructure;
```

```
    ADC_InitTypeDef ADC_InitStructure;
    GPIO_InitStructure.GPIO_Pin = GPIO_Pin_0|GPIO_Pin_1|GPIO_Pin_2|GPIO_Pin_3;
    GPIO_InitStructure.GPIO_Speed = GPIO_Speed_50MHz;
    GPIO_InitStructure.GPIO_Mode = GPIO_Mode_AIN;
    GPIO_Init(GPIOA, &GPIO_InitStructure);
    RCC_APB2PeriphClockCmd(RCC_APB2Periph_GPIOA|RCC_APB2Periph_AFIO|RCC_APB2Periph_ADC1 ,
ENABLE);
    RCC_ADCCLKConfig(RCC_PCLK2_Div6);
    ADC_InitStructure.ADC_Mode = ADC_Mode_Independent;
    ADC_InitStructure.ADC_ScanConvMode = ENABLE;
    ADC_InitStructure.ADC_ContinuousConvMode = ENABLE;
    ADC_InitStructure.ADC_ExternalTrigConv = ADC_ExternalTrigConv_None;
    ADC_InitStructure.ADC_DataAlign = ADC_DataAlign_Right;
    ADC_InitStructure.ADC_NbrOfChannel = 4;        //此次转换共 4 个通道,即 PA0～PA3
    ADC_Init(ADC1, &ADC_InitStructure);
    ADC_RegularChannelConfig(ADC1, ADC_Channel_0, 1, ADC_SampleTime_55Cycles5 );
    ADC_RegularChannelConfig(ADC1, ADC_Channel_1, 2, ADC_SampleTime_55Cycles5 );
    ADC_RegularChannelConfig(ADC1, ADC_Channel_2, 3, ADC_SampleTime_55Cycles5 );
    ADC_RegularChannelConfig(ADC1, ADC_Channel_3, 4, ADC_SampleTime_55Cycles5 );
    ADC_DMACmd(ADC1, ENABLE);        //开启 ADC 的 DMA 支持,具体数据读取还需要进一步配置 DMA
    ADC_Cmd(ADC1,ENABLE);
    ADC_ResetCalibration(ADC1);
    while(ADC_GetResetCalibrationStatus(ADC1));
    ADC_StartCalibration(ADC1);
    while(ADC_GetCalibrationStatus(ADC1));
    ADC_SoftwareStartConvCmd(ADC1, ENABLE);
}

//DMA 控制器初始化程序
void DMA_For_ADC_Init()
{
    DMA_InitTypeDef DMA_InitStructure;
    RCC_AHBPeriphClockCmd(RCC_AHBPeriph_DMA1, ENABLE);                    //开启 DMA 时钟
    DMA_DeInit(DMA1_Channel1);                                            //初始化为缺省值
    DMA_InitStructure.DMA_PeripheralBaseAddr = (u32)&ADC1->DR;            //DMA 外设 ADC 基地址
    DMA_InitStructure.DMA_MemoryBaseAddr = (u32)&AD_Value;                //DMA 内存基地址
    DMA_InitStructure.DMA_DIR = DMA_DIR_PeripheralSRC;                    //内存作为 DMA 目的地址
    DMA_InitStructure.DMA_BufferSize = 4 * 20;                            //缓冲区的大小
    DMA_InitStructure.DMA_PeripheralInc = DMA_PeripheralInc_Disable;      //外设基地址不变
    DMA_InitStructure.DMA_MemoryInc = DMA_MemoryInc_Enable;               //内存基地址递增
    DMA_InitStructure.DMA_PeripheralDataSize = DMA_PeripheralDataSize_HalfWord;
                                                                          //数据宽度为 16 位
    DMA_InitStructure.DMA_MemoryDataSize = DMA_MemoryDataSize_HalfWord;
                                                                          //数据宽度为 16 位
    DMA_InitStructure.DMA_Mode = DMA_Mode_Circular;                       //工作在循环缓存模式
    DMA_InitStructure.DMA_Priority = DMA_Priority_High;                   //DMA 高优先级
```

```
    DMA_InitStructure.DMA_M2M = DMA_M2M_Disable;                //DMA没有设置为内存到内存模式
    DMA_Init(DMA1_Channel1, &DMA_InitStructure);                //初始化
}

//ADC转换结果中值滤波函数
void filter()
{
    u32 sum = 0;
    u8 i,j;
    for(i=0;i<4;i++)                                            //4个通道,每个通道20次
    {
        sum=0;
        for(j=0;j<20;j++) sum += AD_Value[j][i];
        After_filter[i]=sum/20;
    }
}
```

第六步：在DMA-ADC.H文件中输入如下源程序，其中条件编译格式不变，只要更改一下预定义变量名称即可，需要将刚定义函数的声明加到头文件中。

```
/************************************************************
                Source file of DMA-ADC.H
************************************************************/
#ifndef _DMA_H
#define _DMA_H
#include "stm32f10x.h"
void ADC_Use_DMA_Init(void);
void DMA_For_ADC_Init(void);
void filter(void);
#endif
```

第七步：在public.h文件的中间部分添加#include "DMA-ADC.H"语句，即包含DMA-ADC.H头文件，public.h文件的源代码如下。

```
/************************************************************
                Source file of public.h
************************************************************/
#ifndef _public_H
    #define _public_H
    #include "stm32f10x.h"
    #include "LED.h"
    #include "beepkey.h"
    #include "dsgshow.h"
    #include "EXTI.H"
    #include "timer.h"
```

```
        #include "PWM.H"
        #include "USART.H"
        #include "OLED.H"
        #include "ADC.H"
        #include "printf.h"
        #include "DMA-ADC.H"
#endif
```

第八步：在 main.c 文件中输入如下源程序，在 main 函数中，首先需要对串口初始化、ADC 初始化和 DMA 初始化，然后启动 ADC1 转换器和 DMA1 控制器，并延时一定时间，使得内存数据得以更新，最后安排一个无限循环对采集数据进行中值滤波，并通过串口发送至 PC。

```
/*****************************************************************
                    Source file of main.c
*****************************************************************/
#include "public.h"
u8 hour,minute,second;
u8 smgduan[11] = {0xc0,0xf9,0xa4,0xb0,0x99,0x92,0x82,0xf8,0x80,0x90};
u16 smgwei[6] = {0x7fff,0xbfff,0xdfff,0xefff,0xf7ff,0xfbff};
//此处要注意一维下标为次数,二维下标为通道数,因为采集是分次进行的
u16 AD_Value[20][4];                        //AD 转换结果为 4 个通道,每个通道 20 次
u16 After_filter[4];                        //滤波后的数值共 4 个通道
int main()
{
    int i;
    printf_init();
    ADC_Use_DMA_Init();
    DMA_For_ADC_Init();
    ADC_SoftwareStartConvCmd(ADC1, ENABLE);
    DMA_Cmd(DMA1_Channel1, ENABLE);     //启动 DMA 通道
    delay_ms(1000);delay_ms(1000);      //延时一两秒钟使得内存数据可以更新
    while(1)
    {
        filter();
        for(i = 0;i < 4;i++)
        {
            printf("Channel = PA %d,ADVal = %d\n",i,After_filter[i]);
            delay_ms(1000);
            printf("Voltage = %0.3fV\n\n",After_filter[i] * 3.3/4096);
            delay_ms(1000);delay_ms(1000);delay_ms(1000);
        }
    }
}
```

第九步：编译工程，如没有错误，则会在 output 文件夹中生成“工程模板.hex”文件，如有错误，则修改源程序直至没有错误为止。

第十步：将生成的目标文件通过 ISP 软件下载到实验板微控制器的 Flash 存储器当中，复位运行。在 PC 上运行串口调试助手，打开串口就可以收到实验板发过来的 AD 转换数值，其接收成功界面如图 13-4 所示。

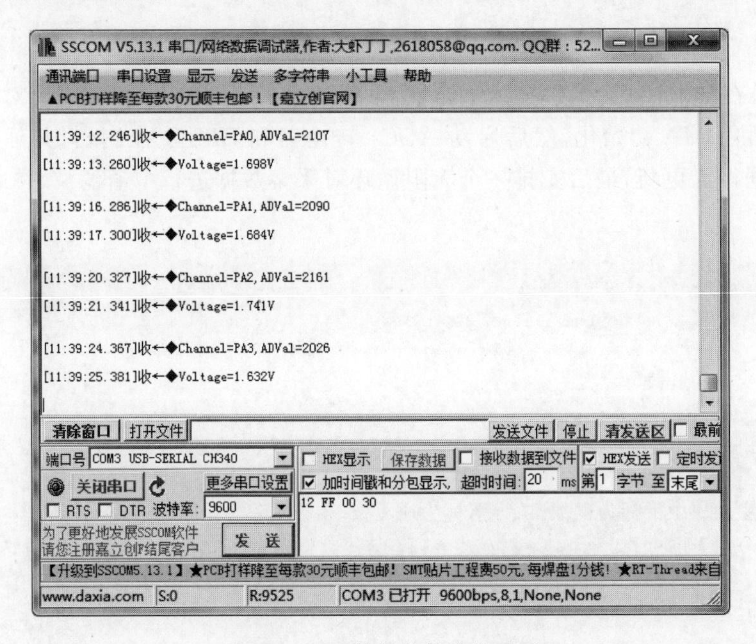


图 13-4　AD 转换结果接收界面

# 本章小结

本章首先向读者介绍了什么是 DMA、DMA 应用场合、DMA 的优点、DMA 模式、DMA 中断等内容，随后又具体讲解了 STM32F103 微控制器的 DMA 特点，并介绍了 STM32F103 的 DMA 相关库函数。最后给出了一个综合性的应用实例，是将 4 通道 ADC 转换结果通过 DMA 传输到内存数组当中，并进行中值滤波，再通过 USART 发送到 PC，通过这一综合实例，使读者掌握 DMA 传输的具体应用方法。

# 思考与扩展

1. 什么是 DMA？DMA 应用于哪些场合？
2. DMA 有哪几个传输要素？DMA 传输过程包含哪些步骤？
3. STM32F103 微控制器的 DMA 传输模式有哪几种？

4. STM32F103 微控制器 DMA 传输允许的最大数据量是多少。
5. 如何对 DMA 控制器进行初始化？初始化包含哪些方面？
6. 如何确定 STM32F103 微控制器 DMA 传输缓冲区大小？
7. STM32F103 微控制器 DMA 传输数据宽度有哪几种？如何确定？
8. 要想使用 printf 函数串口发送数据，需要完成哪些工作？

第 14 章

# I2C 接口与 EEPROM 存储器

**本章要点**

- I2C 通信原理
- STM32F103 的 I2C 接口
- STM32F103 的 I2C 相关库函数
- EEPROM 存储器及典型芯片介绍
- STM32 微控制器模拟 I2C 时序访问 EEPROM 存储器项目实施

I2C(Inter-Integrated Circuit,集成电路总线),又称为 IIC 或 $I^2C$,这种总线类型是由原飞利浦公司(现为恩智浦公司)在 20 世纪 80 年代初设计出来的一种简单、双向、二线制、同步串行总线,主要是用来连接整体电路(ICS),I2C 是一种多向控制总线,也就是说多个芯片可以连接到同一总线结构下,同时每个芯片都可以作为实时数据传输的控制源。这种方式简化了信号传输总线接口。

## 14.1 I2C 通信原理

I2C 接口与 EEPROM

I2C 总线是原 Philips 公司推出的一种用于 IC 器件之间连接的 2 线制串行扩展总线,它通过 2 条信号线(SDA,串行数据线; SCL,串行时钟线)在连接到总线上的器件之间传送数据,所有连接在总线的 I2C 器件都可以工作于发送方式或接收方式。

### 14.1.1 I2C 串行总线概述

I2C 总线结构如图 14-1 所示,I2C 总线的 SDA 和 SCL 是双向 I/O 线,必须通过上拉电阻接到正电源,当总线空闲时,2 线都是“高”。所有连接在 I2C 总线上的器件引脚必须是开漏或集电极开路输出,即具有“线与”功能。所有挂在总线上器件的 I2C 引脚接口也应该是双向的; SDA 输出电路用于总线上发数据,而 SDA 输入电路用于接收总线上的数据; 主机通过 SCL 输出电路发送时钟信号,同时其本身的接收电路需检测总线上 SCL 电平,以决定下一步的动作，从机的 SCL 输入电路接收总线时钟，并在 SCL 控制下向 SDA 发出或从 SDA 上接收数据，另外也可以通过拉低 SCL(输出)来延长总线周期。

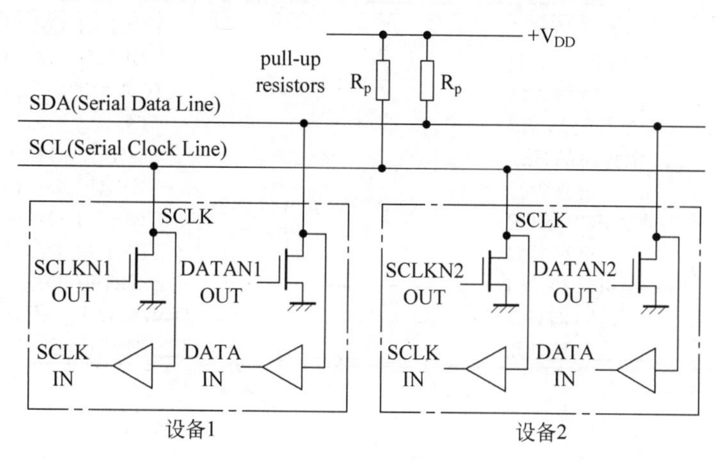


图 14-1 I2C 总线结构

I2C 总线上允许连接多个器件，支持多主机通信。但为了保证数据可靠的传输，任一个时刻总线只能由一台主机控制，其他设备此时均表现为从机。I2C 总线的运行(指数据传输过程)由主机控制。所谓主机控制，就是由主机发出启动信号和时钟信号，控制传输过程结束时发出停止信号等。每一个接到 I2C 总线上的设备或器件都有一个唯一独立的地址，以便于主机寻访。主机与从机之间的数据传输，可以是主机发送数据到从机，也可以是从机发送数据到主机。因此，在 I2C 协议中，除了使用主机、从机的定义外，还使用了发送器、接收器的定义。发送器表示发送数据方，可以是主机，也可以是从机，接收器表示接收数据方，同样也可以代表主机或代表从机。在 I2C 总线上一次完整的通信过程中，主机和从机的角色是固定的，SCL 时钟由主机发出，但发送器和接收器是不固定的，经常变化，这一点请读者特别留意，尤其在学习 I2C 总线时序过程中，不要把它们混淆在一起。

## 14.1.2 I2C 总线的数据传送

### 1. 数据位的有效性规定

如图 14-2 所示，I2C 总线进行数据传送时，时钟信号为高电平期间，数据线上的数据必须保持稳定，只有在时钟线上的信号为低电平期间，数据线上的高电平或低电平状态才允许变化。

### 2. 起始和终止信号

I2C 总线规定，当 SCL 为高电平时，SDA 的电平必须保持稳定不变的状态，只有当 SCL 处于低电平时，才可以改变 SDA 的电平值，但起始信号和停止信号是特例。因此，当 SCL 处于高电平时，SDA 的任何跳变都会被识别成为一个起始信号或停止信号。如图 14-3 所示，SCL 线为高电平期间，SDA 线由高电平向低电平的变化表示起始信号；SCL 线为高电平期间，SDA 线由低电平向高电平的变化表示终止信号。

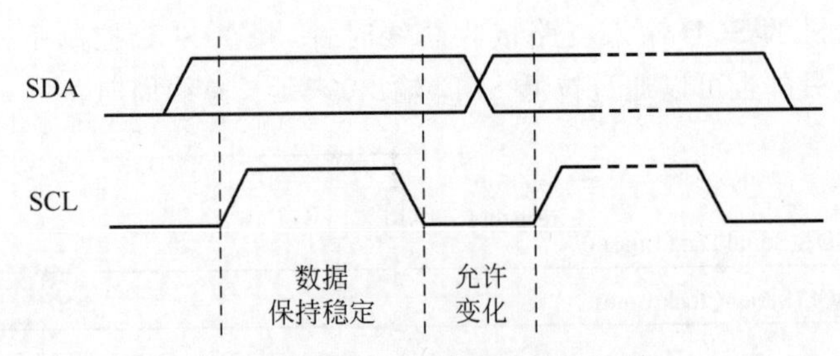


图 14-2 I2C 总线数据有效性规定

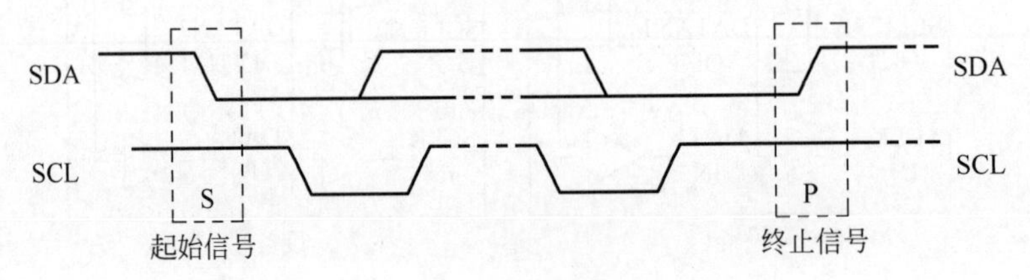


图 14-3 I2C 总线起始和终止信号

起始和终止信号都是由主机发出的，在起始信号产生后，总线就处于被占用的状态；在终止信号产生后，总线就处于空闲状态。连接到 I2C 总线上的器件，若具有 I2C 总线的硬件接口，则很容易检测到起始和终止信号。

每当发送器件传输完一个字节的数据后，后面必须紧跟一个校验位，这个校验位是接收端通过控制 SDA（数据线）来实现的，以提醒发送端数据，这边已经接收完成，数据传送可以继续进行。

**3. 数据传送格式**

1）字节传送与应答

在 I2C 总线的数据传输过程中，发送到 SDA 信号线上的数据以字节为单位，每个字节必须为 8 位，而且是高位（MSB）在前，低位（LSB）在后，每次发送数据的字节数量不受限制。但在这个数据传输过程中需要着重强调的是，当发送方发送完每一字节后，都必须等待接收方返回一个应答响应信号，如图 14-4 所示。响应信号宽度为 1 位，紧跟在 8 个数据位后面，所以发送 1 字节的数据需要 9 个 SCL 时钟脉冲。响应时钟脉冲也是由主机产生的，主机在响应时钟脉冲期间释放 SDA 线，使其处在高电平。

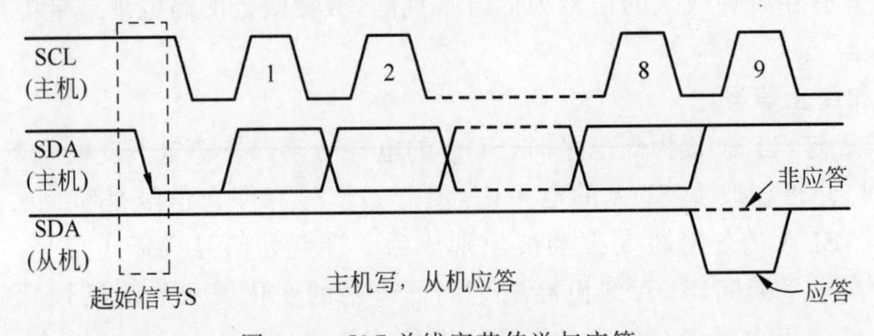


图 14-4 I2C 总线字节传送与应答

而在响应时钟脉冲期间，接收方需要将 SDA 拉低，使 SDA 在响应时钟脉冲高电平期间保持稳定的低电平，即为有效应答信号（ACK 或 A），表示接收器已经成功地接收了该字节数据。

如果在响应时钟脉冲期间，接收方没有将 SDA 线拉低，使 SDA 在响应时钟脉冲高电平期间保持稳定的高电平，即为非应答信号（NAK 或/A），表示接收器接收该字节没有成功。

由于某种原因从机不对主机寻址信号应答时（如从机正在进行实时性的处理工作而无法接收总线上的数据），它必须将数据线置于高电平，而由主机产生一个终止信号以结束总线的数据传送。

如果从机对主机进行了应答，但在数据传送一段时间后无法继续接收更多的数据时，从机可以通过对无法接收的第一个数据字节的"非应答"通知主机，主机则应发出终止信号以结束数据的继续传送。

当主机接收数据时，它收到最后一个数据字节后，必须向从机发出一个结束传送的信号。这个信号是由对从机的"非应答"来实现的。然后，从机释放 SDA 线，以允许主机产生终止信号。

2）总线的寻址

挂在 I2C 总线上的器件可以很多，但相互间只有两根线连接（数据线和时钟线），如何进行识别寻址呢？具有 I2C 总线结构的器件在其出厂时已经给定了器件的地址编码。I2C 总线器件地址 SLA（以 7 位为例）格式如图 14-5 所示。

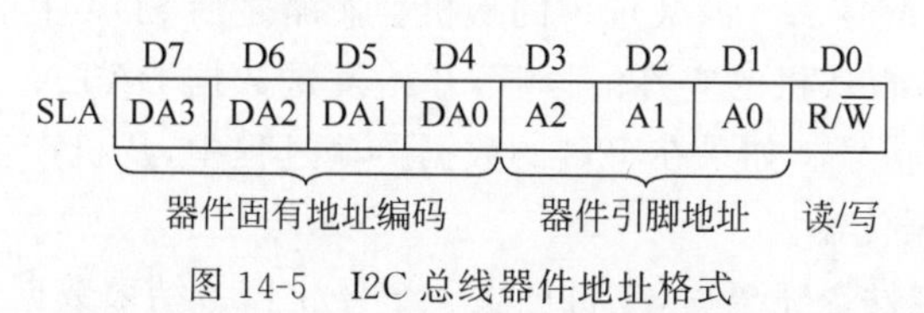


图 14-5　I2C 总线器件地址格式

（1）DA3～DA0：4 位器件地址是 I2C 总线器件固有的地址编码，器件出厂时就已给定，用户不能自行设置。例如，I2C 总线器件 E2PROM AT24CXX 的器件地址为 1010。

（2）A2～A0：3 位引脚地址用于相同地址器件的识别。若 I2C 总线上挂有相同地址的器件，或同时挂有多片相同器件时，可用硬件连接方式对 3 位引脚 A2～A0 接 $V_{CC}$ 或接地，形成地址数据。

（3）R/$\overline{W}$：用于确定数据传送方向。R/$\overline{W}$＝1 时，主机接收（读）；R/$\overline{W}$＝0，主机发送（写）。

主机发送地址时，总线上的每个从机都将这 7 位地址码与自己的地址进行比较，如果相同，则认为自己正被主机寻址，根据 R/$\overline{W}$ 位将自己确定为发送器或接收器。

3）数据帧格式

I2C 总线上传送的数据信号是广义的，既包括地址信号，又包括真正的数据信号。

在起始信号后必须传送一个从机的地址（7 位），第 8 位是数据的传送方向位（R/$\overline{W}$），用 0 表示主机发送数据（$\overline{W}$），1 表示主机接收数据（R）。每次数据传送总是由主机产生的终止信号结束。但是，若主机希望继续占用总线进行新的数据传送，则可以不产生终止信号，立即再次发出起始信号对另一从机进行寻址。

在总线的一次数据传送过程中，可以有以下几种组合方式。

1）主机向从机写数据

主机向从机写 $n$ 个字节数据，数据传送方向在整个传送过程中不变。I2C 的数据线 SDA 上的数据流如图 14-6 所示。有阴影部分表示数据由主机向从机传送，无阴影部分则表示数据由从机向主机传送。A 表示应答，$\overline{A}$ 表示非应答（高电平），S 表示起始信号，P 表示终止信号。

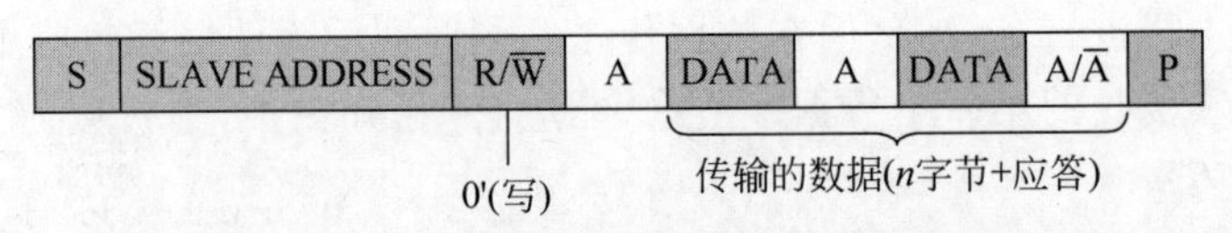


图 14-6 主机向从机写数据 SDA 数据流

如果主机要向从机传输一个或多个字节数据，在 SDA 上需经历以下过程：

（1）主机产生起始信号 S。

（2）主机发送寻址字节 SLAVE ADDRESS，其中的高 7 位表示数据传输目标的从机地址；最后 1 位是传输方向位，此时其值为 0，表示数据传输方向从主机到从机。

（3）当某个从机检测到主机在 I2C 总线上广播的地址与它的地址相同时，该从机就被选中，并返回一个应答信号 A。没被选中的从机会忽略之后 SDA 上的数据。

（4）当主机收到来自从机的应答信号后，开始发送数据 DATA。主机每发送完一个字节，从机产生一个应答信号。如果在 I2C 的数据传输过程中，从机产生了非应答信号/A，则主机提前结束本次数据传输。

（5）当主机的数据发送完毕后，主机产生一个停止信号结束数据传输，或者产生一个重复起始信号进入下一次数据传输。

2）主机从从机读数据

主机从从机读 $n$ 个字节数据时，I2C 的数据线 SDA 上的数据流如图 14-7 所示。其中，阴影框表示数据由主机传输到从机，透明框表示数据流由从机传输到主机。

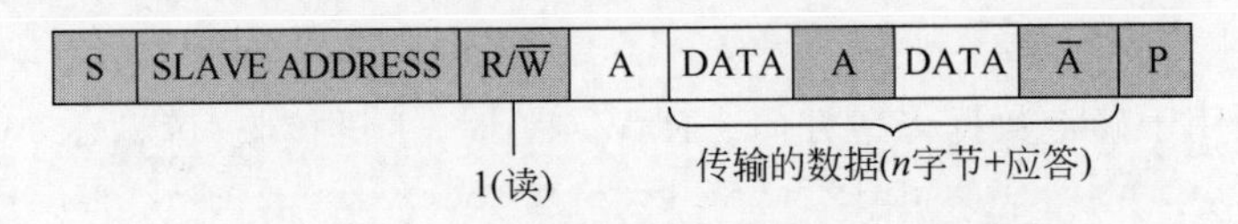


图 14-7 主机由从机读数据时 SDA 上的数据流

如果主机要从从机读取一个或多个字节数据，在 SDA 上需经历以下过程：

（1）主机产生起始信号 S。

（2）主机发送寻址字节 SLAVE ADDRESS，其中的高 7 位表示数据传输目标的从机地址；最后 1 位是传输方向位，此时其值为 1，表示数据传输方向由从机到主机。寻址字节 SLAVE ADDRESS 发送完毕后，主机释放 SDA（拉高 SDA）。

(3) 当某个从机检测到主机在I2C总线上广播的地址与它的地址相同时，该从机就被选中，并返回一个应答信号A。没被选中的从机会忽略之后SDA上的数据。

(4) 当主机收到应答信号后，从机开始发送数据DATA。从机每发送完一个字节，主机产生一个应答信号。当主机读取从机数据完毕或者主机想结束本次数据传输时，可以向从机返回一个非应答信号A，从机即自动停止数据传输。

(5) 当传输完毕后，主机产生一个停止信号结束数据传输，或者产生一个重复起始信号进入下一次数据传输。

3）主机和从机双向数据传送

在传送过程中，当需要改变传送方向时，起始信号和从机地址都被重复产生一次，但两次读/写方向位正好反向。I2C的数据线SDA上的数据流如图14-8所示。

| S | 从机地址 | 0 | A | 数据 | A/$\overline{A}$ | S | 从机地址 | 1 | A | 数据 | $\overline{A}$ | P |
|---|---|---|---|---|---|---|---|---|---|---|---|---|

图14-8　主机和从机双向数据传送SDA上的数据流

主机和从机双向数据传送的数据传送过程是主机向从机写数据和主机由从机读数据的组合，故不再赘述。

**4. 传输速率**

I2C的标准传输速率为100Kb/s，快速传输可达400Kb/s。目前还增加了高速模式，最高传输速率可达3.4Mb/s。

# 14.2　STM32F103的I2C接口

STM32F103微控制器的I2C模块连接微控制器和I2C总线，提供多主机功能，支持标准和快速两种传输速率，控制所有I2C总线特定的时序、协议、仲裁和定时。支持标准和快速两种模式，同时与SMBus 2.0兼容。I2C模块有多种用途，包括CRC码的生成和校验、SMBus(System Management Bus，系统管理总线)和PMBus(Power Management Bus，电源管理总线)。根据特定设备的需要，可以使用DMA以减轻CPU的负担。

## 14.2.1　STM32F103的I2C主要特性

STM32F103微控制器的小容量产品有1个I2C，中等容量和大容量产品有2个I2C。STM32F103微控制器的I2C主要具有以下特性：

(1) 所有的I2C都位于APB1总线。

(2) 支持标准(100Kb/s)和快速(400Kb/s)两种传输速率。

(3) 所有的I2C可工作于主模式或从模式，可以作为主发送器、主接收器、从发送器或者从接收器。

(4) 支持7位或10位寻址和广播呼叫。

(5) 具有3个状态标志：发送器/接收器模式标志、字节发送结束标志、总线忙标志。

(6) 具有2个中断向量：1个中断用于地址/数据通信成功，1个中断用于错误。

(7) 具有单字节缓冲器的DMA。

(8) 兼容系统管理总线SMBus2.0。

### 14.2.2 STM32F103的I2C内部结构

STM32F103系列微控制器的I2C结构，由SDA线和SCL线展开，主要分为时钟控制、数据控制和控制逻辑等部分，负责实现I2C的时钟产生、数据收发、总线仲裁和中断、DMA等功能，如图14-9所示。

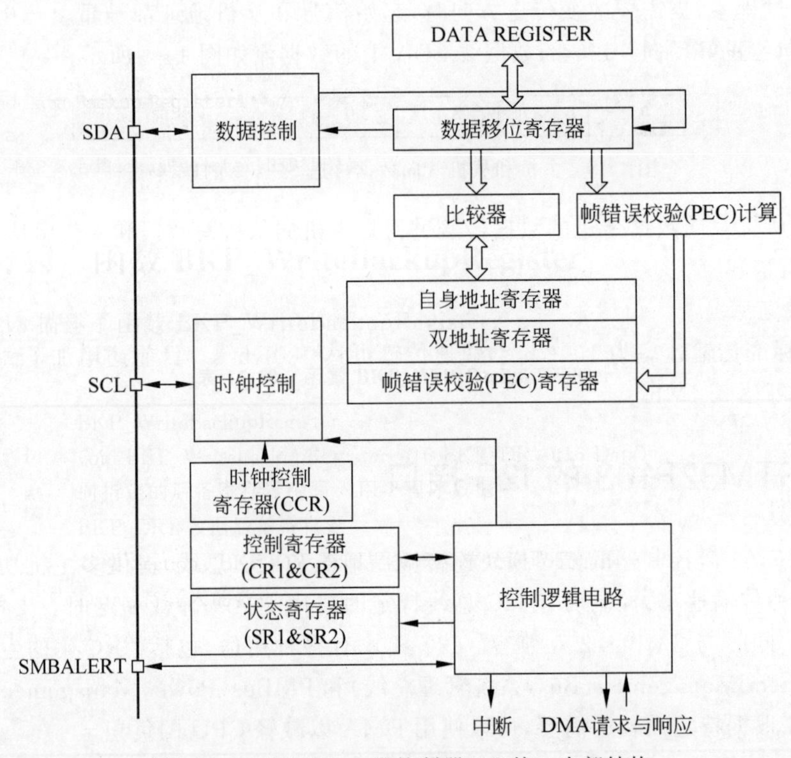


图14-9 STM32F103微控制器I2C接口内部结构

#### 1. 时钟控制

时钟控制模块根据控制寄存器CCR、CR1和CR2中的配置产生I2C协议的时钟信号，即SCL线上的信号。为了产生正确的时序，必须在I2C_CR2寄存器中设定I2C的输入时钟。当I2C工作在标准传输速率时，输入时钟的频率必须大于等于2MHz；当I2C工作在快速传输速率时，输入时钟的频率必须大于等于4MHz。

#### 2. 数据控制

数据控制模块通过一系列控制架构，在将要发送数据的基础上，按照I2C的数据格式加上起始信号、地址信号、应答信号和停止信号，将数据一位一位从SDA线上发送出去。读取数据时,则从 SDA 线上的信号中提取出接收到的数据值。发送和接收的数据都被保存在数据寄存器中。

**3. 控制逻辑**

控制逻辑用于产生 I2C 中断和 DMA 请求。

### 14.2.3 STM32F103 的模式选择

I2C 接口可以按下述 4 种模式中的一种运行:

(1) 从发送器模式。

(2) 从接收器模式。

(3) 主发送器模式。

(4) 主接收器模式。

该模块默认工作于从模式。接口在生成起始条件后自动地从从模式切换到主模式;当仲裁丢失或产生停止信号时,则从主模式切换到从模式。允许多主机功能。

主模式时,I2C 接口启动数据传输并产生时钟信号。串行数据传输总是以起始条件开始并以停止条件结束。起始条件和停止条件都是在主模式下由软件控制产生。

从模式时,I2C 接口能识别它自己的地址(7 位或 10 位)和广播呼叫地址。软件能够控制开启或禁止广播呼叫地址的识别。

数据和地址按 8 位/字节进行传输,高位在前。跟在起始条件后的 1 或 2 字节是地址(7 位模式为 1 字节,10 位模式为 2 字节)。地址只在主模式发送。在一个字节传输的 8 个时钟后的第 9 个时钟期间,接收器必须回送一个应答位(ACK)给发送器。

## 14.3 STM32F103 的 I2C 相关库函数

### 14.3.1 函数 I2C_DeInit

表 14-1 描述了函数 I2C_DeInit。

**表 14-1 函数 I2C_DeInit**

| | |
|---|---|
| 函数名 | I2C_DeInit |
| 函数原型 | void I2C_DeInit(I2C_TypeDef * I2Cx) |
| 功能描述 | 将外设 I2Cx 寄存器重设为缺省值 |
| 输入参数 | I2Cx: x 可以是 1 或者 2,用来选择 I2C 外设 |
| 输出参数 | 无 |
| 返回值 | 无 |
| 先决条件 | 无 |
| 被调用函数 | RCC_APB1PeriphClockCmd() |

例如：

```
/* Deinitialize I2C2 interface */
I2C_DeInit(I2C2);
```

## 14.3.2 函数 I2C_ Init

表 14-2 描述了函数 I2C_Init。

表 14-2 函数 I2C_Init

| | |
|---|---|
| 函数名 | I2C_Init |
| 函数原型 | void I2C_Init(I2C_TypeDef * I2Cx，I2C_InitTypeDef * I2C_InitStruct) |
| 功能描述 | 根据 I2C_InitStruct 中指定的参数初始化外设 I2Cx 寄存器 |
| 输入参数 1 | I2Cx：x 可以是 1 或者 2，用来选择 I2C 外设 |
| 输入参数 2 | I2C_InitStruct：指向结构 I2C_InitTypeDef 的指针，包含了外设 GPIO 的配置信息 |
| 输出参数 | 无 |
| 返回值 | 无 |
| 先决条件 | 无 |
| 被调用函数 | 无 |

**I2C_InitTypeDef structure**

I2C_InitTypeDef 定义于文件 stm32f10x_i2c.h：

```
typedef struct
{
u16 I2C_Mode;
u16 I2C_DutyCycle;
u16 I2C_OwnAddress1;
u16 I2C_Ack;
u16 I2C_AcknowledgedAddress;
u32 I2C_ClockSpeed;
} I2C_InitTypeDef;
```

**I2C_Mode**

I2C_Mode 用以设置 I2C 的模式。表 14-3 给出了该参数可取的值。

表 14-3 I2C_Mode 值

| I2C_Mode | 描　述 |
|---|---|
| I2C_Mode_I2C | 设置 I2C 为 I2C 模式 |
| I2C_Mode_SMBusDevice | 设置 I2C 为 SMBus 设备模式 |
| I2C_Mode_SMBusHost | 设置 I2C 为 SMBus 主控模式 |

**I2C_DutyCycle**

I2C_DutyCycle 用以设置 I2C 的占空比。表 14-4 给出了该参数可取的值。

**表 14-4　I2C_DutyCycle 值**

| I2C_DutyCycle | 描　述 |
| --- | --- |
| I2C_DutyCycle_16_9 | I2C 快速模式 Tlow / Thigh = 16/9 |
| I2C_DutyCycle_2 | I2C 快速模式 Tlow / Thigh = 2 |

**注意**：该参数只有在 I2C 工作在快速模式(时钟工作频率高于 100kHz)下才有意义。

**I2C_OwnAddress1**

该参数用来设置第一个设备自身地址,它可以是一个 7 位地址或者一个 10 位地址。

**I2C_Ack**

I2C_Ack 使能或者失能应答(ACK),表 14-5 给出了该参数可取的值。

**表 14-5　I2C_Ack 值**

| I2C_Ack | 描　述 |
| --- | --- |
| I2C_Ack_Enable | 使能应答(ACK) |
| I2C_Ack_Disable | 失能应答(ACK) |

**I2C_AcknowledgedAddress**

I2C_AcknowledgedAddres 定义了应答 7 位地址还是 10 位地址。表 14-6 给出了该参数可取的值。

**表 14-6　I2C_AcknowledgedAddres 值**

| I2C_AcknowledgedAddres | 描　述 |
| --- | --- |
| I2C_AcknowledgeAddress_7bit | 应答 7 位地址 |
| I2C_AcknowledgeAddress_10bit | 应答 10 位地址 |

**I2C_ClockSpeed**

该参数用来设置时钟频率,这个值不能高于 400kHz。

例如:

```
/* Initialize the I2C1 according to the I2C_InitStructure members */
I2C_InitTypeDef I2C_InitStructure;
I2C_InitStructure.I2C_Mode = I2C_Mode_SMBusHost;
I2C_InitStructure.I2C_DutyCycle = I2C_DutyCycle_2;
I2C_InitStructure.I2C_OwnAddress1 = 0x03A2;
I2C_InitStructure.I2C_Ack = I2C_Ack_Enable;
```

```
I2C_InitStructure.I2C_AcknowledgedAddress =
I2C_AcknowledgedAddress_7bit;
I2C_InitStructure.I2C_ClockSpeed = 200000;
I2C_Init(I2C1, &I2C_InitStructure);
```

### 14.3.3 函数 I2C_ Cmd

表 14-7 描述了函数 I2C_ Cmd。

表 14-7 函数 I2C_ Cmd

| | |
|---|---|
| 函数名 | I2C_Cmd |
| 函数原型 | void I2C_Cmd(I2C_TypeDef * I2Cx,FunctionalState NewState) |
| 功能描述 | 使能或者失能 I2C 外设 |
| 输入参数 1 | I2Cx：x 可以是 1 或者 2,用来选择 I2C 外设 |
| 输入参数 2 | NewState:外设 I2Cx 的新状态,可以为 ENABLE 或者 DISABLE |
| 输出参数 | 无 |
| 返回值 | 无 |
| 先决条件 | 无 |
| 被调用函数 | 无 |

例如：

```
/* Enable I2C1 peripheral */
I2C_Cmd(I2C1, ENABLE);
```

### 14.3.4 函数 I2C_ GenerateSTART

表 14-8 描述了函数 I2C_ GenerateSTART。

表 14-8 函数 I2C_ GenerateSTART

| | |
|---|---|
| 函数名 | I2C_GenerateSTART |
| 函数原型 | void I2C_GenerateSTART(I2C_TypeDef * I2Cx,FunctionalState NewState) |
| 功能描述 | 产生 I2Cx 传输 START 条件 |
| 输入参数 1 | I2Cx：x 可以是 1 或者 2,用来选择 I2C 外设 |
| 输入参数 2 | NewState：I2Cx START 条件的新状态,可以为 ENABLE 或者 DISABLE |
| 输出参数 | 无 |
| 返回值 | 无 |
| 先决条件 | 无 |
| 被调用函数 | 无 |

例如：

```
/* Generate a START condition on I2C1 */
I2C_GenerateSTART(I2C1, ENABLE);
```

### 14.3.5 函数 I2C_ GenerateSTOP

表 14-9 描述了函数 I2C_ GenerateSTOP。

表 14-9 函数 I2C_ GenerateSTOP

| 函数名 | I2C_GenerateSTOP |
|---|---|
| 函数原型 | void I2C_GenerateSTOP(I2C_TypeDef * I2Cx,FunctionalState NewState) |
| 功能描述 | 产生 I2Cx 传输 STOP 条件 |
| 输入参数 1 | I2Cx：x 可以是 1 或者 2,用来选择 I2C 外设 |
| 输入参数 2 | NewState：I2Cx STOP 条件的新状态,可以为 ENABLE 或者 DISABLE |
| 输出参数 | 无 |
| 返回值 | 无 |
| 先决条件 | 无 |
| 被调用函数 | 无 |

例如：

```
/* Generate a STOP condition on I2C2 */
I2C_GenerateSTOP(I2C2, ENABLE);
```

### 14.3.6 函数 I2C_ Send7bitAddress

表 14-10 描述了函数 I2C_ Send7bitAddress。

表 14-10 函数 I2C_ Send7bitAddress

| 函数名 | I2C_ Send7bitAddress |
|---|---|
| 函数原型 | void I2C_Send7bitAddress(I2C_TypeDef * I2Cx, u8 Address, u8 I2C_Direction) |
| 功能描述 | 向指定的从 I2C 设备传送地址字 |
| 输入参数 1 | I2Cx：x 可以是 1 或者 2,用来选择 I2C 外设 |
| 输入参数 2 | Address：待传输的从 I2C 地址 |
| 输入参数 3 | I2C_Direction：设置指定的 I2C 设备工作为发送端还是接收端 |
| 输出参数 | 无 |
| 返回值 | 无 |
| 先决条件 | 无 |
| 被调用函数 | 无 |

**I2C_Direction**

该参数设置I2C界面为发送端模式或者接收端模式(见表14-11)。

表14-11 I2C_Direction值

| I2C_Direction | 描述 |
|---|---|
| I2C_Direction_Transmitter | 选择发送方向 |
| I2C_Direction_Receiver | 选择接收方向 |

例如:

```
/* Send, as transmitter, the Slave device address 0xA8 in 7 - bit addressing mode in I2C1 */
I2C_Send7bitAddress(I2C1, 0xA8, I2C_Direction_Transmitter);
```

### 14.3.7 函数I2C_ SendData

表14-12描述了函数I2C_ SendData。

表14-12 函数I2C_ SendData

| 函数名 | I2C_SendData |
|---|---|
| 函数原型 | void I2C_SendData(I2C_TypeDef * I2Cx, u8 Data) |
| 功能描述 | 通过外设I2Cx发送一个数据 |
| 输入参数1 | I2Cx: x可以是1或者2,用来选择I2C外设 |
| 输入参数2 | Data:待发送的数据 |
| 输出参数 | 无 |
| 返回值 | 无 |
| 先决条件 | 无 |
| 被调用函数 | 无 |

例如:

```
/* Transmit 0x5D byte on I2C2 */
I2C_SendData(I2C2, 0x5D);
```

### 14.3.8 函数I2C_ ReceiveData

表14-13描述了函数I2C_ ReceiveData。

表14-13 函数I2C_ReceiveData

| 函数名 | I2C_ReceiveData |
|---|---|
| 函数原型 | u8 I2C_ReceiveData(I2C_TypeDef * I2Cx) |
| 功能描述 | 返回通过I2Cx最近接收的数据 |
| 输入参数 | I2Cx: x可以是1或者2,用来选择I2C外设 |

续表

| | |
|---|---|
| 输出参数 | 无 |
| 返回值 | 接收到的字 |
| 先决条件 | 无 |
| 被调用函数 | 无 |

例如：

```
/* Read the received byte on I2C1 */
u8 ReceivedData;
ReceivedData = I2C_ReceiveData(I2C1);
```

# 14.4 项目实例

本项目将向读者介绍如何利用 STM32 的普通 I/O 口模拟 I2C 时序，并实现和 EEPROM 存储器 AT24C02 之间的双向通信，并将结果通过串口 printf 输出。

## 14.4.1 模拟 I2C 时序要求

对于模拟 I2C 总线，有几个重复应用的典型信号：起始信号(S)、终止信号(P)、发送应答位(ACK)、发送非应答位(NAK)。在编制这些典型信号子程序之前，首先必须弄清这些信号的时序要求，图 14-10 给出了 I2C 总线数据传送典型信号时序。

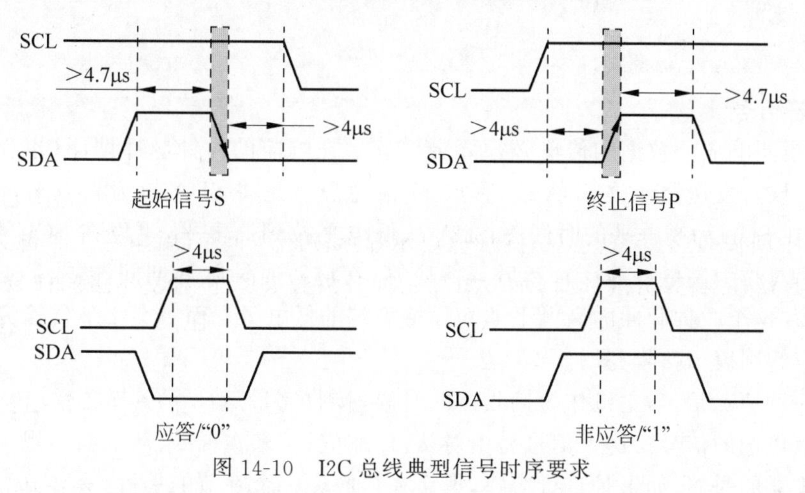


图 14-10　I2C 总线典型信号时序要求

## 14.4.2 模拟 I2C 函数

### 1. 起始信号

如图 14-10 所示，SCL 线为高电平期间，SDA 线由高电平向低电平的变化表示起始信号。

I2C总线空闲的时候，SCL和SDA都是高电平的。这两个高电平必须保持4.7μs以上，SDA数据线才可以从高电平向低电平跳变，且跳变之后，也要保持SCL高电平和SDA低电平至少4μs。I2C总线产生起始信号函数参考代码如下：

```
void I2C_Start(void)
{
    I2C_SDA_OUT() ;
    I2C_SDA_H ;    I2C_SCL_H ;    delay_us(5) ;
    I2C_SDA_L ;    delay_us(6) ;    I2C_SCL_L ;
}
```

### 2. 终止信号

如图14-10所示，SCL线为高电平期间，SDA线由低电平向高电平的变化表示终止信号。需要注意的是，这里保持时间也是有一定限制的。I2C总线产生终止信号函数参考代码如下：

```
void I2C_Stop(void)
{
   I2C_SDA_OUT();
   I2C_SCL_L ;   I2C_SDA_L ;
   I2C_SCL_H ;   delay_us(6) ;
   I2C_SDA_H ;   delay_us(6) ;
}
```

### 3. 应答信号

应答，也叫响应。数据的传输必须要带应答。在响应的时钟脉冲期间(也就是SCL在高电平的时候)，发送器释放SDA线(释放SDA意思就是将SDA拉为高电平，这里要注意的是，不能在SCL为高电平的时候将SDA从低电平拉到高电平，可以在SCL在低电平的时候，将SDA拉为高电平等待)，然后等待应答，在应答时钟脉冲期间，接收器必须将SDA拉低，使它在这个时钟脉冲的高电平期间保持稳定的低电平。而一个字节传输完毕之后，接收器没有应答则表示接收完毕。

还有一种情况是，当主机作为接收器的时候，接收完最后一个字节之后，必须向从机发出一个结束传送的信号。这个信号是由对从机“非应答”来实现的(从上面的规则可知，当主机作为接收器的时候，如果是进行应答，那么在接收完一个字节的最后一位之后产生一个低电平的时钟，进行应答。而非应答，就是产生一个高电平的时钟，进行应答)。

应答信号函数由3个函数组成，分别为主机产生应答信号、主机产生非应答信号、等待从机应答信号函数，其参考代码如下：

```
//主机产生应答信号 ACK
void I2C_Ack(void)
{
   I2C_SCL_L;
   I2C_SDA_OUT();   I2C_SDA_L;      delay_us(2);
   I2C_SCL_H;       delay_us(5);     I2C_SCL_L;
}
//主机不产生应答信号 NACK
void I2C_NAck(void)
{
   I2C_SCL_L;
   I2C_SDA_OUT();   I2C_SDA_H;      delay_us(2);
   I2C_SCL_H;       delay_us(5);     I2C_SCL_L;
}
//等待从机应答信号
//返回值：1 接收应答失败   0 接收应答成功
u8 I2C_Wait_Ack(void)
{
    u8 tempTime = 0;
    I2C_SDA_IN();
    I2C_SDA_H;   delay_us(1);
    I2C_SCL_H;   delay_us(1);
    while(GPIO_ReadInputDataBit(GPIO_I2C,I2C_SDA))
    {
        tempTime++;
        if(tempTime > 250)
        {
            I2C_Stop();
            return 1;
        }
    }
    I2C_SCL_L;
    return 0;
}
```

### 4. 逻辑数据的表示

要传输数据，那么肯定要区分传输“1”和“0”，一般在I2C读数的时候，都是在SCL为高电平的时候进行读取，所以在SCL为高电平的时候，需要保持SDA稳定，高电平为“1”，低电平为“0”。而且还要注意的就是它们的保持时间要大于4μs。

### 5. I2C发送一个字节数据

```
//I2C 发送一个字节
void I2C_Send_Byte(u8 txd)
{
```

```
    u8 i = 0;
    I2C_SDA_OUT();
    I2C_SCL_L;                          //拉低时钟开始数据传输
    for(i = 0;i < 8;i++)
    {
        if((txd&0x80)> 0)  I2C_SDA_H;
        else               I2C_SDA_L;
        txd <<= 1;
        I2C_SCL_H;   delay_us(2);    //发送数据
        I2C_SCL_L;   delay_us(2);
    }
}
```

### 6. I2C 模拟接收一个字节数据

```
u8 I2C_Read_Byte(u8 ack)
{
    u8 i = 0,receive = 0;
    I2C_SDA_IN();
    for(i = 0;i < 8;i++)
    {
        I2C_SCL_L;  delay_us(2);  I2C_SCL_H;
        receive <<= 1;
        if(GPIO_ReadInputDataBit(GPIO_I2C,I2C_SDA))
            receive++;
        delay_us(1);
    }
    if(ack == 0)  I2C_NAck();
    else          I2C_Ack();
    return receive;
}
```

## 14.4.3 EEPROM 芯片 24C02

在目前的嵌入式系统中主要存在三种存储器，一种是程序存储器 Flash ROM，主要用于存储程序代码，可以在程序编写阶段修改；一种是数据存储器 SRAM，主要用于存储运行数据，可读可写，速度快，但是芯片断电数据丢失；以上两种存储器是系统必须具备的，事实上为完善嵌入式系统功能，通常情况下，还需配备 EEPROM 存储器。

EEPROM (Electrically Erasable Programmable Read Only Memory)是指带电可擦可编程只读存储器，是一种掉电后数据不丢失的存储芯片。EEPROM 可以在计算机上或专用设备上擦除已有信息，重新编程。其具有即插即用、可读可写、断电数据不丢失等特点，在嵌入式系统中主要用于保存系统配置信息或间歇采集数据等。

本实验板配备的 EEPROM 存储器为具有 I2C 接口的 AT24C02 芯片，其主要参数如下：

(1) AT24C02 可以提供 2K 位，也就是 256 个 8 位字节的 EEPROM 内存，可以保存 256 个字节的数据。所以从这里可以了解到，256 个字节也就是有 256 个内存地址，也正好对应一个字节的地址范围。当向 24C02 读写数据的时候，地址宽度正好为一个字节。

(2) AT24C02 通过 I2C 总线接口进行操作。

(3) AT24C02 的写操作，可以每次写一个地址，也可以一次写一页。所写的一页，在 24C02 这里是 8 个字节（在有些数据手册上是 16 个字节，不过开发板上面使用 24C02 是一页 8 个字节，ARM 公司提供的官方例程里面 24C02 设定的也是一页 8 个字节）。也就是说当写入数据在同一页的时候（注意是在同一页的时候），可以只写入一次地址，每写入一个字节，地址自动加 1。

(4) AT24C02 的读操作时，可以连续读，不管连续读的数据是不是在同一页，每次读完一次数据之后，读取地址都会自动加 1。

实验板上 AT24C02 原理如图 14-11 所示，从图上可以看出 24C02 使用的是 STM32 芯片的 PF0 和 PF1 的两个 GPIO 口。

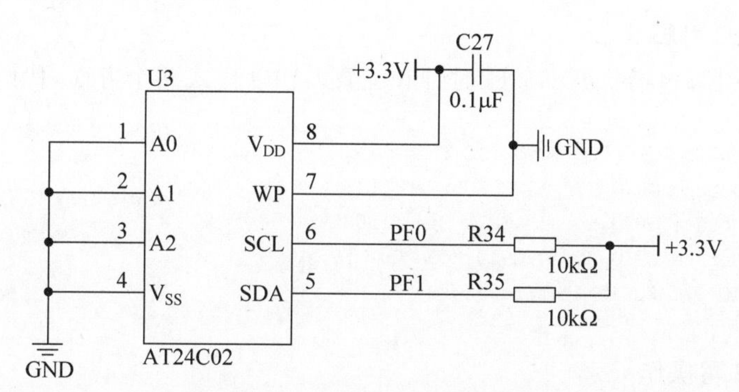


图 14-11　AT24C02 接线原理图

在 I2C 总线上面，每个器件都会有一个器件地址，而 24C02 的器件地址编址方式如图 14-5 所示，由图可知，从机地址高四位 1010 是 24Cxx 系列的固定器件地址，接下来的 A2、A1、A0 是根据器件连接来决定，也就是图 14-11 上面的 A2、A1、A0。由图可知，3 个引脚均接地，所以是 000。R/W 为选择读还是写位，1 的时候是读，0 的时候是写。所以 24C02 存储器的写地址为 0xA0，读地址为 0xA1。

## 14.4.4　模拟 I2C 访问 24C02 项目分析

STM32 的硬件 I2C 做得很复杂，而且不好用，很难调试，所以大部分人都不太选择使用 STM32 的硬件 I2C。不过 AT24C02 有 ARM 官方提供的例程，读写还是挺稳定的，本书的例程也是参考 ARM 官方的例程。接下来一起研究如何通过模拟 I2C 时序来操作 AT24C02。

### 1. 预定义模拟 I2C 引脚

首先对系统实际采用的模拟 I2C 引脚及其高低电平操作函数进行预定义，这样当系统硬件发生更改时，只需要将四条引脚预定义语句修改一下即可，而源程序不需要做任何修改，大大减少了程序移植工作量。

```
/* 定时使用的 I/O 口,移植时只须更改下面 4 个预定义即可 */
#define I2C_SCL GPIO_Pin_0          //PF0
#define I2C_SDA GPIO_Pin_1          //PF1
#define GPIO_I2C GPIOF
#define RCC_GPIO_I2C RCC_APB2Periph_GPIOF

#define I2C_SCL_H GPIO_SetBits(GPIO_I2C,I2C_SCL)
#define I2C_SCL_L GPIO_ResetBits(GPIO_I2C,I2C_SCL)

#define I2C_SDA_H GPIO_SetBits(GPIO_I2C,I2C_SDA)
#define I2C_SDA_L GPIO_ResetBits(GPIO_I2C,I2C_SDA)
```

### 2. 初始化 I2C 引脚

初始化 I2C 引脚包括打开 GPIO 时钟和配置 GPIO 模式两个方面，代码如下：

```
RCC_APB2PeriphClockCmd(RCC_GPIO_I2C,ENABLE);
GPIO_InitStructure.GPIO_Pin = I2C_SCL|I2C_SDA;
GPIO_InitStructure.GPIO_Speed = GPIO_Speed_50MHz;
GPIO_InitStructure.GPIO_Mode = GPIO_Mode_Out_PP;
GPIO_Init(GPIO_I2C,&GPIO_InitStructure);
```

### 3. AT24C02 写操作

首先来看 AT24C02 的一般步骤：

(1) 发送起始信号。

(2) 发送写器件地址。

(3) 等待应答。

(4) 发送要写入的 24C02 的地址。

(5) 等待应答。

(6) 发送要写入的数据。

(7) 等待应答。

(8) 发送数据结束发送结束信号。

具体程序如下：

```
void AT24Cxx_WriteOneByte(u16 addr,u8 dt)
{
    I2C_Start();
```

```
        if(EE_TYPE > AT24C16)
        {
            I2C_Send_Byte(0xA0);
            I2C_Wait_Ack();
            I2C_Send_Byte(addr >> 8);                  //发送数据地址高位
        }
        else
        {
           I2C_Send_Byte(0xA0 + ((addr/256)<< 1));  //器件地址 + 数据地址
        }
        I2C_Wait_Ack();
        I2C_Send_Byte(addr % 256);                    //数据地址低位
        I2C_Wait_Ack();
        I2C_Send_Byte(dt);
        I2C_Wait_Ack();
        I2C_Stop();
        delay_ms(10);
}
```

#### 4. AT24C02 读操作

读取 AT24C02 的步骤是：

(1) 发送起始信号。

(2) 发送写器件地址。

(3) 等待应答。

(4) 发送要读取的 AT24C02 的地址。

(5) 等待应答。

(6) 再发送起始信号。

(7) 发送读器件地址。

(8) 等待应答。

(9) 接收数据。

(10) 如果没有接收完数据,发送应答。

(11) 接收数据。

(12) 直到接收完数据,发送非应答。

(13) 发送结束信号。

其参考源程序如下：

```
u8 AT24Cxx_ReadOneByte(u16 addr)
{
    u8 temp = 0;
    I2C_Start();
```

```
    I2C_Send_Byte(0xA0);                  //发送器件地址
    I2C_Wait_Ack();
    I2C_Send_Byte(addr % 256);            //数据地址低位
    I2C_Wait_Ack();
    I2C_Start();
    I2C_Send_Byte(0xA1);
    I2C_Wait_Ack();
    temp = I2C_Read_Byte(0);              //0 代表 NACK
    I2C_NAck();
    I2C_Stop();
    return temp;
}
```

### 14.4.5 模拟 I2C 访问 24C02 项目实施

模拟 I2C 访问 24C02 的操作步骤如下。

第一步：复制第 13 章创建工程模板文件夹到桌面，并将文件夹改名为 13 I2C(24C02)，将原工程模板编译一下，直到没有错误和警告为止。

第二步：新建两个文件，将其改名为 I2C.C 和 I2C.H 并保存到工程模板下的 APP 文件中，并将 I2C.C 文件添加到 APP 项目组下。

第三步：新建两个文件，将其改名为 AT24CXX.C 和 AT24CXX.H 并保存到工程模板下的 APP 文件夹中，并将 AT24CXX.C 文件添加到 APP 项目组下。

第四步：编辑 I2C 源文件，首先包含 I2C.H 头文件，然后创建所有模拟 I2C 时序源函数，其中包括 I2C 初始化函数 I2C_INIT，SDA 输出配置函数 I2C_SDA_OUT，SDA 输入配置函数 I2C_SDA_IN，起始化信号函数 I2C_Start，终止信号函数 I2C_Stop，主机应答函数 I2C_Ack，主机非应答函数 I2C_NAck，等待从机应答函数 I2C_Wait_Ack，字节发送函数 I2C_Send_Byte，字节读取函数 I2C_Read_Byte。由于此部分程序在前面 14.4.2 节已有讲解，且代码是相同的，故此处不再将代码重复贴出。

第五步：在 I2C.H 文件中输入如下源程序，其中条件编译格式不变，只要更改一下预定义变量名称即可，需要将刚定义函数的声明加到头文件当中。

```
#ifndef _I2C_H
#define _I2C_H
#include "stm32f10x.h"
#include "systick.h"
/* 定时使用的 I/O 口,移植只需修改下面四个地方 */
#define  I2C_SCL  GPIO_Pin_0              //PF0
#define  I2C_SDA  GPIO_Pin_1              //PF1
#define  GPIO_I2C  GPIOF
#define  RCC_GPIO_I2C  RCC_APB2Periph_GPIOF
#define  I2C_SCL_H  GPIO_SetBits(GPIO_I2C,I2C_SCL)
```

```
#define  I2C_SCL_L  GPIO_ResetBits(GPIO_I2C,I2C_SCL)
#define  I2C_SDA_H  GPIO_SetBits(GPIO_I2C,I2C_SDA)
#define  I2C_SDA_L  GPIO_ResetBits(GPIO_I2C,I2C_SDA)
/* 声明全局函数 */
void  I2C_INIT(void);
void  I2C_SDA_OUT(void);
void  I2C_SDA_IN(void);
void  I2C_Start(void);
void  I2C_Stop(void);
void  I2C_Ack(void);
void  I2C_NAck(void);
u8  I2C_Wait_Ack(void);
void  I2C_Send_Byte(u8 txd);
u8  I2C_Read_Byte(u8 ack);
#endif
```

第六步：编辑 AT24CXX.C 源文件，首先包含 AT24CXX.H 头文件，然后创建 AT24C02 单字节和双字节发送函数以及 AT24C02 单字节和双字节读取函数。由于此部分程序在前面 14.4.4 节已有讲解，且代码是相同的，故此处不再将代码重复贴出。

第七步：在 AT24CXX.H 文件中输入如下源程序，其中条件编译格式不变，只要更改一下预定义变量名称即可，需要将刚定义函数的声明加到头文件当中。由于此程序是 AT24CXX 存储器的通用函数，所以包含了很多存储器类型的定义，对于只使用一种存储器的系统，其余存储器类型定义可以忽略。

```
#ifndef _AT24CXX_H
#define _AT24CXX_H
#include "stm32f10x.h"
#include "I2C.H"
#define AT24C01  127
#define AT24C02  255
#define AT24C04  511
#define AT24C08  1023
#define AT24C16  2047
#define AT24C32  4095
#define AT24C64  8191
#define AT24C128 16383
#define AT24C256 32767

#define EE_TYPE  AT24C02
/* 声明全局函数 */
u8 AT24Cxx_ReadOneByte(u16 addr);
u16 AT24Cxx_ReadTwoByte(u16 addr);
void AT24Cxx_WriteOneByte(u16 addr,u8 dt);
void AT24Cxx_WriteTwoByte(u16 addr,u16 dt);
#endif
```

第八步：在 public.h 文件的中间部分添加 #include "I2C.H"和 #include "AT24CXX.H"语句，即包含 I2C.H 和 AT24CXX.H 头文件，任何时候程序中需要使用某一源文件中函数，必须先包含其头文件，否则编译是不能通过的。

第九步：在 main.c 文件中输入如下源程序，在 main 函数中，需要进行串口输出初始化，外部中断初始化，定时器初始化，I2C 初始化，最后安排一个无限循环，等待中断发生。

```
#include "public.h"
int main()
{
    printf_init();
    EXTIInti();
    TIM6Init();
    I2C_INIT();                    //I2C 初始化
    while(1);
}
```

第十步：在 Keil-MDK 软件操作界面打开 User 项目组下面的 stm32f10x_it.c 文件，在其中编写 EXTI2 和 EXTI3 的中断服务程序，两个中断分别由开发板上的 KEY3 和 KEY4 按键触发。在系统功能定义中，按下 KEY3 按键，对用户按键时间进行记录，并写入 EEPROM 存储器当中；按下 KEY4 按键，从 EEPROM 存储器中读出上次按键时间，所有操作信息通过串口发送至 PC 显示。

```
void EXTI2_IRQHandler(void)
{
    EXTI_ClearFlag(EXTI_Line2);
    delay_ms(40);
    if(GPIO_ReadInputDataBit(GPIOE,GPIO_Pin_2) == Bit_RESET)
    {
        delay_ms(40);
        AT24Cxx_WriteOneByte(0,hour);
        AT24Cxx_WriteOneByte(1,minute);
        AT24Cxx_WriteOneByte(2,second);
        printf("按键按下时间为：%d:%d:%d\n",hour,minute,second);
    }
}

void EXTI3_IRQHandler(void)
{
    u8 ReadHour,ReadMinute,ReadSeond;
    EXTI_ClearFlag(EXTI_Line3);
    delay_ms(50);
    if(GPIO_ReadInputDataBit(GPIOE,GPIO_Pin_3) == Bit_RESET)
    {
```

```
            delay_ms(50);
            ReadHour = AT24Cxx_ReadOneByte(0);
            ReadMinute = AT24Cxx_ReadOneByte(1);
            ReadSeond = AT24Cxx_ReadOneByte(2);
            printf("读取按键时刻: %d: %d: %d\n",ReadHour,ReadMinute,ReadSeond);
        }
    }
```

第十一步：编译工程，如没有错误，则会在output文件夹中生成“工程模板.hex”文件，如有错误则修改源程序直至没有错误为止。

第十二步：将生成的目标文件通过ISP软件下载到开发板微控制器的Flash存储器当中，复位运行，运行结果如图14-12所示。

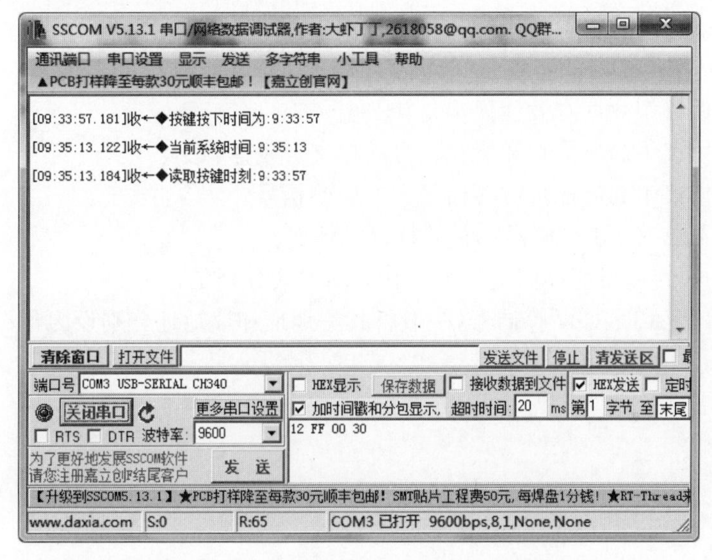


图 14-12 I2C读写EEPROM运行结果图

由图14-12可知，系统共获取3时间：一个是按键时间，由中断函数写入到EEPROM；一个是当前系统时间，由定时器不断计时；一个是读取按键时间，由中断函数从EEPROM中读取。运行结果显示，读写EEPROM数据是一致的，实现了项目预期目标。

## 本章小结

本章首先介绍了I2C通信的基本原理，其中包括I2C串行总线概述，涉及总线、主机、从机、发送器、接收器等概念，还包括I2C总线的数据传送方式，其中包括有效性规定、起始信号、终止信号，通信时序等内容。然后介绍典型器件STM32F103微控制器的I2C接口，其中包括STM32F103的I2C接口概述、STM32F103的I2C主要特性、STM32F103的I2C内部结构和 STM32F103 的 I2C 工作模式等内容。随后介绍了 STM32F103 的 I2C 常用库函数,包括函数定义、入口参数和返回值等内容。最后给出了一个通过 GPIO 模拟 I2C 时序访问 EEPROM 存储器 AT24C02 的应用实例,项目设置两个按键:一个按键按下触发写中断,记录操作时间,存入 EEPROM 存储器,一个按键按下触发读中断,从 EEPROM 存储器读取上次存入时间,两个时间进行比较,如果相同则 EEPROM 存储器读写无误,所有操作过程通过串口发送至 PC 显示。

## 思考与扩展

1. 名词解释:主机、从机、接收器和发送器。
2. I2C 接口由哪几根线组成?它们分别有什么作用?
3. 试比较嵌入式系统中常用的 3 种通信接口:USART、SPI 和 I2C。
4. I2C 的时序由哪些信号组成?
5. 在 I2C 协议中数据有效性规定是什么?
6. 在 I2C 协议中起始信号和终止信号的定义分别是什么?
7. 在 I2C 协议中如何产生应答信号和非应答信号?
8. 什么是 EEPROM 存储器?它的特点是什么?
9. AT24C02 存储器的存储空间大小和访问方式分别是什么?
10. 只有一片 AT24C02 存储器,一般将其写地址和读地址分别设为什么?

第 15 章

# RTC 时钟与 BKP 寄存器

**本章要点**

- RTC 时钟
- BKP 寄存器
- RTC 时钟的操作
- RTC 相关库函数
- RTC 不间断数字电子钟项目实施

在前面章节中，也做了几个关于时钟的项目，实现了计时、显示和调整等一系列控制要求，但是设计出来的时钟还是存在一些不足之处，难以进行实际应用。主要表现为电路一旦断电，时间数据就会丢失，时间设定复杂且精度不高。本章将学习如何应用 RTC 时钟与 BKP 寄存器，可以很好地解决上述问题。

RTC 时钟与 BKP 寄存器

## 15.1 RTC 时钟

RTC(Real-Time Clock)，即实时时钟。在学习 51 单片机的时候，绝大部分同学学习过实时时钟芯片 DS1302，时间数据直接由 DS1302 芯片计算存储，且其电源和晶振独立设置，主电源断电计时不停止，51 单片机直接读取芯片存储单元数据，即可获得实时时钟信息。STM32F103 微控制器内部也集成一个 RTC 模块，大大简化系统软硬件设计难度。

### 15.1.1 RTC 简介

要讲 STM32 的内部 RTC，首先要了解 STM32 的备份寄存器，备份寄存器是 42 个 16 位的寄存器，可用来存储 84 个字节的用户应用程序数据，它们处在备份域里，当 $V_{DD}$ 电源被切断，它们仍然由 $V_{BAT}$ 维持供电。当系统在待机模式下被唤醒，或系统复位或电源复位时，它们也不会被复位。而 STM32 的内部 RTC 就在备份寄存器中。所以可得到一个结论：要操作 RTC 就要操作备份寄存器。

实时时钟是一个独立的定时器。RTC 模块拥有一组连续计数的计数器，在相应软件配置下，可提供时钟日历的功能。修改计数器的值可以重新设置系统当前的时间和日期。RTC 模块和时钟配置系统（RCC_BDCR 寄存器）处于后备区域，即在系统复位或从待机模式唤醒后，RTC 的设置和时间维持不变。

系统复位后，对后备寄存器和 RTC 的访问被禁止，这是为了防止对后备区域（BKP）的意外写操作。执行以下操作将使能对后备寄存器和 RTC 的访问：

（1）设置寄存器 RCC_APB1ENR 的 PWREN 和 BKPEN 位，使能电源和后备接口时钟。

（2）设置寄存器 PWR_CR 的 DBP 位，使能对后备寄存器和 RTC 的访问。

### 15.1.2 RTC 主要特性

RTC 主要特性如下：

（1）可编程的预分频系数：分频系数最高为 $2^{20}$。

（2）32 位的可编程计数器，可用于较长时间段的测量。

（3）2 个分离的时钟：用于 APB1 接口的 PCLK1 和 RTC 时钟（RTC 时钟的频率必须小于 PCLK1 时钟频率的四分之一以上）。

（4）可以选择三种 RTC 的时钟源：HSE 时钟除以 128；LSE 振荡器时钟；LSI 振荡器时钟。

（5）2 个独立的复位类型：APB1 接口由系统复位；RTC 核心（预分频器、闹钟、计数器和分频器）只能由后备域复位。

（6）3 个专门的可屏蔽中断：闹钟中断，用来产生一个软件可编程的闹钟中断；秒中断，用来产生一个可编程的周期性中断信号（最长可达 1s）；溢出中断，指示内部可编程计数器溢出并回转为 0 的状态。

### 15.1.3 RTC 内部结构

STM32F103 微控制器 RTC 内部结构如图 15-1 所示，其由两个主要部分组成。

第一部分（APB1 接口）用来和 APB1 总线相连。此单元还包含一组 16 位寄存器，可通过 APB1 总线对其进行读写操作。APB1 接口由 APB1 总线时钟驱动，用来与 APB1 总线接口。此部分如图中无背景区域，其电路由系统电源即 $V_{DD}$ 供电。

另一部分（RTC 核心）由一组可编程计数器组成，分成两个主要模块。第一个模块是 RTC 的预分频模块，它可编程产生最长为 1s 的 RTC 时间基准 TR_CLK。RTC 的预分频模块包含了一个 20 位的可编程分频器（RTC 预分频器）。如果在 RTC_CR 寄存器中设置了相应的允许位，则在每个 TR_CLK 周期中 RTC 产生一个中断（秒中断）。第二个模块是一个 32 位的可编程计数器，可被初始化为当前的系统时间。系统时间按 TR_CLK 周期累加并与存储在 RTC_ALR 寄存器中的可编程时间相比较，如果 RTC_CR 控制寄存器中设

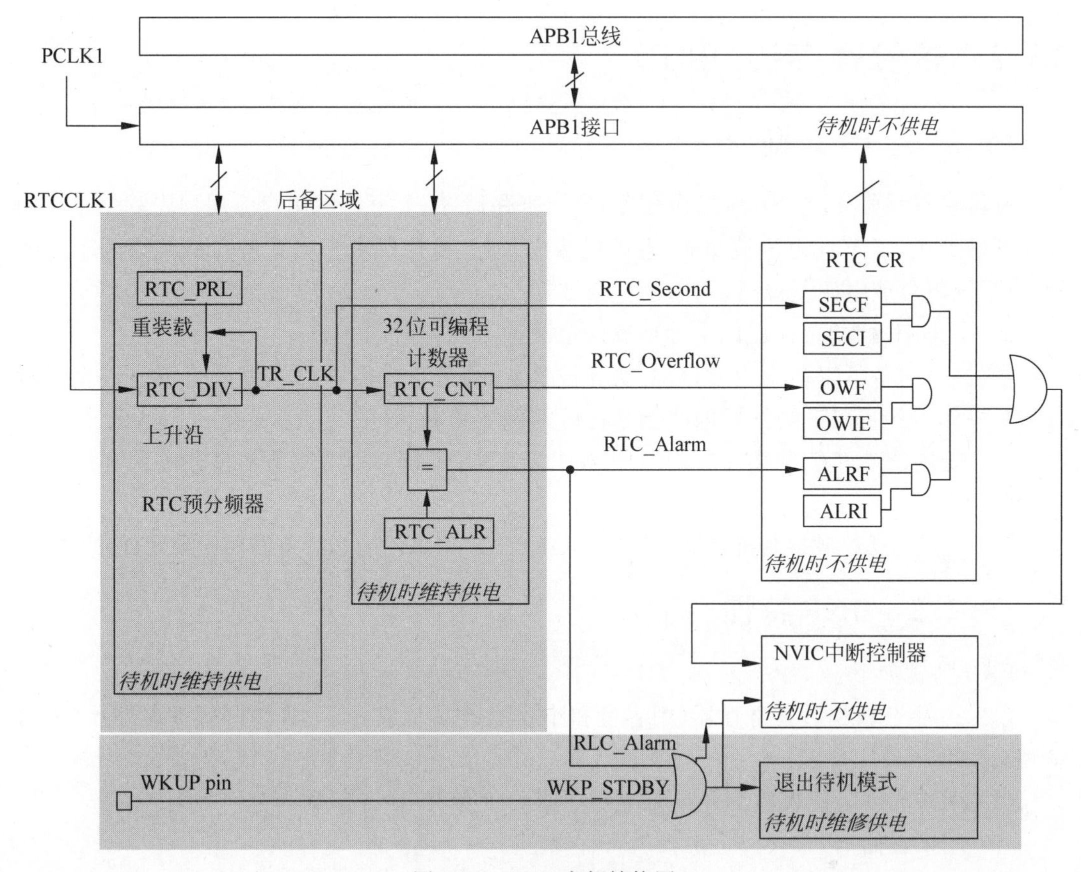


图 15-1 RTC 内部结构图

置了相应允许位，比较匹配时将产生一个闹钟中断。

从框图中可以看出，其实 RTC 里面存储时钟信号的只是一个 32 位的寄存器，如果按秒来计算，可以记录 $2^{32}=4294967296$ 秒，约合 136 年左右，作为一般应用，这已经是足够了。但是从这里可以看出要具体知道现在的时间是哪年哪月哪日，还有时分秒，那么就要自己进行处理了，将读取出来的计数值，转换为我们熟悉的年月日时分秒。

## 15.1.4 RTC 复位过程

RTC 核心又称为后备区域，即图 15-1 中加阴影部分，系统电源正常时由 $V_{DD}$(即 3.3V)供电，当 $V_{DD}$ 电源被切断，它们仍然由 $V_{BAT}$(纽扣电池)维持供电。系统复位或从待机模式唤醒后，RTC 的设置和时间维持不变，即后备区域独立工作。

因此，除了 RTC_PRL、RTC_ALR、RTC_CNT 和 RTC_DIV 寄存器外，所有的系统寄存器都由系统复位或电源复位进行异步复位。RTC_PRL、RTC_ALR、RTC_CNT 和 RTC_DIV 寄存器仅能通过备份域复位信号复位。

## 15.2 备份寄存器(BKP)

### 15.2.1 BKP 简介

备份寄存器是42个16位的寄存器,可用来存储84个字节的用户应用程序数据。它们处在备份域里,当 $V_{DD}$ 电源被切断,它们仍然由 $V_{BAT}$ 维持供电。当系统在待机模式下被唤醒,或系统复位或电源复位时,它们也不会被复位。

此外,BKP控制寄存器用来管理侵入检测和RTC校准功能。

复位后,对备份寄存器和RTC的访问被禁止,并且备份域被保护以防止可能存在的意外的写操作。执行以下操作可以使能对备份寄存器和RTC的访问。

(1) 通过设置寄存器RCC_APB1ENR的PWREN和BKPEN位来打开电源和后备接口的时钟。

(2) 通过设置电源控制寄存器(PWR_CR)的DBP位来使能对后备寄存器和RTC的访问。

### 15.2.2 BKP 特性

BKP特性如下:

(1) 20字节数据后备寄存器(中容量和小容量产品),或84字节数据后备寄存器(大容量和互联型产品)。

(2) 用来管理防侵入检测并具有中断功能的状态/控制寄存器。

(3) 用来存储RTC校验值的校验寄存器。

(4) 在PC13引脚(当该引脚不用于侵入检测时)上输出RTC校准时钟,RTC闹钟脉冲或者秒脉冲。

### 15.2.3 BKP 侵入检测

当TAMPER引脚上的信号从0变成1或者从1变成0(取决于备份控制寄存器BKP_CR的TPAL位)时,会产生一个侵入检测事件。侵入检测事件会将所有数据备份寄存器内容清除。

然而为了避免丢失侵入事件,侵入检测信号是边沿检测的信号与侵入检测允许位的逻辑与,从而在侵入检测引脚被允许前发生的侵入事件也可以被检测到。

设置BKP_CSR寄存器的TPIE位为1,当检测到侵入事件时就会产生一个中断。

## 15.3 RTC 时钟的操作

对RTC时钟的操作主要是初始化RTC,之后只要读取时钟数值即可,那如何初始化呢?

## 15.3.1 RTC的初始化

### 1. 打开相应的时钟

从上面知道，如果操作RTC，那么就要操作备份寄存器，所以要打开一个备份区域时钟。而一般操作RTC，还会用到一个时钟，就是电源时钟，在电源控制里面有操作RTC的一些设置，所以还要将电源控制的时钟打开。其参考代码如下：

```
/*使能PWR电源时钟和BKP备份区域外设时钟*/
RCC_APB1PeriphClockCmd(RCC_APB1Periph_PWR,ENABLE);    //打开电源时钟
RCC_APB1PeriphClockCmd(RCC_APB1Periph_BKP,ENABLE);    //打开存储器时钟
```

### 2. 使能备份寄存器操作

可以使用PWR_BackupAccessCmd()函数(从开头的PWR就知道这个设置是在电源控制部分设置的，所以要打开电源控制时钟)。它只有一个参数，也就是设置的状态，因要使能所以设为ENABLE。

### 3. 复位备份寄存器

当然这个操作不要每次都执行，因为备份区域的复位将导致之前存在的数据丢失，所以要不要复位，要看情况而定。可以使用BKP_DeInit()函数。

### 4. 设置外部低速时钟

要使用外部的低速时钟来控制RTC，代码为：

```
RCC_LSEConfig(RCC_LSE_ON);          //设置外部低速晶振(LSE),使用外设低速晶振
```

在开启外部低速时钟的时候，还要确定它是否成功起振，之后才能够接着操作，所以还要检测，外部低速时钟是否开启。代码为：

```
/*检查指定的RCC标志位设置与否,等待低速晶振(LSE)就绪*/
while(RCC_GetFlagStatus(RCC_FLAG_LSERDY) == RESET);
```

等待它起振好了之后将它作为RTC的时钟，代码为：

```
RCC_RTCCLKConfig(RCC_RTCCLKSource_LSE);     //设置RTC时钟(RTCCLK),选择LSE作为RTC时钟
```

### 5. 使能RTC

打开RTC，代码为：

```
RCC_RTCCLKCmd(ENABLE);                      //使能RTC
```

在对RTC连续操作的时候还要检测它是否执行完成，才能够接着对它进行操作，所以操作完之后再检测是否操作完成。代码为：

```
RTC_WaitForLastTask() ;                          //等待最近一次对 RTC 寄存器的写操作完成
```

### 6. 等待 RTC 时钟寄存器同步

其参考代码如下：

```
RTC_WaitForSynchro() ;                           //等待 RTC 寄存器同步
```

### 7. 开启秒中断

要读取时钟秒更新一次，所以开启秒中断。其参考代码如下：

```
RTC_ITConfig(RTC_IT_SEC,ENABLE) ;                //使能 RTC 秒中断然后等待操作完成
RTC_WaitForLastTask() ;                          //等待最近一次对 RTC 寄存器的写操作完成
```

### 8. 设置 RTC 时钟的预分频

要进行 32768 分频。其参考代码如下：

```
RTC_SetPrescaler(32768 - 1) ;                    //设置 RTC 预分频的值然后等待操作完成
RTC_WaitForLastTask() ;                          //等待最近一次对 RTC 寄存器的写操作完成
```

### 9. 设置初始化时间

设置初始化时间也就是将要初始化的时钟存入到 32 位寄存器。这里原理就是，直接将对应的时间数据转换为十六进制数写入到 32 位寄存器中，每当这个 32 位寄存器加 1，那么比 0 时 0 分 0 秒，多了一秒就是 0 时 0 分 1 秒。因此到时候直接读取寄存器值即可。

### 15.3.2 RTC 时间写入初始化

RTC 时间写入初始化，分为两种情况：一种情况是第一次使用 RTC，需要对 RTC 完全初始化，即 15.3.1 所介绍的所有步骤均应包含在内，还需要将当前时间对应数值写入到 RTC_CNT 寄存器当中，并向 BKP_DR1 寄存器中写入数值 0XA5A5，表示已经初始化过 RTC 寄存器；另一种情况是断电恢复或是上电复位，而不希望复位 RTC 寄存器后备区域，此时只需要等待 RTC 寄存器同步和使能 RTC 秒中断即可，具体代码会在文中后续部分贴出。

## 15.4 RTC 与 BKP 相关库函数

### 15.4.1 函数 PWR_BackupAccessCmd

表 15-1 描述了函数 PWR_BackupAccessCmd。

表 15-1 函数 PWR_BackupAccessCmd

| 函数名 | PWR_BackupAccessCmd |
| --- | --- |
| 函数原型 | void PWR_BackupAccessCmd(FunctionalState NewState) |
| 功能描述 | 使能或者失能 RTC 和后备寄存器访问 |
| 输入参数 | NewState：RTC 和后备寄存器访问的新状态，这个参数可以取 ENABLE 或者 DISABLE |
| 输出参数 | 无 |
| 返回值 | 无 |
| 先决条件 | 无 |
| 被调用函数 | 无 |

例如：

```
/* Enable access to the RTC and backup registers */
PWR_BackupAccessCmd(ENABLE);
```

### 15.4.2 函数 BKP_DeInit()

表 15-2 描述了函数 BKP_DeInit。

表 15-2 函数 BKP_DeInit

| 函数名 | BKP_DeInit |
| --- | --- |
| 函数原型 | void BKP_DeInit(void) |
| 功能描述 | 将外设 BKP 的全部寄存器重设为缺省值 |
| 输入参数 | 无 |
| 输出参数 | 无 |
| 返回值 | 无 |
| 先决条件 | 无 |
| 被调用函数 | RCC_BackupResetCmd |

例如：

```
/* Reset the BKP registers */
BKP_DeInit();
```

### 15.4.3 函数 RCC_LSEConfig

表 15-3 描述了函数 RCC_LSEConfig。

表 15-3　函数 RCC_LSEConfig

| | |
|---|---|
| 函数名 | RCC_LSEConfig |
| 函数原型 | void RCC_LSEConfig(u32 RCC_LSE) |
| 功能描述 | 设置外部低速晶振(LSE) |
| 输入参数 | RCC_LSE：LSE 的新状态，参阅 Section：RCC_LSE，查阅更多该参数允许取值范围 |
| 输出参数 | 无 |
| 返回值 | 无 |
| 先决条件 | 无 |
| 被调用函数 | 无 |

**RCC_LSE**

该参数设置了 LSE 的状态(见表 15-4)。

表 15-4　RCC_LSE 定义

| RCC_LSE | 描　述 |
|---|---|
| RCC_LSE_OFF | LSE 晶振 OFF |
| RCC_LSE_ON | LSE 晶振 ON |
| RCC_LSE_Bypass | LSE 晶振被外部时钟旁路 |

例如：

```
/* Enable the LSE */
RCC_LSEConfig(RCC_LSE_ON);
```

### 15.4.4　函数 RCC_GetFlagStatus

表 15-5 描述了函数 RCC_ GetFlagStatus。

表 15-5　函数 RCC_ GetFlagStatus

| | |
|---|---|
| 函数名 | RCC_ GetFlagStatus |
| 函数原型 | FlagStatus RCC_GetFlagStatus(u8 RCC_FLAG) |
| 功能描述 | 检查指定的 RCC 标志位设置与否 |
| 输入参数 | RCC_FLAG：待检查的 RCC 标志位<br>参阅 Section：RCC_FLAG，查阅更多该参数允许取值范围 |
| 输出参数 | 无 |
| 返回值 | RCC_FLAG 的新状态(SET 或者 RESET) |
| 先决条件 | 无 |
| 被调用函数 | 无 |

**RCC_FLAG**

表 15-6 给出了所有可以被函数 RCC_ GetFlagStatus 检查的标志位列表。

表 15-6 RCC_FLAG 值

| RCC_FLAG | 描 述 |
| --- | --- |
| RCC_FLAG_HSIRDY | HSI 晶振就绪 |
| RCC_FLAG_HSERDY | HSE 晶振就绪 |
| RCC_FLAG_PLLRDY | PLL 就绪 |
| RCC_FLAG_LSERDY | LSI 晶振就绪 |
| RCC_FLAG_LSIRDY | LSE 晶振就绪 |
| RCC_FLAG_PINRST | 引脚复位 |
| RCC_FLAG_PORRST | POR/PDR 复位 |
| RCC_FLAG_SFTRST | 软件复位 |
| RCC_FLAG_IWDGRST | IWDG 复位 |
| RCC_FLAG_WWDGRST | WWDG 复位 |
| RCC_FLAG_LPWRRST | 低功耗复位 |

例如：

```
/* Test if the PLL clock is ready or not */
FlagStatus Status;
Status = RCC_GetFlagStatus(RCC_FLAG_PLLRDY);
```

## 15.4.5 函数 RCC_RTCCLKConfig

表 15-7 描述了函数 RCC_RTCCLKConfig。

表 15-7 函数 RCC_RTCCLKConfig

| 函数名 | RCC_RTCCLKConfig |
| --- | --- |
| 函数原型 | void RCC_RTCCLKConfig(u32 RCC_RTCCLKSource) |
| 功能描述 | 设置 RTC 时钟(RTCCLK) |
| 输入参数 | RCC_RTCCLKSource：定义 RTCCLK<br>参阅 Section：RCC_RTCCLKSource，查阅更多该参数允许取值范围 |
| 输出参数 | 无 |
| 返回值 | 无 |
| 先决条件 | RTC 时钟一经选定即不能更改，除非复位后备域 |
| 被调用函数 | 无 |

**RCC_RTCCLKSource**

该参数设置了 RTC 时钟(RTCCLK)，表 15-8 给出了该参数可取的值。

表 15-8 RCC_RTCCLKSource 值

| RCC_RTCCLKSource | 描 述 |
| --- | --- |
| RCC_RTCCLKSource_LSE | 选择 LSE 作为 RTC |
| RCC_RTCCLKSource_LSI | 选择 LSI 作为 RTC |
| RCC_RTCCLKSource_HSE_Div128 | 选择 HSE 时钟频率除以 128 作为 RTC |

例如：

```
/* Select the LSE as RTC clock source */
RCC_RTCCLKConfig(RCC_RTCCLKSource_LSE);
```

### 15.4.6 函数 RCC_RTCCLKCmd

表 15-9 描述了函数 RCC_RTCCLKCmd。

**表 15-9 函数 RCC_RTCCLKCmd**

| | |
|---|---|
| 函数名 | RCC_RTCCLKCmd |
| 函数原型 | void RCC_RTCCLKCmd(FunctionalState NewState) |
| 功能描述 | 使能或者失能 RTC |
| 输入参数 | NewState：RTC 的新状态，这个参数可以取 ENABLE 或者 DISABLE |
| 输出参数 | 无 |
| 返回值 | 无 |
| 先决条件 | 该函数只有在通过函数 RCC_RTCCLKConfig 选择 RTC 后，才能调用 |
| 被调用函数 | 无 |

例如：

```
/* Enable the RTC clock */
RCC_RTCCLKCmd(ENABLE);
```

### 15.4.7 函数 RTC_WaitForSynchro

表 15-10 描述了函数 RTC_WaitForSynchro。

**表 15-10 函数 RTC_WaitForSynchro**

| | |
|---|---|
| 函数名 | RTC_WaitForSynchro |
| 函数原型 | void RTC_WaitForSynchro(void) |
| 功能描述 | 等待 RTC 寄存器与 RTC 的 APB 时钟同步 |
| 输入参数 | 无 |
| 输出参数 | 无 |
| 返回值 | 无 |
| 先决条件 | 无 |
| 被调用函数 | 无 |

例如：

```
/* Wait until the RTC registers are synchronized with RTC APB clock */
RTC_WaitForSynchro();
```

## 15.4.8　函数 RTC_WaitForLastTask

表 15-11 描述了函数 RTC_WaitForLastTask。

**表 15-11　函数 RTC_WaitForLastTask**

| 函数名 | RTC_WaitForLastTask |
|---|---|
| 函数原型 | void RTC_WaitForLastTask(void) |
| 功能描述 | 等待最近一次对 RTC 寄存器的写操作完成 |
| 输入参数 | 无 |
| 输出参数 | 无 |
| 返回值 | 无 |
| 先决条件 | 无 |
| 被调用函数 | 无 |

例如：

```
/* Wait until last write operation on RTC registers is terminated */
RTC_WaitForLastTask();
/* Sets Alarm value to 0x10 */
RTC_SetAlarm(0x10);
```

## 15.4.9　函数 RTC_ITConfig

表 15-12 描述了函数 RTC_ITConfig。

**表 15-12　函数 RTC_ITConfig**

| 函数名 | RTC_ITConfig |
|---|---|
| 函数原型 | void RTC_ITConfig(u16 RTC_IT, FunctionalState NewState) |
| 功能描述 | 使能或者失能指定的 RTC 中断 |
| 输入参数 1 | RTC_IT：待使能或者失能的 RTC 中断源<br>参阅 Section：RTC_IT，查阅更多该参数允许取值范围 |
| 输入参数 2 | NewState：RTC 中断的新状态，这个参数可以取 ENABLE 或者 DISABLE |
| 输出参数 | 无 |
| 返回值 | 无 |
| 先决条件 | 在使用本函数前必须先调用函数 RTC_WaitForLastTask()，等待标志位 RTOFF 被设置 |
| 被调用函数 | 无 |

**RTC_IT**

输入参数 RTC_IT 使能或者失能 RTC 的中断，可以取表 15-13 中的一个或者多个取值的组合作为该参数的值。

表 15-13 RTC_IT 值

| RTC_IT | 描　述 |
| --- | --- |
| RTC_IT_OW | 溢出中断使能 |
| RTC_IT_ALR | 闹钟中断使能 |
| RTC_IT_SEC | 秒中断使能 |

例如：

```
/* Wait until last write operation on RTC registers is terminated */
RTC_WaitForLastTask();
/* Alarm interrupt enabled */
RTC_ITConfig(RTC_IT_ALR, ENABLE);
```

### 15.4.10 函数 RTC_SetPrescaler

表 15-14 描述了函数 RTC_SetPrescaler。

表 15-14 函数 RTC_SetPrescaler

| | |
| --- | --- |
| 函数名 | RTC_SetPrescaler |
| 函数原型 | void RTC_SetPrescaler(u32 PrescalerValue) |
| 功能描述 | 设置 RTC 预分频的值 |
| 输入参数 | PrescalerValue：新的 RTC 预分频值 |
| 输出参数 | 无 |
| 返回值 | 无 |
| 先决条件 | 在使用本函数前必须先调用函数 RTC_WaitForLastTask()，等待标志位 RTOFF 被设置 |
| 被调用函数 | RTC_EnterConfigMode()<br>RTC_ExitConfigMode() |

例如：

```
/* Wait until last write operation on RTC registers is terminated */
RTC_WaitForLastTask();
/* Sets Prescaler value to 0x7A12 */
RTC_SetPrescaler(0x7A12);
```

### 15.4.11 函数 RTC_SetCounter

表 15-15 描述了函数 RTC_SetCounter。

表 15-15　函数 RTC_SetCounter

| 函数名 | RTC_SetCounter |
|---|---|
| 函数原型 | void RTC_SetCounter(u32 CounterValue) |
| 功能描述 | 设置 RTC 计数器的值 |
| 输入参数 | CounterValue：新的 RTC 计数器值 |
| 输出参数 | 无 |
| 返回值 | 无 |
| 先决条件 | 在使用本函数前必须先调用函数 RTC_WaitForLastTask()，等待标志位 RTOFF 被设置 |
| 被调用函数 | RTC_EnterConfigMode()　RTC_ExitConfigMode() |

例如：

```
/* Wait until last write operation on RTC registers is terminated */
RTC_WaitForLastTask();
/* Sets Counter value to 0xFFFF5555 */
RTC_SetCounter(0xFFFF5555);
```

### 15.4.12　函数 RTC_GetCounter()

表 15-16 描述了函数 RTC_GetCounter。

表 15-16　函数 RTC_GetCounter

| 函数名 | RTC_GetCounter |
|---|---|
| 函数原型 | u32 RTC_GetCounter(void) |
| 功能描述 | 获取 RTC 计数器的值 |
| 输入参数 | 无 |
| 输出参数 | 无 |
| 返回值 | RTC 计数器的值 |
| 先决条件 | 无 |
| 被调用函数 | 无 |

例如：

```
/* Gets the counter value */
u32 RTCCounterValue;
RTCCounterValue = RTC_GetCounter();
```

### 15.4.13　函数 BKP_ReadBackupRegister

表 15-17 描述了函数 BKP_ReadBackupRegister。

表 15-17　函数 BKP_ReadBackupRegister

| | |
|---|---|
| 函数名 | BKP_ReadBackupRegister |
| 函数原型 | u16 BKP_ReadBackupRegister(u16 BKP_DR) |
| 功能描述 | 从指定的后备寄存器中读出数据 |
| 输入参数 | BKP_DR：数据后备寄存器 |
| 输出参数 | 无 |
| 返回值 | 指定的后备寄存器中的数据 |
| 先决条件 | 无 |
| 被调用函数 | 无 |

例如：

```
/* Read Data Backup Register1 */
u16 Data;
Data = BKP_ReadBackupRegister(BKP_DR1);
```

### 15.4.14　函数 BKP_WriteBackupRegister

表 15-18 描述了函数 BKP_WriteBackupRegister。

表 15-18　函数 BKP_WriteBackupRegister

| | |
|---|---|
| 函数名 | BKP_WriteBackupRegister |
| 函数原型 | void BKP_WriteBackupRegister(u16 BKP_DR, u16 Data) |
| 功能描述 | 向指定的后备寄存器中写入用户程序数据 |
| 输入参数 1 | BKP_DR：数据后备寄存器<br>参阅 Section：BKP_DR，查阅更多该参数允许取值范围 |
| 输入参数 2 | Data：待写入的数据 |
| 输出参数 | 无 |
| 返回值 | 无 |
| 先决条件 | 无 |
| 被调用函数 | 无 |

**BKP_DR**

参数 BKP_DR 用来选择数据后备寄存器，表 15-19 列举了该参数可取的值。

表 15-19　BKP_DR 值

| BKP_DR | 描　述 | BKP_DR | 描　述 |
|---|---|---|---|
| BKP_DR1 | 选中数据寄存器 1 | BKP_DR6 | 选中数据寄存器 6 |
| BKP_DR2 | 选中数据寄存器 2 | BKP_DR7 | 选中数据寄存器 7 |
| BKP_DR3 | 选中数据寄存器 3 | BKP_DR8 | 选中数据寄存器 8 |
| BKP_DR4 | 选中数据寄存器 4 | BKP_DR9 | 选中数据寄存器 9 |
| BKP_DR5 | 选中数据寄存器 5 | BKP_DR10 | 选中数据寄存器 10 |

例如：

```
/* Write 0xA587 to Data Backup Register1 */
BKP_WriteBackupRegister(BKP_DR1, 0xA587);
```

### 15.4.15 函数 RCC_ClearFlag

表 15-20 描述了函数 RCC_ ClearFlag。

表 15-20 函数 RCC_ ClearFlag

| 函数名 | RCC_ ClearFlag |
|---|---|
| 函数原型 | void RCC_ClearFlag(void) |
| 功能描述 | 清除 RCC 的复位标志位 |
| 输入参数 | RCC_FLAG：清除的 RCC 复位标志位，可以清除的复位标志位有 RCC_FLAG_PINRST，RCC_FLAG_PORRST，RCC_FLAG_SFTRST，RCC_FLAG_IWDGRST，RCC_FLAG_WWDGRST，RCC_FLAG_LPWRRST |
| 输出参数 | 无 |
| 返回值 | 无 |
| 先决条件 | 无 |
| 被调用函数 | 无 |

例如：

```
/* Clear the reset flags */
RCC_ClearFlag();
```

## 15.5 项目实例

### 15.5.1 项目分析

本项目需要实现功能为利用 STM32F103 微控制器的 RTC 模块实现数字电子钟功能，要求主电源断电计时不间断，利用 USART 串口通信功能自动将 PC 时间同步到实验板，实现时间精确设置。由于本项目是在前面章节的基础上的扩展，其中数码管动态显示时间程序已经调试通过，直接调用即可；串口通信也已实现，但是需要做适当修改。本项目的主要任务是时间选择性更新，若是初次使用 RTC 模块，则需要对 RTC 进行初始化，并向备份寄存器写入当前时间数值；若是断电恢复或是系统复位则只需要 RTC 同步和开启秒中断即可。由于 STM32F103 微控制器的 RTC 模块只存放秒计数数值，所以还需要对该数值进行读取并转换为日期和时间，该部分程序是由 STM32 的 RTC 秒中断函数完成。

### 15.5.2 项目实施

项目实施步骤如下。

第一步：复制第14章创建工程模板文件夹到桌面，并将文件夹改名为14 RTC+USART，将原工程模板编译，直到没有错误和警告为止。

第二步：为工程模板的ST_Driver项目组添加3个RTC操作的需要源文件，分别为stm32f10x_bkp.c文件、stm32f10x_pwr.c和stm32f10x_rtc.c，这3个均位于..\Libraries\STM32F10x_StdPeriph_Driver\src目录下。

第三步：新建两个文件，将其改名为RTC.C和RTC.H并保存到工程模板下的APP文件夹中，将RTC.C文件添加到APP项目组下。

第四步：在RTC.C文件中输入如下源程序，在程序中首先包含RTC.H头文件，并重新申明"时、分、秒"3个外部变量，使得本文件可以引用。然后创建3个函数，分别为RTC_NVIC_Config()、rtc_init()和clockinit_RTC()。其中RTC_NVIC_Config()函数用于RTC秒中断优先级设置，因为无论是否是首次设置RTC，都需要用到此函数，所以将其另写出来。rtc_init()函数用于RTC初始化，只在第一次设置RTC模块时调用。clockinit_RTC()为复位初始化函数，在main函数中调用。其主要任务是时间选择性更新，若是初次使用RTC模块，则需要对RTC进行初始化，并向备份寄存器写入当前时间数值，此功能是通过调用rtc_init()函数来实现的；若是断电恢复或是系统复位则只需要RTC同步和开启秒中断即可。其参考源程序如下：

```
#include "RTC.H"
extern u8 hour,minute,second;
void RTC_NVIC_Config()          //为了使后备电池在断电的时候仍然走时,将中断配置放在外面
{
    NVIC_InitTypeDef NVIC_InitStructure;                    //中断结构体定义
    /* 设置NVIC参数 */
    NVIC_PriorityGroupConfig(NVIC_PriorityGroup_2);
    NVIC_InitStructure.NVIC_IRQChannel = RTC_IRQn;          //打开RTC的全局中断
    NVIC_InitStructure.NVIC_IRQChannelPreemptionPriority = 0; //抢占优先级为0
    NVIC_InitStructure.NVIC_IRQChannelSubPriority = 2;      //响应优先级为1
    NVIC_InitStructure.NVIC_IRQChannelCmd = ENABLE;         //使能
    NVIC_Init(&NVIC_InitStructure);
}
void rtc_init()
{
    RCC_APB1PeriphClockCmd(RCC_APB1Periph_PWR,ENABLE);      //打开电源时钟
    RCC_APB1PeriphClockCmd(RCC_APB1Periph_BKP,ENABLE);      //打开存储器时钟
    PWR_BackupAccessCmd(ENABLE);                        //使能或者失能RTC和后备寄存器访问
    BKP_DeInit();                                       //将外设BKP的全部寄存器重设为缺省值
    RCC_LSEConfig(RCC_LSE_ON);                          //设置外部低速晶振(LSE)
    while(RCC_GetFlagStatus(RCC_FLAG_LSERDY) == RESET);  //检查指定的RCC标志位设置与否
```

```
    RCC_RTCCLKConfig(RCC_RTCCLKSource_LSE);         //设置 RTC
    RCC_RTCCLKCmd(ENABLE);                          //使能或者失能 RTC
    RTC_WaitForSynchro();                           //等待 RTC 寄存器同步
    RTC_WaitForLastTask();                          //等待最近一次对 RTC 寄存器的写操作完成
    RTC_ITConfig(RTC_IT_SEC,ENABLE);                //使能或者失能指定的 RTC 中断
    RTC_WaitForLastTask();                          //等待最近一次对 RTC 寄存器的写操作完成
    RTC_SetPrescaler(32768 - 1);      //设置预分频,使用外部晶振为 32.768kHz,要想 1s 中断,
                                      //则预分频数设置为 32767,系统会在此数字基础上加 1
    RTC_WaitForLastTask();                          //等待最近一次对 RTC 寄存器的写操作完成
}

void clockinit_RTC()
{
    RCC_APB1PeriphClockCmd(RCC_APB1Periph_BKP|RCC_APB1Periph_PWR,ENABLE);
                                                    //打开后备备份区域时钟和电源时钟
    PWR_BackupAccessCmd(ENABLE);                    //使能 RTC 和后备区域寄存器访问
    if(BKP_ReadBackupRegister(BKP_DR1)!= 0XA5A5)    //从指定的后备寄存器中读出数据
    {
        rtc_init();                                 //第一次运行 RTC 初始化
        RTC_WaitForLastTask();                      //等待最近一次对 RTC 寄存器的写操作完成
        RTC_SetCounter(hour * 3600 + minute * 60 + second);
                                                    //设置 RTC 计数器的值 hour:minute:second
        RTC_WaitForLastTask();                      //等待最近一次对 RTC 寄存器的写操作完成
        BKP_WriteBackupRegister(BKP_DR1,0xA5A5);
    }
    else
    {
        RTC_WaitForSynchro();                       //等待 RTC 寄存器同步
        RTC_WaitForLastTask();                      //等待写 RTC 寄存器完成
        RTC_ITConfig(RTC_IT_SEC,ENABLE);            //使能 RTC 秒中断
        RTC_WaitForLastTask();                      //等待写 RTC 寄存器完成
    }
    RTC_NVIC_Config();
    RCC_ClearFlag();                                //清除复位标志
}
```

第五步：在 RTC. H 文件中输入如下源程序，其中条件编译格式不变，只要更改一下预定义变量名称即可，需要将刚定义函数的声明加到头文件当中。

```
#ifndef _RTC_H
#define _RTC_H
#include "stm32f10x.h"
void rtc_init(void);
void clockinit_RTC(void);
#endif
```

第六步：在 public. h 文件的中间部分添加＃include "RTC. H"语句，即包含 RTC. H 头文件，任何时候程序中需要使用某一源文件中函数，必须先包含其头文件，否则编译是不能通过的。public. h 文件的源代码如下。

```
#ifndef _public_H
    #define _public_H
    #include "stm32f10x.h"
    #include "LED.h"
    #include "beepkey.h"
    #include "dsgshow.h"
    #include "EXTI.H"
    #include "timer.h"
    #include "PWM.H"
    #include "USART.H"
    #include "OLED.H"
    #include "ADC.H"
    #include "printf.h"
    #include "DMA - ADC.H"
    #include "I2C.H"
    #include "AT24CXX.H"
    #include "RTC.H"
#endif
```

第七步：在 main. c 文件中输入如下源程序，在 main 函数中，首先对时间变量赋初值，然后分别对数码管引脚和外部中断进行初始化，最后应用无限循环结构显示时间，并等待中断发生。

```
#include "public.h"
u8 hour,minute,second;
int main()
{
    printf_init();                  //串口通信初始化
    EXTIInti();                     //外部中断初始化,可以调时间
    DsgShowInit();                  //数码管动态显示初始化
    clockinit_RTC();                //RTC 初始化
    while(1)
    {
        DsgShowTime();              //显示时间
    }
}
```

第八步：在 Keil-MDK 软件操作界面打开 User 项目组下面的 stm32f10x_it. c 文件，并在 stm32f10x_it. c 文件中修改前面章节的 USART 中断服务程序，当接收到 3 个时、分、秒数值之后，转换为 RTC_CNT 寄存器数值，并写入到 RTC 模块当中。创建 RTC 秒中断服

务函数，其主要功能为读取 RTC_CNT 寄存器，并转换为相应的时、分、秒数值，此处要注意计算得到的小时数值，还需要对 24 进行取余数。

```
//串口 1 中断服务程序,静态变量 k 自加调节设置的小时、分钟或是秒
void USART1_IRQHandler(void) //串口 1 中断函数
{
    static unsigned char k = 0;
    USART_ClearFlag(USART1,USART_FLAG_TC);
    k++;
    if(k % 3 == 1) hour = USART_ReceiveData(USART1);
    else if(k % 3 == 2) minute =  USART_ReceiveData(USART1);
    else second = USART_ReceiveData(USART1);
    USART_SendData(USART1,k);                      //通过外设 USARTx 发送单个数据
    while(USART_GetFlagStatus(USART1,USART_FLAG_TXE) == Bit_RESET) ;
    //收到完整的时、分、秒数值后,将其写入到 RTC_CNT 寄存器当中,此处为修改部分
    if(k % 3 == 0)
    {
        RTC_SetCounter(hour * 3600 + minute * 60 + second);    //设置 RTC 计数器值
        RTC_WaitForLastTask();                     //等待最近一次对 RTC 寄存器的写操作完成
    }
}
/* RTC 秒中断函数 */
void RTC_IRQHandler()
{
    u32 RTCNum;
    if(RTC_GetITStatus((RTC_IT_SEC))!= RESET)
    {
        RTC_ClearITPendingBit(RTC_IT_SEC);
        RTCNum = RTC_GetCounter();                 //获取 RTC 计数器的值
        hour = (RTCNum/3600) % 24;                 //以秒为单位计算时间
        minute = (RTCNum % 3600)/60;
        second = RTCNum % 60;
    }
}
```

第九步：编译工程，如没有错误，则会在 output 文件夹中生成“工程模板. hex”文件，如有错误，则修改源程序直至没有错误为止。

### 15.5.3　项目调试

本项目的目标为将 PC 时间与网络同步，利用串口将本机时间发送至微控制器，微控制器将时间转换后写入 RTC 模块，实现不间断实时时钟功能。调试过程如下。

**1. 下载目标程序**

将生成的目标文件通过 ISP 软件下载到开发板微控制器的 Flash 存储器中，复位运行，检查实验效果。

2. PC 时间网络同步

单击 Windows 桌面任务栏日期时间显示区域，选择“更改日期和时间设置”选项，打开“日期和时间”对话框，如图 15-2 所示。

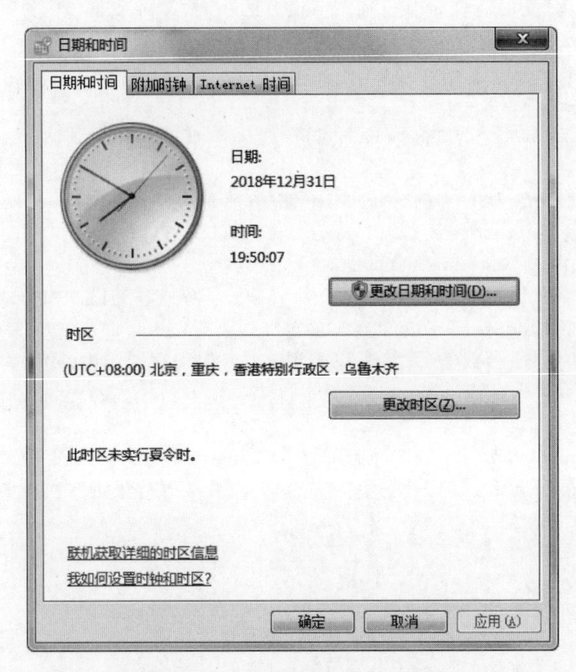


图 15-2 “日期和时间”对话框

在该对话框中选择“Internet 时间”选项卡，并单击“更改设置”按钮，打开如图 15-3 所示的“Internet 时间设置”对话框，如图 15-3 所示。

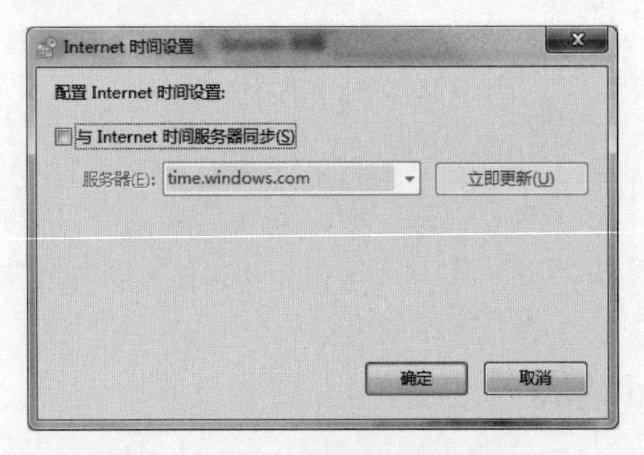


图 15-3 “Internet 时间设置”对话框

在如图 15-3 所示的对话框中，勾选“与 Internet 时间服务器同步”复选框，并单击“确定”按钮，至此，PC 系统时间已经与网络时间同步。当然，如果不选择与网络时间同步也是可以的，只是此时 PC 的系统时间设置可能不精确。

### 3. 同步时间至 RTC 模块

运行作者编写的 PC 与微控制器串口通信程序，该软件在前面章节已有介绍。单击“发送时间”按钮，软件将自动获取的系统时间通过串口 USART 发送至微控制器，微控制器接收时间，并将其转换后写入到备份寄存器 RTC_CNT 中，作为实时时钟的计时基准，且断电、复位数据不丢失。操作界面如图 15-4 所示。

图 15-4　PC 与 RTC 模块同步时间

### 4. 综合调试

将开发板加上主电源，就可以准确地显示当前时间，复位之后 RTC 时间不受影响；断电之后 RTC 时间也不受影响，可以连续计时。测试显示，计时精确较高，连续走时两天，误差不超过 1s。

## 本章小结

本章主要内容为 RTC 和 BKP 寄存器，其实两者是一体的，事实上 RTC 模块就是使用 BKP 寄存器实现不间断计时的。本章首先介绍了 RTC 模块基本概念，包括 RTC 简介、主要特性、内部结构以及复位过程等，还对 BKP 寄存器进行简单介绍。随后讲解了 RTC 操作方法，包括 RTC 初始化和时间更新方法，和前面章节一样，也对 RTC 相关库函数进行了简单介绍。本章最后给出了一个综合性的项目实例，利用 USART 同步 PC 时间，RTC 模块实现不间断计时。综合调试表明该数字电子钟，软硬件实现容易，时间设定方便，计时精确连续，具有一定的工程实践意义。

## 思考与扩展

1. 什么是 RTC?
2. 什么是 BKP 寄存器?
3. 什么是后备区域?
4. 简要说明 RTC 模块的内部结构。
5. 一个实际时间如何换算成 RTC 模块中的 RTC_CNT 寄存器数值?
6. 从 RTC 模块中读出 RTC_CNT 寄存器数值，如何换算成时分秒数值?
7. 在 RTC 时间初始化过程中，如何判断是否是首次初始化 RTC 模块?
8. 对本项目进行扩展，实现一个电子万年历功能，即需要加进日期计算显示功能。

附录 A

# ASCII码表

| ASCII | 字　符 | ASCII | 字　符 | ASCII | 字　符 | ASCII | 字　符 |
|---|---|---|---|---|---|---|---|
| 0 | NUL | 32 | SP | 64 | @ | 96 | ' |
| 1 | SOH | 33 | ! | 65 | A | 97 | a |
| 2 | STX | 34 | " | 66 | B | 98 | b |
| 3 | ETX | 35 | # | 67 | C | 99 | c |
| 4 | EOT | 36 | $ | 68 | D | 100 | d |
| 5 | ENQ | 37 | % | 69 | E | 101 | e |
| 6 | ACK | 38 | & | 70 | F | 102 | f |
| 7 | BEL | 39 | ` | 71 | G | 103 | g |
| 8 | BS | 40 | ( | 72 | H | 104 | h |
| 9 | HT | 41 | ) | 73 | I | 105 | i |
| 10 | NL | 42 | * | 74 | J | 106 | j |
| 11 | VT | 43 | + | 75 | K | 107 | k |
| 12 | FF | 44 | , | 76 | L | 108 | l |
| 13 | CR | 45 | — | 77 | M | 109 | m |
| 14 | SO | 46 | . | 78 | N | 110 | n |
| 15 | SI | 47 | / | 79 | O | 111 | o |
| 16 | DLE | 48 | 0 | 80 | P | 112 | p |
| 17 | DC1 | 49 | 1 | 81 | Q | 113 | q |
| 18 | DC2 | 50 | 2 | 82 | R | 114 | r |
| 19 | DC3 | 51 | 3 | 83 | S | 115 | s |
| 20 | DC4 | 52 | 4 | 84 | T | 116 | t |
| 21 | NAK | 53 | 5 | 85 | U | 117 | u |
| 22 | SYN | 54 | 6 | 86 | V | 118 | v |
| 23 | ETB | 55 | 7 | 87 | W | 119 | w |
| 24 | CAN | 56 | 8 | 88 | X | 120 | x |
| 25 | EM | 57 | 9 | 89 | Y | 121 | y |
| 26 | SUB | 58 | : | 90 | Z | 122 | z |
| 27 | ESC | 59 | ; | 91 | [ | 123 | { |
| 28 | FS | 60 | < | 92 | \ | 124 | \| |
| 29 | GS | 61 | = | 93 | ] | 125 | } |
| 30 | RE | 62 | > | 94 | ^ | 126 | ~ |
| 31 | US | 63 | ? | 95 | _ | 127 | DEL |

# 附录B STM32F103微控器小容量产品系列引脚定义表

| LQFP48 | LQFP64 | TFBGA64 | VFQFPN36 | 引脚名 | 类型 | I/O电平 | 主功能复位后 | 默认复用功能 | 重定义功能 |
|---|---|---|---|---|---|---|---|---|---|
| 1 | 1 | B2 | — | VBAT | S | — | VBAT | — | — |
| 2 | 2 | A2 | — | PC13-TAMPE-RTC | I/O | — | PC13 | TAMPER-RTC | — |
| 3 | 3 | A1 | — | PC14-OSC32_IN | I/O | — | PC14 | OSC32_IN | — |
| 4 | 4 | B1 | — | PC15-OSC32_OUT | I/O | — | PC15 | OSC32_OUT | — |
| 5 | 5 | C1 | 2 | OSC_IN | I | — | OSC_IN | — | PD0 |
| 6 | 6 | D1 | 3 | OSC_OUT | O | — | OSC_OUT | — | PD1 |
| 7 | 7 | E1 | 4 | NRST | I/O | — | NRST | — | |
| — | 8 | E3 | — | PC0 | I/O | — | PC0 | ADC12_IN10 | — |
| — | 9 | E2 | — | PC1 | I/O | — | PC1 | ADC12_IN11 | — |
| — | 10 | F2 | — | PC2 | I/O | — | PC2 | ADC12_IN12 | — |
| — | 11 | — | — | PC3 | I/O | — | PC3 | ADC12_IN13 | — |
| — | — | G1 | — | $V_{REF+}$ | S | — | $V_{REF+}$ | — | — |
| 8 | 12 | F1 | 5 | $V_{SSA}$ | S | — | $V_{SSA}$ | — | — |
| 9 | 13 | H1 | 6 | $V_{DDA}$ | S | — | $V_{DDA}$ | — | — |
| 10 | 14 | G2 | 7 | PA0-WKUP | I/O | — | PA0 | WKUP/USART2_CTS/ADC12_IN0/TIM2_CH1_ETR | — |
| 11 | 15 | H2 | 8 | PA1 | I/O | — | PA1 | USART2_RTS/ADC12_IN1/TIM2_CH2 | — |
| 12 | 16 | F3 | 9 | PA2 | I/O | — | PA2 | USART2_TX/ADC12_IN2/TIM2_CH3 | — |
| 13 | 17 | G3 | 10 | PA3 | I/O | — | PA3 | USART2_RX/ADC12_IN3/TIM2_CH4 | — |
| — | 18 | C2 | — | $V_{SS\_4}$ | S | — | $V_{SS\_4}$ | — | — |
| — | 19 | D2 | — | $V_{DD\_4}$ | S | — | $V_{DD\_4}$ | — | — |

续表

| 封装形式 | | | | 引脚名 | 类型 | I/O电平 | 主功能复位后 | 可选复用功能 | |
|---|---|---|---|---|---|---|---|---|---|
| LQFP48 | LQFP64 | TFBGA64 | VFQFPN36 | | | | | 默认复用功能 | 重定义功能 |
| 14 | 20 | H3 | 11 | PA4 | I/O | — | PA4 | SPI1_NSS/USART2_CK/ADC12_IN4 | — |
| 15 | 21 | F4 | 12 | PA5 | I/O | — | PA5 | SPI1_SCK/ADC12_IN5 | — |
| 16 | 22 | G4 | 13 | PA6 | I/O | — | PA6 | SPI1_MISO/ADC12_IN6/TIM3_CH1 | TIM1_BKIN |
| 17 | 23 | H4 | 14 | PA7 | I/O | — | PA7 | SPI1_MOSI/ADC12_IN7/TIM3_CH2 | TIM1_CH1N |
| — | 24 | H5 | — | PC4 | I/O | — | PC4 | ADC12_IN14 | — |
| — | 25 | H6 | — | PC5 | I/O | — | PC5 | ADC12_IN15 | — |
| 18 | 26 | F5 | 15 | PB0 | I/O | — | PB0 | ADC12_IN8/TIM3_CH3 | TIM1_CH2N |
| 19 | 27 | G5 | 16 | PB1 | I/O | — | PB1 | ADC12_IN9/TIM3_CH4 | TIM1_CH3N |
| 20 | 28 | G6 | 17 | PB2 | I/O | FT | PB2/BOOT1 | — | — |
| 21 | 29 | G7 | — | PB10 | I/O | FT | PB10 | — | TIM2_CH3 |
| 22 | 30 | H7 | — | PB11 | I/O | FT | PB11 | — | TIM2_CH4 |
| 23 | 31 | D6 | 18 | $V_{SS\_1}$ | S | — | $V_{SS\_1}$ | — | — |
| 24 | 32 | E6 | 19 | $V_{DD\_1}$ | S | — | $V_{DD\_1}$ | — | — |
| 25 | 33 | H8 | — | PB12 | I/O | FT | PB12 | TIM1_BKIN | — |
| 26 | 34 | G8 | — | PB13 | I/O | FT | PB13 | TIM1_CH1N | — |
| 27 | 35 | F8 | — | PB14 | I/O | FT | PB14 | TIM1_CH2N | — |
| 28 | 36 | F7 | — | PB15 | I/O | FT | PB15 | TIM1_CH3N | — |
| — | 37 | F6 | — | PC6 | I/O | FT | PC6 | — | TIM3_CH1 |
| — | 38 | E7 | — | PC7 | I/O | FT | PC7 | — | TIM3_CH2 |
| — | 39 | E8 | — | PC8 | I/O | FT | PC8 | — | TIM3_CH3 |
| — | 40 | D8 | — | PC9 | I/O | FT | PC9 | — | TIM3_CH4 |
| 29 | 41 | D7 | 20 | PA8 | I/O | FT | PA8 | USART1_CK/TIM1_CH1/MCO | — |
| 30 | 42 | C7 | 21 | PA9 | I/O | FT | PA9 | USART1_TX/TIM1_CH2 | — |
| 31 | 43 | C6 | 22 | PA10 | I/O | FT | PA10 | USART1_RX/TIM1_CH3 | — |
| 32 | 44 | C8 | 23 | PA11 | I/O | FT | PA11 | USART1_CTS/CAN_RX/TIM1_CH4/USBDM | — |
| 33 | 45 | B8 | 24 | PA12 | I/O | FT | PA12 | USART1_RTS/CAN_TX/TIM1_ETR/USBDP | — |
| 34 | 46 | A8 | 25 | PA13 | I/O | FT | JTMS/SWDIO | PA13 | |
| 35 | 47 | D5 | 26 | $V_{SS\_2}$ | S | — | $V_{SS\_2}$ | — | — |

续表

| 封装形式 | | | | 引脚名 | 类型 | I/O电平 | 主功能复位后 | 可选复用功能 | |
|---|---|---|---|---|---|---|---|---|---|
| LQFP48 | LQFP64 | TFBGA64 | VFQFPN36 | | | | | 默认复用功能 | 重定义功能 |
| 36 | 48 | E5 | 27 | $V_{DD\_2}$ | S | — | $V_{DD\_2}$ | — | — |
| 37 | 49 | A7 | 28 | PA14 | I/O | FT | JTCK/SWCLK | — | PA14 |
| 38 | 50 | A6 | 29 | PA15 | I/O | FT | JTDI | — | TIM2 _ CH1 _ ETR/PA15/ SPI1_NSS |
| — | 51 | B7 | — | PC10 | I/O | FT | PC10 | — | — |
| — | 52 | B6 | — | PC11 | I/O | FT | PC11 | — | — |
| — | 53 | C5 | — | PC12 | I/O | FT | PC12 | — | — |
| — | — | C1 | 2 | PD0 | I/O | FT | PD0 | — | — |
| — | — | D1 | 3 | PD1 | I/O | FT | PD1 | — | — |
| — | 54 | B5 | — | PD2 | I/O | FT | PD2 | TIM3_ETR | — |
| 39 | 55 | A5 | 30 | PB3 | I/O | FT | JTDO | — | TIM2_CH2/PB3/ TRACESWO |
| 40 | 56 | A4 | 31 | PB4 | I/O | FT | NJTRST | — | TIM3 _ CH1/ PBSPI1_MISO |
| 41 | 57 | C4 | 32 | PB5 | I/O | — | PB5 | I2C1_SMBA | TIM3 _ CH2/ SPI1_MOSI |
| 42 | 58 | D3 | 33 | PB6 | I/O | FT | PB6 | I2C1_SCL | USART1_TX |
| 43 | 59 | C3 | 34 | PB7 | I/O | FT | PB7 | I2C1_SDA | USART1_RX |
| 44 | 60 | B4 | 35 | BOOT0 | I | — | BOOT0 | — | — |
| 45 | 61 | B3 | — | PB8 | I/O | FT | PB8 | — | I2C1_SCL/CAN_ RX |
| 46 | 62 | A3 | — | PB9 | I/O | FT | PB9 | — | I2C1_SDA/CAN_ TX |
| 47 | 63 | D4 | 36 | $V_{SS\_3}$ | S | — | $V_{SS\_3}$ | — | — |
| 48 | 64 | E4 | 1 | $V_{DD\_3}$ | S | — | $V_{DD\_3}$ | — | — |

1. I = input, O = output, S = supply.
2. FT = 5 V tolerant.
3. Function availability depends on the chosen device.

# 附录C STM32F103微控器中等容量产品系列引脚定义表

| 封装形式 | | | | 引脚名 | 类型 | I/O电平 | 主功能复位后 | 可选复用功能 | |
|---|---|---|---|---|---|---|---|---|---|
| LQFP48 | LQFP64 | LQFP100 | VFQFPN36 | | | | | 默认复用功能 | 重定义功能 |
| — | — | 1 | — | PE2 | I/O | FT | PE2 | TRACECK | — |
| — | — | 2 | — | PE3 | I/O | FT | PE3 | TRACED0 | — |
| — | — | 3 | — | PE4 | I/O | FT | PE4 | TRACED1 | — |
| — | — | 4 | — | PE5 | I/O | FT | PE5 | TRACED2 | — |
| — | — | 5 | — | PE6 | I/O | FT | PE6 | TRACED3 | — |
| 1 | 1 | 6 | — | VBAT | S | — | VBAT | — | — |
| 2 | 2 | 7 | — | PC13-TAMPER-RTC | I/O | — | PC13 | TAMPER-RTC | — |
| 3 | 3 | 8 | — | PC14-OSC32_IN | I/O | — | PC14 | OSC32_IN | — |
| 4 | 4 | 9 | — | PC15-OSC32_OUT | I/O | — | PC15 | OSC32_OUT | — |
| — | — | 10 | — | $V_{SS\_5}$ | S | — | $V_{SS\_5}$ | — | — |
| — | — | 11 | — | $V_{DD\_5}$ | S | — | $V_{DD\_5}$ | — | |
| 5 | 5 | 12 | 2 | OSC_IN | I | — | OSC_IN | — | PD0 |
| 6 | 6 | 13 | 3 | OSC_OUT | O | — | OSC_OUT | PD1 | |
| 7 | 7 | 14 | 4 | NRST | I/O | — | NRST | — | — |
| — | 8 | 15 | — | PC0 | I/O | — | PC0 | ADC12_IN10 | — |
| — | 9 | 16 | — | PC1 | I/O | — | PC1 | ADC12_IN11 | — |
| — | 10 | 17 | — | PC2 | I/O | — | PC2 | ADC12_IN12 | — |
| — | 11 | 18 | — | PC3 | I/O | — | PC3 | ADC12_IN13 | — |
| 8 | 12 | 19 | 5 | $V_{SSA}$ | S | — | $V_{SSA}$ | — | — |
| — | — | 20 | — | $V_{REF-}$ | S | — | $V_{REF-}$ | — | — |
| — | — | 21 | — | $V_{REF+}$ | S | — | $V_{REF+}$ | — | — |
| 9 | 13 | 22 | 6 | $V_{DDA}$ | S | — | $V_{DDA}$ | — | — |

续表

| 封装形式 | | | | 引脚名 | 类型 | I/O电平 | 主功能复位后 | 可选复用功能 | |
|---|---|---|---|---|---|---|---|---|---|
| LQFP48 | LQFP64 | LQFP100 | VFQFPN36 | | | | | 默认复用功能 | 重定义功能 |
| 10 | 14 | 23 | 7 | PA0-WKUP | I/O | — | PA0 | WKUP/USART2_CTS/ADC12_IN0/TIM2_CH1_ETR | — |
| 11 | 15 | 24 | 8 | PA1 | I/O | — | PA1 | USART2_RTS/ADC12_IN1/TIM2_CH2 | — |
| 12 | 16 | 25 | 9 | PA2 | I/O | — | PA2 | USART2_TX/ADC12_IN2/TIM2_CH3 | — |
| 13 | 17 | 26 | 10 | PA3 | I/O | — | PA3 | USART2_RX/ADC12_IN3/TIM2_CH4 | — |
| — | 18 | 27 | — | $V_{SS\_4}$ | S | — | $V_{SS\_4}$ | — | — |
| — | 19 | 28 | — | $V_{DD\_4}$ | S | — | $V_{DD\_4}$ | — | — |
| 14 | 20 | 29 | 11 | PA4 | I/O | — | PA4 | SPI1_NSS/USART2_CK/ADC12_IN4 | — |
| 15 | 21 | 30 | 12 | PA5 | I/O | — | PA5 | SPI1_SCK/ADC12_IN5 | — |
| 16 | 22 | 31 | 13 | PA6 | I/O | — | PA6 | SPI1_MISO/ADC12_IN6/TIM3_CH1 | TIM1_BKIN |
| 17 | 23 | 32 | 14 | PA7 | I/O | — | PA7 | SPI1_MOSI/ADC12_IN7/TIM3_CH2 | TIM1_CH1N |
| — | 24 | 33 | | PC4 | I/O | — | PC4 | ADC12_IN14 | — |
| — | 25 | 34 | | PC5 | I/O | — | PC5 | ADC12_IN15 | — |
| 18 | 26 | 35 | 15 | PB0 | I/O | — | PB0 | ADC12_IN8/TIM3_CH3 | TIM1_CH2N |
| 19 | 27 | 36 | 16 | PB1 | I/O | — | PB1 | ADC12_IN9/TIM3_CH4 | TIM1_CH3N |
| 20 | 28 | 37 | 17 | PB2 | I/O | FT | PB2/BOOT1 | — | — |
| — | — | 38 | — | PE7 | I/O | FT | PE7 | — | TIM1_ETR |
| — | — | 39 | — | PE8 | I/O | FT | PE8 | — | TIM1_CH1N |
| — | — | 40 | — | PE9 | I/O | FT | PE9 | — | TIM1_CH1 |
| — | — | 41 | — | PE10 | I/O | FT | PE10 | — | TIM1_CH2N |
| — | — | 42 | — | PE11 | I/O | FT | PE11 | — | TIM1_CH2 |
| — | — | 43 | — | PE12 | I/O | FT | PE12 | — | TIM1_CH3N |
| — | — | 44 | — | PE13 | I/O | FT | PE13 | — | TIM1_CH3 |
| — | — | 45 | — | PE14 | I/O | FT | PE14 | — | TIM1_CH4 |
| — | — | 46 | — | PE15 | I/O | FT | PE15 | — | TIM1_BKIN |
| 21 | 29 | 47 | — | PB10 | I/O | FT | PB10 | I2C2_SCL/USART3_TX | TIM2_CH3 |
| 22 | 30 | 48 | — | PB11 | I/O | FT | PB11 | I2C2_SDA/USART3_RX | TIM2_CH4 |
| 23 | 31 | 49 | 18 | $V_{SS\_1}$ | S | — | $V_{SS\_1}$ | — | — |

续表

| 封装形式 | | | | 引脚名 | 类型 | I/O电平 | 主功能复位后 | 可选复用功能 | |
|---|---|---|---|---|---|---|---|---|---|
| LQFP48 | LQFP64 | LQFP100 | VFQFPN36 | | | | | 默认复用功能 | 重定义功能 |
| 24 | 32 | 50 | 19 | $V_{DD\_1}$ | S | — | $V_{DD\_1}$ | — | — |
| 25 | 33 | 51 | — | PB12 | I/O | FT | PB12 | SPI2_NSS/I2C2_SMBAl/USART3_CK/TIM1_BKIN | — |
| 26 | 34 | 52 | — | PB13 | I/O | FT | PB13 | SPI2 _ SCK/USART3 _ CTS/TIM1_CH1N | — |
| 27 | 35 | 53 | — | PB14 | I/O | FT | PB14 | SPI2 _ MISO/USART3 _ RTSTIM1_CH2N | — |
| 28 | 36 | 54 | — | PB15 | I/O | FT | PB15 | SPI2_MOSI/TIM1_CH3N | — |
| — | — | 55 | — | PD8 | I/O | FT | PD8 | — | USART3_TX |
| — | — | 56 | — | PD9 | I/O | FT | PD9 | — | USART3_RX |
| — | — | 57 | — | PD10 | I/O | FT | PD10 | — | USART3_CK |
| — | — | 58 | — | PD11 | I/O | FT | PD11 | — | USART3_CTS |
| — | — | 59 | — | PD12 | I/O | FT | PD12 | — | TIM4_CH1/USART3_RTS |
| — | — | 60 | — | PD13 | I/O | FT | PD13 | — | TIM4_CH2 |
| — | — | 61 | — | PD14 | I/O | FT | PD14 | — | TIM4_CH3 |
| — | — | 62 | — | PD15 | I/O | FT | PD15 | — | TIM4_CH4 |
| — | 37 | 63 | — | PC6 | I/O | FT | PC6 | — | TIM3_CH1 |
| | 38 | 64 | — | PC7 | I/O | FT | PC7 | — | TIM3_CH2 |
| | 39 | 65 | — | PC8 | I/O | FT | PC8 | — | TIM3_CH3 |
| — | 40 | 66 | — | PC9 | I/O | FT | PC9 | — | TIM3_CH4 |
| 29 | 41 | 67 | 20 | PA8 | I/O | FT | PA8 | USART1_CK/TIM1_CH1/MCO | — |
| 30 | 42 | 68 | 21 | PA9 | I/O | FT | PA9 | USART1_TX/TIM1_CH2 | — |
| 31 | 43 | 69 | 22 | PA10 | I/O | FT | PA10 | USART1_RX/TIM1_CH3 | — |
| 32 | 44 | 70 | 23 | PA11 | I/O | FT | PA11 | USART1_CTS/CANRX/USBDM/TIM1_CH4 | — |
| 33 | 45 | 71 | 24 | PA12 | I/O | FT | PA12 | USART1_RTS/CANTX/USBDPTIM1_ETR | — |
| 34 | 46 | 72 | 25 | PA13 | I/O | FT | JTMS/SWDIO | — | PA13 |
| — | — | 73 | — | Notconnected | | | | | — |
| 35 | 47 | 74 | 26 | $V_{SS\_2}$ | S | — | $V_{SS\_2}$ | — | — |
| 36 | 48 | 75 | 27 | $V_{DD\_2}$ | S | — | $V_{DD\_2}$ | — | — |
| 37 | 49 | 76 | 28 | PA14 | I/O | FT | JTCK/SWCLK | — | PA14 |

续表

| 封装形式 | | | | 引脚名 | 类型 | I/O电平 | 主功能复位后 | 可选复用功能 | |
|---|---|---|---|---|---|---|---|---|---|
| LQFP48 | LQFP64 | LQFP100 | VFQFPN36 | | | | | 默认复用功能 | 重定义功能 |
| 38 | 50 | 77 | 29 | PA15 | I/O | FT | JTDI | — | TIM2_CH1_ETR/PA15/SPI1_NSS |
| — | 51 | 78 | | PC10 | I/O | FT | PC10 | — | USART3_TX |
| — | 52 | 79 | | PC11 | I/O | FT | PC11 | — | USART3_RX |
| — | 53 | 80 | | PC12 | I/O | FT | PC12 | — | USART3_CK |
| — | — | 81 | 2 | PD0 | I/O | FT | PD0 | — | CANRX |
| — | — | 82 | 3 | PD1 | I/O | FT | PD1 | — | CANTX |
| | 54 | 83 | — | PD2 | I/O | FT | PD2 | TIM3_ETR | — |
| — | — | 84 | — | PD3 | I/O | FT | PD3 | — | USART2_CTS |
| — | — | 85 | — | PD4 | I/O | FT | PD4 | — | USART2_RTS |
| — | — | 86 | — | PD5 | I/O | FT | PD5 | — | USART2_TX |
| — | — | 87 | — | PD6 | I/O | FT | PD6 | — | USART2_RX |
| — | — | 88 | — | PD7 | I/O | FT | PD7 | — | USART2_CK |
| 39 | 55 | 89 | 30 | PB3 | I/O | FT | JTDO | — | TIM2 _ CH2/PB3TRACESWOSPI1_SCK |
| 40 | 56 | 90 | 31 | PB4 | I/O | FT | JNTRST | — | TIM3 _ CH1/PB4/SPI1_MISO |
| 41 | 57 | 91 | 32 | PB5 | I/O | | PB5 | I2C1_SMBAl | TIM3 _ CH2/SPI1 _ MOSI |
| 42 | 58 | 92 | 33 | PB6 | I/O | FT | PB6 | I2C1_SCL/TIM4_CH1 | USART1_TX |
| 43 | 59 | 93 | 34 | PB7 | I/O | FT | PB7 | I2C1_SDA/TIM4_CH2 | USART1_RX |
| 44 | 60 | 94 | 35 | BOOT0 | I | | BOOT0 | — | — |
| 45 | 61 | 95 | — | PB8 | I/O | FT | PB8 | TIM4_CH3 | I2C1_SCL/CANRX |
| 46 | 62 | 96 | — | PB9 | I/O | FT | PB9 | TIM4_CH4 | I2C1_SDA/CANTX |
| — | — | 97 | — | PE0 | I/O | FT | PE0 | TIM4_ETR | — |
| — | — | 98 | — | PE1 | I/O | FT | PE1 | — | — |
| 47 | 63 | 99 | 36 | $V_{SS\_3}$ | S | — | $V_{SS\_3}$ | — | — |
| 48 | 64 | 100 | 1 | $V_{DD\_3}$ | S | — | $V_{DD\_3}$ | — | — |

1. I = input, O = output, S = supply.
2. FT = 5V tolerant.
3. Function availability depends on the chosen device.

# 附录D STM32F103微控器大容量产品系列引脚定义表

| 封装形式 | | | 引脚名 | 类型 | I/O电平 | 主功能复位后 | 可选复用功能 | |
|---|---|---|---|---|---|---|---|---|
| LQFP64 | LQFP100 | LQFP144 | | | | | 默认复用功能 | 重定义功能 |
| — | 1 | 1 | PE2 | I/O | FT | PE2 | TRACECK/ FSMC_A23 | — |
| — | 2 | 2 | PE3 | I/O | FT | PE3 | TRACED0/FSMC_A19 | — |
| — | 3 | 3 | PE4 | I/O | FT | PE4 | TRACED1/FSMC_A20 | — |
| — | 4 | 4 | PE5 | I/O | FT | PE5 | TRACED2/FSMC_A21 | — |
| — | 5 | 5 | PE6 | I/O | FT | PE6 | TRACED3/FSMC_A22 | — |
| 1 | 6 | 6 | $V_{BAT}$ | S | — | $V_{BAT}$ | — | — |
| 2 | 7 | 7 | PC13-TAMPER-RTC | I/O | — | PC13 | TAMPER-RTC | — |
| 3 | 8 | 8 | PC14-OSC32_IN | I/O | — | PC14 | OSC32_IN | — |
| 4 | 9 | 9 | PC15-OSC32_OUT | I/O | — | PC15 | OSC32_OUT | — |
| — | — | 10 | PF0 | I/O | FT | PF0 | FSMC_A0 | — |
| — | — | 11 | PF1 | I/O | FT | PF1 | FSMC_A1 | — |
| — | — | 12 | PF2 | I/O | FT | PF2 | FSMC_A2 | — |
| — | — | 13 | PF3 | I/O | FT | PF3 | FSMC_A3 | — |
| — | — | 14 | PF4 | I/O | FT | PF4 | FSMC_A4 | — |
| — | — | 15 | PF5 | I/O | FT | PF5 | FSMC_A5 | — |
| — | 10 | 16 | $V_{SS\_5}$ | S | — | $V_{SS\_5}$ | — | — |
| — | 11 | 17 | $V_{DD\_5}$ | S | — | $V_{DD\_5}$ | — | — |
| — | — | 18 | PF6 | I/O | — | PF6 | ADC3_IN4/FSMC_NIORD | — |
| — | — | 19 | PF7 | I/O | — | PF7 | ADC3_IN5/FSMC_NREG | — |
| — | — | 20 | PF8 | I/O | — | PF8 | ADC3_IN6/FSMC_NIOWR | — |

续表

| 封装形式 | | | 引脚名 | 类型 | I/O电平 | 主功能复位后 | 可选复用功能 | |
|---|---|---|---|---|---|---|---|---|
| LQFP64 | LQFP100 | LQFP144 | | | | | 默认复用功能 | 重定义功能 |
| — | — | 21 | PF9 | I/O | — | PF9 | ADC3_IN7/FSMC_CD | — |
| — | — | 22 | PF10 | I/O | — | PF10 | ADC3_IN8/FSMC_INTR | — |
| 5 | 12 | 23 | OSC_IN | I | — | OSC_IN | — | — |
| 6 | 13 | 24 | OSC_OUT | O | — | OSC_OUT | — | — |
| 7 | 14 | 25 | NRST | I/O | — | NRST | — | — |
| 8 | 15 | 26 | PC0 | I/O | — | PC0 | ADC123_IN10 | — |
| 9 | 16 | 27 | PC1 | I/O | — | PC1 | ADC123_IN11 | — |
| 10 | 17 | 28 | PC2 | I/O | — | PC2 | ADC123_IN12 | — |
| 11 | 18 | 29 | PC3 | I/O | — | PC3 | ADC123_IN13 | — |
| 12 | 19 | 30 | $V_{SSA}$ | S | — | $V_{SSA}$ | — | — |
| — | 20 | 31 | $V_{REF-}$ | S | — | $V_{REF-}$ | — | — |
| — | 21 | 32 | $V_{REF+}$ | S | — | $V_{REF+}$ | — | — |
| 13 | 22 | 33 | $V_{DDA}$ | S | — | $V_{DDA}$ | — | — |
| 14 | 23 | 34 | PA0-WKUP | I/O | — | PA0 | WKUP/USART2_CTSADC123_IN0TIM2 _ CH1 _ ETRTIM5 _CH1/TIM8_ETR | — |
| 15 | 24 | 35 | PA1 | I/O | — | PA1 | USART2 _ RTSADC123 _ IN1/TIM5_CH2/TIM2_CH2 | — |
| 16 | 25 | 36 | PA2 | I/O | — | PA2 | USART2 _ TX/TIM5 _CH3ADC123_IN2/TIM2_CH3 | — |
| 17 | 26 | 37 | PA3 | I/O | — | PA3 | USART2 _ RX/TIM5 _CH4ADC123_IN3/TIM2_CH4 | — |
| 18 | 27 | 38 | $V_{SS\_4}$ | S | — | $V_{SS\_4}$ | — | — |
| 19 | 28 | 39 | $V_{DD\_4}$ | S | — | $V_{DD\_4}$ | — | — |
| 20 | 29 | 40 | PA4 | I/O | — | PA4 | SPI1 _ NSS/USART2 _ CKDAC _OUT1/ADC12_IN4 | — |
| 21 | 30 | 41 | PA5 | I/O | — | PA5 | SPI1 _ SCKDAC _ OUT2ADC12_IN5 | — |
| 22 | 31 | 42 | PA6 | I/O | — | PA6 | SPI1_MISOTIM8_BKIN/ADC12_IN6TIM3_CH1 | TIM1_BKIN |
| 23 | 32 | 43 | PA7 | I/O | — | PA7 | SPI1_MOSI/TIM8_CH1N/ADC12_IN7TIM3_CH2 | TIM1_CH1N |
| 24 | 33 | 44 | PC4 | I/O | — | PC4 | ADC12_IN14 | — |
| 25 | 34 | 45 | PC5 | I/O | — | PC5 | ADC12_IN15 | — |

续表

| 封装形式 | | | 引脚名 | 类型 | I/O电平 | 主功能复位后 | 可选复用功能 | |
|---|---|---|---|---|---|---|---|---|
| LQFP64 | LQFP100 | LQFP144 | | | | | 默认复用功能 | 重定义功能 |
| 26 | 35 | 46 | PB0 | I/O | — | PB0 | ADC12_IN8/TIM3_CH3TIM8_CH2N | TIM1_CH2N |
| 27 | 36 | 47 | PB1 | I/O | — | PB1 | ADC12_IN9/TIM3_CH4TIM8_CH3N | TIM1_CH3N |
| 28 | 37 | 48 | PB2 | I/O | FT | PB2/BOOT1 | — | — |
| — | — | 49 | PF11 | I/O | FT | PF11 | FSMC_NIOS16 | — |
| — | — | 50 | PF12 | I/O | FT | PF12 | FSMC_A6 | — |
| — | — | 51 | $V_{SS\_6}$ | S | — | $V_{SS\_6}$ | — | — |
| — | — | 52 | $V_{DD\_6}$ | S | — | $V_{DD\_6}$ | — | — |
| — | — | 53 | PF13 | I/O | FT | PF13 | FSMC_A7 | — |
| — | — | 54 | PF14 | I/O | FT | PF14 | FSMC_A8 | — |
| — | — | 55 | PF15 | I/O | FT | PF15 | FSMC_A9 | — |
| — | — | 56 | PG0 | I/O | FT | PG0 | FSMC_A10 | — |
| — | — | 57 | PG1 | I/O | FT | PG1 | FSMC_A11 | — |
| — | 38 | 58 | PE7 | I/O | FT | PE7 | FSMC_D4 | TIM1_ETR |
| — | 39 | 59 | PE8 | I/O | FT | PE8 | FSMC_D5 | TIM1_CH1N |
| — | 40 | 60 | PE9 | I/O | FT | PE9 | FSMC_D6 | TIM1_CH1 |
| — | — | 61 | $V_{SS\_7}$ | S | — | $V_{SS\_7}$ | — | — |
| — | — | 62 | $V_{DD\_7}$ | S | — | $V_{DD\_7}$ | — | — |
| — | 41 | 63 | PE10 | I/O | FT | PE10 | FSMC_D7 | TIM1_CH2N |
| — | 42 | 64 | PE11 | I/O | FT | PE11 | FSMC_D8 | TIM1_CH2 |
| — | 43 | 65 | PE12 | I/O | FT | PE12 | FSMC_D9 | TIM1_CH3N |
| — | 44 | 66 | PE13 | I/O | FT | PE13 | FSMC_D10 | TIM1_CH3 |
| — | 45 | 67 | PE14 | I/O | FT | PE14 | FSMC_D11 | TIM1_CH4 |
| — | 46 | 68 | PE15 | I/O | FT | PE15 | FSMC_D12 | TIM1_BKIN |
| 29 | 47 | 69 | PB10 | I/O | FT | PB10 | I2C2_SCL/USART3_TX | TIM2_CH3 |
| 30 | 48 | 70 | PB11 | I/O | FT | PB11 | I2C2_SDA/USART3_RX | TIM2_CH4 |
| 31 | 49 | 71 | $V_{SS\_1}$ | S | — | $V_{SS\_1}$ | — | — |
| 32 | 50 | 72 | $V_{DD\_1}$ | S | — | $V_{DD\_1}$ | — | — |
| 33 | 51 | 73 | PB12 | I/O | FT | PB12 | SPI2_NSS/I2S2_WS/I2C2_SMBA/USART3_CK/TIM1_BKIN | — |
| 34 | 52 | 74 | PB13 | I/O | FT | PB13 | SPI2_SCK/I2S2_CKUSART3_CTS/TIM1_CH1N | — |

续表

| 封装形式 | | | 引 脚 名 | 类型 | I/O电平 | 主功能复位后 | 可选复用功能 | |
|---|---|---|---|---|---|---|---|---|
| LQFP64 | LQFP100 | LQFP144 | | | | | 默认复用功能 | 重定义功能 |
| 35 | 53 | 75 | PB14 | I/O | FT | PB14 | SPI2_MISO/TIM1_CH2NUSART3_RTS/ | — |
| 36 | 54 | 76 | PB15 | I/O | FT | PB15 | SPI2 _ MOSI/I2S2 _ SDTIM1 _ CH3N/ | — |
| — | 55 | 77 | PD8 | I/O | FT | PD8 | FSMC_D13 | USART3 |
| — | 56 | 78 | PD9 | I/O | FT | PD9 | FSMC_D14 | USART3 |
| — | 57 | 79 | PD10 | I/O | FT | PD10 | FSMC_D15 | USART3 |
| — | 58 | 80 | PD11 | I/O | FT | PD11 | FSMC_A16 | USART3_ |
| — | 59 | 81 | PD12 | I/O | FT | PD12 | FSMC_A17 | TIM4_CUSART3_ |
| — | 60 | 82 | PD13 | I/O | FT | PD13 | FSMC_A18 | TIM4_C |
| — | — | 83 | $V_{SS\_8}$ | S | — | $V_{SS\_8}$ | — | — |
| — | — | 84 | $V_{DD\_8}$ | S | — | $V_{DD\_8}$ | — | — |
| — | 61 | 85 | PD14 | I/O | FT | PD14 | FSMC_D0 | TIM4_C |
| — | 62 | 86 | PD15 | I/O | FT | PD15 | FSMC_D1 | TIM4_C |
| — | — | 87 | PG2 | I/O | FT | PG2 | FSMC_A12 | — |
| — | — | 88 | PG3 | I/O | FT | PG3 | FSMC_A13 | — |
| — | — | 89 | PG4 | I/O | FT | PG4 | FSMC_A14 | — |
| — | — | 90 | PG5 | I/O | FT | PG5 | FSMC_A15 | — |
| — | — | 91 | PG6 | I/O | FT | PG6 | FSMC_INT2 | — |
| — | — | 92 | PG7 | I/O | FT | PG7 | FSMC_INT3 | — |
| — | — | 93 | PG8 | I/O | FT | PG8 | — | — |
| — | — | 94 | $V_{SS\_9}$ | S | — | $V_{SS\_9}$ | — | — |
| — | — | 95 | $V_{DD\_9}$ | S | — | $V_{DD\_9}$ | — | — |
| 37 | 63 | 96 | PC6 | I/O | FT | PC6 | I2S2 _ MCK/TIM8 _ CH1/SDIO_ D6 | TIM3_C |
| 38 | 64 | 97 | PC7 | I/O | FT | PC7 | I2S3 _ MCK/TIM8 _ CH2/SDIO_ D7 | TIM3_C |
| 39 | 65 | 98 | PC8 | I/O | FT | PC8 | TIM8_CH3/SDIO_D0 | TIM3_C |
| 40 | 66 | 99 | PC9 | I/O | FT | PC9 | TIM8_CH4/SDIO_D1 | TIM3_C |
| 41 | 67 | 100 | PA8 | I/O | FT | PA8 | USART1_CK/TIM1_CH1/MCO | — |
| 42 | 68 | 101 | PA9 | I/O | FT | PA9 | USART1_TX/TIM1_CH2 | — |
| 43 | 69 | 102 | PA10 | I/O | FT | PA10 | USART1_RX/TIM1_CH3 | — |
| 44 | 70 | 103 | PA11 | I/O | FT | PA11 | USART1 _ CTS/USBDMCAN _ RX/TIM1_CH4 | — |

续表

| 封装形式 | | | 引 脚 名 | 类型 | I/O电平 | 主功能复位后 | 可选复用功能 | |
|---|---|---|---|---|---|---|---|---|
| LQFP64 | LQFP100 | LQFP144 | | | | | 默认复用功能 | 重定义功能 |
| 45 | 71 | 104 | PA12 | I/O | FT | PA12 | USART1 _ RTS/USBDP/CAN _ TX/TIM1_ETR | — |
| 46 | 72 | 105 | PA13 | I/O | FT | JTMS-SWDIO | — | PA13 |
| — | 73 | 106 | Not connected | | | | | — |
| 47 | 74 | 107 | $V_{SS\_2}$ | S | — | $V_{SS\_2}$ | — | — |
| 48 | 75 | 108 | $V_{DD\_2}$ | S | — | $V_{DD\_2}$ | — | — |
| 49 | 76 | 109 | PA14 | I/O | FT | JTCK-SWCLK | — | PA14 |
| 50 | 77 | 110 | PA15 | I/O | FT | JTDI | SPI3_NSS/I2S3_WS | TIM2 _ CH1 _ ETRPA15/SPI1 _ NSS |
| 51 | 78 | 111 | PC10 | I/O | FT | PC10 | UART4_TX/SDIO_D2 | USART3_TX |
| 52 | 79 | 112 | PC11 | I/O | FT | PC11 | UART4_RX/SDIO_D3 | USART3_RX |
| 53 | 80 | 113 | PC12 | I/O | FT | PC12 | UART5_TX/SDIO_CK | USART3_CK |
| 5 | 81 | 114 | PD0 | I/O | FT | OSC_IN | FSMC_D2 | CAN_RX |
| 6 | 82 | 115 | PD1 | I/O | FT | OSC_OUT | FSMC_D3 | CAN_TX |
| 54 | 83 | 116 | PD2 | I/O | FT | PD2 | TIM3_ETR/UART5_RXSDIO_CMD | — |
| — | 84 | 117 | PD3 | I/O | FT | PD3 | FSMC_CLK | USART2_CTS |
| — | 85 | 118 | PD4 | I/O | FT | PD4 | FSMC_NOE | USART2_RTS |
| — | 86 | 119 | PD5 | I/O | FT | PD5 | FSMC_NWE | USART2_TX |
| — | — | 120 | $V_{SS\_10}$ | S | — | $V_{SS\_10}$ | — | — |
| — | — | 121 | $V_{DD\_10}$ | S | — | $V_{DD\_10}$ | — | — |
| — | 87 | 122 | PD6 | I/O | FT | PD6 | FSMC_NWAIT | USART2_RX |
| — | 88 | 123 | PD7 | I/O | FT | PD7 | FSMC_NE1/FSMC_NCE2 | USART2_CK |
| — | — | 124 | PG9 | I/O | FT | PG9 | FSMC_NE2/FSMC_NCE3 | — |
| — | — | 125 | PG10 | I/O | FT | PG10 | FSMC_NCE4_1/FSMC_NE3 | — |
| — | — | 126 | PG11 | I/O | FT | PG11 | FSMC_NCE4_2 | — |
| — | — | 127 | PG12 | I/O | FT | PG12 | FSMC_NE4 | — |
| — | — | 128 | PG13 | I/O | FT | PG13 | FSMC_A24 | — |
| — | — | 129 | PG14 | I/O | FT | PG14 | FSMC_A25 | — |
| — | — | 130 | $V_{SS\_11}$ | S | — | $V_{SS\_11}$ | — | — |
| — | — | 131 | $V_{DD\_11}$ | S | — | $V_{DD\_11}$ | — | — |
| — | — | 132 | PG15 | I/O | FT | PG15 | — | — |

续表

| 封装形式 | | | 引脚名 | 类型 | I/O电平 | 主功能复位后 | 可选复用功能 | |
|---|---|---|---|---|---|---|---|---|
| LQFP64 | LQFP100 | LQFP144 | | | | | 默认复用功能 | 重定义功能 |
| 55 | 89 | 133 | PB3 | I/O | FT | JTDO | SPI3_SCK/I2S3_CK/ | PB3/TRACESWO TIM2_CH2/SPI1_SCK |
| 56 | 90 | 134 | PB4 | I/O | FT | NJTRST | SPI3_MISO | PB4/TIM3_CH1SPI1_MISO |
| 57 | 91 | 135 | PB5 | I/O | — | PB5 | I2C1_SMBA/SPI3_MOSII2S3_SD | TIM3_CH2/SPI1_MOSI |
| 58 | 92 | 136 | PB6 | I/O | FT | PB6 | I2C1_SCL/TIM4_CH1 | USART1_TX |
| 59 | 93 | 137 | PB7 | I/O | FT | PB7 | I2C1_SDA/FSMC_NADV/TIM4_CH2 | USART1_RX |
| 60 | 94 | 138 | BOOT0 | I | — | BOOT0 | — | — |
| 61 | 95 | 139 | PB8 | I/O | FT | PB8 | TIM4_CH3/SDIO_D4 | I2C1_SCL/CAN_RX |
| 62 | 96 | 140 | PB9 | I/O | FT | PB9 | TIM4_CH4/SDIO_D5 | I2C1_SDA/CAN_TX |
| — | 97 | 141 | PE0 | I/O | FT | PE0 | TIM4_ETR/FSMC_NBL0 | — |
| — | 98 | 142 | PE1 | I/O | FT | PE1 | FSMC_NBL1 | — |
| 63 | 99 | 143 | $V_{SS\_3}$ | S | — | $V_{SS\_3}$ | — | — |
| 64 | 100 | 144 | $V_{DD\_3}$ | S | — | $V_{DD\_3}$ | — | — |

1. I = input，O = output，S = supply.
2. FT = 5 V tolerant.
3. Function availability depends on the chosen device.

# 参 考 文 献


[1] ST. STM32 Reference Manual (RM0008). 2009. http://www. st. com.

[2] ST. STM32F10x standard peripheral library. 2011. http://www. st. com.

[3] ARM. Cortex-M3 Devices Generic User Guide. 2010. http://www. arm. com.

[4] ARM. ARM v7-M Architecture Reference Manua1. 2010. http://www. arm. com.

[5] ARM. Cortex-M3 Technical Reference Manual Revision r2p1. 2010. http://www. arm. com.

[6] 王益涵,孙宪坤,史志才. 嵌入式系统原理及应用——基于 ARM Cortex-M3 内核的 STM32F103 系列微控制[M]. 北京：清华大学出版社,2016.

[7] 张新民,段洪琳. ARM Cortex-M3 嵌入式开发及应用(STM32 系列)[M]. 北京：清华大学出版社,2017.

[8] 张勇. ARM Cortex-M3 嵌入式开发与实践——基于 STM32F103[M]. 北京：清华大学出版社,2017.

[9] 马潮. AVR 单片机嵌入式系统原理与应用实践[M]. 2 版. 北京：北京航空航天大学出版社,2007.

[10] 张志良. 单片机原理与控制技术[M]. 2 版. 北京：机械工业出版社,2011.

[11] 卢有亮. 基于 STM32 的嵌入式系统原理与设计[M]. 北京：机械工业出版社,2016.

[12] 武奇生,惠萌,巨永锋. 基于 ARM 的单片机应用及实践——STM32 案例式教学[M]. 北京：机械工业出版社,2016.

[13] 沈红卫,任沙浦,朱敏杰,等. STM32 单片机应用与全案例实践[M]. 北京：电子工业出版社,2017.

[14] 陈庆,黄克亚. 传感器原理及应用[M]. 北京：中国铁道出版社,2012.

[15] 黄克亚. 一种幼儿算术学习机：中国,CN201510442243. 5[P]. 2015-10-07.

[16] 黄克亚. 基于虚拟仿真和 ISP 下载的 AVR 单片机实验模式研究[J]. 实验技术与管理，2013，30：81-85.